大学计算机基础教程

（第2版）

主　编　高守平　刘耀辉　于　芳
副主编　刘　东　龚德良　向建国

北京大学出版社
PEKING UNIVERSITY PRESS

内容简介

本书是根据教育部对高等学校计算机公共基础课程的教学基本要求编写的。全书共9章，主要内容包括计算机基础知识、操作系统基础、电子文档处理技术、多媒体技术基础、计算机网络基础、Internet技术与应用、信息安全与道德、软件技术基础及人工智能技术基础。

本书内容丰富、通俗易懂，突出实用性和可操作性并兼顾计算机发展前沿，对培养读者计算机应用能力和计算机思维有较大的帮助。

本书配有《大学计算机基础实验教程(第2版)》一书，既可独立成册，也可相互配合，适用于高等院校非计算机专业本、专科学生以及普通读者学习计算机基础知识。

图书在版编目(CIP)数据

大学计算机基础教程/高守平，刘耀辉，于芳主编. —2版. —北京：北京大学出版社，2021.8
ISBN 978-7-301-32446-2

Ⅰ. ①大… Ⅱ. ①高… ②刘… ③于… Ⅲ. ①电子计算机—高等学校—教材 Ⅳ. ①TP3

中国版本图书馆CIP数据核字(2021)第176821号

书　　名 大学计算机基础教程（第2版）
DAXUE JISUANJI JICHU JIAOCHENG (DI-ER BAN)
著作责任者 高守平　刘耀辉　于　芳　主编
责任编辑 王　华
标准书号 ISBN 978-7-301-32446-2
出版发行 北京大学出版社
地　　址 北京市海淀区成府路205号　100871
网　　址 http://www.pup.cn
电子信箱 zpup@pup.cn
新浪微博 @北京大学出版社
电　　话 邮购部 010-62752015　发行部 010-62750672　编辑部 010-62765014
印 刷 者 湖南省众鑫印务有限公司
经 销 者 新华书店
787毫米×1092毫米　16开本　20.5印张　512千字
2019年3月第1版
2021年8月第2版　2022年6月第2次印刷
定　　价 58.00元

前　　言

大学计算机基础是普通高等院校的一门重要通识必修课，它担负着系统和全面地介绍计算机基础知识，培养学生掌握计算机信息技术与应用技能，锻炼学生实践和创新能力的重任。近年来，网络、信息、通信及人工智能技术迅速发展，在各行各业的应用不断扩大与深入，各专业对学生的计算机应用能力提出了更高的要求，高等院校计算机基础教育步入新的发展阶段。为适应这种新发展，围绕计算机基础教育的内涵与需求，进一步完善、优化计算机基础课程的教学内容，具有重要的意义。

本书是根据教育部高等学校非计算机专业计算机基础课程教学指导分委员会提出的《高等学校非计算机专业计算机基础课程教学基本要求》、2018 年教育部印发的《高等学校人工智能创新行动计划》提出的"将人工智能纳入大学计算机基础教学内容"等政策导向，并结合《中国高等院校计算机基础教育课程体系 2014》《全国计算机等级考试考试大纲(2021 年版)》编写的。本书编写的宗旨是使读者较全面、系统地了解计算机相关知识及发展前沿，具备计算机实际应用能力，并在各自的专业领域自主地应用计算机进行学习与研究，同时初步实现对人工智能技术的普及教育。

全书共九章，第一章介绍计算机基础知识，包括计算机的发展与应用、计算机系统的组成、微型计算机的系统及信息在计算机中的表示与编码；第二章介绍操作系统基础，包括操作系统的发展、种类、功能及 Windows 7 和 Windows 10 操作系统的配置和使用；第三章介绍电子文档处理技术，以国产办公软件 WPS Office 为例，详细说明了其包含的 WPS 文字、WPS 表格和 WPS 演示的使用；第四章介绍多媒体技术基础，包括多媒体技术概述、多媒体计算机系统的组成、多媒体信息的数字化处理、多媒体数据压缩技术和应用技术，并简单介绍了 Adobe Photoshop 和 Flash 软件的使用；第五章介绍计算机网络基础，包括计算机网络基本概念、计算机网络通信原理和局域网；第六章介绍 Internet 技术与应用，包括 Internet 的基本知识、Internet 的接入、Internet 的应用以及基于 Internet 的信息获取；第七章介绍信息安全与道德，包括信息安全、计算机网络安全、计算机病毒及防范和网络道德；第八章介绍软件技术基础，包括程序设计基础、算法与数据结构和软件工程概述；第九章介绍人工智能技术基础，包括人工智能的基本概念和基本内容。

本书由高守平、刘耀辉、于芳担任主编，刘东、龚德良、向建国担任副主编，参加编写和讨论的还有陆武魁、谢桂芳、廖金辉、朱卫平、王鲁达等。全书由高守平统稿，易永荣、周承芳、邓之豪编辑了配套教学资源，魏楠、苏娟提供了版式和装帧设计方案。在教材编写中，本书参考了大量文献资料和网站资料，在此一并表示衷心的感谢。

为了方便教师教学和学生学习，本书配有《大学计算机基础实验教程(第 2 版)》一书。由于成书时间仓促以及水平有限，书中错误和不当之处在所难免，恳请专家、教师和读者批评指正。

编者

目　　录

第一章　计算机基础知识

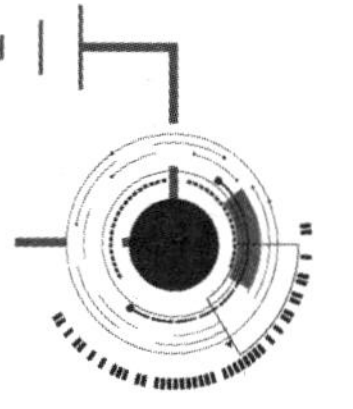

计算机的发明开启了人类科学技术的新纪元。计算机能自动、高速、精确地对信息进行存储、传送与加工处理。计算机的广泛应用,极大推动了社会的发展与进步,对人类社会生产、生活及各行各业产生了极其深刻的影响。计算机知识已融入人类的文化之中,成为人类文化不可缺少的一部分。学习计算机基础知识、掌握和使用计算机的基本技能已成为高等院校学生的迫切需求。

本章主要内容:计算机的发展与应用;计算机系统的组成;微型计算机的系统;计算机中的数据。

1.1　计算机的发展与应用

1.1.1　计算机的诞生

电子计算机(electronic computer)又称电脑(computer),简称计算机。世界上第一台电子计算机是由约翰·文森特·阿塔纳索夫(John Vincent Atanasoff)和克利福特·贝瑞(Clifford Berry)在 1937 年开始设计的,名为阿塔纳索夫-贝瑞计算机(Atanasoff-Berry computer),简称 ABC。ABC 不可编程,仅仅设计用于求解线性方程组。世界上第一台通用计算机于 1946 年 2 月 14 日诞生于宾夕法尼亚大学,名为埃尼阿克(electronic numerical integrator and computer,ENIAC)。ENIAC 是一个庞然大物,如图 1-1 所示。ENIAC 的问世标志着人类从此进入计算机新时代。

(a)

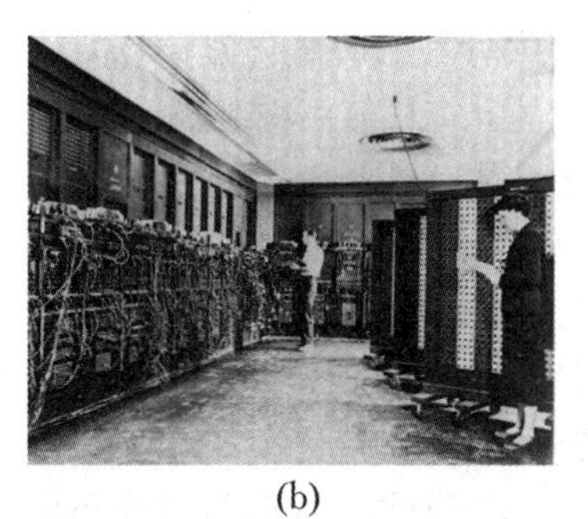

(b)

图 1-1　世界上第一台通用计算机 ENIAC

ENIAC虽然是正式运行的计算机,但它不具备现代计算机"存储程序"的思想。1946年,美籍匈牙利数学家约翰·冯·诺依曼(John von Neumann)发表了论文《电子计算机逻辑设计初探》,提出了著名的"存储程序"的思想,确立了计算机由输入设备、输出设备、存储器、运算器和控制器等五个部件组成的基本结构。冯·诺依曼与宾夕法尼亚大学的莫尔电工科研小组合作,设计并制造了第一台"存储程序"的电子离散变量自动计算机(electronic discrete variable automatic computer, EDVAC),它的运行速度是ENIAC的240倍。冯·诺依曼所提出的EDVAC的计算机结构被人们普遍接受,此计算机结构又称为冯·诺依曼体系结构。

计算机以及相应的信息技术是当今信息时代的"奠基石",而以计算机为核心的信息技术的真正发展,又得益于微电子技术与微型计算机的发展和普及。冯·诺依曼的"存储程序控制"原理的运用,使计算机真正成为高速、自动化的信息处理工具。直至今天,冯·诺依曼体系结构仍然广泛应用于各种类型的计算机中。

1.1.2 计算机的发展阶段

计算机硬件性能与电子器件密切相关,因此电子器件的更新换代可作为区分计算机发展阶段的主要标志。按所用电子器件的不同,现代计算机经历了四代变迁。随着计算机硬件技术的不断发展,计算机硬件的功能越来越强大,辅之以不断发展的软件技术,使得计算机应用越来越广泛。

1. 第Ⅰ代电子管计算机(1946—1957年)

这个时期的计算机使用的主要逻辑元件是电子管,也称电子管时代。主存储器先采用延迟线,后采用磁鼓磁芯,外存储器使用磁带。程序设计语言用机器语言和汇编语言编写。计算机体积庞大,运算速度低(一般每秒数千次至数万次),成本高,可靠性差,内存容量小。这个时期的计算机主要用于科学计算,从事军事和科学研究方面的工作。其代表机型有ENIAC、IBM 650(小型机)、IBM 709 (大型机)等。

2. 第Ⅱ代晶体管计算机(1958—1964年)

这个时期的计算机使用的主要逻辑元件是晶体管,也称晶体管时代。主存储器采用磁芯,外存储器使用磁带和磁盘。软件方面开始使用管理程序,后期使用操作系统,并出现了FORTRAN,COBOL,ALGOL等一系列高级程序设计语言。这个时期计算机的应用扩展到数据处理、自动控制等方面。计算机的运行速度已提高到每秒几十万次,体积也大大减小,可靠性和内存容量也有较大的提高。其代表机型有IBM 7090,IBM 7094,CDC 7600等。

3. 第Ⅲ代中小规模集成电路计算机(1965—1970年)

这个时期的计算机使用中小规模集成电路代替了分立元件,一般称为中小规模集成电路时代。用半导体存储器代替了磁芯存储器,外存储器使用磁盘。软件方面,操作系统进一步完善,高级程序设计语言数量增多,出现了并行处理、多处理机、虚拟存储系统以及面向用户的应用软件。计算机的运行速度更快(一般每秒数百万次至数千万次),可靠性和存储容量进一步提高,外部设备种类繁多,计算机和通信密切结合起来,广泛地应用到科学计算、数据处理、事务管理、工业控制等领域。其代表机型有IBM 360系列、富士通F230系列等。

4. 第Ⅳ代大规模和超大规模集成电路计算机(1971年以后)

这个时期的计算机使用的主要逻辑元件是大规模和超大规模集成电路,一般称大规模集成电路时代。主存储器采用半导体存储器,外存储器使用大容量的软、硬磁盘,光盘等。

软件方面，操作系统不断发展和完善，同时出现了数据库管理系统、通信软件等。计算机的运行速度可达到每秒数千万次至数亿次，计算机的存储容量和可靠性又有了很大提高，功能更加完备。这个时期计算机的类型除小型、中型、大型计算机外，开始向巨型计算机和微型计算机（个人计算机）两个方向发展。计算机开始进入办公室、学校和家庭。

目前新一代计算机正处在设想和研制阶段。新一代计算机是把信息采集、存储处理、通信和人工智能结合在一起的计算机系统。也就是说，新一代计算机由处理数据信息为主转向处理知识信息为主（如获取、表达、存储及应用知识等），并有推理、联想和学习（如理解能力、适应能力、思维能力等）等人工智能方面的能力，能帮助人类开拓未知的领域和获取新的知识。

关于新一代计算机的研制，在大数据存储、人工智能、智能信息处理等方面取得了一些重要的进展，主要包括以下几个方面。

（1）大数据存储技术不断提升。在大数据时代，为解决数据爆炸性增长的需求，需要构建高性能、高可扩展、低成本、易用的分布式存储系统基础设施。著名的分布式存储系统包括 Google 文件系统、TFS 文件系统、Amazon Dynamo 存储系统等。其中，TFS（taobao file system）是我国阿里巴巴集团开源的海量非结构化数据存储设计的分布式系统，构筑在普通的 Linux 机器集群上，可为外部提供高可靠和高并发的存储访问。此外，近年来超大型数据中心的建设也成为企业信息化的重要基础设备。例如，贵州国家级大数据中心在 2015 年成立以来，陆续为富士康、阿里巴巴、腾讯、华为等大型企业提供可靠、高效的大数据存储服务。

（2）人工智能技术快速发展。自 2006 年深度学习算法被提出，人工智能技术获得突破性进展。而近年来，数据的爆炸性增长为人工智能提供了充分的“养料”，使得深度学习算法在语音和视觉识别上实现了重要突破，机器判断处理能力不断上升，并且呈现与医学、工业、航天等多学科交叉融合的趋势，使得自动驾驶、智慧医疗、精准农业等多项人工智能产业落地和商业化。同时，我国人工智能产业也实现了良性发展，一是技术创新日益活跃，语音识别等部分应用技术处于全球领先水平；二是产业规模持续壮大，截至 2019 年年底，我国人工智能核心产业的规模超过了 510 亿元，人工智能的企业数量超过了 2 600 家；三是人工智能与行业融合应用在不断深入，各领域＋人工智能的新技术、新模式、新业态不断涌现，前景可期。

（3）芯片技术取得一定发展。芯片技术决定了计算机升级换代的速度，也决定了计算机智能化水平的高度。2003 年 3 月，英特尔（Intel）公司发布了一套完整的计算机解决方案——迅驰移动计算技术，此后芯片技术不断优化、设计理念不断创新，芯片技术自身也经历了由微米技术到纳米技术，再到生物技术的发展趋势。目前，在移动芯片领域，ARM（advanced RISC machines）架构的芯片占据了 90％以上的市场份额；在中央处理器（central processing unit，CPU）市场上，Intel X86 处理器占据超过 90％的市场份额。我国自 2001 年开始启动处理器设计项目，产生了以中科龙芯、华为鲲鹏、天津飞腾、海光信息、上海申威、上海兆芯等为代表的国产 CPU，并且产品的性能逐年提高，应用领域不断扩展，为构建安全、自主、可控的国产化计算平台奠定了基础。2020 年 7 月，国务院印发的《新时期促进集成电路产业和软件产业高质量发展的若干政策》中强调，集成电路产业和软件产业是信息产业的核心，是引领新一轮科技革命和产业变革的关键力量。在政策的支持下，在“新基建”“新经济”的拉动下，我国芯片行业有望迎来快速发展。

当前计算机尚存在一些不足，主要包括以下几个方面。

(1) 智能化水平依然较弱。电子计算机虽然已具有某些单一领域的智能工作能力,但它不能进行联想、推论、学习等人类头脑最普通的思维活动。

(2) 难以满足某些科技领域高速、大量的计算任务要求。例如地震预测、资源探测卫星发回的图像数据实时解析、飞行器的风洞实验、天气预报等任务需要极高的计算速度和精度,对当前计算机提出了更高的要求。

(3) 芯片技术仍然是制约计算机发展速度的关键因素,高端的芯片研发仍然存在很大的挑战。

与计算机应用领域的不断拓宽相适应,当前计算机的应用发展趋势也从单一化向多元化发展,主要体现在以下几个方面。

(1) 巨型化。巨型计算机是指目前速度最快、处理能力最强的计算机。巨型计算机主要用于天文、气象、原子、大气物理等复杂的科学计算。巨型计算机的研制和应用反映了一个国家科学技术的发展水平。我国巨型计算机主要有银河、神威、曙光等系列。

(2) 微型化。为了使计算机应用更加普及,让家庭和各行各业都能使用计算机,就要求计算机的体积更小、重量更轻、价格更低。目前市场上微型计算机的发展速度非常快。

(3) 网络化。网络化是指利用现代通信技术和计算机技术,把分布在不同地点的计算机互联起来,按照网络协议规则相互通信,以共享软件、硬件资源。

(4) 智能化。智能化是指计算机具有模拟人的感觉和思维的能力,综合人类的智力才能,辅助或代替人们从事高难度或危险的活动。智能化的主要研究领域包括自然语言的生成与理解、模式识别、推理演绎、自动定理证明、自动程序设计、专家系统、学习系统、智能机器人等。例如,谷歌公司旗下 DeepMind 公司开发的人工智能程序阿尔法围棋(AlphaGo),2016 年 3 月,以 4∶1 的总比分战胜围棋世界冠军李世石;2016 年年末至 2017 年年初,在中国棋类网站上与各国高手对决,连胜 60 局;2017 年 5 月,以 3∶0 的总比分战胜当时人类围棋世界排名第一的柯洁。

(5) 未来新型计算机。迄今为止,无论计算机怎样更新换代,其基本结构形式几乎都遵循冯·诺依曼体系结构。按照摩尔定律(Moore's law),大约每过 18 个月,集成电路上可容纳的晶体管数目就会增加一倍。随着大规模集成电路工艺的发展,芯片的集成度越来越高,其制造工艺也越来越接近物理极限。人们认识到,在传统计算机的基础上大幅度提高计算机的性能必将遇到难以逾越的障碍,从基本原理上寻找计算机发展的突破口才是正确的道路。从物理原理上看,科学家们认为以光子、生物和量子计算机为代表的新技术将推动新一轮计算机技术革命。

1.1.3 计算机的分类

信息技术产业的迅速发展,导致了计算机类型的不断分化。早期的计算机按照它们的计算能力依次划分为巨型机、大型机、中型机、小型机、微型机。随着技术的发展,微型机的运算速度达到了每秒几十亿次以上,巨型机达到了每秒百万亿次以上,两者的差距正在不断缩小。中型机和小型机由于没有技术优势,将逐步被市场所淘汰,计算机朝着巨型化和微型化两个方向发展。随着各种新技术的不断推出,计算机性能不断提高,应用范围扩展到各个领域,因此很难对计算机进行一个精确的类型划分。按照目前计算机市场的产品分布情况来划分,大致可以分为高性能计算机、微型计算机、嵌入式计算机和工作站四类。

1. 高性能计算机

高性能计算机即超级计算机。国际上每年都进行全球超级计算机500强测评，凡是能够入围的产品都可以称为超级计算机。超级计算机主要用于宇航工程、空间技术、石油勘探、人类遗传基因等现代科学技术和国防尖端技术的研究。

2. 微型计算机

微型计算机简称微机，也称为个人计算机(personal computer，PC)。它具有小巧灵活、价格低廉等优点，是发展速度最快的计算机。台式计算机、笔记本电脑和掌上电脑等都是微型计算机。

3. 嵌入式计算机

嵌入式计算机是处理器和存储器以及接口电路直接嵌入设备当中的计算机，使设备具有智能化操作的特点。例如，在手机中嵌入CPU、存储器、图像音频处理芯片、微型操作系统等计算机芯片或软件，使得手机具有上网、摄影、播放MP3和MP4等功能。

4. 工作站

工作站是具有很强功能和性能的单用户计算机，它通常配有高分辨率的大屏幕显示器和大容量的内、外存储器，具有较强的数据处理能力与图形处理功能。著名的太阳计算机系统有限公司(Sun)、惠普公司(Hewlett-Packard)、硅图公司(Silicon Graphics)等是目前最大的工作站生产厂家。在网络环境下，任何一台微机或终端也可称为一个工作站，它是网络中的一个用户结点，与这里所说的工作站用词相同，但含义不同。

1.1.4 计算机的应用

计算机已在科技、国防、工业、经济和教育等领域得到了广泛应用，它对人们生活的各个方面产生了重要影响。

1. 数值计算

数值计算主要用于科学研究和工程技术中，这也是计算机的传统应用领域，世界上第一台通用计算机ENIAC就是为军事科学计算而设计的。现代科学技术的迅速发展，使得各种科学研究的计算模型日趋复杂，利用计算机的高速度、高精度及自动化的特点不仅可以使人工难以或无法解决的复杂计算问题变得轻而易举，而且还能大大提高工作效率，有力地推动科学技术的发展。目前，计算机的数值计算已应用在气象预报、地震探测、导弹和卫星轨迹的计算等领域。

2. 数据处理

数据处理也称为信息处理，即对大量的非数值数据(文字、符号、声音、图像等)进行加工处理，如编辑、排版、分拆、合并、分类、检索、统计、传输、压缩、合成等。与数值计算不同，数据处理的数据量大，但计算方法较简单。面对聚集起来的各种数据，为了快速获取对决策有用的信息，必须用计算机对这些数据进行处理。数据处理现已广泛应用于办公自动化、信息检索、事务管理等各行业的基本工作中，逐渐形成了一整套计算机信息处理系统。

3. 过程控制

过程控制又称为实时控制，指用计算机及时采集动态监测数据，并按最佳值迅速地对控制对象进行自动控制或自动调节。现代工业由于生产规模不断扩大，技术、工艺日趋复杂，从而对实现生产过程自动化的要求也日益增加。利用计算机进行过程控制，不仅可以大大提高控制的自动化水平，而且可以提高控制的及时性、准确性和可靠性，从而改善劳动条件、提高质量、节约能源、降低成本。计算机过程控制主要应用于冶金、石油、化工、纺织、水电、机械、航天等工业领域,在军事、交通等领域也得到了广泛的应用。

4. 企业管理

计算机管理信息系统的建立,使各企业的生产管理水平登上了新的台阶。从低层的生产业务处理,到中层的作业管理控制,进而到高层的企业规划、市场预测都有一套全新的标准和机制。特别是大型企业生产资源规划管理软件(如MRPⅡ)的开发和使用,为企业实现全面资源管理、生产自动化和集成化、提高生产效率和效益奠定了牢固的基础。

5. 电子商务

计算机网络的普及,使金融业务率先实现自动化。电子货币使传统的货币交易方式变为“电子贸易”,它可用来购物、投资、进行股票和房地产交易;对职工工资、保险业务、失业者的社会保障等进行电子支付;对贷款、抵押、合同的履行等也赋予了新的形式。这种电子交易方式不仅方便快捷,而且现金的流通量也将随之减少,避免了货币交易的风险和麻烦。以银行为例,自动化的实现可使银行每日处理上百万笔业务,交易价值达几百万元。中央银行可处理各支行的人事管理、物资管理、经营计划等执行情况以及国内外经济预测、资产评估等决策信息。

6. 计算机辅助设计和制造

计算机辅助设计和制造,主要是用计算机帮助设计人员进行产品的设计和开发。随着图形设备及其软件的发展,计算机辅助设计和制造技术已得到广泛使用。例如,在建筑、服装、机械产品、汽车轮船、大规模集成电路设计和制造等方面,这项技术使传统的人工方式转为自动或半自动方式,大大缩短了新产品的开发周期,提高了设计制造的质量和效率,进而加强了产品的竞争力。将计算机辅助设计和制造技术集成,进而实现设计、生产、制造集成自动化,称为计算机集成制造系统(computer integrated manufacturing system,CIMS)。

7. 文化教育和娱乐

利用互联网实现远距离双向交互式教学和多媒体结合的网上教学方式,为教育带动经济发展创造了良好的条件。它改变了传统的以教师课堂传授为主,学生被动学习的方式,使学习的内容和形式更加丰富灵活,同时也加强了计算机、信息处理、通信技术和多媒体等内容的教育,提高了人们的文化素质与信息化意识。计算机信息技术使人们的工作和物质生活方式发生了巨大改变。人们可以在任何地方通过多媒体计算机和网络,以多种媒体形式浏览世界各地当天的新闻、查阅各地图书馆的图书、接受教育、收看电视、欣赏音乐、购物、看病、发送电子邮件、聊天等。

8. 人工智能

人工智能也称为智能模拟,是用计算机模拟人脑的思维活动,包括感知、判断、理解、学习、推理、演绎、问题求解等过程,是计算机应用研究最前沿的学科。智能化的主要研究领域包括自然语言的生成与理解、模式识别、自动定理证明、自动程序设计、专家系统、虚拟现实技术和智能机器人等,它为人类的科学决策提供了有力的依据。

✻1.2 计算机系统的组成

计算机系统由硬件系统和软件系统两部分组成,如图1-2所示。

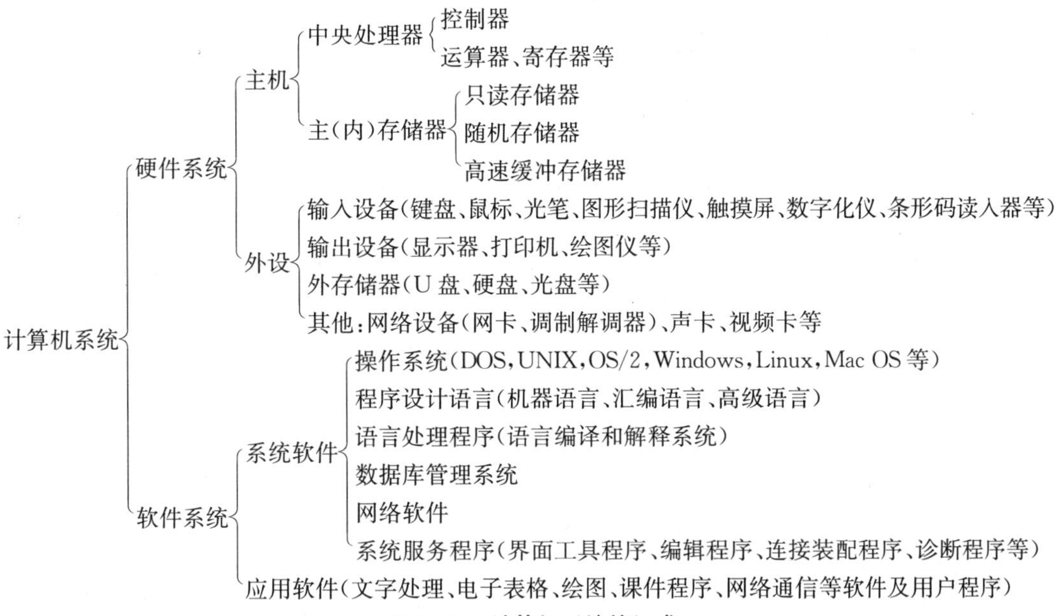

图1-2　计算机系统的组成

硬件是指看得见的、摸得着的实实在在的物理器件,是计算机系统的物质基础。软件是指所有应用计算机的技术,是看不见、摸不着的程序(包括指令及其运行所需要的相关数据),但用户能感受到它的存在。软件的范围非常广泛,普遍认为是指程序系统,是发挥机器硬件功能的关键。硬件是软件建立和依托的基础,软件是计算机系统的灵魂。未安装软件的机器称为“裸机”,“裸机”不能完成用户的任何工作;而没有硬件,软件就失去其物质载体。计算机系统必须被当作一个整体来看,它既包括硬件也包括软件,两者不可分割。只有两者相结合才能充分发挥计算机系统的功能。计算机系统的层次结构如图1-3所示。

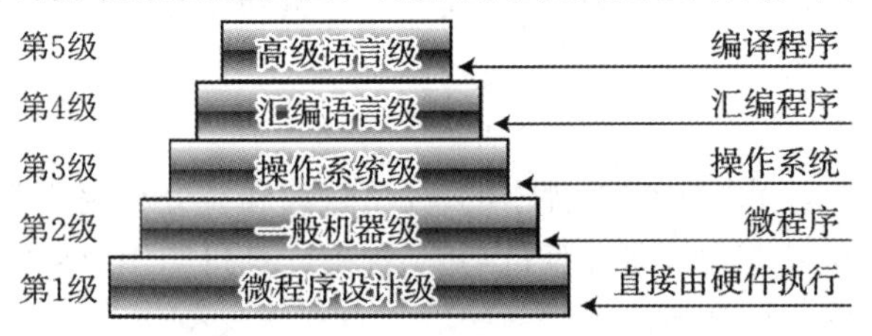

图1-3　计算机系统的层次结构

第1级是微程序设计级,这是一个实在的硬件级,它由计算机硬件直接执行微指令。如果一个应用程序直接用微指令来编写,那么可在这一级上运行应用程序。

第2级是一般机器级,也称为机器语言级,它由微程序解释机器指令系统。这一级也是硬件级。

第3级是操作系统级,也称为混合级,由操作系统程序实现。这些操作系统程序由机器指令和广义指令组成。广义指令是操作系统定义和解释的软件指令。

第4级是汇编语言级,它给程序人员提供一种符号形式语言,以减少程序编写的复杂性。这一级由汇编程序支持和执行。如果应用程序采用汇编语言编写,那么机器必须要有这一级的功能;如果应用程序不是用汇编语言编写,那么这一级可以不要。

第5级是高级语言级,它是面向用户的,为方便用户编写应用程序而设置的。这一级由各种高级语言编译程序支持和执行。

1.2.1 计算机硬件系统

高性能计算机和微型计算机基本都采用冯·诺依曼体系结构,从功能上计算机的硬件系统由以下五个基本部分组成。

(1) 运算器(arithmetic unit)。运算器由算术逻辑单元、通用寄存器、数据缓冲器和状态寄存器组成。运算器是数据加工处理部件,接受控制器的命令而进行工作,即运算器所进行的全部操作是由控制器所发出的控制信号来指挥的。运算器的功能是进行各种算术和逻辑运算。

(2) 控制器(controller)。控制器由程序计数器、指令寄存器、指令译码器、时序产生器和操作控制器组成。控制器发布控制指令,指挥计算机各部分协调运作。具体地说,控制器的任务是从内存中取出指令和数据加以分析,然后执行指令所规定的操作。

(3) 存储器(memory)。存储器主要用于临时或长期存放各种数据、程序及运算结果,是计算机系统中的记忆设备。计算机内的数据都是以二进制形式存放。一个半导体触发器可以存储一位二进制数,若要表示一个 16 位二进制数,则需要 16 个触发器来保存这些代码,存储器中把这 16 个触发器称为一个存储单元,存储器是由许许多多存储单元构成的。每个存储单元都有编号,称为地址。存储器中存储单元的总数称为存储容量。

(4) 输入设备(input device)。输入设备将人们需要用计算机处理的程序和数据输送至计算机内部并转换为计算机可处理的形式。常用的输入设备有键盘、鼠标等。

(5) 输出设备(output device)。输出设备将计算机处理的信息和响应输送出来。常用的输出设备有显示器、打印机等。

1.2.2 计算机软件系统

计算机软件系统是计算机的灵魂,它包括控制计算机各组成部分协调工作并完成各种功能的程序和数据。

1. 系统软件

系统软件一般是由计算机开发商提供的,为了管理和充分利用计算机资源,帮助用户使用、维护和操作计算机,发挥和扩展计算机功能,提高计算机使用效率的一种公共通用软件。系统软件大致包括以下几种类型。

1) 操作系统

操作系统(operating system,OS)是直接运行在裸机上的最基本的系统软件,是系统软件的核心,其他任何软件必须在操作系统的支持下才能运行。

2) 语言处理程序

程序是计算机语言的具体体现,是用某种计算机程序设计语言按问题的要求编写而成的。随着计算机语言的进化,程序也越来越便于人们使用。对于用高级语言编写的程序,计算机是不能直接识别和执行的。要执行高级语言编写的程序,首先要将高级语言编写的程序通过语言处理程序翻译成计算机能识别和执行的二进制机器指令,然后通过计算机执行。

一般将用高级语言或汇编语言编写的程序称为源程序,而将已翻译成机器语言的程序称为目标程序,不同的高级语言编写的程序必须通过相应的语言处理程序进行翻译。计算机将源程序翻译为目标程序时,通常有两种翻译方式:编译方式和解释方式。

(1) 编译方式通过相应语言的编译程序,将源程序一次全部翻译成目标程序,再经过连接程序的连接,最终处理成可执行程序。经编译方式编译的程序执行速度快、效率高。

(2) 解释方式通过相应的解释程序将源程序逐句解释,边解释边执行。解释程序不产生目标程序,而是借助于解释程序直接执行源程序本身。若执行过程中有错,则机器显示出错信息,修改后继续执行。解释方式比较适合初学者,便于查找错误,但效率较低。

大部分高级语言只有编译方式,只有少部分高级语言有两种翻译方式,如 BASIC 语言和 FoxBASE 语言。

3) 数据库管理系统

数据库管理系统的作用就是管理数据库。它一般具有建立、编辑、维护、访问数据库的功能,并提供数据独立、完整、安全的保障。按数据模型的不同,数据库管理系统可分为层次型、网状型和关系型三种类型。关系型推出的时间较晚,但由于它采用人们习惯的表格来表示数据库中的关系,具有直观性强,使用方便等优点,近年来得到了广泛的使用。例如,Visual FoxPro,Oracle 数据库,Microsoft Access 等,都是用户比较熟悉的关系型数据库管理系统。

4) 网络管理软件

网络管理软件主要指的是网络通信协议及网络操作系统。其主要功能是支持终端与计算机、计算机与计算机以及计算机与网络之间的通信,提供各种网络管理服务,实现资源共享与分布式处理,并保障计算机网络的畅通无阻和安全使用。

2. 应用软件

应用软件是在计算机硬件系统和软件系统的支持下,为解决各类专业和实际问题而设计的软件。近年来,微机迅速普及的原因除硬件的性价比提高外,更重要的原因是丰富而实用的应用软件满足了各类非计算机软件开发人员的需要。常用的应用软件有以下几类。

1) 文字处理软件

文字处理软件用来编辑各类文稿,并对其进行排版、存储、传送、打印等。文字处理软件被称为电子秘书,能方便地帮助人们起草文件、通知、信函,绘制各类图表等,在各个行业中发挥着巨大的作用。

常用的文字处理软件有:金山公司的 WPS Office、微软公司的 Microsoft Office Word 等。

2) 电子表格软件

电子表格软件利用计算机快速、动态地对建立的表格进行各类统计、汇总,还提供丰富的函数和公式演算的能力、灵活多样的绘制统计图表的能力、存取数据库中数据的能力等。

常用的电子表格软件有:微软公司的 Microsoft Office Excel。

3) 多媒体制作软件

多媒体制作软件是用于录制、播放、编辑声音和图像等多媒体信息的一组应用程序,包括 Awave Studio,Mixer 等声音处理软件和 Adobe Photoshop,AutoCAD,3D Studio Max,Microsoft Office PowerPoint,Authorware 等图像处理软件。

多媒体制作软件可以辅助人们制作各种丰富多彩的影视动画、教学课件、学习软件、艺术作品以及网站页面等。

4) 其他应用软件

近些年来,由于计算机的应用领域越来越广,各行业的应用软件的开发层出不穷,如财务管理、大型工程设计、建筑装潢设计、服装裁剪、网络服务工具等应用软件。这些针对各行业专门开发的软件不需要用户专门学习计算机编程就可直接使用,大大地提高了工作效率。

1.2.3 计算机的基本工作原理

目前,各种类型的计算机,基本都沿袭了冯·诺依曼提出的计算机"存储程序控制"的基本原理,即从外部输入的程序(包括计算机工作的指令和待处理的原始数据),首先通过输入设备输入并存放在计算机的存储器中,然后送入CPU运行,并对各种数据进行运算处理,运算处理的中间结果或最后结果仍然要保留到存储器中,以便参加进一步的运算或送到输出设备输出,如图1-4所示。

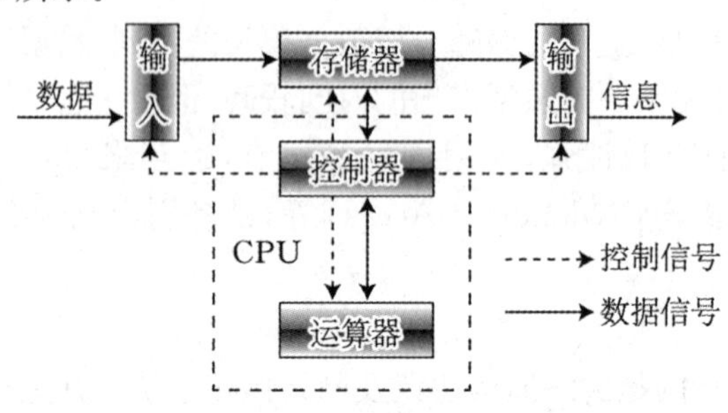

图1-4 计算机逻辑结构

1. 存储程序原理

当用户用计算机来完成某项工作时,如进行科学计算、信息管理等,都必须事先制定出完成这项工作的解决方案,进而再将其分解为计算机能够识别并能执行的基本操作命令。这些操作命令按一定的顺序排列起来,就构成了程序。计算机能直接识别并能执行的每一条操作命令称为机器指令,而每条机器指令都规定了计算机所要执行的一种操作。计算机能自动读取机器指令并执行,即按照程序规定的流程依次一条条执行指令,最终完成程序所要实现的目标。

由此可见,计算机能自动工作是基于它的两个基本功能:一是能够存储程序;二是能够自动读取指令,执行指令。计算机利用存储器来存放所要执行的程序,而CPU将会依次从存储器中取出程序中的每一条指令,并加以分析和执行,直至完成全部指令为止。这就是计算机的存储程序原理。特别要说明的是,在存储程序原理中,计算机不但能按照指令在存储器中依次读取并执行指令,而且还能根据指令执行的结果进行程序的灵活转移,使得计算机具有类似于人脑的判断思维能力,再加上其高速运算特征,计算机才能真正成为人类脑力劳动的得力助手。这种内部存储程序的思想是冯·诺依曼体系结构的精髓,也是电子计算机与普通计算工具最显著的区别。

2. 程序自动执行原理

执行一个程序实际上就是将程序的第一条指令的地址置入程序计数器(program counter,PC)。指令寄存器(instruction register, IR)总是按照程序计数器所指示的地址取指令,取完一条指令后程序计数器中的地址代码会自动递增以指向下一条指令,周而复始。形象地说,程序计数器就是一个指针,程序开始执行时指向程序的第一条指令,之后会自动修改指针依次指向将要执行的指令。

指令取出以后送给控制器进行指令译码,指令译码后会产生相应的控制信号,以指挥各个执行部件完成相应的操作。其工作流程如图1-5所示。

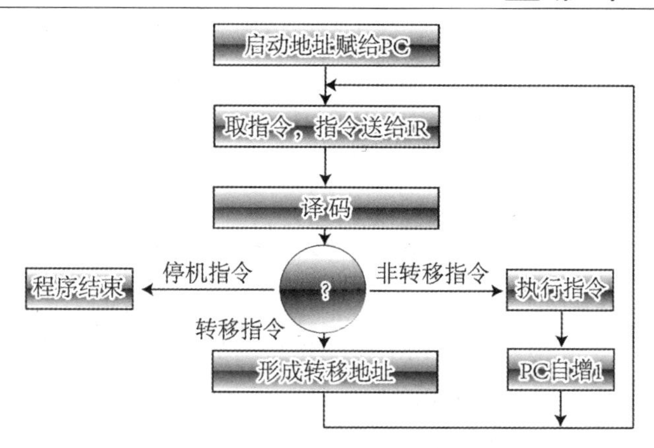

图 1-5　指令执行流程

如前所述，计算机的程序是由一系列的指令组成的，指令和数据一并存储在计算机的存储器中。由计算机自动、逐条取出指令并进行分析、运行，每条指令必须明确告诉计算机的控制器从存储器中的哪个单元获取数据，并进行何种操作。

指令结构可分为操作码和地址码两大部分。其中，操作码是控制计算机进行具体的操作，如加法运算、减法运算、乘法运算、除法运算、取数据、传送数据、存储数据等；地址码是表示参加运算的数据应该从存储器的哪个单元中获得，或运算的结果应该存放到存储器中的哪个单元。

指令的操作码和地址码都是用二进制码表示的。假定某计算机有八种基本指令，那么这八种指令可用 3 位二进制码来定义，如表 1-1 所示。

表 1-1　指令的操作码定义

指令	加法	减法	乘法	除法	取数	存数	打印	停机
操作码	001	010	011	100	101	110	111	000

观察表 1-1，可以看到指令已经数字化了，即操作码 001 表示进行加法运算操作，以此类推。若要计算机完成一个简单运算，如计算 $y=ax+b$，则可用一个简单程序让计算机来完成。这个简单程序的指令和数据事先输入到计算机的存储器中，如表 1-2 所示。为了方便区分，表中黑体数字表示操作码，其余数字表示地址码。

表 1-2　指令和数据的存储

地址	存储器	地址	存储器
0001	**101**　1001	0110	**000**　××××
0010	**011**　1100	1001	a （二进制数）
0011	**001**　1010	1010	b （二进制数）
0100	**110**　1001	1100	x （二进制数）
0101	**111**　××××	1101	y （二进制数）

这里需要说明的是：

（1）计算机中的存储器分成一个一个的单元（相当于现实生活中一栋楼房分成一间一间的房子），每一个单元有唯一的编号（相当于一栋楼房的房间号），此编号就是地址码，简称地址。计算机严格按地址来存取数据，这样能准确地对数据进行操作。

(2) 计算机会自动从第一条指令开始逐条取出指令并进行分析和执行。自动取出指令的功能是由CPU中的程序计数器来实现的。

(3) 这里的指令是以机器码形式给出的，在汇编语言中是以汇编指令给出的，在高级语言中是以接近人类自然语言的形式给出的。

计算机指令的执行如表1-3所示。

表1-3 指令的执行

地址	存储器	所执行的操作
0001	**101** 1001	**101** 表示取数操作，1001表示从第1001单元取数，即取数 a
0010	**011** 1100	**011** 表示乘法运算，将原取出的数 a 与第1100单元的数 x 相乘
0011	**001** 1010	**001** 表示加法运算，将上一步所得的积与第1010单元的数 b 相加
0100	**110** 1001	**110** 表示存数操作
0101	**111**	**111** 表示打印数据(输出数据)
0110	**000**	**000** 表示结束(停机)
…	…	…
1001	a (二进制数)	二进制数，即一元一次方程中 x 的系数
1010	b (二进制数)	二进制数，即一元一次方程中的常数
1100	x (二进制数)	二进制数，即一元一次方程中的自变量 x
1101	y (二进制数)	二进制数，即一元一次方程中的因变量 y

✻1.3 微型计算机的系统

微型计算机又称个人计算机，因其小巧、轻便、价格便宜等优点，应用领域极为广泛。

1.3.1 微型计算机的硬件系统

微型计算机(以下简称微机)的物理器件主要由中央处理器、存储器、输入设备和输出设备组成。

图1-6 台式微机基本配置

微机的基本外部硬件配置(台式微机)如图1-6所示。

从外观上看，台式微机的基本配置主要包括主机箱、键盘、鼠标和显示器。主机箱内部又包括了硬盘、光盘驱动器和微机的核心部件——主板、CPU、内部存储器、各种适配器等。理论上，通常把微机分为主机和外部设备两大部分。下面对微机的主要功能部件进行介绍。

1. 主板

主板也称系统板(安装在主机箱内)，是微机硬件系统集中管理的核心载体，其性能的优劣直接影响到微机各个部件之间的相互配合。主板几乎集中了全部系统的功能，能够根据系统的进程和线程的需要，有机地调度微机各个子系统，并为实现微机系统的科学管理，把微机从芯片到整机甚至到网络进行连接提供充分的硬件保证。主板的主要结构如图1-7

所示。

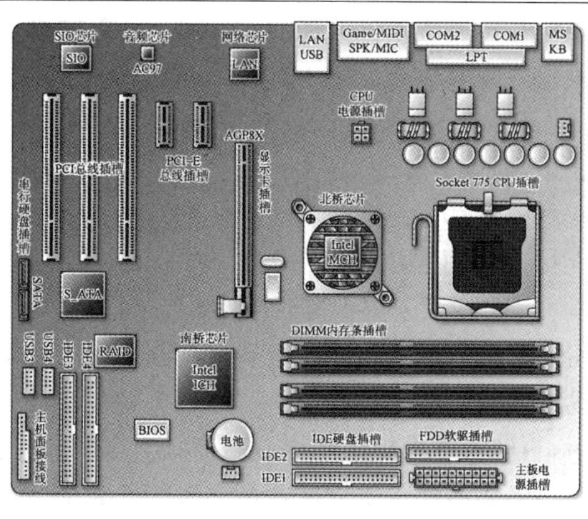

图 1-7 主板结构

正如盖房子一样，仅有建房所需砖瓦等材料，而没有优质的整体设计、水泥沙子等辅料以及能工巧匠的合理配料与实施，房子是建不好的。同样，如果说微机的芯片及上述各功能部件是“砖瓦”，那么将它们合理有序地组合起来形成微机的整体系统，使它们按照各自的功能相互配合、协调工作，真正发挥软硬件的作用就要靠主板以及主板上的各种插槽、适配卡、接线等设备了。

主板由以下几个部件构成。

1）CPU 插槽

CPU 插槽用于固定连接 CPU 芯片。由于集成化程度和制造工艺的不断提高，越来越多的功能被集成到 CPU 中，使其管脚数不断增加。为了使 CPU 安装更加方便，现在 CPU 插槽基本采用零插式（zero insertion force，ZIF）设计。

2）内存条插槽

随着内存扩展板的标准化，主板给内存条预留了专用插槽，只要购买所需数量并与主板插槽匹配的内存条，就可实现扩充内存和即插即用。内存条插槽的线数通常有 30 线、72 线、168 线、184 线和 240 线等。

3）芯片组

芯片组是主板的关键部件，由一组超大规模集成电路芯片构成。芯片组不仅负责主板上各种总线之间的数据和指令传输，而且还承担着硬件资源的分配与协调。它被固定在主板上，不能像 CPU、内存条那样进行简单的升级换代。目前市场上的芯片组以 Intel H470，B460，Q470 和 AMD B550 为主流产品。

4）总线结构

当前微机正向通信、多媒体功能扩展，高速的 CPU，性能优异的各种外部设备以及丰富多彩的应用软件大量涌现。目前 Intel 公司的 Pentium 系列处理器的总线结构基本采用外部部件互连（peripheral component interconnect，PCI）结构以及双重独立总线结构，大大提高了总线带宽与传输速率。

5）功能插卡和扩展槽

系统主板上有一系列的扩展槽，用来连接各种插卡（接口板）。用户可以根据自己的需要在扩展槽上插入各种用途的插卡（如显示接口卡、声卡、防病毒卡、网卡等），以扩展微机的各种功能，处理多媒体信息，并减少软件占用内存的空间等。任何插卡插入扩展槽后，就可通过系统总线与 CPU 连接，在操作系统支持下实现即插即用。这种开放的体系结构为用户组合各种功能设备提供了方便。下面介绍几种典型的插卡。

（1）显示接口卡（简称显卡）又称显示适配器，是体现计算机显示效果的关键设备。早期的显卡只具有把显示器同主机连接起来的作用，而如今它还能起到处理图形数据、加速图形显示等作用，故有时也称其为图形适配器或图形加速器。显卡插在系统主板的扩展槽中。为了适应不同类型的显示器，并使其显示出各种效果，目前已有各种型号及类型的显卡。

（2）声卡是一种处理声音信息的设备，它具有把模拟信号变成相应数字信号以及将数字信号转换成模拟信号的 A/D 和 D/A 转换功能,并可以把数字信号记录到硬盘上以及从硬盘上读取重放。声卡还具有用来增加播放复合音乐的合成器和乐器数字接口(musical instrument digital interface,MIDI),这样就使得多媒体个人计算机不仅能播放来自光盘的音乐,而且还有编辑乐曲及混响的功能,并能提供优质的数字音响。不管什么类型的声卡,它的外端都有几个常用的与外部音响设备相连接的端口,如立体声输入输出接口、麦克风输入接口、MIDI 端口等。

(3) 视频采集卡(简称视频卡)的主要功能是将各种制式的模拟的视频信号数字化,并将这种信号压缩和解压缩后与视频图形阵列信号叠加显示;也可以把电视、摄像机等外界的动态图像以数字形式捕获到计算机的存储设备上,对其进行编辑或与其他多媒体信号合成后,再转换成模拟信号播放出来。

上述这些设备均插置在主板的扩展槽内。

2. 输入输出接口

输入输出(input/output,I/O)接口有时也称为设备控制器或适配卡。通常把外存和I/O设备称为微机的外部设备。I/O 接口是 CPU 与外部设备之间交换信息的连接电路,它们也是通过总线与 CPU 相连的。由于主机是由集成电路芯片连接而成的,而外部设备通常是机电装置,因此它们在速度、时序、信息格式和信息类型等方面不匹配,I/O 接口就要解决上述不匹配的问题,使主机与外设能协调地工作。I/O 接口一般做成电路插卡的形式,所以常把它们称为适配卡,如硬盘驱动器适配卡、并行打印机适配卡、串行通信适配卡及游戏操作杆接口电路等。

主板上还设置了连接硬盘和光盘驱动器的电缆插座以及连接鼠标、打印机、绘图仪、调制解调器、通用串行总线(universal serial bus,USB)等外部设备的串并行通信接口。

3. 中央处理器

20 世纪 70 年代后,人们把计算机的主要部件运算器、控制器以及寄存器集成在一块芯片上,从而产生了 CPU。如今 CPU 已使微机在整体性能、处理功能、运算速度、多媒体处理及网络通信等方面都达到了极高的水平。

CPU 是微机的心脏,它决定了微机的档次和主要性能指标。当前微机中的 CPU 广泛采用的是 Intel 公司的 Core i3,Core i5,Core i7 等,现在许多公司如 IBM,AMD 也都生产了与 Intel 公司系列 CPU 相兼容的芯片。

随着 CPU 设计、制造技术的发展,微机的集成度与性能也越来越高。芯片中还集成了大量的微电路,通过类似神经网络的总线连接其他部件,形成微机的控制中枢,分别用来传送 CPU 的控制信号,按地址读取存储器中的指令和数据。

CPU 的工作速度快慢直接影响到整台计算机的运行速度。CPU 集成上万个晶体管,可分为控制单元(control unit,CU)、算术逻辑运算单元(arithmetic logic unit,ALU)、存储单元(memory unit,MU)三大部分。

CPU 中决定微机性能的主要指标包括主频和总线性能。

(1) 主频。主频是 CPU 内部时钟晶体振荡频率,用 MHz(兆赫兹)或 GHz(吉赫兹)表示。它是协调同步各部件行动的基准,主频率越高,CPU 运算速度越快,即一个时钟周期内能完成的指令条数越多。

(2) 总线性能。总线是 CPU 连接微机各部件的枢纽和 CPU 传送数据的通道。如果把 CPU 比作人体的“心脏”,那么总线是“心脏”连接到各部分的“动脉”。在微机中,CPU 发出的控制信号和处理的数据通过总线传送到系统的各个部分，而系统各部件的协调与联系也是通过总线来实现的。在总线上，通常传送数据、地址和控制这三种信号。相应地，总线也分为数据总线（data bus，DB）、地址总线（address bus，AB）和控制总线（control bus，CB）。显而易见，微机性能的优劣直接依赖于总线的宽度、质量以及传输速度，分别用总线的位宽、时钟和传输速率来衡量。目前总线的位宽已从 16 位扩展到 64 位以上，其传输速率也从 2 MB/s 提升至 528 MB/s，甚至更高。

另外，CPU 的下述指标也对微机的性能起重要作用。

1）寻址能力

寻址能力反映 CPU 一次可访问内存数据的总量，由地址总线宽度来确定。显然，地址总线越宽，CPU 向内存一次调用的数据越多，微机的运算速度也会更快。

寻址能力的计算方法是：设地址总线共有 n 条，即地址总线宽度为 n 位，则其寻址能力为 2^n B。例如，某机器的地址总线宽度为 32 位，那么其寻址能力的计算如下：

寻址能力＝2^{32} B＝2^{22} kB＝2^{12} MB＝2^2 GB＝4 GB。

2）多媒体扩展技术

多媒体扩展技术是为适应用户对通信和音频、视频、3D 图形、动画及虚拟现实等多媒体功能需求而研制的一种新技术，现已被嵌入 Intel 的 Pentium Ⅱ 以上的处理器中。其特点是可以将多条信息由一个单一指令即时处理；增加了几十条用于增强多媒体处理功能的指令。

3）单一指令多数据流扩展

单一指令多数据流扩展可以增强浮点和多媒体运算的速度。

4）缓存技术

缓存技术节省了 CPU 读取数据的时间。

Intel 推出的 Pentium Ⅲ 处理器，集成度已达到上亿只晶体管，主频超过 550 MHz，内嵌多媒体扩展技术和动态执行技术，具有大于 64 位的地址总线及双重独立总线结构；增加了 70 多条用于提高多媒体性能的指令，在图形处理、语音识别以及视频压缩等方面都有了大幅度的提高；同时，一个最显著的特点是设有内置芯片系列号。

Intel 公司推出的包含超线程技术的 Pentium Ⅳ 处理器，主频为 3.2 GHz。超线程技术可将个人计算机的性能提高 25%左右。

酷睿（Core）是一款领先节能的新型微架构，设计目的是提高能效比。早期的 Core 是基于笔记本处理器的。

4. 内部存储器

内部存储器也称为主存（简称内存），是 CPU 直接访问的存储器。随着计算机系统软件及应用软件的不断更新，系统对内存的要求也越来越高，内存的大小将直接影响计算机的整体性能。

存储器含有许多存储单元，每个存储单元被赋予一个地址编号（通常用十六进制来表示），可存放 1 个字节的二进制数，CPU 是通过地址到存储器中存取数据的。每个单元可存放若干位二进制数，1 位二进制数称为 1 个比特（bit），bit 是计算机处理信息的最小单位。内存中所有存储单元可存放的数据总量称为内存容量，用字节（Byte，简写为 B）表示，Byte 是计算机存储信息的基本单位。1 个字节由 8 位二进制数构成，可以表示为 1 B＝8 bit。更大的单位有千字节 kB、兆字节 MB、吉字节 GB、太字节 TB 等。它们之间的换算关系如下：

1 TB＝1 024 GB，　1 GB＝1 024 MB，　1 MB＝1 024 kB，　1 kB＝1 024 B。

因为内存是采用价格较高的半导体器件制成，所以其存取速度比外部存储器要快得多，但容量不如外部存储器大。内存可分为随机存取存储器、只读存储器和高速缓冲存储器。

1）随机存取存储器

随机存取存储器(random access memory，RAM)是内存的主要部分，是仅次于CPU的重要系统资源。它是程序和数据的临时存放地和中转站，即外设(键盘、鼠标、显示器和外存等)的信息都要通过它与CPU交换。RAM的特点是其中存放的内容可随时供CPU读写，但断电后，存放的内容就会全部丢失。微机的内存性能主要取决于RAM，目前主流微机的RAM的存储容量在2 GB以上。微机的RAM主要分为动态随机存取存储器(dynamic random access memory，DRAM)和静态随机存取存储器(static random access memory，SRAM)两种。DRAM价格便宜，容量大，但速度较慢，经常需要刷新；而SRAM的速度较DRAM快2～3倍，但价格高，容量较小。

2）只读存储器

只读存储器(read-only memory，ROM)是一种只能读出数据不能写入数据的存储器，但断电后，ROM中的内容仍存在。ROM的容量较小，通常用于存放固定不变、无须修改而且经常使用的程序。例如，基本输入输出系统(basic input output system，BIOS)等程序，就由生产厂家固化在ROM中。目前，常用的是可擦除可编程只读存储器(erasable programmable read-only memory，EPROM)，用户可通过编程器将数据或程序写入EPROM。

3）高速缓冲存储器

高速缓冲存储器(cache，缓存)在逻辑上位于CPU与内存之间，其作用是加快CPU与RAM之间的数据交换速率。Cache的原理是将当前急需执行及使用频繁的程序段和要处理的数据复制到更接近于CPU的Cache中，当CPU读写时，会首先访问Cache。因此，Cache就像是内存与CPU之间的“转接站”。一般，Intel 80386以上的微机都有Cache，Cache分为以下两级。

(1) 一级缓存(L1 cache)。它集成在CPU内部，用于CPU在处理数据过程中数据的暂时保存。由于缓存指令、数据与CPU同频工作，一级缓存的容量越大，存储的信息越多，CPU与内存之间数据交换的次数就越少，从而提高了CPU的运算效率。但因一级缓冲存储器由静态随机存储器组成，结构较复杂，在有限的CPU芯片面积上，一级缓存的容量不可能做得太大。

(2) 二级缓存(L2 cache)。由于一级缓存容量的限制，为了再次提高CPU的运算速度，在CPU外部放置一个高速存储器，即二级缓存。其工作主频比较灵活，可与CPU同频，也可不同。CPU在读取数据时，首先在一级缓存中寻找，然后在二级缓存中寻找，接着是内部存储器，最后是外部存储器。因此，二级缓存对系统的影响也不容忽视。

在Intel 486的微机中，一级缓存被集成到CPU芯片内部，其容量较小；而把二级缓存放在系统板上，其容量比一级缓存大一个数量级以上，价格也比一级缓存便宜。从Pentium型号的微机开始，一级缓存和二级缓存都被集成在CPU芯片中，并将用于缓存数据和缓存代码的Cache分开，这样就大大提高了CPU访问的速度和命中率。

5. 外部存储器

外部存储器也称为辅助存储器(简称外存或辅存)，它需要经过内存与CPU及输入、输出设备交换信息，可以长久保存大量的程序和数据，因此既可以作为输入设备也可以作为输出设备。外存相对于内存来说，可以真正存放信息，且存放信息量大，造价便宜，但是调用速度不如内存快。目前常用的外存有硬盘存储器（硬盘）和光盘存储器（光盘），它们和内存一样，也是以字节为单位存储信息的。

1）硬盘

硬盘是最主要的外存储器，它由若干个同样大小的、涂有磁性材料的铝合金圆盘片环绕一个共同的轴心组成。每个盘片上下两面各有一个读写磁头，磁头转动装置将磁头快速而准确地移到指定的磁道。硬盘驱动器采用温切斯特(Winchester)技术（简称温盘），即把磁头、盘片及执行机构都密封在一个容器内，与外界环境隔绝。其内部结构如图 1-8 所示。

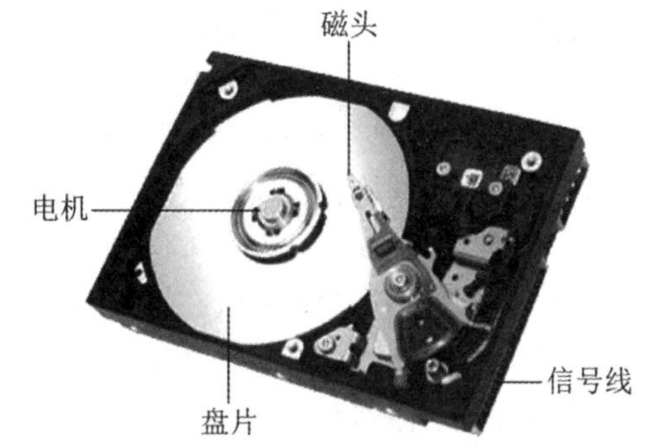

图 1-8　硬盘内部结构

硬盘的优点是：磁盘容量大（目前可达到数千GB）、存取速度快、可靠性高、存储成本低等。大多数微机上的硬盘是 5.25 英寸（1 英寸＝2.54 厘米）和 3.5 英寸，也有 2.5 英寸和 1.8 英寸的。硬盘片的每个面上有若干个磁道，每个磁道分成若干个扇区，每个扇区可存储 512 B，每个存储表面的相同磁道形成一个圆柱面，称为柱面。硬盘存储容量的计算公式如下：

存储容量＝柱面数×扇区数×扇区字节数×磁头数。

为了便于标识和存储，通常将硬盘赋予标号 C，当硬盘用于更多的用途时，可以对其进行逻辑分区，按顺序赋予标号 C，D，E，F，…。

2）光盘

随着多媒体技术及应用软件向大型化方向发展，人们需要一种高容量、高速度、工作稳定可靠、耐用性强的存储介质来取代软盘，从而诞生了光盘。

光盘是利用激光照射来记录信息，再通过光盘驱动器将盘片上的光学信号读取出来。计算机上使用的光盘主要有三种类型：只读光盘（CD/DVD-read only memory，CD/DVD-ROM）、一次写入光盘（write once read many disc，WORM disc）和可擦重写光盘（rewrite erasable disc）。

（1）只读光盘由制作者直接把信息一次性写入盘中，用户只能从中读取信息。与一般音乐 CD 不同，CD-ROM 是数字式的，其中可存放各种文字、声音、图形、图像和动画等多媒体数字信息。一般一张 CD-ROM 的容量为 650 MB 或 680 MB，其优点是价格便宜、制作容易、体积小、容量大、易长期存放等。

（2）一次写入光盘可由用户写入信息，写入后可以多次读出，但只能写一次，信息写入后不能修改。该类型光盘主要用于保存不允许随意修改的重要档案、历史性资料和文献等。

（3）可擦重写光盘类似于磁盘，可以重复读写信息，主要使用的是磁光盘。第一代光盘驱动器的数据传输速率只有 150 kB/s，以后陆续推出了 2 倍速、4 倍速、6 倍速的光盘驱动器，目前 50 倍速的 CD-ROM 驱动器已广泛使用。

1996 年中期推出了数字化视频光盘 DVD，它使多媒体信息数字化又向前迈进了一大步。它能从单个盘片上读取 4.7～17 GB 的数据量，目前其最大的传输速率可达 1.35 MB/s，相当于 9 倍速光驱。

3) 闪存盘

所谓闪存盘,又称为U盘或优盘,如图1-9所示,是一种小体积的移动存储装置,以闪存(flash memory)为存储核心,通过USB接口与计算机相连。

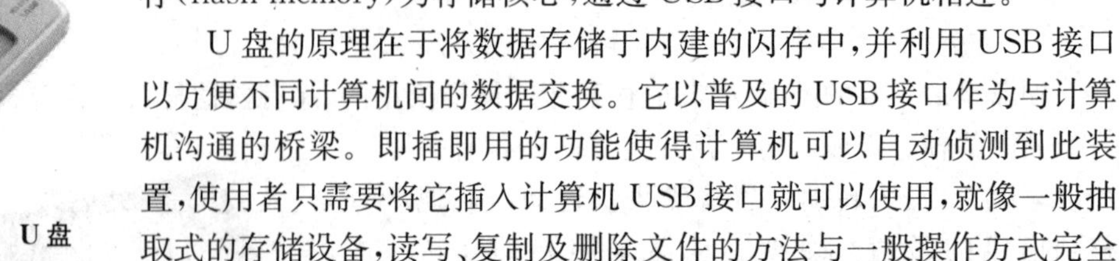

图1-9 U盘

U盘的原理在于将数据存储于内建的闪存中,并利用USB接口以方便不同计算机间的数据交换。它以普及的USB接口作为与计算机沟通的桥梁。即插即用的功能使得计算机可以自动侦测到此装置,使用者只需要将它插入计算机USB接口就可以使用,就像一般抽取式的存储设备,读写、复制及删除文件的方法与一般操作方式完全相同。U盘的结构很简单,主要部件就是一枚闪存芯片和一枚控制芯片,剩下的就是电路板、USB接口和外壳。其中,闪存芯片负责数据存储,控制芯片负责闪存的读写和USB传输的控制,这两枚芯片被做在同一块电路板上。电路板上还有一些电容、电阻、LED等元件,它的一端就是USB接口。闪存的容量比软盘大得多、携带方便、可靠性也高,目前已成为通用型移动存储介质。

4) 移动硬盘

移动硬盘是以硬盘为存储介质,强调便携性的存储产品,如图1-10所示。

图1-10 移动硬盘

目前市场上绝大多数的移动硬盘都是以标准硬盘为基础的,而很少使用微型硬盘(如1.8英寸硬盘等),这主要是由价格因素决定的。移动硬盘在数据的读写模式和标准IDE接口硬盘是相同的。移动硬盘多采用USB和IEEE 1394等传输速度较快的接口,能够以较高的速度与系统进行数据传输。移动硬盘以高速、大容量、轻巧便捷等优点赢得许多用户的青睐,而其最突出的优点还在于存储数据的安全可靠性。这类硬盘与笔记本电脑硬盘的结构类似,多采用硅氧盘片,这是一种比铝更为坚固耐用的盘片材料,而且具有更大存储容量和更好的可靠性,提高了数据的完整性。

5) 闪存卡

闪存卡(flash card)是利用闪存技术达到存储信息的存储器,一般应用在数码相机、掌上电脑、MP3和MP4等小型数码产品中作为存储介质,样子小巧,如一张小卡片,所以称为闪存卡。根据不同的生产厂商和不同的应用,闪存卡包括SM(smart media)卡、CF(compact flash)卡、MMC卡(multimedia card)、SD(secure digital)卡、记忆棒(memory stick)、XD卡(XD-picture card)和微硬盘(microdrive)。这些闪存卡虽然外观、规格不同,但是技术原理都是相同的。

6) 网盘

网盘采用先进的海量存储技术,用户可以方便地将文档、照片、音乐、软件等各种资料在网盘中保存起来,使得这些资料的存取不受时间、地点的限制。无论何时何地,只要登录网络地址或邮箱,就可以十分方便地存取和管理网盘中的文件和资料。现在某些网站提供的网盘完全是免费并且与邮箱捆绑的,上传、下载都非常方便。只需简单的操作便可将收到邮件的附件直接转存到网盘,网盘中的资料也可以直接作为附件发送,不会像其他附件那样,需要从计算机上传到邮件服务器。

6. 输入设备

输入设备的功能是将程序和原始数据转换为计算机能够识别的形式送到计算机内存中。输入设备的种类很多,微机上常用的有键盘和鼠标等。

1）键盘

在微机中键盘是最常用的输入设备，它通过电缆插入键盘接口与主机相连。当用户按下一个按键时，在键盘内的控制电路将根据该键的位置，把该字符信号转换为二进制码送入主机。目前常用的标准键盘是 101 键。键盘由以下四部分组成：

（1）主键盘区，与普通英文打字机的键盘类似，可以直接输入英文字符。遇有上下两档符号键位时，通过换档键[Shift]来切换。

（2）数字小键盘区，位于键盘右侧，主要便于右手输入数据、左手翻动单据的数据录入员使用。可通过数字锁定键[Num Lock]对数字和编辑键进行切换。

（3）功能键区，位于键盘第一行，有 12 个功能键[F1]～[F12]，它们在不同的软件中代表不同的功能。

（4）编辑键区，位于主键盘与数字小键盘的中间，用于光标定位和编辑操作。

2）鼠标

鼠标是利用本身的平面移动来控制显示屏幕上光标的位置，并向主机输送用户所选信号的一种手持式的常用输入设备。它广泛用于图形用户界面的使用环境中，可以实现良好的人机交互。按工作原理分类，鼠标可分为机械式鼠标和光电式鼠标等。

（1）机械式鼠标下面有一个可以滚动的小球，当鼠标在平面上移动时，小球与平面摩擦产生脉冲，测出 X－Y 方向的相对位移量，从而可反映出屏幕上鼠标的位置。机械式鼠标价格比光电式鼠标便宜，容易操作，但故障率较高。

（2）光电式鼠标下面有一个光电转换装置，需要一块布满小方格的长方形金属板配合使用。鼠标在板上移动时，安装在鼠标下的光电转换装置根据移动过的小方格数来定位坐标点。光电式鼠标较可靠，故障率较低，但必须要附带一块金属板，并且价格比机械式鼠标贵。

鼠标上带有两个键（左键、右键）或三个键（左键、中键、右键），通常使用左键进行一般的输入和控制，如单击、双击、拖动等；而把右键作为特殊功能之用（可根据人们的使用习惯调整）。

如果按接口分类，那么鼠标可分为串口鼠标、PS/2 鼠标、USB 鼠标、总线鼠标。

其他多媒体输入设备还有摄像机、数码照相机、扫描仪、麦克风、录音机、语音识别系统等。

7. 输出设备

输出设备的功能是将内存中经 CPU 处理过的信息以人们能接受的形式输送出来。输出设备的种类也很多，其中显示器、打印机是计算机最基本的输出设备。

1）显示器

显示器是一种通过电子屏幕显示输出结果的输出设备。显示器分为阴极射线管（cathode ray tube，CRT）显示器和液晶显示器（liquid crystal display，LCD）等。前者是最常用、最成熟的显示器件，但体积大而笨重，用于台式计算机；后者体积小，重量轻，用于便携式计算机，现在也用于台式计算机。

CRT 显示器的尺寸用最大对角线表示，以英寸为单位，一般为 14 英寸、15 英寸，而 17 英寸、19 英寸、21 英寸为大屏幕显示器，常用于图形和图像处理。

CRT 显示器的工作原理与电视机的工作原理基本相同，屏幕上的所有字符或图形均由一个个称为像素的显示点组成，像素的多少决定了显示器的分辨率。对于相同尺寸的屏幕，像素越密，像素间的距离就越小，则分辨率越高，图像也就越清晰。早期的显示器是单色的，价格相对彩色显示器较便宜，适用于字符处理。目前普遍使用彩色显示器，既适用于字符处理,也适用于图形图像处理。

实际上,显示器的显示效果在很大程度上取决于显卡。一台好的显示器应能在线支持多种分辨率和色彩模式,采用逐行方式扫描以抑制屏幕闪烁,采用刻蚀技术来减少眩光效应,并在各种分辨率下均应支持 72 Hz 以上的刷新率和自动多频扫描功能。

2) 打印机

打印机是将计算机的输出结果打印到纸上的输出设备,分为击打式和非击打式两大类。最流行的击打式打印机有针式打印机和高速宽行打印机,非击打式打印机的主要代表有喷墨打印机和激光打印机。

(1) 针式打印机主要由走纸机构、打印头和色带等组成。打印头通常是由 24 根针组成的点阵,根据主机在并行端口送出的各个信号,使打印头中的一部分针击打色带,从而在打印纸上产生一个个由点阵构成的字符。

针式打印机价格较便宜,能进行连页打印,但有噪声大、字迹质量不高、针头易坏和打印速度慢等缺点。

(2) 喷墨打印机使用喷墨来代替针打,墨水通过精制的喷头喷射到纸面上而形成输出的字符或图形。喷墨打印机价格便宜、体积小、无噪声、打印质量高,但对纸张要求高、墨水的消耗量大。

(3) 激光打印机利用激光技术和电子照相技术,由受到控制的激光束射向感光鼓表面,感光鼓充电部分通过碳粉盒时,使有字符或图像的部分吸附不同厚度的碳粉,再经高温高压定影,使碳粉永久黏附在纸上。激光打印机分辨率高、速度快,打印出的图形清晰美观,打印时无噪声,但价格高,对纸张要求高。

目前大多数打印机都装有汉字库,可以直接打印汉字。若打印机中没有汉字库,则需在微机中装入相应的汉字打印驱动程序,并使用微机的汉字库,才能打印汉字。

其他输出设备有投影仪、绘图仪、音箱等。

1.3.2 微型计算机的软件系统

和所有类型的计算机一样,微机仅有硬件系统是不能完成任何工作的,它必须配置相应的软件才能发挥计算机应有的功能。因此,在学习硬件的同时还必须学习相应的软件知识。微机常用的软件系统有系统软件和应用软件。

1. 系统软件

1) 操作系统

(1) DOS 操作系统。当 IBM 公司设计出 IBM-PC 机时,Microsoft 公司为其设计了配套的操作系统,这就是 DOS 操作系统,即磁盘操作系统(disk operating system)的简称。DOS 操作系统是单用户、单任务的文本命令型操作系统,其主要特点是:单机封闭式管理(单用户);在某一时刻只能运行一个应用程序(单任务);只能接收和处理文本命令。由于 Windows 操作系统的出现,DOS 操作系统现在已经很少见到了。

(2) Windows 操作系统是一个单用户、多任务、图形命令型的开放平台。其主要特点是:允许同时运行若干个程序(多任务);用图形界面代替文本命令,用户更容易掌握和接受。随着个人计算机软、硬件的发展,Windows 操作系统经历了 Windows 3.x, Windows 95, Windows 98, Windows 2000, Windows XP, Windows Vista, Windows 7, Windows 8, Windows 10 等多个版本的变迁。目前许多个人计算机都是用 Windows 10,其具有很好的稳定性和简便性。

(3) Linux是一种新兴的操作系统,其优点在于其程序代码完全公开,而且是完全免费使用。公开代码有利于用户的再开发——当然不是普通用户能做的事情。免费则能使大家都能用得起。但是,目前该操作系统还处于成长期,能使用的应用程序较少,稳定性和简便性还欠缺,用户群体不多。

2) 程序设计语言

程序设计语言经历了面向机器、面向过程、面向对象的发展阶段。

(1) 面向机器的程序设计语言:即机器语言,不同的机器硬件系统都有各自的机器语言,互相之间几乎没有通用性和可移植性。

(2) 面向过程的程序设计语言:BASIC,FORTRAN,Pascal,C,COBOL等。

(3) 面向对象的程序设计语言:Java,C++等。

3) 数据库管理系统

常用的数据库管理系统有:

(1) 桌面型数据库管理系统:Microsoft Office Access,Visual FoxPro等。

(2) 大型数据库管理系统:Microsoft SQL Server,Oracle,DB2,Sybase等。

2. 应用软件

1) 办公软件

办公软件主要包括文字处理、电子表格、演示文稿、个人数据库等。

2) 多媒体处理软件

多媒体处理软件主要包括图形制作软件、图像处理软件、动画制作软件、视频编辑软件等。

(1) 图形制作软件:AutoCAD,CorelDRAW,Macromedia FreeHand等。

(2) 图像处理软件:Adobe Photoshop,Corel PHOTO-PAINT等。

(3) 动画制作软件:Adobe Flash,3D Studio Max等。

(4) 视频编辑软件:Adobe Premiere,QuickTime等。

3) 常用工具软件

微机所使用的工具软件种类繁多,主要包括压缩和解压软件、杀毒软件、翻译软件、多媒体播放软件、图形图像浏览软件和快速复制软件等。

(1) 压缩和解压软件:WinRAR,WinZip,ARJ等。

(2) 杀毒软件:金山毒霸、瑞星杀毒软件、360杀毒软件、诺顿和卡巴斯基等。

(3) 翻译软件:金山词霸、Google翻译、百度翻译等。

(4) 多媒体播放软件:Windows Media Player,Real Player,MPEG Play等。

(5) 图形图像浏览软件:ACDSee等。

(6) 快速复制软件:Ghost,HDCopy等。

需要指出的是,操作系统是所有其他软件运行的基础。所有的应用软件都有一定的运行环境,不同的软件、不同的软件版本都可能会有不同的运行环境要求。选择和运行软件时一定要注意所需要的运行环境,阅读相关技术文档。

1.3.3 微型计算机系统的性能指标

衡量微机系统的性能指标有很多,这里择其要点进行简要的介绍。

1) 运算速度

运算速度是衡量 CPU 工作快慢的指标,一般以每秒完成多少次运算来度量。如今计算机的运算速度可达每秒万亿次。计算机的运算速度与主频有关,还与内存、硬盘等的工作速度及字长有关。通常所说的计算机运算速度(平均运算速度),是指每秒钟所能执行的指令条数,一般用百万次/秒(million instructions per second,MIPS)来描述。

2) 字长

字长是 CPU 一次可以处理的二进制数的位数,主要影响计算机的精度和速度。字长有 8 位、16 位、32 位和 64 位等。字长越长,表示一次读写和处理的数的范围越大,处理数据的速度越快,计算精度越高。一般说来,计算机在同一时间内处理的一组二进制数称为一个计算机的"字",而这组二进制数的位数就是"字长"。

3) 主存容量

主存容量也称为内存容量,是衡量计算机记忆能力的指标。主存容量越大,能存入的程序和数据就越多,计算机的处理能力就越强。随着操作系统的升级,应用软件的不断丰富及其功能的不断扩展,人们对计算机主存容量的需求也不断提高。

4) 外存容量

外存容量通常是指硬盘容量(包括内置硬盘和移动硬盘)。外存容量越大,可存储的信息就越多,可安装的应用软件就越丰富。

5) 输入输出数据的传输速率

输入输出数据的传输速率决定了可用的外设和与外设交换数据的速度。提高计算机输入输出数据的传输速率可以提高计算机的整体速度。

6) 可靠性

可靠性指计算机连续无故障运行时间的长短。可靠性好,表示无故障运行时间长。

7) 兼容性

任何一种计算机,高档机总是低档机发展的结果。若原来为低档机开发的软件不加修改便可以在高档机上运行和使用,则称此高档机为向下兼容。

8) 主频

主频指 CPU 的时钟频率,在一定程度上决定了计算机的速度。一般而言,计算机主频越高其运算速度越快。

9) 存取周期

存取周期指 CPU 对内存储器完成一次完整的读/写操作所需要的时间,也称为存储器的存取时间或访问时间。存取周期越短,计算机的运行速度越快,它是反映存储器的存取性能的一个重要参数。

1.4 计算机中的数据

信息是丰富多彩的,有数值、字符、声音、图形和图像、视频等,但是计算机本质上只能处理二进制的数据。因此,必须将计算机输入的信息转换成计算机能够接受和处理的二进制数;同样,从计算机中输出的数据也要进行逆向转换。数据采用二进制编码主要有如下优点:

(1) 容易实现,可靠性强;

(2) 运算简单,通用性好。

由于二进制数书写冗长、易错、难于记忆,为克服二进制数的不足,一般采用十六进制数或八进制数作为二进制数的简化表示。学习计算机需要了解这几种常用进制数以及它们之间的相互转换方法。

1.4.1 数制及其不同数据之间的转换

1. 进位计数制

数制,也称为计数制,是指用一组固定的符号和统一的规则来表示数值的方法。按一定进位原则进行计数的方法称为进位计数制。在采用进位计数的数字系统中,如果用 r 个基本符号(如 0,1,2,…,$r-1$)表示数值,那么称其为 r 进制,r 称为该数制的基数,而数制中每一数字位置上对应的固定值称为权值。一般情况下,对于 r 进制数,整数部分第 i 位(从右至左)的权值为 r^{i-1},而小数部分第 j 位的权值为 r^{-j}。例如,十进制数 852.65 可以表示为

$$852.65 = 8\times10^2+5\times10^1+2\times10^0+6\times10^{-1}+5\times10^{-2}$$
$$=8\times100+5\times10+2\times1+6\times0.1+5\times0.01。$$

为了区别各种数制,一般用( )带下标来表示不同进制的数,如十进制数用$(\ )_{10}$表示,二进制数用$(\ )_2$ 表示。或者在数的后面加一个大写字母表示该数的进制,如 B 表示二进制数;O 表示八进制数;D 或不带字母表示十进制数;H 表示十六进制数。

常用的进位计数制包括如下四种:

(1) 十进制。具有 10 个不同的数码符号 0,1,2,3,4,5,6,7,8,9;其基数为 10;采用逢十进一的原则计数。例如:

$(1011)_{10}=1\times10^3+0\times10^2+1\times10^1+1\times10^0$。

(2) 八进制。具有 8 个不同的数码符号 0,1,2,3,4,5,6,7;其基数为 8;采用逢八进一的原则计数。例如:

$(1011)_8=1\times8^3+0\times8^2+1\times8^1+1\times8^0=(521)_{10}$。

(3) 十六进制。具有 16 个不同的数码符号 0,1,2,3,4,5,6,7,8,9,A,B,C,D,E,F;其基数为 16;采用逢十六进一的原则计数。例如:

$(1011)_{16}=1\times16^3+0\times16^2+1\times16^1+1\times16^0=(4113)_{10}$。

(4) 二进制。具有 2 个不同的数码符号 0,1;其基数为 2;采用逢二进一的原则计数。例如:

$(1101)_2=1\times2^3+1\times2^2+0\times2^1+1\times2^0=(13)_{10}$。

2. 各进制数之间的转换

计算机处理十进制数时,必须先把它转换成二进制数才能被计算机所接受;同理,计算结果应将二进制数转换成人们习惯的十进制数。这就产生了不同进制数之间的转换问题。

1) 十进制数与二进制数之间的转换

(1) 十进制整数转换成二进制整数。把一个十进制整数转换成二进制整数的方法是:把被转换的十进制整数反复地除以 2,直到商为 0,所得的余数(从末位读起)就是这个数的二进制表示,即“除 2 取余法”。例如,将十进制整数$(37)_{10}$转换成二进制整数的方法如

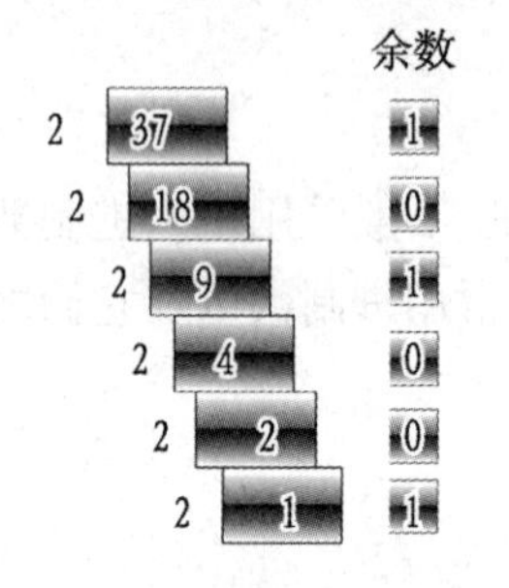

图 1-11　十进制整数转换成二进制整数

图 1-11 所示,于是$(37)_{10}=(100101)_2$。

了解了十进制整数转换成二进制整数的方法以后,那么理解十进制整数转换成八进制或十六进制整数就很容易了。十进制整数转换成八进制整数的方法是“除 8 取余法”;十进制整数转换成十六进制整数的方法是“除 16 取余法”。

(2) 十进制小数转换成二进制小数。十进制小数转换成二进制小数是将十进制小数连续乘以 2,选取进位整数,直到满足精度要求为止,即“乘 2 取整法”。例如,将十进制小数$(0.6875)_{10}$转换成二进制小数的方法如下:

0.6875
× 2
1.3750　整数=1,
0.3750
× 2
0.7500　整数=0,
× 2
1.5000　整数=1,
0.5000
× 2
1.0000　整数=1。

将十进制小数 0.6875 连续乘以 2,把每次所进位的整数按从上往下的顺序写出。于是,$(0.6875)_{10}=(0.1011)_2$。

(3) 二进制数转换成十进制数。把二进制数转换为十进制数的方法是,将二进制数按权展开求和即可。

例如,将二进制数$(10110011.101)_2$转换成十进制数的方法如下(从高位到低位):

1×2^7　代表十进制数 128
0×2^6　代表十进制数 0
1×2^5　代表十进制数 32
1×2^4　代表十进制数 16
0×2^3　代表十进制数 0
0×2^2　代表十进制数 0
1×2^1　代表十进制数 2
1×2^0　代表十进制数 1
1×2^{-1}　代表十进制数 0.5
0×2^{-2}　代表十进制数 0
1×2^{-3}　代表十进制数 0.125

于是,$(10110011.101)_2=128+32+16+2+1+0.5+0.125=(179.625)_{10}$。

同理,非十进制数转换成十进制数的方法是,把各个非十进制数按权展开求和即可。例如,把二进制数(或八进制数或十六进制数)写成 2 (或 8 或 16)的各次幂之和的形式,然后计算其结果。

2) 二进制数与八进制数之间的转换

二进制数与八进制数之间的转换十分简捷方便，它们之间的对应关系是：八进制数的每一位对应二进制数的 3 位。

(1) 二进制数转换成八进制数。由于二进制数和八进制数之间存在特殊关系，即 $8^1=2^3$，因此转换方法比较容易。具体转换方法是：将二进制数从小数点开始，整数部分从右向左 3 位一组，小数部分从左向右 3 位一组，不足 3 位用 0 补足，每组对应 1 位八进制数。例如，将二进制数 $(10110101110.11011)_2$ 转换成八进制数的方法如下：

010 110 101 110 . 110 110
⬇ ⬇ ⬇ ⬇ ⬇ ⬇
2 6 5 6 . 6 6

于是，$(10110101110.11011)_2=(2656.66)_8$。

(2) 八进制数转换成二进制数。以小数点为界，向左或向右每一位八进制数用相应的 3 位二进制数取代，然后将其连在一起即可。例如，将八进制数 $(6237.431)_8$ 转换成二进制数的方法如下：

6 2 3 7 . 4 3 1
⬇ ⬇ ⬇ ⬇ ⬇ ⬇ ⬇
110 010 011 111 . 100 011 001

于是，$(6237.431)_8=(110010011111.100011001)_2$。

3) 二进制数与十六进制数之间的转换

(1) 二进制数转换成十六进制数。二进制数的每四位，刚好对应于十六进制数的 1 位 $(16^1=2^4)$，其转换方法是：将二进制数从小数点开始，整数部分从右向左 4 位一组，小数部分从左向右 4 位一组，不足 4 位用 0 补足，每组对应 1 位十六进制数。例如，将二进制数 $(101001010111.110110101)_2$ 转换成十六进制数的方法如下：

1010 0101 0111 . 1101 1010 1000
⬇ ⬇ ⬇ ⬇ ⬇ ⬇
A 5 7 . D A 8

于是，$(101001010111.110110101)_2=(A57.DA8)_{16}$。

又如，将二进制数 $(100101101011111)_2$ 转换成十六进制数的方法如下：

0100 1011 0101 1111
⬇ ⬇ ⬇ ⬇
4 B 5 F

于是，$(100101101011111)_2=(4B5F)_{16}$。

(2) 十六进制数转换成二进制数。以小数点为界，向左或向右每一位十六进制数用相应的 4 位二进制数取代，然后将其连在一起即可（整数前面的 0 可以省略）。例如，将十六进制数 $(3AB.11)_{16}$ 转换成二进制数的方法如下：

3 A B . 1 1
⬇ ⬇ ⬇ ⬇ ⬇
0011 1010 1011 . 0001 0001

于是，$(3AB.11)_{16}=(1110101011.00010001)_2$。

3. 常用进制数字对照表

十进制与二进制、八进制、十六进制数字之间相互转化的关系如表1-4所示。

表1-4　常用进制数字对照表

十进制	0	1	2	3	4	5	6	7	8	9	10	11	12	13	14	15
二进制	0000	0001	0010	0011	0100	0101	0110	0111	1000	1001	1010	1011	1100	1101	1110	1111
八进制	0	1	2	3	4	5	6	7	10	11	12	13	14	15	16	17
十六进制	0	1	2	3	4	5	6	7	8	9	A	B	C	D	E	F

1.4.2　数值型数据表示

在计算机内数值型数据分成整数和实数两大类。数据都是以二进制的形式存储和运算的。如前所述,计算机中的数字电路只能识别二进制数,数的正、负号是不能被计算机直接识别的,为了让计算机能识别正、负号,就必须对符号进行编码,或者说把符号数字化。通常采用二进制数的最高位来表示符号,用"0"表示正数,"1"表示负数。例如,二进制数+1101000在计算机内的表示如图1-12所示。

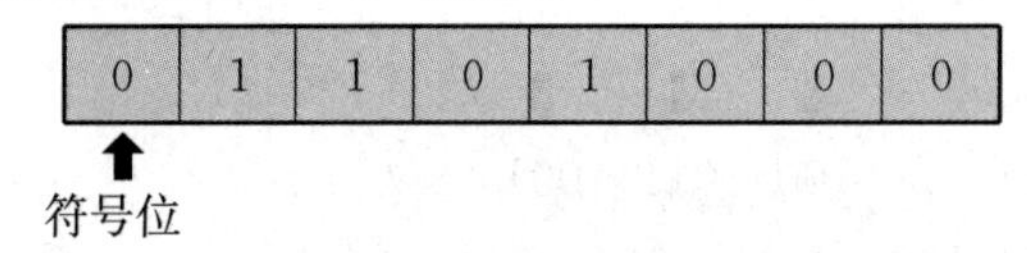

图1-12　二进制数+1101000在计算机内的表示

显然,计算机内的数据在经过符号数字化后与其本来值的数据形式不一样,通常把计算机内的数据存放形式称为机器数(或机器码),而它表示的数值称为此机器数的"真值"。例如机器数$(11101000)_2$,它表示的数值为$(-1101000)_2$,这里的$(-1101000)_2$是机器数$(11101000)_2$的真值。

1. 整数的表示

计算机中的整数一般用定点数表示,定点数指小数点在数中有固定的位置。整数又可分为无符号整数(不带符号的整数)和有符号整数(带符号的整数)。无符号整数中,所有二进制位全部用来表示数的大小,有符号整数用最高位表示数的正负号,其他位表示数的大小。若用一个字节表示一个无符号整数,则其取值范围是0～255,即$0\sim2^8-1$;若表示一个有符号整数,则其取值范围是-128～+127,即$-2^7\sim+2^7-1$。例如,若用一个字节表示有符号整数,则能表示的最大正整数为01111111(最高位为符号位),即最大值为127,而若数值>|127|,则"溢出"。

计算机中的地址常用无符号整数表示,可以用8位、16位、32位或64位来表示。

2. 实数的表示

实数一般用浮点数表示,因为它的小数点位置不固定,所以称浮点数。它是既有整数又有小数的数,纯小数可以看作实数的特例,如76.625,-2184.045,0.00345都是实数,且又可以表示为

$76.625=10^2\times(0.76625)$;

$-2184.045=10^4\times(-0.2184045)$;

$0.00345=10^{-2}\times(0.345)$。

其中,指数部分用来指出实数中小数点的位置,括号内是一个纯小数。二进制的实数表示也

是这样，例如，110.101 可表示为

$$110.101B=2^{10B}\times 1.10101B=2^{-10B}\times 11010.1B=2^{+11B}\times 0.110101B。$$

在计算机中一个浮点数由指数（阶码）和尾数两部分组成，阶码部分由阶符和阶码组成，尾数部分由数符和尾数组成。其机内表示形式如图 1-13 所示。

阶符	阶码	数符	尾数

图 1-13　浮点数的机内表示形式

阶码用来指示尾数中的小数点应当向左或向右移动的位数；尾数表示数值的有效数字，其小数点约定在数符和尾数之间，在浮点数中数符和阶符各占一位，阶码的值随浮点数数值的大小而定，尾数的位数则依浮点数数值的精度要求而定。

3. 原码、反码和补码表示法

为运算方便，机器数有三种表示法，即原码、反码和补码。

1）原码

数 X 的原码的符号位用 0 表示正数，用 1 表示负数；数值部分就是 X 的绝对值。用 $[X]_{原}$ 表示 X 的原码。设数 $X=(+1101)_2$，$Y=(-1101)_2$，若用 8 位二进制数表示（16 位、32 位、64 位其原理一样），则它们的原码可表示如下：

因为 $(+1101)_2$ 可写为 $(+0001101)_2$，$(-1101)_2$ 可写为 $(-0001101)_2$，所以

$$[X]_{原}=(00001101)_2,\quad [Y]_{原}=(10001101)_2。$$

以上两个机器数的最高位为符号位，是表示数的符号的。

显然，$[+127]_{原}=(01111111)_2$，$[-127]_{原}=(11111111)_2$，由此可知 8 位原码所表示数的范围是 $-127\sim+127$。原码虽然简单也容易实现，但有两个缺陷：其一，在原码中“0”有两种表示形式，$[+0]=(00000000)_2$，$[-0]=(10000000)_2$，这样给机器的判定带来麻烦；其二，符号要单独处理，不便于计算机实现运算。

2）反码

正数 X 的反码与原码相同；负数的反码，其符号位用 1 表示，数值部分就是对其原码逐位取反。用 $[X]_{反}$ 表示 X 的反码。设数 $X=(+1101)_2$，$Y=(-1101)_2$，则

$$[X]_{反}=(00001101)_2,\quad [Y]_{反}=(11110010)_2。$$

反码与原码一样也存在上述两个缺陷，其数的表示范围也一样。

3）补码

正数 X 的补码与原码相同；负数的补码，其符号位用 1 表示，数值部分就是对其原码逐位取反后最右加 1，即取反加 1。用 $[X]_{补}$ 表示 X 的补码。设数 $X=(+1101)_2$，$Y=(-1101)_2$，则

$$[X]_{补}=(00001101)_2,\quad [Y]_{补}=(11110011)_2。$$

显然，$[+127]_{补}=(01111111)_2$，$[-127]_{补}=(10000001)_2$，8 位补码所能表示数的范围是 $-128\sim+127$。

数据采用补码的编码形式具有两个优点：其一，符号位连同数字位一起进行运算，只要不超过机器所能表示的范围，其运算结果是正确的；其二，可以化减法运算为加法运算（关于这一点有兴趣的读者可以参看有关书籍）。

考察下面计算机运算的例子，体会采用补码进行运算的好处。

例 1-1　设数 $X=+5$，$Y=-6$，求 $X+Y$。假定计算机内用 8 位二进制数表示数据。

$X=+5=(+0101)_2$,$[X]_{补}=(00000101)_2$;

$Y=-6=(-0110)_2$,$[Y]_{补}=(11111010)_2$;

列竖式计算如下:

$$
\begin{array}{r}
[X]_{补}=(00000101)_2 \\
+[Y]_{补}=(11111010)_2 \\
\hline
(11111111)_2
\end{array}
$$

已知负数的补码求真值的方法是:符号位的1表示是负数,把数字部分再一次求补,即取反加1。因此,$(11111111)_2$是负数且为补码,那么它的真值为-1。显然机器所计算的结果是正确的。

需要注意的是,当运算结果超出该类型的表示范围时,就会产生不正确的结果,这种情况实际上就是“溢出”。若发生溢出,则运算结果不正确,要进行出错处理。

4. BCD码(二-十进制编码)

BCD码(binary-coded decimal)是用若干个二进制数表示一个十进制数的编码,这种编码的特点是保留了十进制的权,而数字则用0和1的组合来表示。BCD码是用4位二进制数表示1位十进制数。BCD码有多种编码方法,常用的有8421码。8421码是将十进制数码0～9中的每个数分别用4位二进制编码表示,从左至右每一位对应的权是8,4,2,1。如表1-5所示是十进制数0～19的BCD码(8421码)对照表。

表1-5 十进制数0～19的BCD码对照表

十进制	BCD	十进制	BCD	十进制	BCD
0	0000	7	0111	14	0001 0100
1	0001	8	1000	15	0001 0101
2	0010	9	1001	16	0001 0110
3	0011	10	0001 0000	17	0001 0111
4	0100	11	0001 0001	18	0001 1000
5	0101	12	0001 0010	19	0001 1001
6	0110	13	0001 0011		

这种编码方法比较直观、简要,对于多位数,只需将它的每一位数字按表1-5中所列的对应关系用BCD码直接列出即可。例如,十进制数转换成BCD码:

$(1209.56)_{10}=(0001\ 0010\ 0000\ 1001.0101\ 0110)_{BCD}$。

BCD码与二进制之间的转换不是直接的,要先将BCD码表示的数转换成十进制数,再将十进制数转换成二进制数。例如:

$(1001\ 0010\ 0011.0101)_{BCD}=(923.5)_{10}=(1110011011.1)_2$。

1.4.3 非数值型数据表示

在计算机中,除需要处理数值型数据外,还要处理大量的非数值型数据,如字符数据。字符数据包括西文字符(字母、数字、各种符号)和汉字字符,它们也需用二进制数进行编码才能存储在计算机中并进行处理。对于西文字符与汉字字符,由于形式的不同,因此使用的编码方式也不同。

1. 字符的二进制编码

在计算机的发展过程中，出现了若干种字符编码。目前使用广泛的字符编码有 EBCDIC 码、Unicode 码和 ASCII 码等。

(1) EBCDIC 码(extended binary coded decimal interchange code)是扩充的二-十进制交换码，是早期 IBM 公司为它的大型机设计的字符编码。EBCDIC 码使用 8 位二进制数(1 个字节)表示 1 个字符，可以表示 $2^8=256$ 个字符，但是其中有许多编码在 EBCDIC 中并没有定义明确的字符，保留作为扩充。

(2) Unicode 码使用 16 位二进制数(2 个字节)表示 1 个字符，可以表示 65 000 多个不同的字符。Unicode 这种编码有一定的优势，因为在国际商业和通信中，往往需要用到如英语、日语、汉语等不同的文字。使用 Unicode 码，不同国家的软件开发人员可以修改某软件的屏幕提示、菜单和错误信息，以适应软件的本地化。Unicode 码是一个很大的集合，统一了编码方式，但效率较低。

(3) ASCII 码是美国信息交换标准代码(American Standard Code for Information Interchange)，是目前使用最为广泛的字符编码之一。这一编码被国际标准化组织(International Organization for Standardization，ISO)确定为国际标准字符编码。ASCII 码使用 7 位二进制数表示 1 个字符，可以表示 $2^7=128$ 个字符。但由于存储器的基本单位是字节，故一般仍以 1 个字节来存放 1 个 ASCII 码字符。每个字节中多余的一位即最高位通常用 0 表示，真正使用的是其余 7 位。表 1-6 列出的是标准的 ASCII 码字符表。

表 1-6 ASCII 码字符表

$b_6 b_5 b_4$ / $b_3 b_2 b_1 b_0$		0	1	2	3	4	5	6	7
		000	001	010	011	100	101	110	111
0	0000	NUL	DLE	(space)	0	@	P	`	p
1	0001	SOH	DC1	!	1	A	Q	a	q
2	0010	STX	DC2	"	2	B	R	b	r
3	0011	ETX	DC3	#	3	C	S	c	s
4	0100	EOT	DC4	$	4	D	T	d	t
5	0101	ENQ	NAK	%	5	E	U	e	u
6	0110	ACK	SYN	&	6	F	V	f	v
7	0111	BEL	ETB	'	7	G	W	g	w
8	1000	BS	CAN	(	8	H	X	h	x
9	1001	HT	EM	)	9	I	Y	i	y
A	1010	LF	SUB	*	:	J	Z	j	z
B	1011	VT	ESC	+	;	K	[	k	{
C	1100	FF	FS	,	<	L	\	l	|
D	1101	CR	GS	-	=	M	]	m	}
E	1110	SO	RS	.	>	N	^	n	~
F	1111	SI	US	/	?	O	_	o	DEL

2. 汉字的二进制编码

英文为拼音文字，所有的字均由 52 个英文大小写字母拼组而成，加上数字及其他标点符号，常用的字符仅 95 个，故 7 位二进制数编码已经够用了。与西文字符比较，汉字数量大，字形复杂，同音字多，这就给汉字在计算机内部的输入、存储、输出等带来了一系列的问题。为了能直接使用西文标准键盘输入汉字,必须为汉字设计相应的编码,以适应计算机处理汉字的需要。计算机中的汉字在不同的处理阶段,采用不同的编码。

1) 国标码与区位码

我国于1980年发布,1981年实施了《信息交换用汉字编码字符集 基本集》,简称GB/T 2312—1980。它规定了处理交换用的6 763个常用汉字和682个非汉字字符(图形、符号)的编码,其中一级汉字3 755个,以汉语拼音字母顺序排列;二级汉字3 008个,以偏旁部首进行排列。

GB/T 2312—1980规定:1个汉字用2个字节表示,每个字节只用低7位,最高位为0。例如,"大"的国标码如图1-14所示。

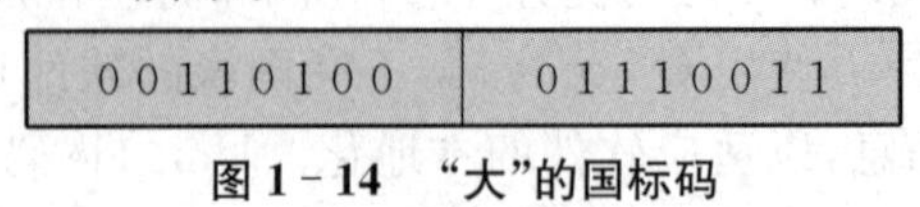

00110100	01110011

图1-14 "大"的国标码

把GB/T 2312—1980编码表中两个字节编码连接起来,即得到汉字的国标码。例如,"大"的第一字节编码为34H,第二字节编码为73H,即"大"的国标码为3473H。

GB/T 2312—1980编码表中有94行94列,行号称为区号(区号为01~94),列号称为位号(位号为01~94),把区号和位号组合起来便为该汉字的区位码。注意区号和位号都用2位十进制数表示,不足2位前面补0。

使用区位码方法输入汉字时,必须先在表中查找汉字并找出对应的代码,才能输入。区位码输入汉字的优点是无重码,而且输入码与内部编码的转换方便。

区位码转换为国标码的方法是:首先将区号、位号转换成十六进制数;其次将区号、位号各加20H,即区位码(十六进制数)+2020H便得国标码。

例1-2 已知某汉字的区位码为3222(这里给定的是十进制数,即第32区的第22个汉字),求这个汉字的国标码。

区号32转换成十六进制数为20H,位号22转换成十六进制数为16H;然后将区位码2016H加上2020H得到4036H。于是,这个汉字的国标码为4036H。

2) 机内码

汉字的机内码是计算机系统内部对汉字进行存储、处理、传输统一使用的代码,又称为汉字内码。汉字的国标码不能直接作为汉字的机内码,这是因为国标码每个字节的最高位也为0,它会与国际通用的ASCII码字符相混淆。在计算机内汉字字符必须与英文字符区别开,以免造成混乱。英文字符的机内码是用1个字节来存放ASCII码,1个ASCII码占1个字节的低7位,最高位为0。为了区分,汉字机内码中2个字节的最高位均为1。例如,汉字"中"的国标码为5650H(0101011001010000B),机内码为D6D0H(1101011011010000B)。由此可见国标码和机内码相差8080H,即机内码=国标码+8080H。例如,例1-2中汉字的机内码计算如下:

机内码=国标码+8080H
　　　=4036H+8080H
　　　=C0B6H。

3) 汉字的输入码

为了利用计算机系统中现有的西文键盘来输入汉字,还要对每个汉字编一个西文键盘输入码(简称输入码),主要的输入码有拼音、五笔字型、区位码等。

4）汉字的字形码

在计算机内部，系统只对汉字机内码进行处理，不涉及汉字本身的字形。若要输出汉字处理的结果，则必须把汉字的机内码还原成汉字字形。一个字符集的所有字符的形状描述信息集合在一起，称为字符集的字形信息库，简称字库。每输出一个汉字，都必须根据机内码到字库中找出该汉字的字形描述信息，再送去显示或打印。

描述字符字形的方法主要有两种：点阵字形和轮廓字形。目前主要是用点阵方式形成汉字，即用点阵表示汉字字形码。根据汉字输出精度的要求，有不同密度点阵。汉字字形点阵有 16×16 点阵、24×24 点阵、32×32 点阵等。

汉字字形点阵中每个点的信息用 1 位二进制码来表示，1 表示对应位置处是黑点，0 表示对应位置处是空白。汉字字形点阵的信息量很大，所占存储空间也很大。例如，16×16 点阵的字形码需要占 32 个字节（16×16÷8＝32）；24×24 点阵的字形码需要占 72 个字节（24×24÷8＝72）。因此，汉字字形点阵只能用来构成"字库"，而不能用来替代机内码用于机内存储。

字库中存储了每个汉字的字形点阵代码，不同的字体（如宋体、仿宋、楷体、黑体等）对应着不同的字库。在输出汉字时，计算机要先到字库中去找到它的字形描述信息，然后再把字形送去输出，如图 1－15 所示。

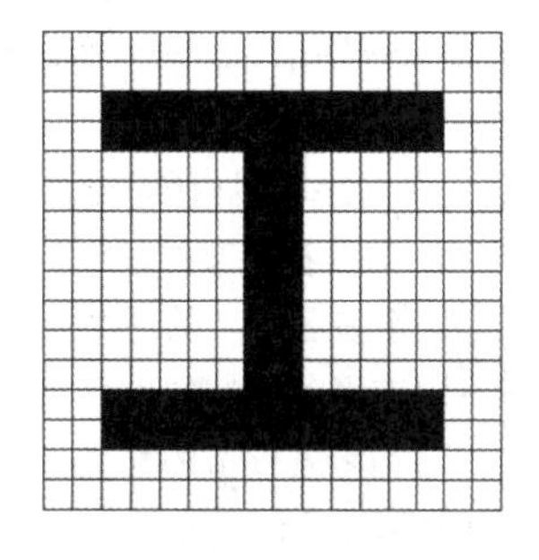

图 1－15　字形点阵

3. 多媒体数据

在计算机中，数值数据和字符数据都要转换成二进制来存储和处理。同样，声音、图形和图像、视频等多媒体数据也要转换成二进制后计算机才能存储和处理，但多媒体数据的表示方式是完全不同的。在计算机中，声音往往用波形文件、MIDI 音乐文件或压缩音频文件方式表示；图形和图像的表示主要有位图编码和矢量编码两种方式；视频由一系列"帧"组成，每个帧实际上是一幅静止的图像，需要连续播放才会变成动画。多媒体数据的表示、存储和处理方法，可参阅相关书籍。

一、选择题

1. 办公自动化是计算机的一项应用，按计算机应用的分类，它属于（　　）。

   A. 科学计算　　B. 数据处理　　C. 实时控制　　D. 辅助设计

2. 下列对计算机特点的说法中，不正确的说法是（　　）。

   A. 运算速度快
   B. 计算精度高
   C. 所有操作是在人的控制下完成的
   D. 随着计算机硬件设备及软件的不断发展和提高，其价格也越来越高

3. 在下列不同进制的四个数中，（　　）是最小的一个数。

   A. $(45)_{10}$　　B. $(57)_8$　　C. $(3B)_{16}$　　D. $(110011)_2$

4. 十进制数$(141.71875)_{10}$转换成无符号二进制数为（　　）。

   A. $(10011101.101110)_2$　　B. $(10001101.010110)_2$

C. $(10001100.111011)_2$　　D. $(10001101.101110)_2$

5. 下列十进制数中能用8位无符号二进制表示的是(　　)。

A. 258　　B. 257　　C. 256　　D. 255

6. 二进制数$(1011011)_2$转换成八进制、十进制、十六进制数依次为(　　)。

A. $(133)_8$,$(103)_{10}$,$(5B)_{16}$　　B. $(133)_8$,$(91)_{10}$,$(5B)_{16}$

C. $(253)_8$,$(171)_{10}$,$(5B)_{16}$　　D. $(133)_8$,$(71)_{10}$,$(5B)_{16}$

7. 二进制数$(1100100)_2$转换成十进制数为(　　)。

A. $(96)_{10}$　　B. $(100)_{10}$　　C. $(104)_{10}$　　D. $(112)_{10}$

8. 若已知一汉字的国标码是5E38H,则其机内码是(　　)。

A. DEB8H　　B. DE38H　　C. 5EB8H　　D. 7E58H

9. 用于汉字信息处理系统之间或者与通信系统之间进行信息交换的汉字代码是(　　)。

A. 国标码　　B. 存储码　　C. 机外码　　D. 字形码

10. 一个汉字的机内码与国标码之间的差别是(　　)。

A. 前者各字节的最高位二进制值为1,而后者为0

B. 前者各字节的最高位二进制值为0,而后者为1

C. 前者各字节的最高位二进制值各为1,0,而后者为0,1

D. 前者各字节的最高位二进制值各为0,1,而后者为1,0

11. 构成CPU的主要部件是(　　)。

A. 内存和控制器　　B. 内存、控制器和运算器

C. 高速缓存和运算器　　D. 控制器和运算器

12. 下列各组软件中,全部属于应用软件的是(　　)。

A. 程序语言处理程序、操作系统、数据库管理系统

B. 文字处理程序、编辑程序、UNIX操作系统

C. 财务处理软件、金融软件、WPS Office 2019

D. Microsoft Office Word 2016,Photoshop,Windows 10

13. 下列关于显示器的叙述中,正确的一项是(　　)。

A. 显示器是输入设备　　B. 显示器是输入/输出设备

C. 显示器是输出设备　　D. 显示器是存储设备

14. 计算机之所以能按人们的意图自动进行工作,最直接的原因是采用了(　　)。

A. 二进制　　B. 高速电子元件　　C. 程序设计语言　　D. 存储程序控制

二、简答题

1. 按照冯·诺依曼原理,计算机的硬件体系由哪几个部分构成?它们在微机中又是如何划分的?微机的主机和外设各包括哪些主要部件?
2. 存储器为什么要分为内存储器和外存储器?两者各有何特点?试比较RAM,ROM,Cache以及硬盘和光盘的性能特点。
3. 用高级语言编写的程序,计算机需经过怎样的处理才能执行?
4. 微机主板的作用是什么?它主要包括哪些部件?它们各自的功能是什么?
5. 计算机的显示效果主要由哪些硬件决定?试比较各种型号的显卡的显示情况。
6. 什么是系统软件?什么是应用软件?举例说明它们的作用。
7. 人机界面在计算机系统中具有什么功能?图形界面有哪些优点?

第二章　操作系统基础

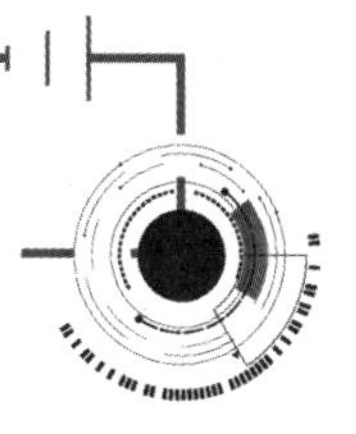

操作系统是十分重要的计算机系统软件，计算机发展到今天，从微机到高性能计算机，无一例外都配置了一种或多种操作系统，操作系统已经成为现代计算机系统不可分割的重要组成部分。

本章主要内容：操作系统概述；Windows 7 操作系统；Windows 10 操作系统。

✲2.1　操作系统概述

计算机系统由硬件系统和软件系统两部分组成，操作系统是配置在计算机硬件上的第一层软件，是对硬件系统的首次扩充。操作系统在计算机软件系统中占据了特别重要的地位，而其他的诸如汇编程序、编译程序、数据库管理系统等系统软件以及大量的应用软件，都依赖于操作系统的支持。操作系统已成为现代计算机必须配置的软件。

2.1.1　操作系统的基本概念

操作系统是一组控制和管理计算机软硬件资源，并为用户提供更便捷的工作环境的计算机程序。操作系统在计算机中具有极其重要的地位，它不仅是硬件与其他软件的接口，也是用户和计算机之间进行“交流”的界面。操作系统与计算机软件和硬件的层次关系，如图 2-1 所示。

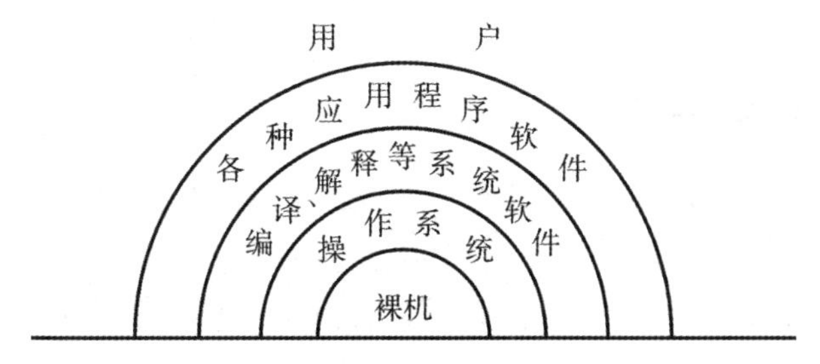

图 2-1　操作系统与计算机软件和硬件的层次关系

2.1.2　操作系统的功能

操作系统通过内部极其复杂的综合处理，为用户提供友好、便捷的操作界面，以便用户无须了解计算机硬件或系统软件的有关细节就能方便地使用计算机。

操作系统的主要任务是有效管理系统资源、提供友好便捷的用户接口。为实现其主要任务,操作系统应具有处理机管理、存储器管理、文件系统管理、设备管理和用户与操作系统的接口等功能。

1. 处理机管理

在多道程序系统中,由于存在多个程序共享系统资源,就必然会引发对处理机的争夺。如何有效地利用处理机资源,如何在多个请求处理机的进程中选择取舍,就是进程调度要解决的问题。处理机是计算机中宝贵的资源,能否提高处理机的利用率,改善系统性能,在很大程度上取决于调度算法的好坏。因此,进程调度成为操作系统的核心。在操作系统中负责进程调度的程序称为进程调度程序。

2. 存储器管理

存储器(这里特指内存)管理的主要工作是:为每个用户程序分配内存,以保证系统及各用户程序的存储区互不冲突;保证程序的运行不会有意或无意地破坏别的程序的运行;当某个用户程序的运行导致系统提供的内存不足时,把内存与外存结合起来使用、管理,给用户提供一个比实际内存大得多的虚拟内存,而使程序能顺利地执行。为此,存储器管理应包括内存分配、地址映射、内存保护和内存扩充。

3. 文件系统管理

在操作系统中,负责管理和存取文件信息的部分称为文件系统或信息管理系统。在文件系统的管理下,用户可以按照文件名访问文件,而不必考虑各种外存储器的差异,不用了解文件在外存储器上的具体物理位置以及如何存放。文件系统为用户提供了一个简单、统一的访问文件的方法,因此它也被称为用户与外存储器的接口。

4. 设备管理

每台计算机都配置了很多外部设备,它们的性能和操作方式都不一样。操作系统的设备管理就是负责对设备进行有效的管理,方便用户使用外部设备,提高 CPU 和设备的利用率。

5. 用户与操作系统的接口

为了方便用户使用操作系统,操作系统向用户提供了用户与操作系统的接口。该接口通常是以命令或系统调用的形式呈现在用户面前的,前者提供给用户在键盘终端上使用;后者提供给用户在编程时使用。

2.1.3 操作系统的分类

对操作系统进行严格的分类是很困难的。早期的操作系统,按用户使用的操作环境和功能特征的不同,可分为三种基本类型:批处理操作系统、分时操作系统和实时操作系统。随着计算机体系结构的发展,又出现了嵌入式操作系统、网络操作系统和分布式操作系统。

1. 批处理操作系统

批处理操作系统的突出特征是"批量"处理,它把提高系统处理能力作为主要设计目标。它的主要特点包括用户脱机使用计算机,操作方便;成批处理,提高了 CPU 利用率;缺点包括无交互性,即用户一旦将程序提交给系统后就失去了对它的控制能力,使用户感到不方便。例如,VAX/VMS 是一种多用户、实时、分时和批处理的多道程序操作系统,目前这种早期的操作系统已经被淘汰。

2. 分时操作系统

分时操作系统是指多用户通过终端共享一台主机的操作系统。为使一台主机的 CPU 为多道程序服务，将 CPU 划分为很小的时间片，采用循环轮转方式将这些 CPU 时间片分配给队列中等待处理的每个程序。由于时间片划分得很短，因此循环执行得很快，使得每个程序都能得到 CPU 的响应，好像在独享 CPU。分时操作系统的主要特点是允许多个用户同时运行多个程序；每个程序都是独立操作、独立运行、互不干涉。现在通用的操作系统都采用分时处理技术，如 Windows，Linux，Mac OS X 等，都是分时操作系统。

3. 实时操作系统

实时操作系统是指当外界事件或数据产生时，能够快速接收并以足够快的速度予以处理，处理结果能在规定时间内完成，并且控制所有实时设备和实时任务协调一致地运行的操作系统。实时操作系统通常是具有特殊用途的专用系统。实时操作系统实质上是过程控制系统，例如通过计算机对飞行器、导弹发射过程的自动控制，计算机应及时将测量系统测得的数据进行加工，并输出结果，对目标进行跟踪或向操作人员显示运行情况。

在工业控制领域，早期常用的实时操作系统主要有 VxWorks，QNX 等，目前的操作系统（如 Linux，Windows 等）经过一定改变后（定制），都可以改造成实时操作系统。

4. 嵌入式操作系统

目前各种掌上数码产品（如数码相机、智能手机、平板电脑等）已成为人们日常生活中经常使用的物品，除以上电子产品外，还有更多的嵌入式操作系统就在人们的身边，从家庭用品的电子钟表、电子体温计、电子翻译词典、电冰箱、电视机等，到办公自动化的打印机、空调、门禁系统等，甚至是公路上的红绿灯控制器，飞机的飞行控制系统，卫星自动定位和导航设备，汽车燃油控制系统，医院的医疗设备，工厂的自动化机械设备等，嵌入式系统已经成为我们日常生活中不可缺少的一部分。

绝大部分智能电子产品都必须安装嵌入式操作系统。嵌入式操作系统运行在嵌入式环境中，它对电子设备的各种软件和硬件资源进行统一协调、调度和控制。嵌入式操作系统从应用角度可分为通用型和专用型，常见的通用型嵌入式操作系统有 Linux，VxWorks，Windows CE，QNX，Nucleus Plus 等；常用的专用型嵌入式操作系统有安卓（Android）和塞班（Symbian）等。

嵌入式操作系统具有以下特点：

（1）系统内核小。嵌入式操作系统一般应用于小型电子设备，系统资源相对有限，所以系统内核比其他操作系统要小得多。

（2）专用性强。嵌入式操作系统与硬件的结合非常紧密，一般要针对硬件进行系统移植，即使在同一品牌、同一系列的产品中，也需要根据硬件的变化对系统进行修改。

（3）系统精简。嵌入式操作系统一般没有系统软件和应用软件的明显区分，要求功能设计及实现上不要过于复杂，这样一方面利于控制成本，同时也利于实现系统安全。

（4）高实时性。嵌入式操作系统的软件一般采用固态存储（集成电路芯片），以提高运行速度。

5. 网络操作系统

网络操作系统是基于计算机网络的操作系统，它的功能包括网络管理、通信、安全、资源共享和各种网络应用。网络操作系统的目标是使用户可以突破地理条件的限制，方便地使用远程计算机资源，实现网络环境下计算机之间的通信和资源共享。例如，Windows

Server,Linux,FreeBSD 等,都是一种网络操作系统。

6. 分布式操作系统

分布式操作系统是指通过网络将大量计算机连接在一起,以获取极高的运算能力、广泛的数据共享以及实现分散资源管理等功能为目的的一种操作系统。

目前还没有一个成功的商业化分布式操作系统软件,学术研究的分布式操作系统有 Amoeba,Mach,Chorus 和 DCE 等。Amoeba 是一个高性能的微内核分布式操作系统,可以用于教学和研究。

分布式操作系统的特点:数据共享,允许多个用户访问一个公共数据库;设备共享,允许多个用户共享昂贵的计算机设备;通信,计算机之间通信更加容易;灵活性,用最有效的方式将工作分配到可用的机器中。

分布式操作系统的缺点:目前为分布式操作系统而开发的软件极少;分布式操作系统的大量数据需要通过网络进行传输,可能会导致网络饱和而引起拥塞;分布式操作系统容易造成对保密数据的访问。

2.1.4 进程管理

1. 单道程序的执行

在早期的计算机系统中,一旦某个程序开始运行,它就占用了整个系统的所有资源,直到该程序运行结束,这就是所谓的单道程序系统。在单道程序系统中,任一时刻只允许一个程序在系统中执行,正在执行的程序控制了整个系统资源,一个程序执行结束后才能执行下一个程序。因此,系统的资源利用率不高,大量的资源在许多时间内处于闲置状态。例如,图 2-2 是单道程序系统中 CPU 依次运行三个程序的情况:首先程序 A 被加载到系统内执行,执行结束后再加载程序 B 执行,最后加载程序 C 执行,这三个程序不能交替运行。

图 2-2 单道程序系统中程序的执行

2. 多道程序的执行

为了提高系统资源的利用率,现在的操作系统都允许同时有多个程序被加载到内存中执行,这样的操作系统称为多道程序系统。从宏观上看,系统中多个程序同时在执行,但从微观上来看,任一时刻(时间片段)仅能执行一个程序的片段,系统中各个程序片段交替执行。由于系统中同时有多道程序在运行,它们共享系统资源(如 CPU、内存等),提高了系统资源的利用率。但是操作系统必须承担资源管理的任务,操作系统必须对 CPU、内存等系统资源进行管理。如图 2-3 所示,三个程序被分为不同的程序片段在 CPU 中交替运行。程序 A 的程序片段执行结束后,就放弃了 CPU 资源,让其他程序片段执行;程序 C 的程序片段结束后,将 CPU 资源让给程序 A 的片段,这样,三个程序就可以交替运行。

图 2-3 多道程序系统中程序片段的执行

3. 进程的特征

进程是计算机中具有独立功能的程序对某数据集的一次运行活动。简单地说,进程就是程序的运行状态。进程具有以下特点:

（1）动态性。进程是一个动态活动，这种活动的属性随时间而变化。进程由操作系统创建、调度和执行。进程可以等待、执行、撤销和结束，与计算机运行有关，计算机关机后，所有进程都会结束；而程序一旦编制成功，不会因为关机而消失。

（2）并发性。在操作系统中，同时有多个进程在活动。进程的并发性提高了计算机系统资源的利用率。例如，一个程序能同时与多个进程有关联，如图 2-4 所示，用 IE（Internet explorer）浏览器打开多个网页时，只有一个 IE 浏览器程序，但是每个打开的网页都拥有自己的进程，每个网页的数据对应于各自的进程，这样就不会出现网页数据显示混乱了。

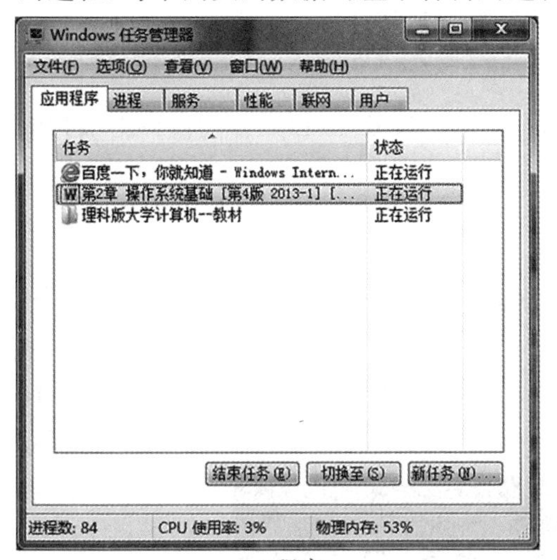

(a)程序

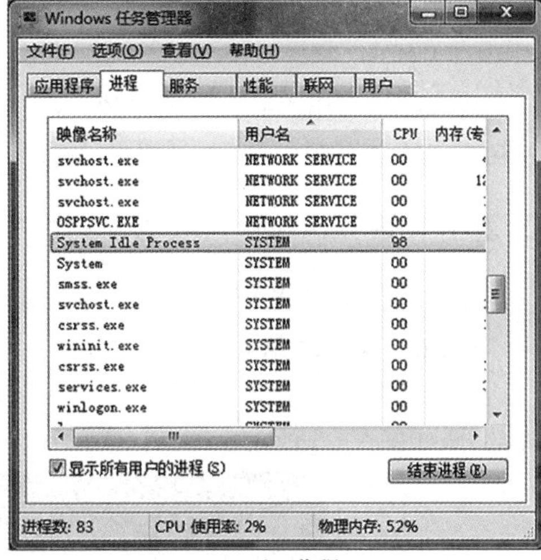

(b)进程

图 2-4　程序与进程之间的关系

（3）独立性。进程是系统资源分配和调度的基本单位。进程获得资源后才能执行，失去资源后暂停执行。

（4）异步性。多个进程之间按各自独立的、不可预知的速度生存，即进程是按异步方式运行的。一个进程什么时候被分配到 CPU 上执行，进程在什么时间结束等，都是不可预知的，操作系统负责各个进程之间的协调运行。例如，用户会突然关闭正在播放的视频，而导致视频播放进程突然结束，其他进程的执行顺序也会做出相应的改变。

4. 进程的状态和转换

如图 2-5 所示，进程有三种基本状态：就绪、执行和阻塞状态。

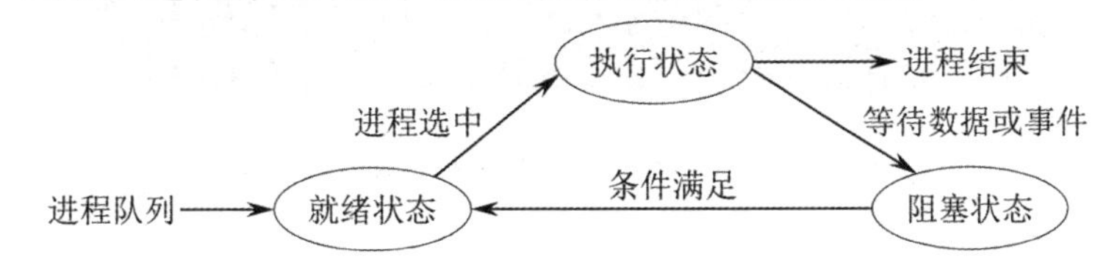

图 2-5　进程的状态和转换

（1）就绪状态。进程获得了除 CPU 之外的所有资源，做好了执行准备时，就可以进入就绪状态排队，一旦得到了 CPU 资源，进程便立即执行，即由就绪状态转换到执行状态。

（2）执行状态。进程进入执行状态后，CPU 执行进程。CPU 执行每个进程的时间很短，一般为几十纳秒，这个时间称为时间片，时间片由 CPU 分配和控制。在单 CPU 系统中，只能有一个进程处于执行状态，在多核 CPU 系统中，则可能有多个进程同时处于执行状态(在不同 CPU 内核中执行)。如果进程在 CPU 中执行结束,不需要再次执行时,那么进程结束;如果进程还没有结束,那么进入阻塞状态。

(3) 阻塞状态。进程执行中,当时间片已经用完,或进程因等待某个数据或事件而暂停执行时,进程进入阻塞状态(也称为等待状态);当进程等待的数据或事件已经准备好时,进程再次进入就绪状态。

2.2 Windows 7 操作系统

Windows 是由微软公司开发的一种具有图形用户界面的操作系统,是目前世界上最为成熟和流行的操作系统之一。本节将介绍 Windows 7 常用的基本功能和实用性的简单操作。

2.2.1 Windows 7 基本操作

在计算机中安装 Windows 7 后就可以登录到 Windows 7 进行各种操作了。

1. 熟悉桌面及桌面图标

打开计算机并登录到 Windows 7 操作系统桌面,桌面主要有图标、任务栏和桌面背景等部分,如图 2-6 所示。

图 2-6 桌面及桌面元素

1) 桌面图标及使用

桌面上的图标由图片和文字组成,是代表文件、文件夹、程序和其他项目的软件标识,文字描述图片所代表的对象,如图 2-7 所示是一些桌面图标的示例。

图 2-7 桌面图标示例

图标有助于用户快速执行命令和打开程序文件。双击图标可以启动对应的应用程序、打开文档、文件夹等;右击图标可以打开对象的属性操作菜单(快捷菜单)。

2) 管理桌面图标

将图标放在桌面上可以快速访问经常使用的程序、文件和文件夹等,但过多的桌面图标也会使得桌面显得凌乱而影响工作效率。

(1) 添加或删除系统图标。用户可以根据自己的需要添加或删除桌面上的图标。

桌面图标包括“计算机”“回收站”“用户的文件”“控制面板”和“网络”。将它们添加到桌面的步骤如下:

① 右击桌面上的空白区域打开快捷菜单,然后单击“个性化”菜单项,打开“个性化”窗口,如图 2-8 所示;

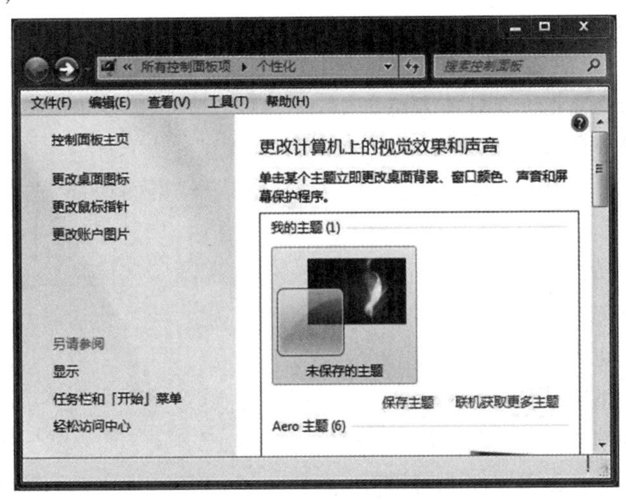

图 2-8 “个性化”窗口

② 在“个性化”窗口左侧窗格中,单击“更改桌面图标”按钮,弹出“桌面图标设置”对话框,如图 2-9 所示;

图 2-9 “桌面图标设置”对话框

③ 在"桌面图标"栏中,勾选想要添加到桌面的图标的复选框,或清除想要从桌面上删除的图标的复选框,然后单击"确定"按钮。

(2) 添加其他快捷方式。如果想要从桌面上轻松访问常用的文件或程序,可创建它们的快捷方式。

快捷方式是一个表示与某个文件或程序链接的图标,而不是文件或程序本身。双击快捷方式便可以打开该文件或程序。删除快捷方式,并不会删除原始文件或程序。可以通过图标上的箭头来识别快捷方式,如图2-10所示。

图2-10 原始文件或程序的图标与快捷方式图标

将快捷方式添加到桌面的具体方法如下:

① 找到要创建快捷方式的项目(程序或文件等);

② 右击该项目打开快捷菜单,依次单击"发送到"→"桌面快捷方式"菜单项,该快捷方式图标便出现在桌面上。

(3) 将文件夹中的文件移动到桌面上。

① 打开包含该文件的文件夹;

② 将该文件拖动到桌面上。

(4) 从桌面上删除快捷方式图标。

① 右击该图标;

② 在快捷菜单中单击"删除"菜单项。

(5) 排列图标。Windows 7将图标排列在桌面左侧的列中并将其锁定在此位置。若要对图标解除锁定以便移动并重新排列它们,则可先右击桌面上的空白区域,然后在快捷菜单中依次单击"查看"→"自动排列图标"菜单项。若"自动排列图标"菜单项前有选择标记"√",则表示由系统自动排列图标,否则用户可以拖动图标以便移动它们的位置。

右击桌面上的空白区域,然后在快捷菜单中单击"排序方式"菜单项,可选择图标的排列方式。

(6) 选择多个图标。若要一次移动或删除多个图标,必须首先选中这些图标。操作如下:

图2-11 框选多个图标

① 单击桌面上的空白区域并拖动鼠标,用出现的矩形框包围要选择的图标,然后释放鼠标,如图2-11所示。

② 可以将这些被框选的图标作为一组对象来拖动或删除。

(7) 隐藏桌面图标。如果想要临时隐藏所有桌面图标,而实际并不删除它们,那么可右击桌面上的空白部分,依次单击"查看"→"显示桌面图标"菜单项,从该菜单项中清除复选标记,此时桌面上不再显示任何图标。可以通过再次单击"显示桌面图标"来显示图标。

2. 任务栏及其基本操作

任务栏是位于屏幕底部的水平长条。与桌面不同的是，桌面可以被打开的窗口覆盖，而任务栏几乎始终可见。任务栏提供了整理所有窗口的方式，每个窗口都在任务栏上具有相应的按钮，任务栏有四个主要部分，如图 2－12 所示。

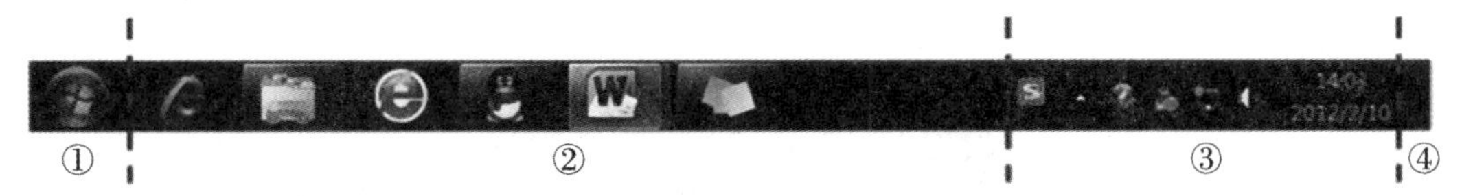

图 2－12 任务栏的四个主要部分

①为“开始”按钮，用于打开“开始”菜单。

②为中间部分，显示已打开的程序和文件的图标，单击这些图标可以快速切换当前窗口。

③为通知区域，包括时钟以及一些告知特定程序和计算机设置状态的图标（小图片）。

④为“显示桌面”按钮，单击该按钮可立即显示桌面。

1）跟踪窗口

用户可以利用任务栏的中间部分跟踪窗口。

若一次打开多个程序或文件，则这些打开的窗口将快速堆叠在桌面上。由于窗口经常相互覆盖或者占据整个屏幕，因此有时很难看到下面的其他内容，或者不记得已经打开的内容。

这种情况下使用任务栏会很方便。无论何时打开程序、文件夹或文件，Windows 7 都会在任务栏上创建对应的按钮。按钮会显示为已打开程序的图标。如图 2－13 所示，打开了“计算器”和“扫雷”两个程序，每个程序在任务栏上都有自己的按钮。其中，“计算器”的任务栏按钮是高亮突出显示的，这表示“计算器”是活动窗口（窗口是当前窗口，且突出显示其任务栏按钮），意味着它位于其他打开窗口的前面（当前窗口），可以与用户进行交互。

若要切换到另一个窗口，可单击它的任务栏按钮。在本示例中，单击“扫雷”的任务栏按钮会使其窗口位于前面，如图 2－14 所示。

图 2－13 打开的程序及任务栏上相应的按钮

图 2－14 单击任务栏按钮切换活动窗口

2) 最小化窗口和还原窗口

当窗口处于活动状态时,单击其任务栏按钮会最小化该窗口,这意味着该窗口从桌面上消失。最小化窗口并不是将其关闭或删除,只是暂时不在桌面显示。

如图 2-15 所示,"计算器"被最小化,但是没有关闭,它仍然在运行,它在任务栏上仍有一个按钮。

图 2-15 最小化"计算器"仅使其任务栏按钮可见

若要还原已最小化的窗口(使其再次显示在桌面上),则可单击其任务栏按钮。

通过单击位于窗口右上角的相应按钮来设置窗口显示大小。窗口右上角的三个按钮,依次为"最小化"按钮,"最大化/向下还原"按钮/和"关闭"按钮。

3) 查看所打开窗口的预览图

将鼠标指针移向任务栏按钮时,会出现一个小图片,上面显示缩小版的相应窗口,称为预览或缩略图。若其中一个窗口正在播放视频或动画,则会在预览图中看到它正在播放(仅当 Aero 可在用户的计算机上运行且在运行 Windows 7 主题时,才可以查看缩略图)。如图 2-16 所示为任务栏资源管理器按钮的缩略图,其中第三个缩略图是正在进行文件复制。

图 2-16 任务栏按钮的缩略图

4) 通知区域

通知区域位于任务栏的右侧,包括一个时钟和一组图标。这些图标表示计算机上某程序的状态,或提供访问特定设置的途径。通知区域所显示的图标集取决于已安装的程序或服务以及计算机制造商设置计算机的方式。在图 2-12 中,通知区域从左至右图标依次为输入法、显示隐藏的图标、网络认证客户端、QQ、网络、音量和日期/时间。

将指针移向特定图标时，会看到该图标的名称或某个设置的状态。例如，指向“音量”图标将显示计算机的当前音量级别；指向“网络”图标将显示有关是否连接到网络、连接速度以及信号强度的信息。

单击通知区域中的图标通常会打开与其相关的程序或设置。例如，单击“音量”图标会打开音量控件，单击“网络”图标会出现“网络和共享中心”窗口。

有时，通知区域中的图标会显示小的弹出面板(称为通知)，向用户通知某些信息。例如，向计算机添加新的硬件设备之后，可能会看到相应通知面板，单击消息面板右上角的“关闭”按钮可关闭该通知。若没有执行任何操作，则几秒钟之后，通知会自行消失。

如果在一段时间内没有使用图标，那么 Windows 会将其隐藏在通知区域中。若图标变为隐藏，则单击“显示隐藏的图标”按钮可临时显示隐藏的图标，如图 2－17 所示。

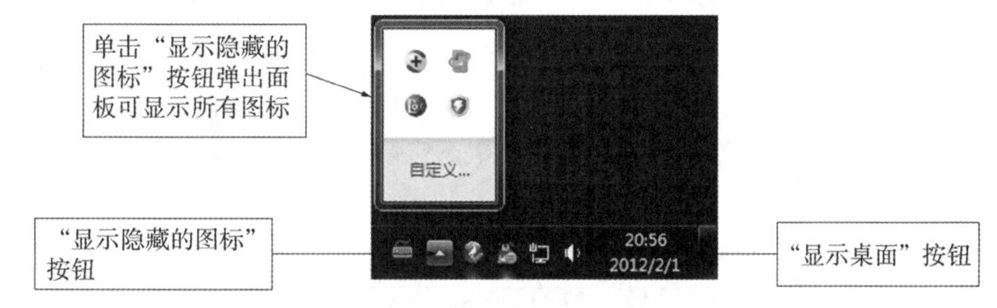

图 2－17 任务栏的通知区域

5) 自定义任务栏

有很多方法可以自定义任务栏来满足用户个性化的偏好。例如，可以将整个任务栏移向屏幕的左边、右边或上边；可以使任务栏变大；可以在用户不使用任务栏的时候自动将其隐藏；也可以在任务栏添加工具栏。

(1) 锁定任务栏/解除任务栏锁定。锁定任务栏可防止无意中移动任务栏或调整任务栏大小。具体方法如下：

① 右击任务栏上的空白处打开快捷菜单；

② 单击“锁定任务栏”菜单项，以便选择或取消复选标记。

(2) 移动任务栏。任务栏通常位于桌面的底部，但可以将其移动到桌面的两侧或顶部(未锁定时)。具体方法如下：

① 解除任务栏锁定；

② 单击并拖动任务栏上的空白处到桌面的四个边缘之一；

③ 当任务栏出现在所需的位置时，释放鼠标。

(3) 更改图标在任务栏上的显示方式。可以自定义任务栏，包括图标的外观以及打开多个项目时这些项目组合在一起的方式。具体方法如下：

① 右击任务栏空白处打开快捷菜单；

② 单击“属性”菜单项，弹出“任务栏和「开始」菜单属性”对话框，如图 2－18 所示；

③ 在“任务栏外观”栏下，从“任务栏按钮”列表中选择一个选项：

从不合并：任务栏显示效果如图 2－19 所示。

始终合并、隐藏标签：任务栏显示效果如图 2－20 所示，这是默认设置。每个程序显示为一个无标签的图标，即使当打开某个程序的多个项目时也是如此。

当任务栏被占满时合并:该设置将每个项目显示为一个有标签的图标,但当任务栏变得非常拥挤时,具有多个打开项目的程序将折叠成一个程序图标。

④ 若要使用小图标,则勾选图 2-18 中的"使用小图标"复选框。若要使用大图标,则清除该复选框;

⑤ 单击"确定"按钮。

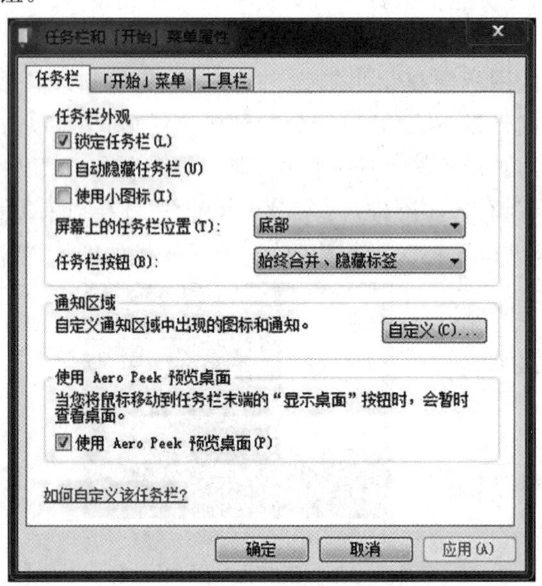

图 2-18 "任务栏和「开始」菜单属性"对话框

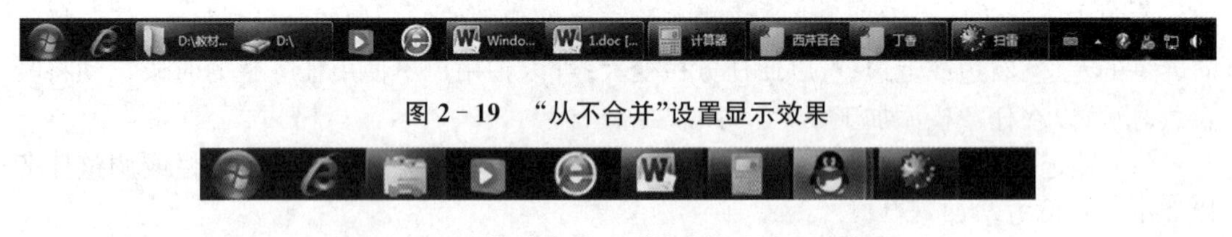

图 2-19 "从不合并"设置显示效果

图 2-20 "始终合并、隐藏标签"设置显示效果

3. 使用"开始"菜单

"开始"菜单是 Windows 7 桌面的一个重要组成部分,用户对计算机所进行的各种操作,基本上都是通过"开始"菜单来进行的,如打开窗口、运行程序等。使用"开始"菜单可执行的常见活动:① 启动程序;② 打开常用的文件夹;③ 搜索文件、文件夹和程序;④ 调整计算机设置;⑤ 获取有关 Windows 7 操作系统的帮助信息;⑥ 关闭计算机;⑦ 注销 Windows 7 或切换到其他用户的账户。

1)"开始"菜单结构

单击屏幕左下角的"开始"按钮,或者按键盘上的 Windows 徽标键,打开"开始"菜单,如图 2-21 所示,"开始"菜单分为三个基本部分。

(1) 常用程序列表。左侧的大窗格是"开始"菜单常用程序列表,Windows 7 会根据用户使用软件的频率,自动把最常用的软件罗列在此处。单击菜单中的"所有程序"菜单项可显示程序的完整列表。

(2) 搜索框。左侧窗格的底部是搜索框,通过键入搜索项名称可在计算机上查找程序和文件。

图 2－21 “开始”菜单

(3) 常用系统设置功能区。右侧窗格是“开始”菜单的常用系统设置功能区，主要显示一些 Windows 7 经常用到的系统功能。该区域顶部的图标是与当前所选择系统功能相对应的图标。在这个区域的最下方有一个“关机”按钮，用于注销或关闭计算机。

2）从“开始”菜单打开程序

“开始”菜单最常见的一个用途是打开计算机上安装的程序。

在“开始”菜单常用程序列表中显示的是用户最常用的程序，其他程序的显示，可单击“所有程序”菜单项，左侧窗格会立即按字母顺序显示程序的长列表，后跟一个文件夹列表，每个文件夹中包含更多的程序。

单击某个程序的图标可启动该程序；单击某个文件夹会罗列出其中的程序或子文件夹，同时“开始”菜单随之关闭。单击“所有程序”列表底部的“返回”按钮返回“开始”菜单的初始状态。

随着时间的推移，“开始”菜单中的程序列表也会发生变化。出现这种情况有两种原因：其一，安装新程序时，新程序会添加到“所有程序”列表中；其二，“开始”菜单会检测最常用的程序，并将其置于常用程序列表中以便快速访问。

3）搜索框

搜索框是在计算机上查找项目的最便捷方法之一。搜索框将搜索用户的全部程序以及个人文件夹（包括“文档”“图片”“音乐”“桌面”以及其他常见位置）中的所有文件夹，只需在“搜索框”中输入项目名称或部分名称即可。

打开“开始”菜单并键入搜索项，搜索结果将显示在搜索框的上方。

对于以下情况，程序、文件和文件夹将作为搜索结果显示：

(1) 标题中的任何文字与搜索项匹配或以搜索项开头。

(2) 该文件实际内容中的任何文本（如字处理文档中的文本）与搜索项匹配或以搜索项开头。

(3) 文件属性中的任何文字(如作者)与搜索项匹配或以搜索项开头。

单击任一搜索结果可将其打开;或者单击搜索框右边的“清除”按钮,清除搜索结果并返回到主程序列表;还可以单击“查看更多结果”选项以显示搜索整个计算机后的结果。

除可搜索程序、文件和文件夹外,搜索框还可搜索 Internet 收藏夹和访问网站的历史记录。如果这些网页中的任何一个包含搜索项,那么该网页会出现在“收藏夹和历史记录”标题下。

4) 常用系统设置功能区

常用系统设置功能区包含用户很可能经常使用的部分 Windows 7 链接。从上到下依次包括:

(1) 个人文件夹。它是根据当前登录到 Windows 的用户命名的,其中包含特定于用户的文件,包括“我的文档”“我的音乐”“我的图片”和“我的视频”文件夹。

(2) 文档。单击将打开“文档”窗口,可以在这里存储和打开文本文件、电子表格、演示文稿以及其他类型的文档。

(3) 图片。单击将打开“图片”窗口,可以在这里存储和查看数字图片及图形文件。

(4) 音乐。单击将打开“音乐”窗口,可以在这里存储和播放音乐及其他音频文件。

(5) 游戏。单击将打开“游戏”窗口,可以在这里访问计算机上的游戏。

(6) 计算机。单击将打开“计算机”窗口,可以在这里访问磁盘驱动器、照相机、打印机、扫描仪及其他连接到计算机的硬件。

(7) 控制面板。单击将打开“控制面板”窗口,可以在这里自定义计算机的外观和功能、安装或卸载程序、设置网络连接和管理用户账户。

(8) 设备和打印机。单击将打开“设备和打印机”窗口,可以在这里查看有关打印机和计算机上安装的其他设备的信息。

(9) 默认程序。单击将打开“默认程序”窗口,可以在这里选择要让 Windows 7 运行用于诸如 Web 浏览活动的程序等。

右侧窗格的底部是“关机”按钮。单击“关机”按钮关闭计算机;单击“关机”按钮侧边的箭头可显示一个下拉菜单,可用来切换用户、注销、锁定、重新启动或使计算机进入睡眠或休眠状态。

5) 设置“开始”菜单

用户可以控制要在“开始”菜单上显示的项目。例如,可以将喜欢的程序的图标附加到“开始”菜单以便于访问,也可从列表中移除程序,还可以选择在右侧窗格中隐藏或显示某些项目。具体方法如下:

(1) 右击“开始”按钮,打开快捷菜单;

(2) 单击“属性”菜单项,弹出“任务栏和「开始」菜单属性”对话框,如图 2-22 所示;

(3) 单击“自定义”按钮,弹出“自定义「开始」菜单”对话框,如图 2-23 所示;

(4) 通过对话框中的选项,可自定义设置“开始”菜单。

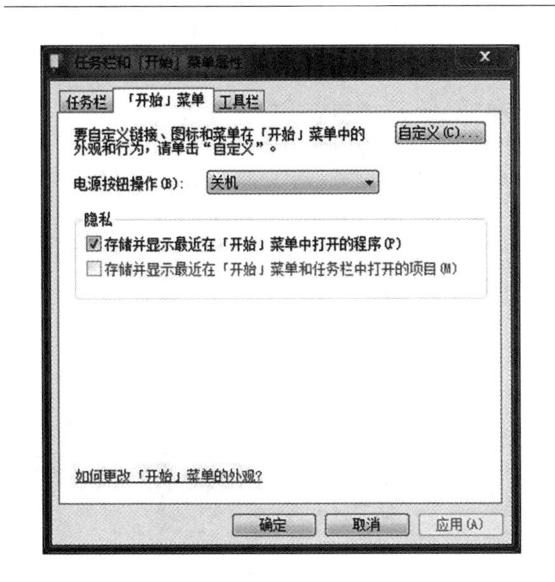

图 2-22 "任务栏和「开始」菜单属性"对话框

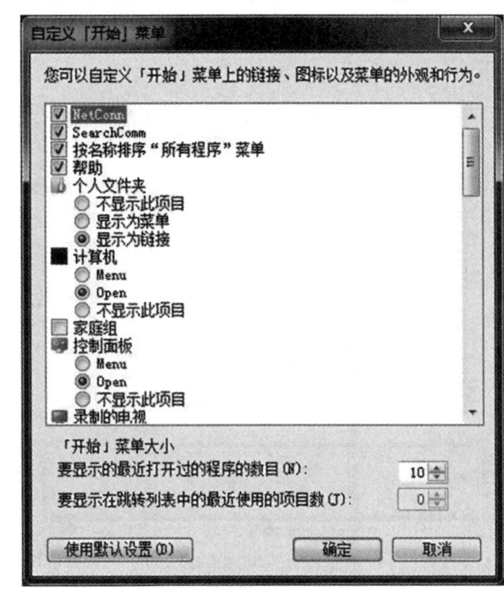

图 2-23 "自定义「开始」菜单"对话框

4. 使用窗口

Windows 7 是由一个个窗口所组成的。每当打开程序、文件或文件夹时，它都会在屏幕上的窗口中显示，所以对窗口的操作也是 Windows 7 中最频繁的操作。

1) 认识窗口的布局

虽然每个窗口的内容各不相同，但所有窗口都有共同点：窗口始终显示在桌面(屏幕的主要工作区域)；大多数窗口都具有相同的基本部分。如图 2-24 所示为 Windows 7 所提供的记事本工具(窗口)，其窗口布局如下：

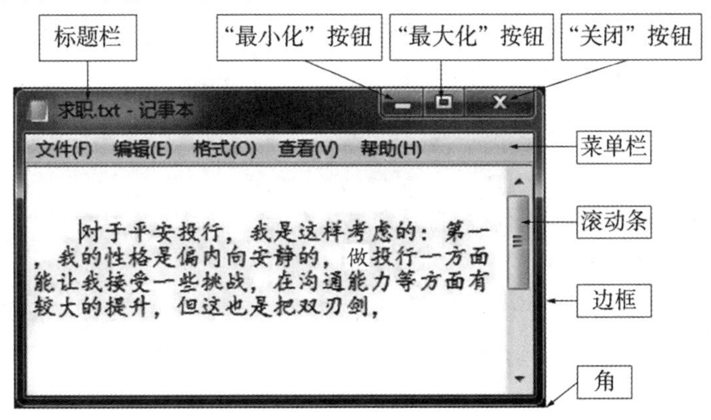

图 2-24 典型窗口示例

(1) 标题栏，显示文档和程序的名称。

(2) "最小化"按钮、"最大化"按钮和"关闭"按钮，分别可以隐藏窗口、放大窗口使其填充整个屏幕和关闭窗口。

(3) 菜单栏，包含程序中可单击进行选择的项目。

(4) 滚动条，包括水平滚动条和垂直滚动条，可以滚动窗口以查看当前视图之外的信息。

(5) 边框和角，可以用鼠标指针拖动这些边框和角以更改窗口的大小。

其他窗口可能具有其他的按钮、框或栏，但是窗口的基本部分是不变的。下面通过打开的"文档"文件夹窗口介绍 Windows 窗口的结构与组成。

在“开始”菜单的常用系统设置功能区中单击“文档”菜单项打开“文档”窗口，如图2-25所示。

图2-25 “文档”窗口

(1) 地址栏。地址栏出现在每个文件夹窗口的顶部，将用户当前的位置显示为以箭头分隔的一系列链接，可以通过单击链接或键入位置路径导航。

例2-1 通过单击链接导航。

执行以下操作之一：

(1) 单击地址栏中的链接直接转至该位置。例如，单击地址栏中的“库”文字链接将直接转至“库”文件夹窗口。

(2) 单击地址栏中指向链接右侧的箭头，然后单击列表中的某项以转至该位置。例如，单击地址栏中的“库”文字链接旁的“右箭头”按钮▸，该按钮就会变成“下拉箭头”按钮▾，同时打开下拉菜单，如图2-26所示。

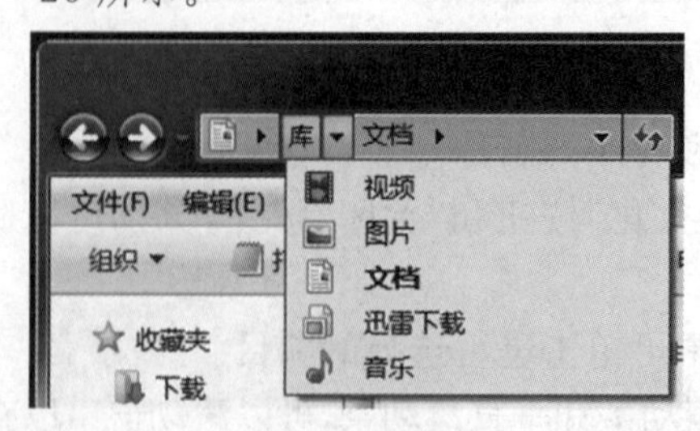

图2-26 显示一系列位置的地址栏

例2-2 通过键入新路径导航。

(1) 单击地址栏左侧的图标,地址栏将更改为显示到当前位置的路径。例如,单击地址栏左侧的文档图形,则地址栏将更改为 库\文档 。

(2) 对于大多数位置,键入完整的文件夹名称或到新位置的路径后按[Enter]键。例如,键入完整路径 C:\Users\Public,然后按[Enter]键。

(3) 对于常用位置,键入名称后按[Enter]键。例如,在地址栏键入“游戏”后按[Enter]键,打开“游戏”文件夹窗口,如图 2-27 所示。

图 2-27　“游戏”文件夹窗口

下面是可以直接键入地址栏的常用位置名称,如表 2-1 所示。

表 2-1　常用位置名称

计算机	联系人	控制面板	文档	收藏夹
游戏	音乐	图片	回收站	视频

在地址栏中还有两个导航按钮,“后退”按钮和“前进”按钮。这两个按钮可以导航至已经访问的位置,就像浏览互联网一样。此外,也可以通过在地址栏中键入网址来浏览互联网。

(2) 搜索框。在 Windows 7 的各种窗口中,处处都可以看到搜索框的影子,用户随时可以在搜索框中输入关键字,搜索结果与关键字相匹配的部分会以黄色高亮显示,能让用户更加容易地找到需要的结果。

(3) 工具栏。Windows 7 窗口的工具栏位于菜单栏下方,当打开不同类型的窗口或选中不同类型的文档时,工具栏中的按钮就会发生变化,但“组织”按钮、“视图”按钮以及“显示预览窗格”按钮是始终不会改变的,如图 2-28 所示。

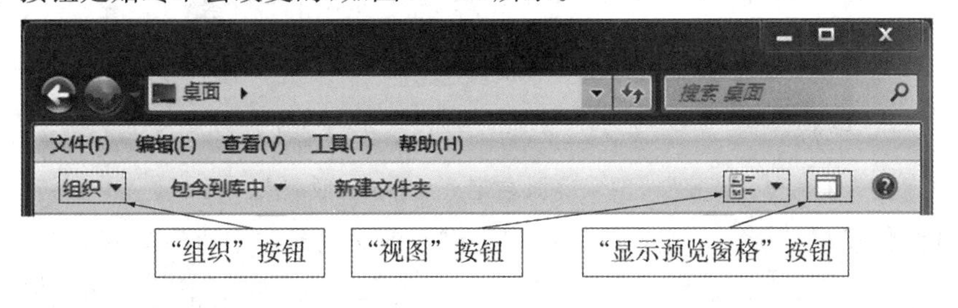

图 2-28　工具栏及典型按钮

通过图 2-29 所示的“组织”下拉菜单中所提供的功能,可实现对文件的大部分操作,如“剪切”“复制”“文件夹和搜索选项”等;通过图 2-30 所示的“视图”下拉菜单中所提供的功能,可以更改资源管理器中图标的大小。

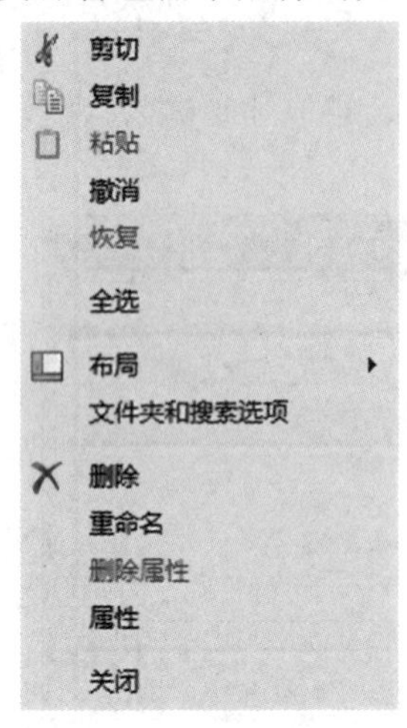

图 2-29 “组织”下拉菜单

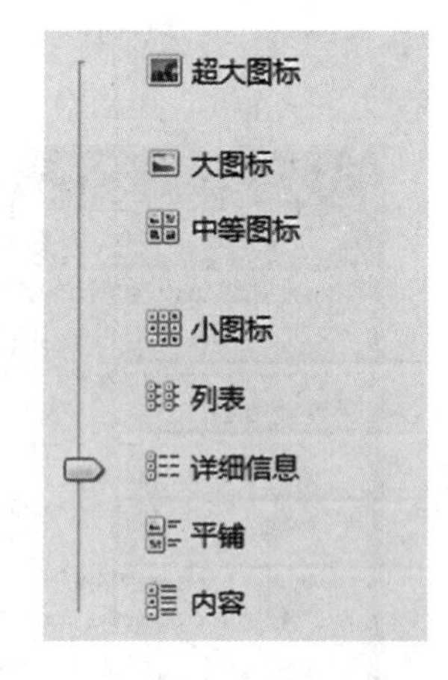

图 2-30 “视图”下拉菜单

(4) 导航窗格。在 Windows 7 中,文档窗口左侧的导航窗格提供了“收藏夹”“库”“计算机”及“网络”选项,用户可以单击任意选项快速跳转到相应的文件夹。

例如,导航窗格中的“收藏夹”选项,允许用户添加常用的文件夹,从而实现快速访问,就相当于自己定制了一个文件夹的“跳转列表”。

“收藏夹”中预置了几个常用的文件夹选项,如“下载”“桌面”“最近访问的位置”以及用户文件夹等。当用户需要添加自定义文件夹收藏时,只需将相应的文件夹拖入收藏夹图标下方的空白区域即可,如图 2-31 所示。

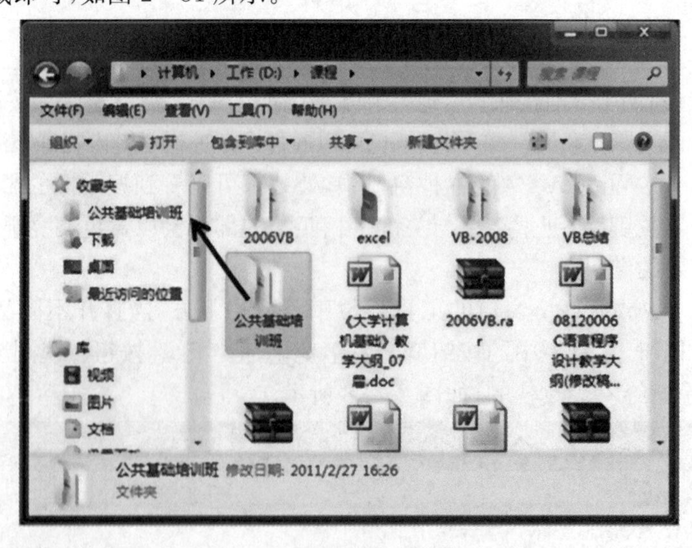

图 2-31 添加自定义文件夹到收藏夹

(5) 详细信息栏。详细信息栏能为用户提供当前文档窗口中所选文件或文件夹的相关信息,如图 2-31 中详细信息栏显示的是所选文件夹“公共基础培训班”的属性信息。

(6) 预览窗格。预览窗格会调用与所选文件相关联的应用程序进行预览,如图 2-25

所示（“文档”窗口），图中预览窗格所显示内容即是所选文件“求职.txt”的预览。

2）更改窗口的大小

（1）用鼠标拖动。若要调整窗口的大小，可将鼠标指向窗口的任意边框或角，当鼠标指针变成双箭头时，拖动边框或角可以缩小或放大窗口。

（2）最小化/还原窗口。用鼠标单击窗口标题栏中的“最小化”按钮，即可将当前窗口最小化到任务栏中，只在任务栏上显示为按钮，单击任务栏上的按钮将还原窗口。

（3）最大化/还原窗口。执行下列操作之一：

① 单击“最大化”按钮可使窗口填满整个屏幕；单击“还原”按钮可将最大化的窗口还原到以前大小（此按钮出现在“最大化”按钮的位置上）。

② 双击窗口的标题栏可使窗口最大化或还原。

③ 将窗口的标题栏拖动到屏幕的顶部，该窗口的边框即扩展为全屏显示，释放窗口使其最大化；将窗口的标题栏拖离屏幕的顶部时将窗口还原为原始大小。

3）调整窗口排列

（1）移动窗口。若要移动窗口，可用鼠标指针指向其标题栏，然后将窗口拖动到希望的位置。拖动意味着指向项目，按住鼠标左键，用指针移动项目，然后释放鼠标。

（2）自动排列窗口。可以在桌面上按层叠、纵向堆叠或并排模式自动排列窗口。

4）使用“对齐”排列窗口

“对齐”操作将在移动窗口的同时自动调整窗口的大小，或将这些窗口与屏幕的边缘“对齐”，可以使用“对齐”并排排列窗口、垂直展开窗口或最大化窗口。

（1）并排排列窗口。

① 将窗口的标题栏拖动到屏幕的左侧或右侧，如图 2－32 所示，直到鼠标指针接触到屏幕边缘，此时会出现已展开窗口的轮廓；

② 释放鼠标即可展开窗口，如图 2－33 所示；

图 2－32　将窗口拖动到桌面的一侧

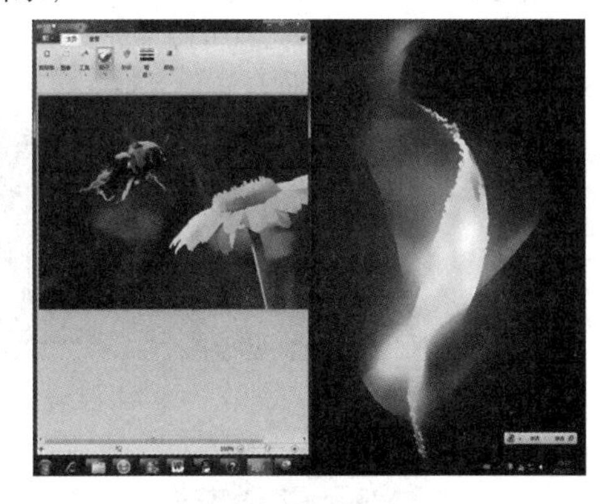

图 2－33　将窗口扩展为屏幕大小的一半

③ 对其他窗口重复前两个步骤以并排排列这些窗口。

（2）垂直展开窗口。

① 鼠标指向打开窗口的上边缘或下边缘，直到指针变为双向箭头；

② 将窗口的边缘拖动到屏幕的顶部或底部，使窗口扩展至整个桌面的高度，窗口的宽度不变。

5）在窗口间切换

打开多个程序或文档，桌面会快速布满杂乱的窗口，通常不容易跟踪已打开了哪些窗口,因为一些窗口可能部分或完全覆盖了其他窗口。Windows 7 提供了以下几种方法帮助用户识别并切换窗口。

(1) 使用任务栏。

① 切换窗口。单击任务栏上某按钮,其对应窗口将出现在所有其他窗口的前面,成为活动窗口。

② 识别窗口。当鼠标指向任务栏某按钮时,将看到一个缩略图大小的窗口预览,无论该窗口的内容是文档、照片,甚至是正在运行的视频,都可通过预览进行识别,如图 2-34 所示。

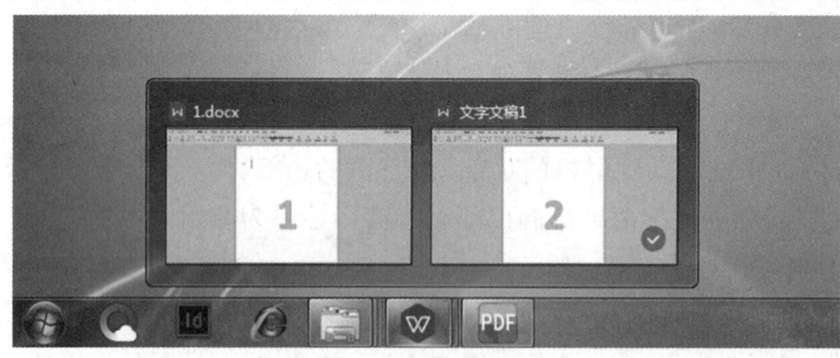

图 2-34 任务栏窗口预览

(2) 使用[Alt]+[Tab]组合键。按[Alt]+[Tab]组合键将弹出一个缩略图面板,按住[Alt]键不放,并重复按[Tab]键将循环切换所有打开的窗口和桌面,释放[Alt]键可以显示所选的窗口。

(3) 使用 Aero 三维窗口切换。Aero 三维窗口切换以三维堆栈形式排列窗口,用户可以快速浏览这些窗口。具体方法如下:

① 按住 Windows 徽标键的同时按[Tab]键可打开三维窗口切换;

② 重复按[Tab]键或滚动鼠标滚轮可以循环切换打开的窗口;

③ 释放 Windows 徽标键可以显示堆栈中最前面的窗口,或者单击堆栈中某个窗口的任意部分来显示该窗口,如图 2-35 所示。

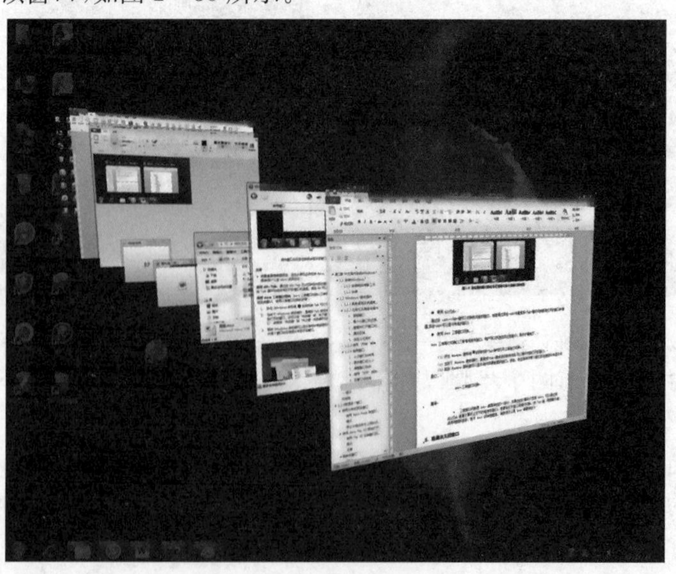

图 2-35 Aero 三维窗口切换

6）关闭窗口

单击窗口的“关闭”按钮可关闭窗口。若关闭文档，而未保存对其所做的任何更改，则会显示一条消息对话框，提示用户是否保存更改。

7）对话框

对话框是特殊类型的窗口，它可以提出问题，允许用户选择选项来执行任务，也可以提供信息。当程序或 Windows 7 需要与用户进行交互时，经常会看到对话框。

与常规窗口不同，多数对话框无法最大化、最小化或调整大小，但是它们可以被移动。

8）显示桌面

（1）临时预览或快速查看桌面。只需将鼠标指向（非单击）任务栏末端通知区域旁的“显示桌面”按钮，即可临时预览或快速查看桌面。原本打开的窗口并没有最小化，只是淡出视图以显示桌面。若要再次显示这些窗口，只需将鼠标移开“显示桌面”按钮。

（2）显示桌面。若要在不关闭打开窗口的情况下查看或使用桌面，单击任务栏末端通知区域旁的“显示桌面”按钮，可立刻最小化所有窗口。

2.2.2 Windows 7 文件管理

安装的操作系统、各种应用程序以及信息和数据等，都是以文件形式保存在计算机中的，文件与文件夹的管理是学习计算机必须掌握的基础操作。

1. 文件管理概述

文件是具有文件名的一组相关信息的集合。在计算机系统，所有的程序和数据都是以文件的形式存放在计算机的外部存储器（如硬盘、U 盘等）上。例如，一个 Word 文档，一张图片，一段视频，各种可执行程序等都是文件。

在操作系统中，负责管理和存取文件的部分称为文件系统。在文件系统的管理下，用户可以按照文件名查找文件和访问文件（打开、执行、删除等），而不必考虑文件如何保存（在 Windows 7 中，大于 4 kB 的文件必须分块存储），文件目录如何建立，文件如何调入内存等。文件系统为用户提供了一个简单、统一的访问文件的方法。

1）文件名

在计算机中，任何一个文件都有文件名，文件名是文件存取和执行的依据。在大部分情况下，文件名分为文件主名和扩展名两个部分。

文件由用户自己命名，文件主名一般用有意义的英文或中文词汇或数字命名，以便识别。例如，Windows 7 中的浏览器的文件名为 iexplore. exe。

不同操作系统对文件命名的规则有所不同。Windows 7 不区分文件名的大小写，所有文件名的字符在操作系统执行时，都会转换为大写字符，如 test. txt，TEST. TXT，Test. TxT，在 Windows 7 中都视为同一个文件；而有些操作系统是区分文件名大小写的，如在 Linux 中，test. txt，TEST. TXT，Test. TxT 视为三个不同文件。

2）文件类型

在绝大多数操作系统中，文件的扩展名表示文件的类型，不同类型的文件处理方法是不同的，用户不能随意更改文件扩展名，否则将导致文件不能执行或打开。在不同操作系统中，表示文件类型的扩展名并不相同。在 Windows 7 中，虽然允许文件扩展名为多个英文字符，但是大部分文件扩展名习惯采用三个英文字符。

Windows 7 中常见的文件扩展名及表示的意义如表 2-2 所示。

表 2-2 Windows 7 系统中文件扩展名的类型和意义

文件类型	扩展名	说明
可执行程序	.exe,.com	可执行程序文件
文本文件	.txt	通用性极强,它往往作为各种文件格式转换的中间格式
源程序文件	.c,.bas,.asm	程序设计语言的源程序文件
Microsoft Office 文件	.docx,.xlsx,.ppt	Microsoft Office 中 Word,Excel,PowerPoint 创建的文档
图像文件	.jpg,.gif,.bmp	不同的扩展名表示不同格式的图像文件
视频文件	.avi,.mp4,.rmvb	不同的扩展名表示不同格式的视频文件
压缩文件	.rar,.zip	不同的扩展名表示不同格式的压缩文件
音频文件	.wav,.mp3,.mid	不同的扩展名表示不同格式的音频文件
网页文件	.htm,.html,.asp	不同的扩展名表示不同格式的网页文件

3) 文件属性

文件除文件名外,还有文件大小、占用空间、创建时间、位置等信息,这些信息称为文件属性,如图 2-36 所示是文件的属性。

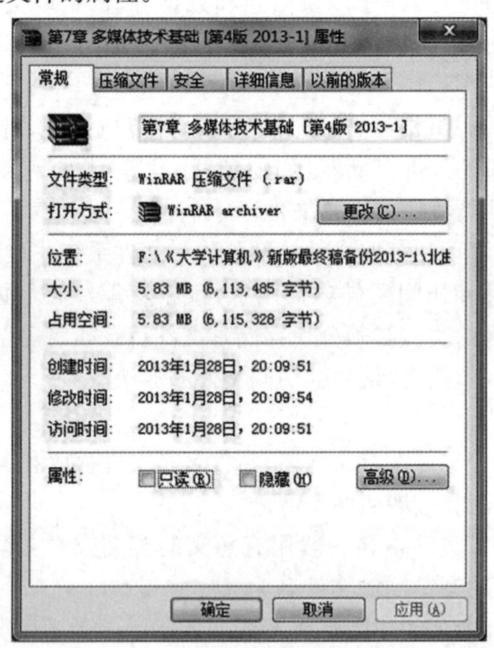

图 2-36 文件的属性

4) 文件操作

文件存储的内容可能是数据,也可能是程序代码,不同格式的文件通常都会有不同的应用和操作。文件的常用操作:建立文件、打开文件、编辑文件、删除文件、复制文件、更改文件名称等。

5) 目录管理

计算机中的文件数量繁多,把所有文件存放在一起会有许多不便。为了有效地管理和使用文件,大多数文件系统允许用户在根目录下建立子目录(也称为文件夹),在子目录下再建立子目录(也称为在文件夹中再建文件夹)。如图 2－37 所示,可以将目录建成树状结构,然后用户将文件分门别类地存放在不同的目录中,这种目录结构像一棵倒置的树,树根为根目录,树中每一个分枝为子目录,树叶为文件。在树状结构中,用户可以将相同类型的文件放在同一个子目录中;同名文件可以存放在不同的目录中。

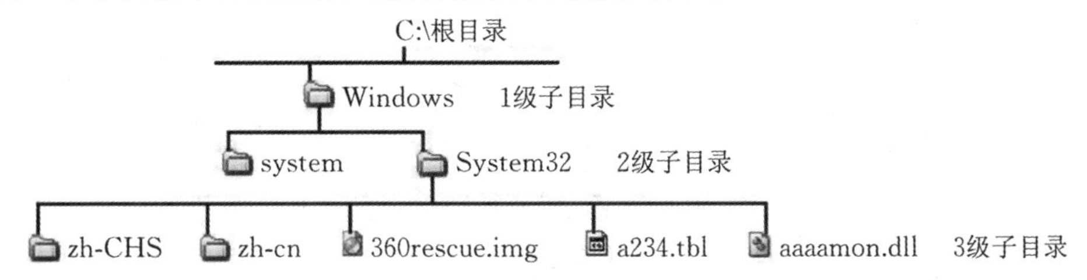

图 2－37　树状目录结构

用户可以自由建立不同的子目录,也可以对用户自行建立的目录进行移动、删除、修改名称等操作。操作系统和应用软件在安装时,也会建立一些子目录,如 WINDOWS, Documents and Settings 等,这些子目录用户不能进行移动、删除、修改名称等操作,否则将导致操作系统或应用软件不能正常使用。Windows 7 目录的树状结构如图 2－38 所示。

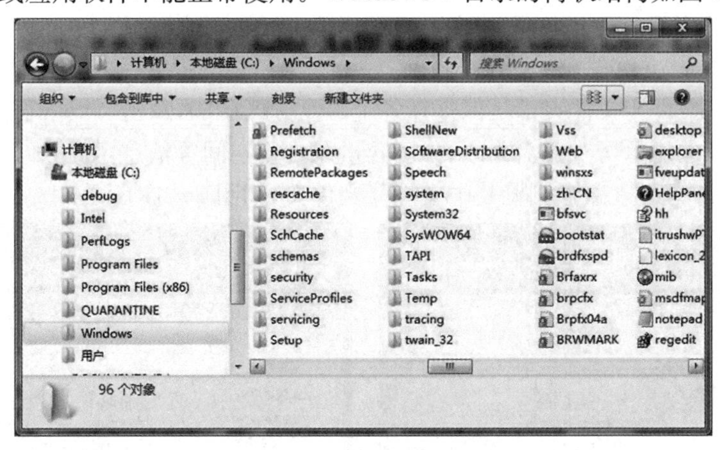

图 2－38　Windows 7 目录的树状结构

6) 文件路径

文件路径是文件存取时,需要经过的子目录名称。目录结构建立后,所有文件分门别类地存放在所属目录中,计算机在访问这些文件时,依据要访问文件的不同路径,进行文件查找。

文件路径有绝对路径和相对路径。绝对路径指从根目录开始,依序到该文件之前的目录名称;相对路径是从当前目录开始,到某个文件之前的目录名称。

如图 2－37 所示目录中,a234. tbl 文件的绝对路径为 C:\Windows\System32\a234. tbl。如果用户当前在 C:\Windows\system 目录中,那么 a234. tbl 文件的相对路径为 ..\System32\a234. tbl(“..”表示上一级目录)。

7) 文件查找

在 Windows 7 中查找文件或文件夹非常方便,可右击“开始”菜单,选择“打开 Windows 资源管理器”菜单项,然后单击“搜索”栏,输入需要查找文件的部分文件名即可,如图 2－39 所示。

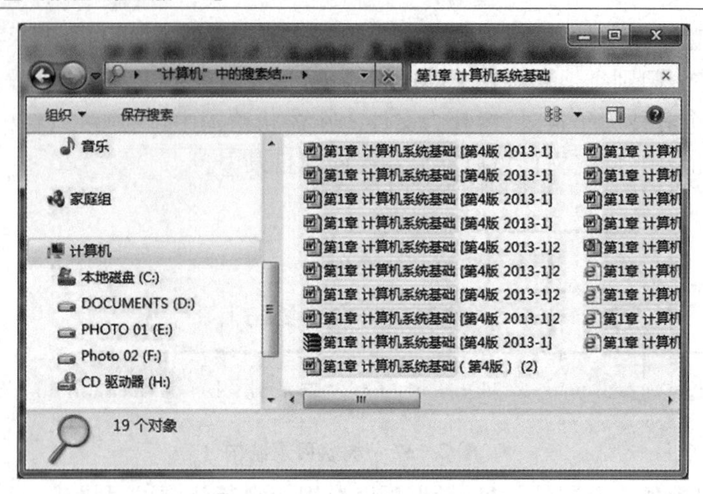

图 2-39　Windows 资源管理器搜索窗口

2. 查看文件与文件夹

对文件进行任何管理操作之前,必须打开相应的文件浏览窗口,在 Windows 7 中,是通过资源管理器打开各个文件夹窗口,在窗口中浏览、管理文件与文件夹。

1) 查看计算机中的磁盘

计算机中的文件与文件夹都是保存在各个磁盘分区中的,双击"计算机"图标打开"计算机"窗口后,窗口中显示所有磁盘分区、分区容量及可用空间等信息,如图 2-40 所示。双击某个磁盘图标,即可进入磁盘浏览其中文件与文件夹,如图 2-41 所示。

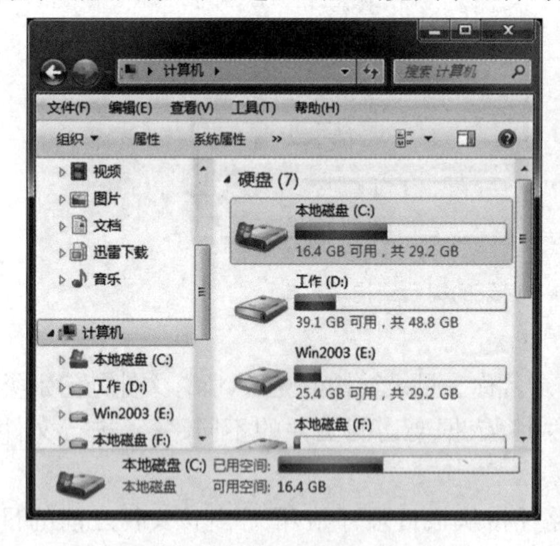

图 2-40　查看计算机中的磁盘

图 2-41　浏览文件及文件夹

2) 调整查看方式

(1) 设置视图模式。在浏览过程中,单击窗口工具栏的"视图"按钮,可以对查看方式、排列顺序等进行设置,方便用户的管理。如图 2-42 所示是"视图"按钮的下拉菜单,其中列出了多种视图模式。图 2-40 是以"平铺"模式显示,而图 2-41 是以"详细信息"模式显示的文件夹窗口。

(2) 文件与文件夹的排序。当窗口中包含了太多的文件和文件夹时,可按照一定规律对窗口中的文件和文件夹进行排序以便于浏览。具体方法如下:

① 设置窗口中文件与文件夹的显示模式为“详细信息”；

② 单击文件列表上方的相应标题按钮，或单击标题按钮旁的“向下”按钮打开下拉菜单，从中选择排序依据，此时文件列表将按选择排序显示，如图 2－43 所示。

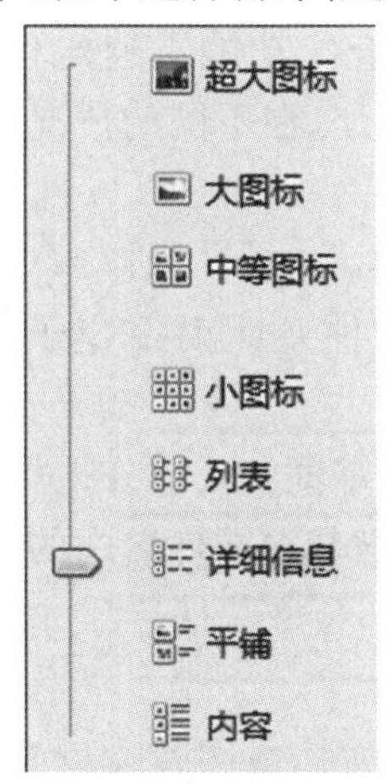

图 2－42 视图菜单

图 2－43 按用户所选择排序显示文件与文件夹

3. 管理文件与文件夹

管理文件与文件夹应熟悉以下这些基本操作。

1) 选取文件与文件夹

在窗口中对文件或文件夹进行任何操作之前，都需要先进行选取操作，选取操作有：

(1) 单选。在窗口中单击所需文件或文件夹。

(2) 多选(连续)。在窗口中按下鼠标左键拖动指针进行框选。

(3) 多选(不连续)。在窗口中按下[Ctrl]键再单击所需的各个文件或文件夹。

(4) 全选。按[Ctrl]+[A]组合键，可以选中当前窗口中全部文件和文件夹。

2) 新建文件夹

用户可根据需要新建分类文件夹，然后将各类文件分类放置。具体方法如下：

(1) 打开相应的文件夹窗口；

(2) 单击窗口工具栏的“新建文件夹”按钮，则文件列表区域会生成一个新的文件夹图标及标识；

(3) 修改标识为相应的文件夹名称。

也可以在窗口的空白处右击，在打开的快捷菜单中选择“新建”菜单项创建文件夹。

3) 重命名、复制、移动与删除文件与文件夹

这几项操作有共同之处，依次为选取文件与文件夹、单击窗口工具栏“组织”按钮打开其下拉菜单、在菜单中选择相应的操作命令。

以移动文件夹为例，具体方法如下：

(1) 选中要移动的文件夹；

(2) 单击窗口工具栏“组织”按钮，打开其下拉菜单；

(3) 在菜单中选择“剪切”菜单项；

(4) 打开要移动到的目标磁盘或文件夹窗口；

(5) 单击窗口工具栏“组织”按钮，在菜单中选择“粘贴”菜单项。

也可以使用与菜单选项对应的快捷键完成相应操作。[Ctrl]+[X]组合键相当于“剪

切”操作;[Ctrl]+[C]组合键相当于“复制”操作;[Ctrl]+[V]组合键相当于“粘贴”操作;[Delete]键相当于“删除”操作。

4. 搜索文件与文件夹

即使用户不记得文件与文件夹的名字和保存位置,也可以利用查找功能迅速定位。Windows 7 提供了查找文件和文件夹的多种方法。搜索方法无所谓最佳,在不同的情况下可以使用不同的方法。

1) 使用“开始”菜单上的搜索框查找程序或文件

可以使用“开始”菜单上的搜索框来查找存储在计算机上的文件、文件夹、程序和电子邮件。具体方法如下:

(1) 单击“开始”按钮打开“开始”菜单,然后在搜索框中键入字词或字词的一部分;

(2) 键入后,与所键入文本相匹配的项将出现在“开始”菜单上,搜索基于文件名中的文本,文件中的文本、标记以及其他文件属性。

2) 在文件夹或库中使用搜索框来查找文件或文件夹

通常用户可能知道要查找的文件位于某个特定文件夹或库中,如文档或图片文件夹/库。浏览文件可能意味着查看数百个文件和子文件夹,为了节省时间和精力,可使用已打开窗口顶部的搜索框。

搜索框位于每个文件夹或库窗口的顶部,它根据所键入的文本筛选当前文件夹或库,搜索将查找文件名和内容中的文本以及标记等文件属性中的文本。在库中,搜索包括库中包含的所有文件夹及这些文件夹中的子文件夹。

具体方法如下:

(1) 在搜索框中键入字词或字词的一部分;

(2) 键入时将立即筛选文件夹或库的内容,当看到需要的文件后,即可停止键入。

3) 组合筛选文件与文件夹

如果要进行更为全面细致的搜索,则可以通过“高级搜索”来进行。

如图 2-44 所示,在 Windows 7 文件夹窗口按某个日期准则搜索修改过的文件和文件夹。

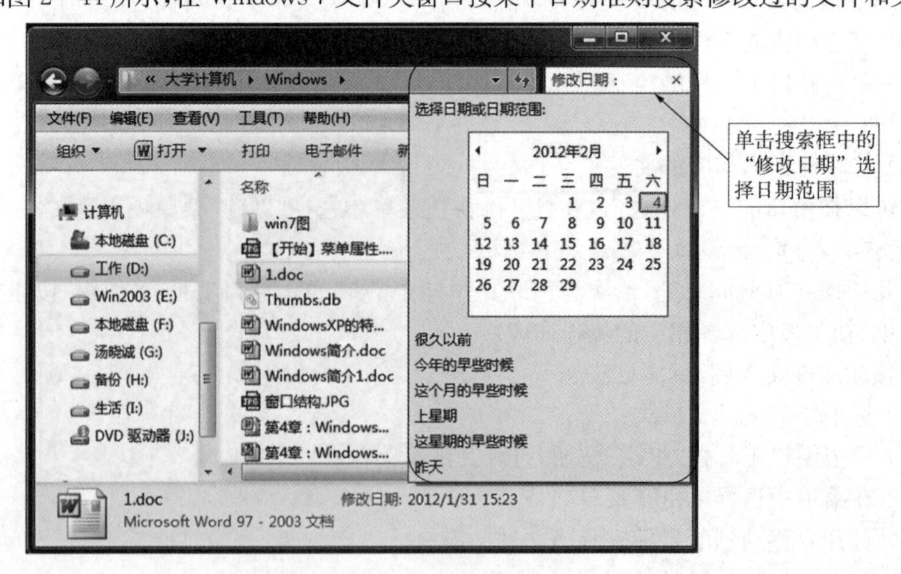

图 2-44 组合筛选文件或文件夹

5. 文件与文件夹的高级管理

文件与文件夹的高级管理包括查看文件与文件夹信息、隐藏文件与文件夹以及隐藏文件扩展名等操作。

1) 查看文件与文件夹信息

在管理计算机文件的过程中，经常需要查看文件与文件夹的详细信息，以进一步了解文件详情，如文件类型、打开方式、大小、存放位置以及创建与修改时间等；对于文件夹，则需要查看其中包含的文件和子文件夹的数量。具体操作如下：

(1) 右击要查看的文件或文件夹图标，打开快捷菜单；

(2) 选择“属性”菜单项弹出相关属性对话框；

(3) 在“常规”选项卡中就可以查看文件夹的详细属性了，如图 2-45 所示。

2) 显示/隐藏文件扩展名

每个类型的文件都有各自的扩展名，可以根据文件的图标辨识文件类型。Windows 7 默认是不显示文件的扩展名的，这样可防止用户误改扩展名而导致文件不可用。如果用户需要查看或修改扩展名，可以通过设置将文件的扩展名显示出来。具体操作如下：

(1) 在任一文件夹窗口中单击工具栏中的“组织”按钮，打开其下拉菜单；

(2) 选择“文件夹和搜索选项”菜单项，弹出“文件夹选项”对话框；

(3) 选择“查看”选项卡；

(4) 在“高级设置”列表框中取消勾选“隐藏已知文件类型的扩展名”复选框(勾选该复选框则不显示)，如图 2-46 所示；

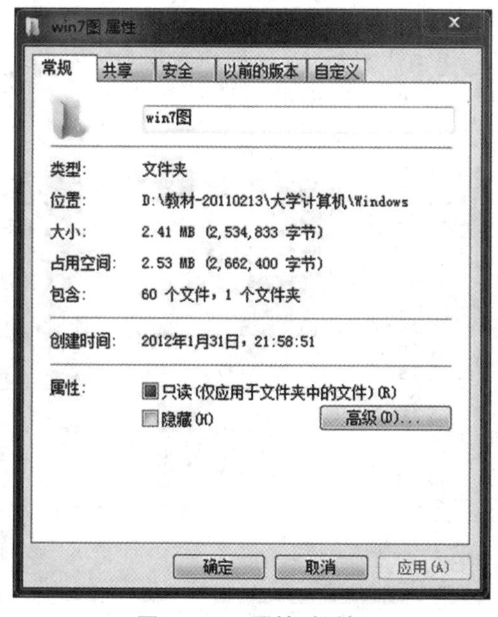

图 2-45 属性对话框

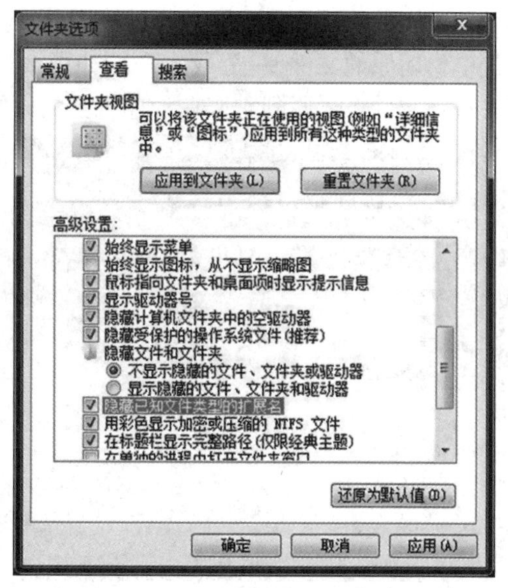

图 2-46 “文件夹选项”对话框

(5) 单击“应用”或“确定”按钮；

(6) 返回文件夹窗口，再进入磁盘中查看文件时，就能够看到文件扩展名了。

3) 隐藏/显示文件与文件夹

对于计算机中的重要文件或文件夹，为了防止被其他用户所查看或修改，可以将其隐藏起来，隐藏后所有计算机用户都无法看到被隐藏的文件与文件夹，隐藏文件夹时，还可以选择仅隐藏文件夹，或者将文件夹中的文件与子文件夹一同隐藏。具体操作如下：

(1) 在文件夹窗口右击要查看的文件或文件夹图标，打开快捷菜单；

(2) 选择“属性”菜单项弹出相应属性对话框；

(3) 在“常规”选项卡中勾选“隐藏”复选框，单击“确定”按钮，如图 2-45 所示；

(4) 返回文件夹窗口，单击工具栏中的“组织”按钮，在其下拉菜单中选择“文件夹和搜索”菜单项，弹出“文件夹选项”对话框；

(5) 选择“查看”选项卡，在“高级设置”列表框中选中“不显示隐藏的文件、文件夹或驱动器”单选按钮(选中“显示隐藏的文件、文件夹和驱动器”单选按钮，则会显示隐藏文件或文件夹)，如图 2-46 所示；

(6) 单击“应用”或“确定”按钮；

(7) 返回文件夹窗口，再进入磁盘中查看文件时，就看不到具有隐藏属性的文件或文件夹了。

6. 管理回收站

回收站用于临时保存用户从磁盘中删除的各类文件和文件夹。当用户对文件和文件夹进行删除操作后，它们并没有从计算机中直接被删除，而是保存在回收站中。对于误删的文件和文件夹，可以随时通过回收站恢复，对于确认无用的文件，再从回收站删除。

1) 恢复删除的文件与文件夹

直至回收站被清空之前，用户可以恢复意外删除的文件，将它们还原到其原始位置。具体操作如下：

(1) 双击“回收站”图标打开“回收站”窗口；

(2) 若要还原所有文件，如图 2-47(a)所示，单击工具栏上“还原所有项目”按钮；否则先选中要还原的文件(一个或多个)，如图 2-47(b)所示，再单击工具栏上“还原选定的项目”按钮，文件将还原到它们在计算机上的原始位置。

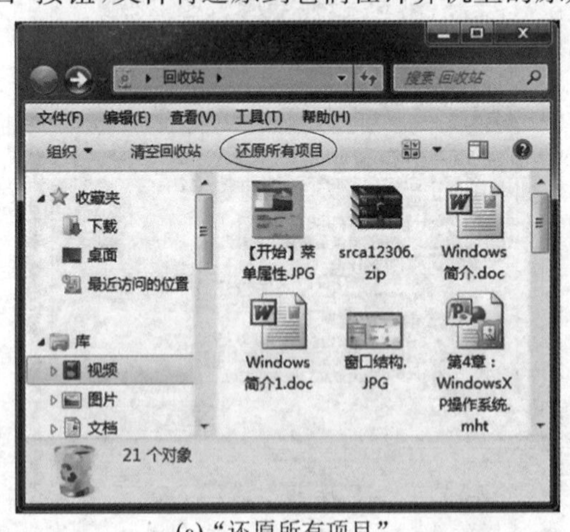

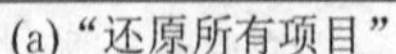
(a)“还原所有项目”

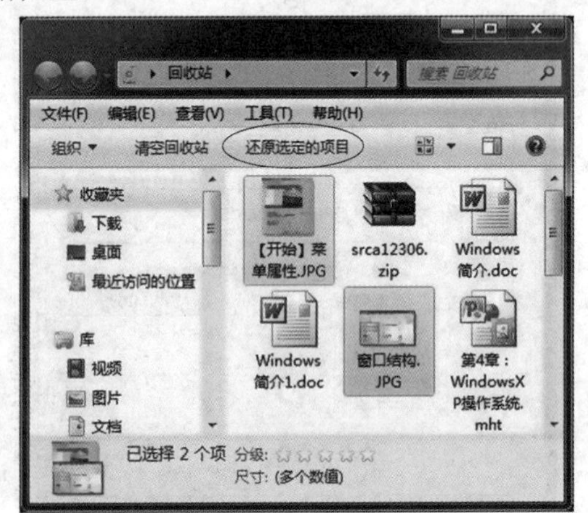

(b)“还原选定的项目”

图 2-47 “回收站”窗口

2) 彻底删除文件与文件夹

将回收站中的文件与文件夹彻底删除的具体操作如下：

(1) 打开“回收站”窗口；

(2) 选中要删除的文件或文件夹，右击打开快捷菜单，然后选择“删除”菜单项，或者在工具栏上单击“清空回收站”按钮；

(3) 在弹出的“删除文件”提示框中单击“是”按钮，即可完成删除操作。

2.2.3 Windows 7 软硬件管理

以下将介绍 Windows 7 在应用软件和硬件设备管理方面的常用功能。

1. 应用程序的安装与管理

1) 安装应用程序

Windows 7 的应用程序非常多，每款应用程序的安装方式都各不相同，但是安装过程中的几个基本环节都是一样的，包括：

(1) 选择安装路径；

(2) 阅读许可协议；

(3) 附加选项；

(4) 选择安装组件。

例 2-3 安装搜狗拼音输入法。

安装步骤如下：

(1) 从搜狗输入法官方网站下载并运行搜狗拼音输入法的安装程序，Windows 7 将弹出“用户账户控制”对话框，询问用户“是否允许以下程序对计算机进行更改?”，单击“是”按钮，继续进行下载并安装；

(2) 弹出搜狗拼音输入法安装向导，如图 2-48 所示，单击“下一步”按钮；

(3) 弹出“许可证协议”对话框，如图 2-49 所示，阅读后单击“我接受”按钮；

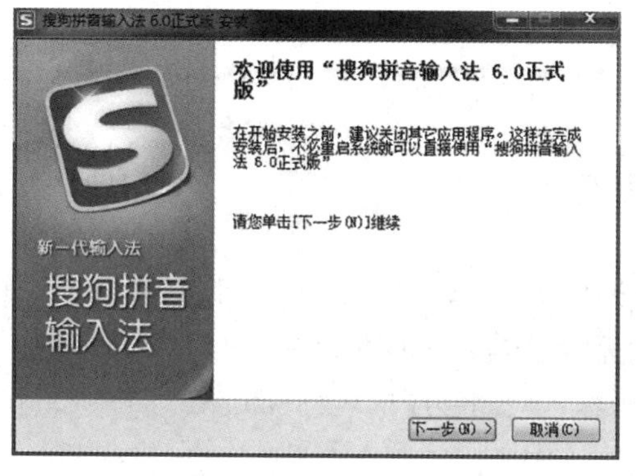

图 2-48 搜狗拼音输入法安装向导

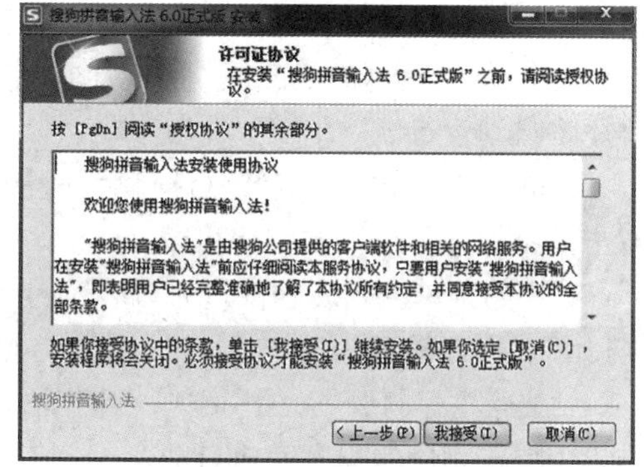

图 2-49 “许可证协议”对话框

(4) 弹出“选择安装位置”对话框，如图 2-50 所示，设置安装路径后单击“下一步”按钮；

(5) 弹出“选择‘开始菜单’文件夹”对话框，如图 2-51 所示，此处所创建的文件夹将显示在“开始”|“所有程序”菜单中，默认文件夹名称为“搜狗拼音输入法”，单击“下一步”按钮；

(6) 弹出“选择安装‘附加软件’”对话框，如图 2-52 所示，选择后单击“安装”按钮；

(7) 安装程序开始自动安装并显示安装进度，如图 2-53 所示；

(8) 安装完成后将弹出最后一个对话框，单击“退出向导”完成安装。

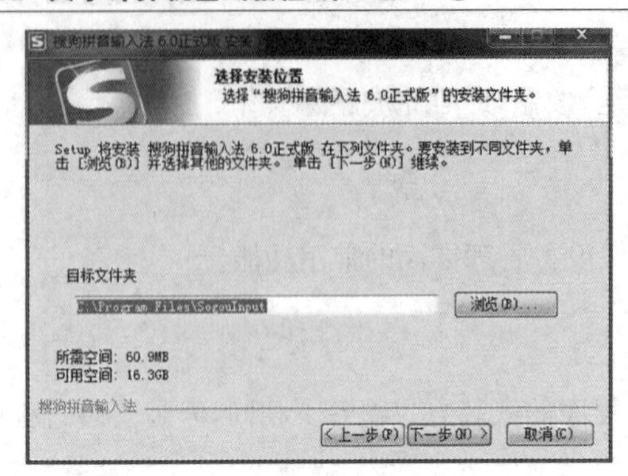

图 2-50 “选择安装位置”对话框

选择“开始菜单”文件夹
选择“开始菜单”文件夹，用于程序的快捷方式。
选择“开始菜单”文件夹，以便创建程序的快捷方式。你也可以输入名称，创建新文件夹。
搜狗拼音输入法
360安全浏览器
360安全平台
360安全中心
Accessories
Administrative Tools
Games
Maintenance
Microsoft Office
PPLive
Ruijie Supplicant
SharePoint
不要创建快捷方式(N)
<上一步(P) 下一步(N)> 取消(C)

图 2-51 “选择‘开始菜单’文件夹”对话框

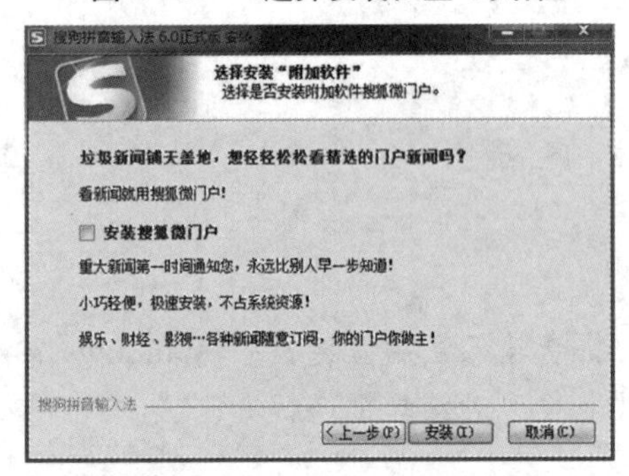

图 2-52 “选择安装‘附加软件’”对话框

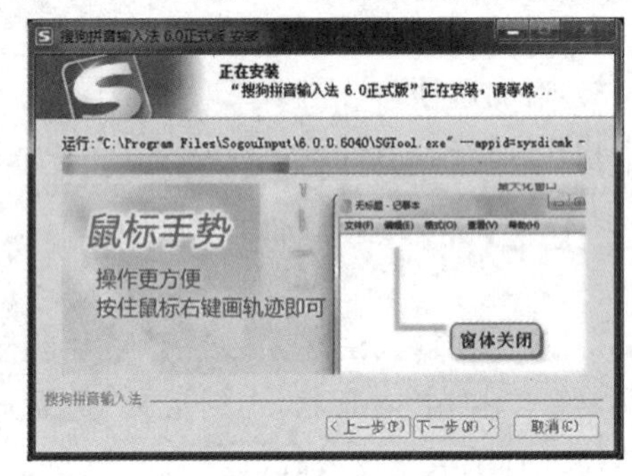

图 2-53 安装进度

2) 运行应用程序

程序安装完毕就可以开始运行了。运行应用程序通常有如下方法：

(1) 自动运行。如果安装过程中选择或默认程序“安装(或开机)后自动运行”，那么应用程序将自动运行。

(2) 桌面快捷菜单。安装软件过后，通常都会自动在桌面上创建一个快捷图标，用户只要双击该图标即可运行相应的程序。

(3) 开始菜单。安装软件过后，通常会自动在“开始”菜单中创建一个文件夹，用户可以在“开始”|“所有程序”菜单中单击该文件夹，然后单击应用程序的名称。

(4) 搜索框。打开“开始”菜单，在搜索框中输入应用程序的名称(部分文字即可)，在搜索结果中单击相应的程序完成启动。

3) 管理已安装的应用程序

通过 Windows 7 的“程序和功能”窗口，用户可以查看当前系统中已经安装的应用程序，同时还可以对它们进行修复和卸载操作。

例 2-4 查看并卸载“搜狗拼音输入法”。

卸载步骤如下：

(1) 打开“开始”菜单，单击右侧窗格中的“控制面板”菜单项，打开“控制面板”窗口，如图 2-54 所示；

(2) 单击窗口中“程序”选项下方的“卸载程序”文字链接，打开“程序和功能”窗口，如图 2-55 所示；

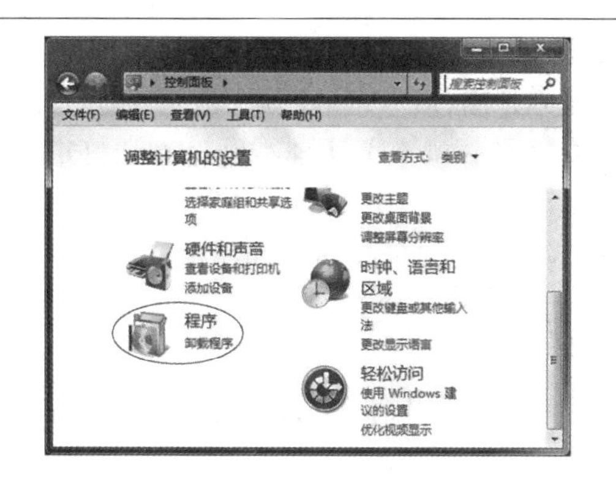

图 2 - 54　“控制面板”窗口

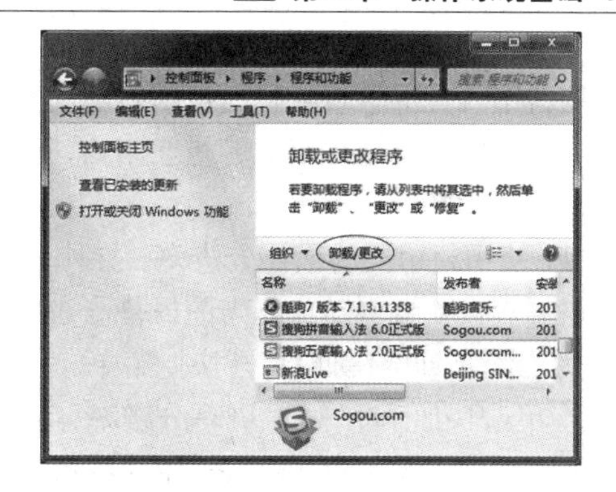

图 2 - 55　“程序和功能”窗口

(3) 在应用软件列表中可以浏览已安装的应用程序，本例选择“搜狗拼音输入法 6.0 正式版”，然后单击工具栏的“卸载/更改”按钮；

(4) 在随后出现的搜狗拼音输入法卸载向导的指引下逐步完成软件的卸载。

根据所选应用软件的不同，工具栏上可出现不同的功能按钮，如“卸载”“更改”和“修复”等。

2. 设备管理

设备管理包括添加或删除打印机和其他硬件设备、更改系统声音、自动播放 CD、节省电源、更新设备驱动程序等功能，是查看计算机内部和外部硬件设备的工具。

1) 设备管理器

使用设备管理器，可以查看和更新计算机上安装的设备驱动程序，查看硬件是否正常工作以及修改硬件设置。

通过设备管理器，网络或计算机可以与任何设备相连，包括打印机、键盘、外置磁盘驱动器或其他外围设备，但要在 Windows 7 下正常工作，需要专门的软件(设备驱动程序)。

从“开始”菜单中打开“控制面板”窗口，如图 2 - 54 所示，单击“硬件和声音”选项打开“硬件和声音”窗口，如图 2 - 56 所示，然后再单击“设备和打印机”下的“设备管理器”链接，打开“设备管理器”的窗口，如图 2 - 57 所示，窗口中列出了本机的所有硬件设备，通过功能菜单可以对它们进行相应的管理。

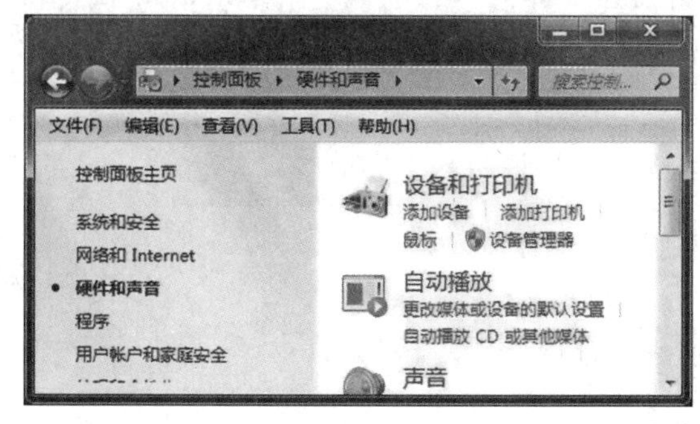

图 2 - 56　“硬件和声音”窗口

图 2 - 57　“设备管理器”窗口

2) 调整屏幕显示效果

调整屏幕显示效果，主要是指调整显示器的显示分辨率和刷新率。

显示分辨率就是屏幕上显示的像素个数。例如，分辨率 1 920×1 080 表示水平像素数为 1 920 个，垂直像素数为 1 080 个。分辨率越高，像素的数目越多，感应到的图像越清晰。

而在屏幕尺寸一样的情况下,分辨率越高,显示效果就越细腻。

刷新率就是屏幕每秒画面被刷新的次数,刷新率越高,所显示的图像(画面)稳定性就越好。由于刷新率与分辨率两者相互制约,因此只有在高分辨率下达到高刷新率的显示器才能称为性能优秀。

(1) 使用显示器的最佳分辨率。在刚安装好 Windows 7 时会自动为显示器设置正确的分辨率。检查或者手动更改当前屏幕分辨率设置的具体方法如下:

① 右击桌面空白处,打开快捷菜单;

② 单击快捷菜单中的“屏幕分辨率”菜单项,打开“屏幕分辨率”窗口,如图 2-58 所示;

③ 打开“分辨率”下拉列表,在其中可以查看并选择当前显示器所支持的分辨率,单击“确定”按钮即可。

(2) 设置显示器的最高刷新率。对于液晶显示器而言,刷新率一般保持在 60 Hz 即可。但是对于一些运动类或动作类 3D 游戏而言,游戏的最高帧数往往会高于液晶显示器的标准刷新率,因此用户可以适当提高刷新率,以保证游戏能流畅运行。具体方法如下:

① 打开“屏幕分辨率”窗口,如图 2-58 所示;

② 单击窗口右侧的“高级设置”选项,弹出显示器属性设置窗口,选择“监视器”选项卡,如图 2-59 所示;

③ 打开“屏幕刷新频率”下拉列表,在其中选择最高刷新频率数值,单击“确定”按钮即可。

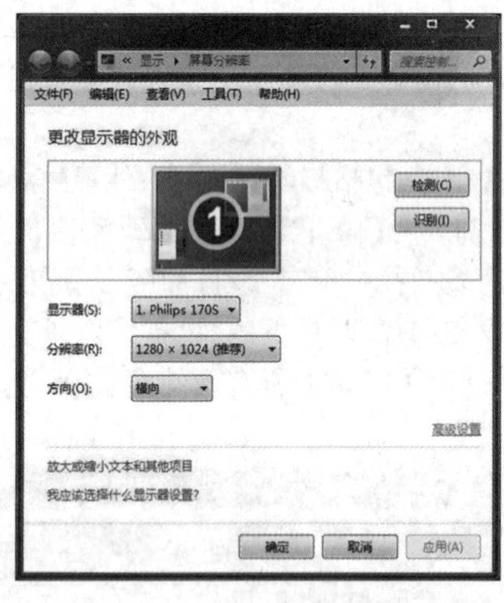

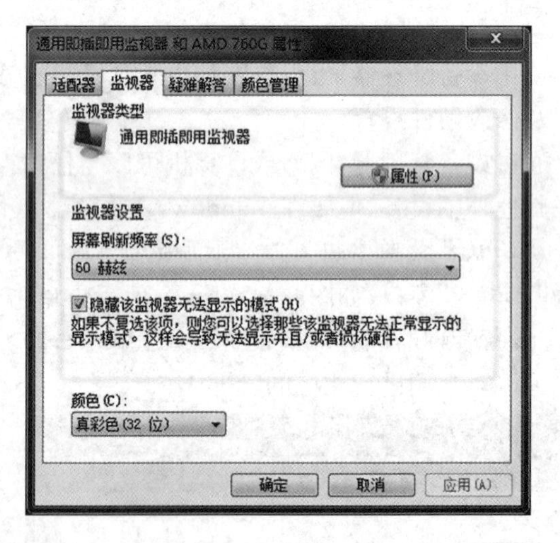

图 2-58 “屏幕分辨率”窗口　　图 2-59 “监视器”选项卡

2.2.4 Windows 7 系统管理

这里介绍系统账户的配置与管理,磁盘清理与维护。

1. 账户的配置与管理

为操作系统设置多个账户,可给每个系统使用者提供单独的桌面及个性化的设置,避免相互干扰。

Windows 7 有三种类型的账户,每种类型为用户提供不同的计算机控制级别:

(1) 用户创建的账户。用户创建的账户亦称为标准账户,适于日常计算机使用,默认运行在标准权限下。标准账户在尝试执行系统关键设置的操作时,会受到用户账户控制机制的阻拦，以避免管理员权限被恶意程序所利用，同时也避免了用户对系统的错误操作。

（2）管理员（administrator）。管理员账户可以对计算机进行最高级别的控制。

（3）来宾（guest）。来宾账户主要针对需要临时使用计算机的用户，其用户权限比标准用户的账户受到更多的限制，只能使用常规的应用程序，而无法对系统设置进行更改。

下面介绍账户的配置与用户登录方式的控制。

1）账户的配置

（1）创建新账户。安装并设置 Windows 7 时所创建的用户账户，是允许用户设置计算机以及管理员账户的，完成计算机设置后，应该使用标准用户的账户进行日常计算机操作。

创建用户账户需要通过控制面板，具体方法如下：

① 单击“开始”按钮打开“开始”菜单；

② 单击菜单顶端的用户头像图标，打开“用户账户”窗口，如图 2-60 所示，该窗口也可通过“控制面板”窗口逐层打开；

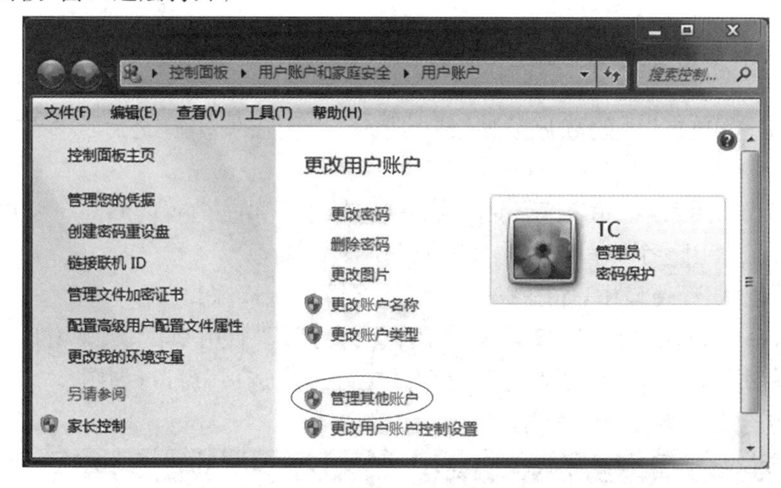

图 2-60 “用户账户”窗口

③ 单击“管理其他账户”选项，打开“管理账户”窗口，如图 2-61 所示；

④ 单击“创建一个新账户”选项，打开“创建新账户”窗口，如图 2-62 所示；

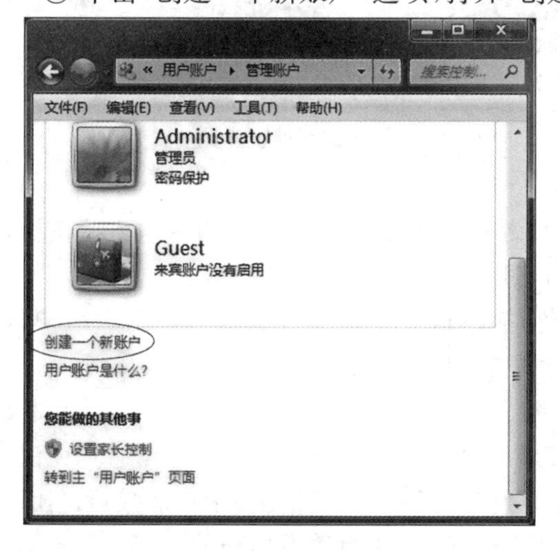

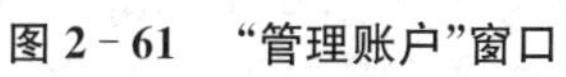

图 2-61 “管理账户”窗口

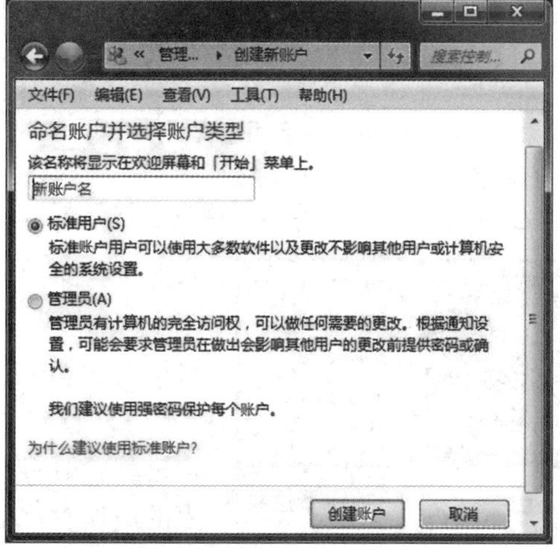

图 2-62 “创建新账户”窗口

⑤ 输入新建的用户账户名称,选择用户权限,单击"创建账户"按钮,完成创建。

(2) 更改账户类型,创建、更改或删除密码。具有管理员类型的账户才能进行本操作,具体方法如下:

① 在"管理账户"窗口,如图 2-61 所示,单击要更改的用户账户图标,打开"更改账户"窗口,如图 2-63 所示,本例选择用户"TC";

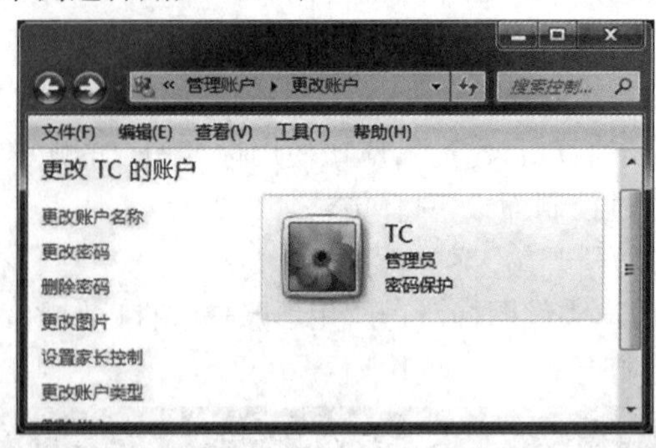

图 2-63 "更改账户"窗口

② 根据需求,单击"更改账户类型"或其他所需功能的选项,之后逐步按照提示操作即可。

(3) 启用或禁用账户。由于 Windows 7 默认禁止了系统内置的 Guest 账户,因此用户需要手动启用或禁用这个账户。具体方法如下:

① 在"管理账户"窗口中,如图 2-61 所示,选择"Guest 账户";

② 若 Guest 账户的当前状态是"未启用",则会打开"启用来宾账户"窗口,如图 2-64 所示,单击"启用"按钮即可启用,否则会打开"更改来宾选项"窗口,如图 2-65 所示,单击"关闭来宾账户"文字链接即可禁用。

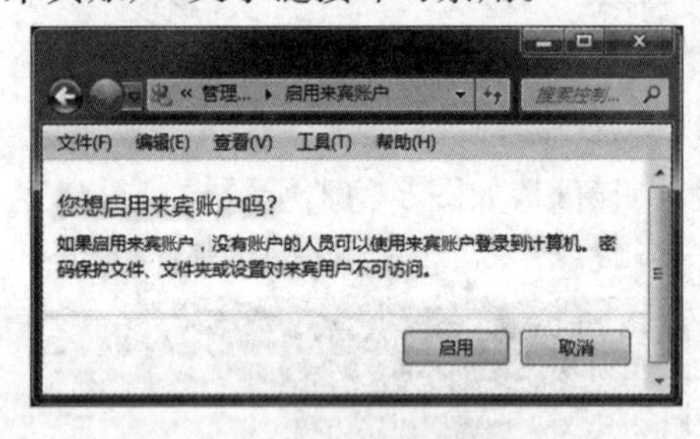

图 2-64 "启用来宾账户"窗口　　图 2-65 "更改来宾选项"窗口

2) 账户登录方式的控制

在"开始"菜单的右侧窗格下方有一个"关机"按钮,单击"关机"按钮侧旁的下拉按钮可打开下拉菜单,如图 2-66 所示。

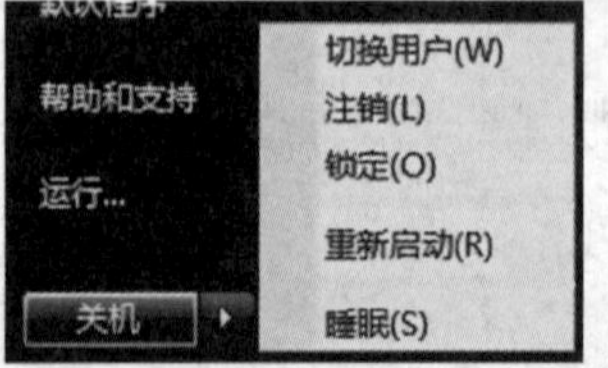

图 2-66 "关机"按钮下拉菜单

(1) 多账户切换。若一台计算机上有多个用户账户,则可以使用切换用户功能在多个用户之间进行切换。

(2) 注销当前账户。注销功能的作用是结束当前所有用户进程,然后退出当前账户的桌面环境。此外,当遇到无法结束的应用程序时,可以用 Windows 7 的注销功能强行退出。

(3) 锁定当前桌面。如果用户需要暂时离开计算机,既不打算退出当前应用又不希望其他人使用,那么就可以将当前用户桌面锁定,这样将在不注销账户的情况下返回到登录界面。

2. 磁盘清理与维护

随着时间的推移,许多计算机的运行速度会越来越慢,这主要是因为文件会逐渐变得杂乱无序,并且资源会被不必要的软件占用。为此,Windows 7 提供了可以清理计算机并恢复计算机性能的工具。

1) 删除不使用的程序

程序会占用计算机的空间,而且某些程序会在用户不知情的情况下在后台运行。删除不使用的程序可以提高计算机的运行速度。

具体操作步骤可参见 2.2.3 中的“应用程序的安装与管理”部分。

2) 释放浪费的空间

计算机使用过程中会产生一些临时文件,这些文件会占用一定的磁盘空间并影响到系统的运行速度。因此,当计算机使用过一段时间后,用户就应当对磁盘进行一次清理,将这些垃圾文件从系统中彻底删除。可以使用磁盘清理工具清除垃圾文件,具体方法如下:

(1) 打开“计算机”窗口,右击要整理的磁盘(本例为 C 盘),打开快捷菜单;

(2) 单击快捷菜单中的“属性”菜单项,弹出所选磁盘属性对话框,如图 2-67 所示;

(3) 在“常规”选项卡中,单击“磁盘清理”按钮,磁盘清理会花少量时间检查磁盘;

(4) 当出现磁盘清理对话框时,如图 2-68 所示,在“要删除的文件”列表框中勾选需要删除的文件的复选框,然后单击“确定”按钮;

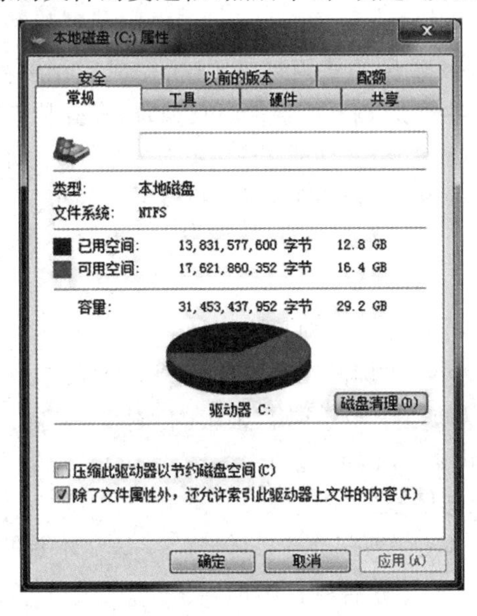

图 2-67 磁盘属性对话框

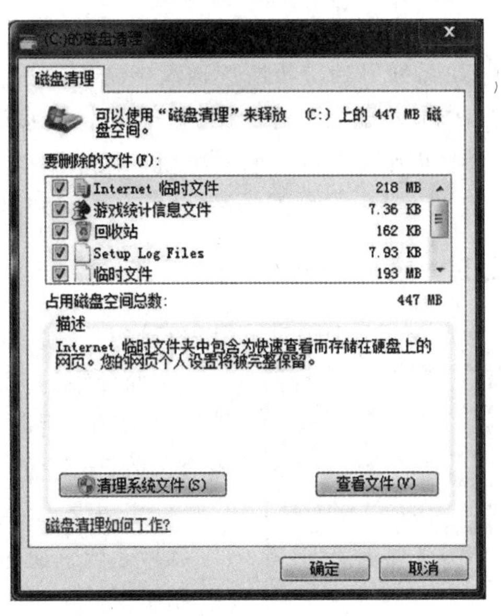

图 2-68 磁盘清理对话框

(5) 在弹出的清理确认框中单击“是”按钮,磁盘清理功能将会删除这些文件。

如果有多个磁盘,那么可对“计算机”窗口中列出的每个磁盘都重复此过程。

3) 整理磁盘驱动器碎片

在使用计算机的过程中,用户经常要备份文件、安装以及卸载程序,这样就会在硬盘上残留大量的碎片文件,当文件变得零碎时,计算机读取文件的时间便会增加。

碎片整理通过重新组织文件来提升计算机的性能,具体操作如下:

(1) 打开“计算机”窗口,右击要整理的磁盘(本例为 F 盘),打开快捷菜单;

(2) 单击快捷菜单中的“属性”菜单项,弹出所选磁盘属性对话框,单击“工具”选项卡,如图 2－69 所示；

(3) 单击“碎片整理”下的“立即进行碎片整理”按钮，弹出“磁盘碎片整理程序”对话框，如图 2－70 所示；

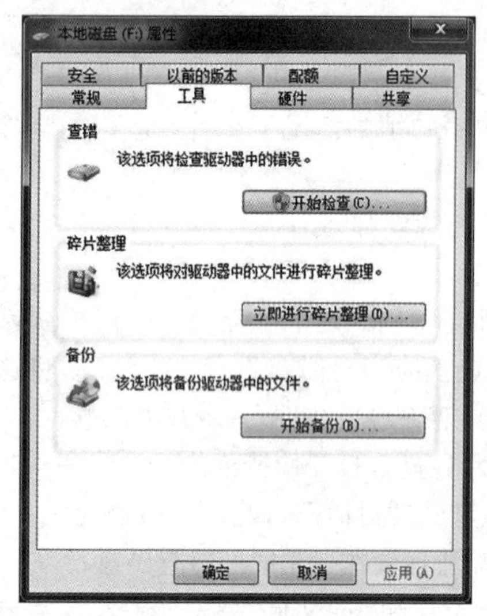

图 2－69　磁盘属性对话框

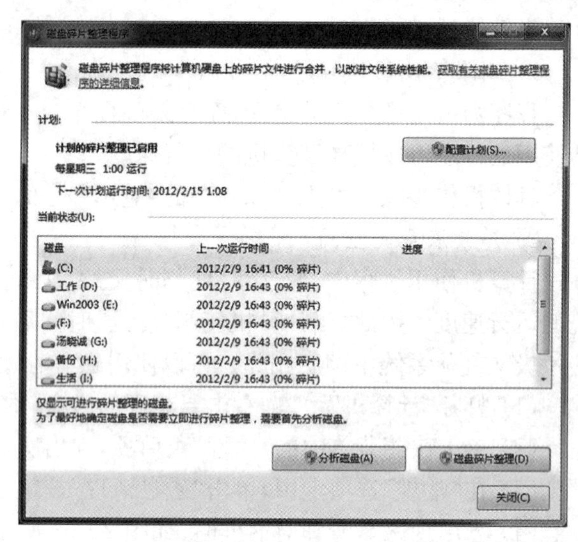

图 2－70　“磁盘碎片整理程序”对话框

(4) 单击所需磁盘，然后单击“分析磁盘”按钮；

(5) 系统开始分析所选磁盘中文件的数量以及磁盘的使用频率，分析完成后在磁盘信息的右侧显示磁盘碎片的比例，若碎片比例较高，则会影响系统性能，可进行磁盘碎片整理；

(6) 单击“磁盘碎片整理”按钮，开始对磁盘进行碎片整理，整理完毕后单击“关闭”按钮即可。

如果有多个磁盘需要整理，那么可对列出的每个磁盘都重复步骤(4)及之后的步骤。

2.2.5　Windows 7 实用工具

Windows 7 中附带了很多实用工具，这些工具能够满足我们日常工作的一些基本需求。

图 2－71　“附件”文件夹

下面介绍的 Windows 7 的附带工具均位于“开始”菜单的“附件”文件夹中，所以可以通过单击“开始”菜单的“附件”文件夹的相应选项打开它们，如图 2－71 所示。

1. 记事本、写字板与便笺

(1) 记事本。记事本是 Windows 7 自带的一款文本编辑工具，用于在计算机中输入与记录各种文本内容。

(2) 写字板。写字板是 Windows 7 自带的一款文字处理软件，除了具有记事本的功能外，还可以对文档的格式、页面排列进行调整，从而编排出更加规范的文档。

(3) 便笺。便笺是 Windows 7 自带的软件，是为了方便用户在使用计算机的过程中临时记录一些备忘信息而提供的工具。与现实中的便笺功能类似，便笺只是用于临时记录信息，无须保存，所以便笺窗口仅有“新建便笺”按钮 + 和“删除便笺”按钮 ×，右击便笺窗口会弹出快捷菜单，其中的颜色菜单项可设置便笺的底色。

2. 画图与截图工具

(1) 画图。画图是 Windows 7 自带的一款简单的图形绘制工具,使用画图,用户可以绘制各种简单的图形,或者对计算机中的照片进行简单的处理,包括裁剪图片、旋转图片以及在图片中添加文字等。另外,通过画图还可以方便地转换图片格式,如打开 BMP 格式的图片,然后另存为 JPG 格式。

(2) 截图工具。截图工具是 Windows 7 自带的一款简单的用于截取屏幕图像的工具,使用该工具能够将屏幕中显示的内容截取为图片,并保存为文件或直接粘贴应用到其他文件中。

例 2-5　截取当前网页上的一张有关凤凰城的图片保存为 JPG 格式,命名为“凤凰城”。

截图步骤如下:

(1) 打开相应网页,如图 2-72 所示;

图 2-72　网页

(2) 打开“截图工具”窗口,如图 2-73(a)所示;

(3) 单击“新建”下拉菜单中的“矩形截图”菜单项,如图 2-73(b)所示;

(4) 框选网页中所需图形,如图 2-74 所示;

图 2-73　“截图工具”窗口　　图 2-74　完成截图后的窗口

(5) 单击“保存”按钮弹出“保存”对话框,选择格式为 JPG 并命名为“凤凰城”进行保存。

3. 其他工具

(1) 计算器。Windows 7 自带计算器,除可以进行简单的加、减、乘、除运算外,还可以进行各种复杂的函数与科学计算,这些计算相应于不同的计算模式,如图 2-75 所示。不同模式的转换是通过"计算器"窗口的"查看"菜单进行的。

图 2-75 "计算器"窗口

① 标准模式:标准模式与现实中的计算器使用方法相同。

② 科学模式:科学模式提供了各种方程、函数与几何计算功能,用于日常进行各种较为复杂的公式计算。在科学模式下,计算器会精确到 32 位数。

③ 程序员模式:程序员模式提供了程序代码的转换与计算功能以及不同进制数字的快速计算功能。程序员模式是整数模式,小数部分将被舍弃。

④ 统计信息模式:使用统计信息模式时,可以同时显示要计算的数据、运算符以及计算结果,便于用户直观地查看与核对,其他功能与标准模式相同。

(2) 放大镜。Windows 7 提供的放大镜工具,用于将计算机屏幕显示的内容放大若干倍,从而能让用户更清晰地进行查看。单击"放大镜"菜单项,打开"放大镜"窗口,如图 2-76 所示,同时当前屏幕内容会按放大镜的默认设置倍率(200%)显示。在"放大镜"窗口可以对放大镜的放大范围进行设置。

图 2-76 "放大镜"窗口

✻2.3 Windows 10 操作系统

Windows 10 是微软公司于 2015 年正式发布的用于计算机和平板电脑的操作系统,相比于 Windows 7,它主要有以下新功能或改进。

2.3.1 Windows 10 的新功能介绍

1. 增设微软用户账户

Windows 7 只设有本地账户,Windows 10 则保留本地账户并增设微软网络账户,联网登录后,可进行应用商店、OneDrive 等在不同设备之间的数据同步,如图 2-77 所示。

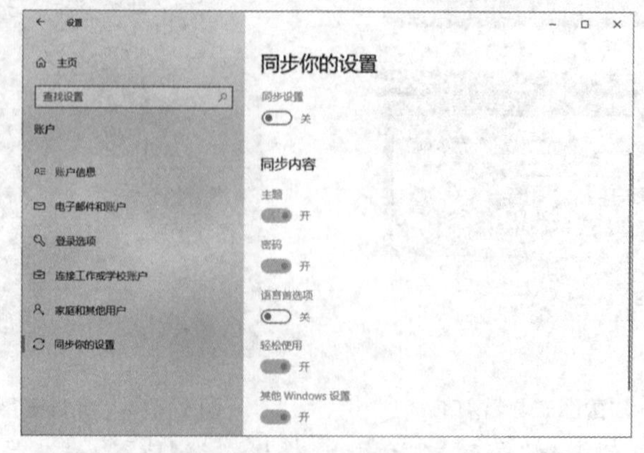

图 2-77 Windows 10 账户设置

2. 窗口程序化

在 Windows 10 应用商店中打开的程序可以如同计算机中的窗口一样随意拖拽并更改大小，还可以实现最大化、最小化和关闭操作。

3. 命令提示符自由粘贴功能

在以前版本的 Windows 操作系统中，命令提示符只通过用户手动输入。Windows 10 为了照顾到高级用户，在命令提示符中新增了粘贴功能，即用户可以在命令提示符窗口中通过按[Ctrl]+[V]组合键粘贴命令。

4. 虚拟桌面功能

Windows 7 通过 Windows 徽标+[Tab]组合键可以实现 3D 任务切换，Windows 10 则增加了功能强大的虚拟桌面。在工作中，当用户需要经常打开大量的程序窗口进行排列对比，又没有多余的显示器时，可以利用 Windows 10 的虚拟桌面来整理桌面上的窗口，避免桌面杂乱无章。用户根据自己的需要，在同一个操作系统中创建多个桌面，并可以快速地在不同桌面之间进行切换。此外，还可以在不同的窗口中以某种推荐的方式显示窗口，单击右侧的加号即可新加一个虚拟桌面。具体步骤如下：

(1) 单击任务栏搜索框右侧的“任务视图”按钮；

(2) 进入“任务视图”界面，其中显示了当前所有打开的程序，单击左上角的“新建桌面”按钮；

(3) 此时即可新建一个空白的桌面，默认名称为“桌面 2”；

(4) 将鼠标指针移动到“桌面 1”选项上，然后将需要移动的程序窗口直接拖拽到上方的“桌面 2”中即可，如图 2 - 78 所示；

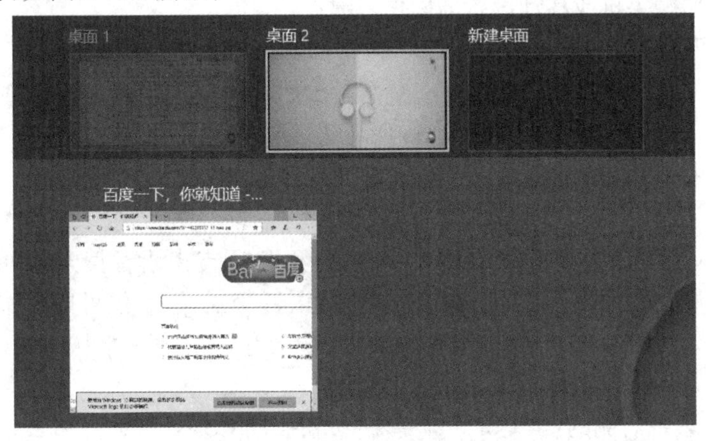

图 2 - 78 Windows 10 虚拟桌面功能

(5) 在任务视图模式下单击“桌面 2”选项，即可进入“桌面 2”中查看其中的程序；

(6) 进入任务视图模式下，在“桌面 2”选项上单击“关闭”按钮，即可将该虚拟桌面关闭，“桌面 2”中的程序窗口将全部返回到系统桌面。

5. 分屏多窗口功能

Windows 10 推出了窗口分屏功能，可以同时并排显示四个窗口，并且还能在单独的窗口中显示正在运行的其他应用程序，使用这个功能，可以同时浏览不同功能的界面或网页。具体步骤如下：

(1) 将程序窗口拖拽到屏幕右侧，当出现窗口停靠虚框时释放鼠标；

(2) 此时程序窗口将停靠在桌面右侧,占据一半的屏幕,另一半则会显示其他已打开的窗口缩略图,如图2-79所示;

(3) 单击其中的某一个窗口缩略图,此时选择的程序窗口将停靠到桌面左侧,占满剩下的屏幕部分,达到二分屏功能。

同样,将程序窗口拖拽到左侧或四个边角,拖拽的程序窗口将停靠在桌面的左侧或四个边角,达到三分屏或四分屏功能。

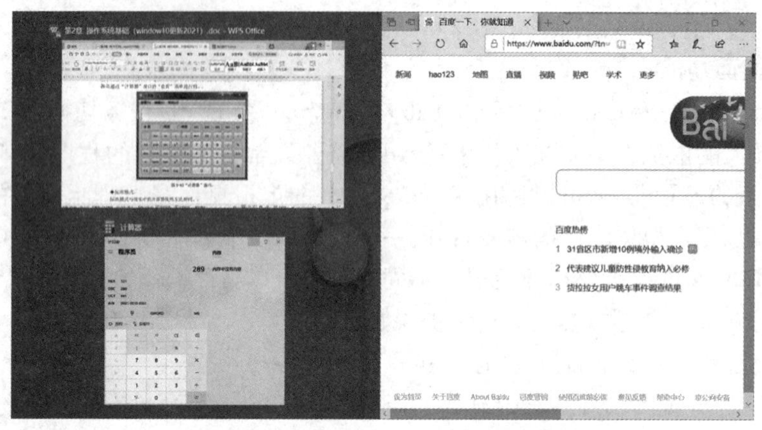

图2-79 Windows 10分屏多窗口功能

6. 全新的操作中心

新的操作中心将所有软件和系统的通知都集中在一起,在操作中心的底部还有一些常用的开关按钮,照顾手机或移动设备的操作习惯。

7. 设备与平台的统一

Windows 10为所有的硬件提供了一个统一的平台,支持多种设备类型。Windows 10覆盖了当前几乎所有尺寸和种类的设备,所有设备都共用一个应用商店。启用Windows Run Time后,用户可以在Windows设备上实现跨平台运行同一个应用。

8. Cortana搜索

Cortana(小娜)语音助手不仅支持文字搜索,而且还支持语音搜索,并能查看天气、新闻、股票以及各种提醒功能。在任务栏左侧,支持语音交互,它不仅可以与用户进行简单的语音交流,还可以帮助用户查找资料、搜索文件、聊天等。在计算机中启用Cortana的主要步骤如下:

(1) 单击搜索框右侧的"与Cortana交流"按钮启动Cortana,如图2-80所示;

图2-80 Windows 10语音助手Cortana

(2) 设置Cortana帮助工作,如"键盘快捷方式""麦克风""语音激活"等内容,如图2-81所示;

(3) 单击"询问Cortana"框中"语音"按钮,如图2-82所示,输入语音完成后,Cortana将语音回复,并在面板上显示相应的信息。

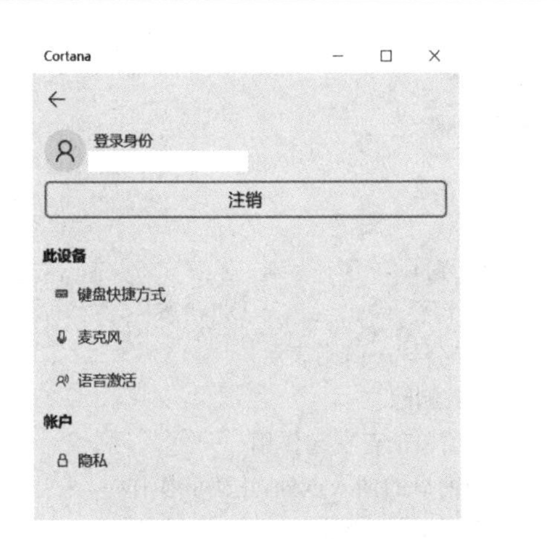

图 2-81　设置 Cortana 帮助工作

图 2-82　输入语音

9. Microsoft Edge 浏览器

Windows 10 默认的浏览器是 Microsoft Edge，浏览器图标如图 2-83 所示，该浏览器拥有全新内核，能更好地支持 HTML 5 等新标准和新媒体，并且新增了多项功能，如新标签页自定义背景、网页长截图功能、历史记录同步等。

图 2-83　Windows 10 的 Microsoft Edge 浏览器

10. 文件查找更方便

文件资源管理器默认打开的是"快速访问"窗口，该窗口将用户近段时间常用的文件搜索集在一起，并显示桌面、下载、图片等用户文件夹。

另外，在 Windows 10 的使用过程中，遇到不了解的功能或操作，可以借助"获取帮助"来找到答案。其方法是单击"开始"按钮，在打开的"开始"菜单中间列表单击"获取帮助"菜单项，然后在打开的窗口中输入需要解决的问题，根据提示进行操作即可，如图 2-84 所示。

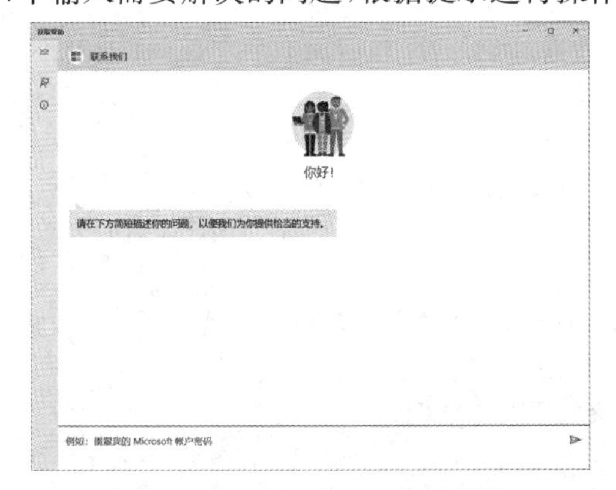

图 2-84　Windows 10 获取帮助

选择题

1. 在 Windows 7 窗口中,用鼠标拖曳(　　),可以移动整个窗口。

   A. 菜单栏　B. 标题栏　C. 工作区　D. 状态栏

2. 在 Windows 7 中选取某一菜单后,若菜单项后面带有省略号“…”,则表示(　　)。

   A. 将弹出对话框　B. 已被删除
   C. 当前不能使用　D. 该菜单项正在起作用

3. 在 Windows 7 中,若将剪贴板上的信息粘贴到某个文档窗口的插入点处,正确的操作是(　　)。

   A. 按[Ctrl]+[X]组合键　B. 按[Ctrl]+[V]组合键
   C. 按[Ctrl]+[C]组合键　D. 按[Ctrl]+[Z]组合键

4. 在 Windows 7 中,“任务栏”的主要功能是(　　)。

   A. 显示当前窗口的图标　B. 显示系统的所有功能
   C. 显示所有已打开过的窗口图标　D. 实现任务间的切换

5. 在 Windows 7 资源管理器的左窗口中,单击文件夹图标,(　　)。

   A. 在左窗口中显示其子文件夹和文件　B. 在左窗口中扩展该文件夹
   C. 在右窗口中显示该文件夹中的文件　D. 在右窗口中显示该文件夹中的子文件夹和文件

6. 在 Windows 7 资源管理器窗口中,若文件夹图标前面含有实心黑三角符号,则表示(　　)。

   A. 含有未展开的文件夹　B. 无子文件夹
   C. 子文件夹已展开　D. 可选

7. 在 Windows 7 中,可使用桌面上的(　　)来浏览和查看系统提供的所有软硬件资源。

   A. Administrator　B. 回收站　C. 计算机　D. 网络

8. 在 Windows 7 中,要选中不连续的文件或文件夹,先单击第一个,然后按住(　　)键,接着单击要选择的各个文件或文件夹。

   A. [Alt]　B. [Shift]　C. [Ctrl]　D. [Esc]

9. “回收站”是(　　)文件存放的容器,通过它可恢复误删的文件。

   A. 已删除　B. 关闭　C. 打开　D. 活动

10. 清除“开始”菜单上的“运行”历史记录的正确方法是(　　)。

    A. 在“任务栏和「开始」菜单属性”对话框中选择“「开始」菜单”选项卡,然后在“隐私”栏下,清除“存储并显示最近在「开始」菜单中打开的程序”复选框
    B. 用鼠标右键把文件列表拖到“回收站”上
    C. 通过鼠标右键的快捷菜单中的“删除”选项
    D. 通过“资源管理器”进行删除

11. 在 Windows 7 中,全/半角转换的默认组合键是(　　)。

    A. [Ctrl]+[Space]　B. [Ctrl]+[Alt]
    C. [Shift]+[Space]　D. [Ctrl]+[Shift]

12. 改变资源管理器中的文件夹图标大小的命令是在(　　)菜单中。

    A. 文件　B. 编辑　C. 查看　D. 工具

13. 查看磁盘驱动器上文件夹的层次结构可以在(　　)。

    A. 网络　B. 任务栏
    C. Windows 资源管理器　D. “开始”菜单中的“搜索”命令

14. 在 Windows 7 中对系统文件的维护的工具是(　　)。

A. 资源管理器　　B. 系统文件检查器
C. 磁盘扫描　　D. 磁盘碎片整理

15. 利用“系统工具”中的“任务计划程序”可以(　　)。
A. 对系统资源进行管理　　B. 设置 Windows 7 启动方式
C. 对系统进行设置　　D. 定期自动执行安排好的任务

16. 关于添加打印机,正确的描述是(　　)。
A. 在同一操作系统中只能安装一台打印机
B. Windows 7 不能安装网络打印机
C. 可以安装多台打印机,但同一时间只有一台打印机是缺省的
D. 以上都不对

17. “画图”程序可以实现(　　)。
A. 编辑文档　　B. 查看和编辑图片
C. 编辑超文本文件　　D. 制作动画

18. 下列情况在“网络”中不可以实现的是(　　)。
A. 访问网络上的共享打印机　　B. 使用在网络上共享的磁盘空间
C. 查找网络上特定的计算机　　D. 使用他人计算机上未共享的文件

19. 要退出屏幕保护但不知道密码,可以(　　)。
A. 按[Ctrl]+[Alt]+[Delete]组合键,当出现关闭程序对话框时,选择“屏幕保护程序”然后单击“结束任务”就可以终止屏幕保护程序
B. 按[Alt]+[Tab]组合键切换到其他程序中
C. 按[Alt]+[Esc]组合键切换到其他程序中
D. 以上都不对

20. 在 Windows 7 中默认的键盘中/西文切换方法是按(　　)组合键。
A. [Ctrl]+[Space]　　B. [Ctrl]+[Shift]　　C. [Ctrl]+[Alt]　　D. [Shift]+[Alt]

21. 在 Windows 7 中用鼠标左键把一文件拖曳到同一磁盘的一个文件夹中,实现的功能是(　　)。
A. 复制　　B. 移动　　C. 制作副本　　D. 创建快捷方式

22. 到目前为止,微软公司操作系统中兼容性最好、最具现代感的操作系统是(　　)版本。
A. Windows XP　　B. Windows Vista　　C. Windows 7　　D. Windows 10

23. 下列选项中,(　　)不属于 Windows 10 的新功能。
A. 窗口程序化　　B. 虚拟桌面功能　　C. 分屏多窗口功能　　D. 动态桌面背景功能

第三章　电子文档处理技术

在现代办公中，熟练掌握和应用电子文档处理技术，有助于简化工作，轻松高效地完成任务。办公自动化软件使得电子文档处理变得容易，它可以快速创建外观精美的专业文档、数据分析和处理功能强大的电子表格以及动态效果丰富的演示文稿等。常用的办公自动化软件有微软公司的 Microsoft Office 系列和金山公司的 WPS Office 系列。Microsoft Office 系列因其办公处理能力出色、操作便捷已成为办公自动化软件的主流之一；而 WPS Office 系列则极具中国特色，提供了一个专注中文、开放高效的办公平台，其稿纸模式、符合中文行文习惯的模板能较好地满足现代中文办公的要求。本章以 WPS Office 2019 专业版为例，介绍 WPS 文字、WPS 表格和 WPS 演示的功能及使用方法。

本章主要内容：WPS 文字；WPS 表格；WPS 演示。

3.1　WPS　文　字

WPS 文字是使用最广泛的中文文字处理软件之一，其特长是制作专业的文档，用它可以方便地进行文本输入、编辑和排版，实现段落的格式化处理、版面设计和模板套用，生成规范的办公文档、可供印刷的出版物等。

3.1.1　文字处理软件的功能

文字处理软件是利用计算机进行文字处理工作而设计的应用软件，它将文字的输入、编辑、排版、存储和打印融为一体，彻底改变了用纸和笔进行文字处理的传统方式，为用户提供了很多便利。例如，文字处理软件能够很容易地改进文档的拼写、语法和写作风格，进行文档校对时也很容易修正错误，打印出来的文档干净整齐等。很多早期的文字处理软件以文字为主，现代的文字处理软件则可以将表格、图形和声音等任意穿插于字里行间，使文章的表达层次清晰、图文并茂。

文字处理软件一般具有如下功能：

(1) 文档创建、编辑、保存和保护：包括以多种途径输入文档内容（语音、各种汉字输入法以及手写输入），进行拼写和语法检查、自动更正错误、大小写转换、中文简/繁体转换等，并以多种格式保存以及自动保存文档、文档加密和意外情况恢复等，以提高文档编辑效率，确保文件的安全通用。

(2) 文档排版：包括字符、段落、页面多种美观的排版方式，提高排版效率，使制作日常文档变成一种轻松愉快的工作。

(3) 表格制作:包括表格的建立、编辑和格式化,对表格数据进行统计、排序等,以完成各种复杂表格的制作。

(4) 对象插入:包括各种对象的插入,如图片、图形(形状、智能图形、文本框、艺术字、条形码等)、公式、图表等,使文档丰富多彩,更具表现力。

(5) 高级功能:包括使用样式,建立目录等,以提高对文档自动处理的功能。

(6) 文档打印:包括打印预览、打印设置等,以方便文档的纸质输出。

3.1.2　WPS 文字的工作环境

利用 WPS 文字可以快速、规范地形成公文、信函或报告,完成内容丰富、制作精美的各类文档。要做到这一点,首先需要熟悉 WPS 文字的工作环境,它是一个窗口工作环境。

1. 启动 WPS 文字

通常用以下三种方法来启动 WPS 文字:

(1) 常规启动。单击"开始"|"WPS Office 专业版"|"WPS 文字"菜单项。

(2) 快捷启动。双击桌面上的"WPS 文字"快捷方式图标。

(3) 通过已有文档启动。双击需要打开的 WPS 文字支持的文档,就会在启动 WPS 文字的同时打开该文档。

2. 退出 WPS 文字

要退出 WPS 文字,可采用以下几种方法:

(1) 单击 WPS 文字窗口右上角的"关闭"按钮。

(2) 单击"文件"按钮,在下拉菜单中选择"退出"命令。

(3) 按[Alt]+[F4]组合键。

如果在退出 WPS 文字之前,文档没有存盘,那么系统会弹出提示用户是否将编辑的文档存盘的对话框。

3. WPS 文字的工作窗口

WPS 文字启动后的工作窗口如图 3-1 所示,它主要包括快速访问工具栏、功能区、编辑区等部分。

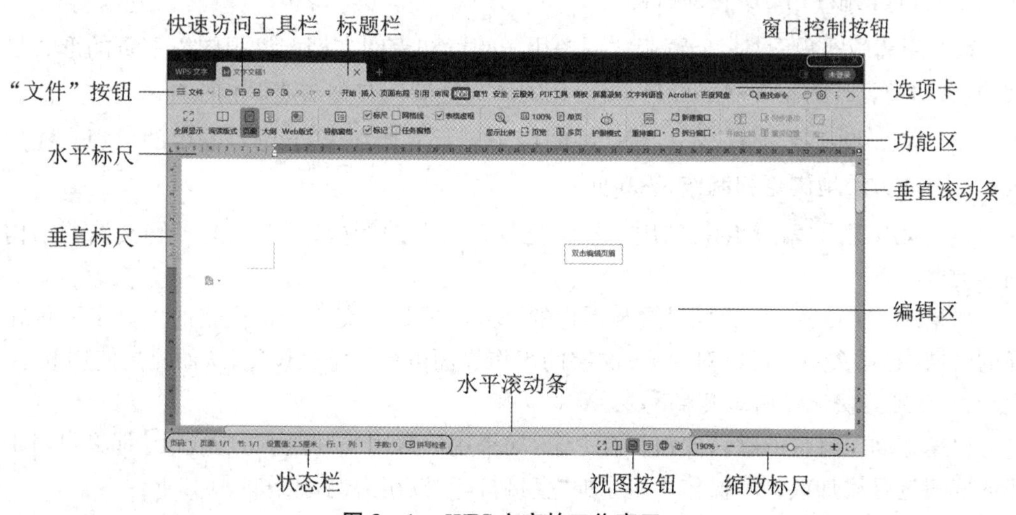

图 3-1　WPS 文字的工作窗口

具体组成部分及其作用如下:

(1) 快速访问工具栏:用于放置一些常用工具,在默认情况下包括“打开”“保存”“输出为PDF”“打印”“打印预览”“撤消”和“恢复”七个工具按钮,用户可以根据需要进行添加,其中“撤消”按钮和“恢复”按钮视操作情况决定可否使用。插入文本或对象后,“撤消”按钮可使用;而一旦使用过“撤消”按钮,则“恢复”按钮转成可使用。

(2) 标题栏:显示了当前文档名和应用程序名。首次进入WPS文字时,默认打开的文档名为“文字文稿1”,其后新建文档名依次是“文字文稿2”“文字文稿3”等,默认格式是WPS。

(3) 窗口控制按钮:包括“最小化”“最大化”和“关闭”三个按钮,用于对文档窗口的大小和关闭进行相应控制。

(4) “文件”按钮:用于打开“文件”菜单,菜单中包括“新建”“打开”“保存”等命令。

(5) 选项卡和功能区:选项卡用于功能区的索引,单击选项卡就可以进入相应的功能区;功能区用于放置编辑文档时所需要的功能。

(6) 水平和垂直标尺:用于显示或定位文档的位置。

(7) 水平和垂直滚动条:拖动可向左右或上下查看文档中未显示的内容。

(8) 编辑区:用于显示或编辑文档内容的工作区域。文档窗口中闪烁着的垂直条称为光标或插入点,它代表了文本当前的插入位置。

(9) 状态栏和缩放标尺:状态栏用于显示当前文档的页数、字数、使用语言、输入状态等信息;缩放标尺用于对编辑区的显示比例和缩放尺寸进行调整,缩放后,标尺左侧会显示缩放的具体数值。

(10) 视图按钮:用于切换文档的查看方式。这几个按钮分别是“阅读版式”“页面视图”“大纲”和“Web版式”。在需要时,用户可以在各个视图间进行切换。

四种视图的功能简要说明如下:

(1) 页面视图:页面视图是WPS文字默认的视图方式,也是制作文档时最常使用的一种视图。在这种方式下,不但可以显示各种格式化的文本,页眉、页脚、图片和分栏排版等格式化操作的结果也都将出现在合适的位置上,文档在屏幕上的显示效果与文档打印效果完全相同,真正做到了“所见即所得”。

(2) 阅读版式视图:阅读版式视图用于阅读和审阅文档。该视图以书页的形式显示文档,页面被设计为正好填满屏幕,可以在阅读文档的同时标注建议和注释。

(3) Web版式视图:Web版式视图用于显示文档在Web浏览器中的外观。在这种视图下可以方便地浏览和制作Web页。

(4) 大纲视图:大纲视图用于较大且复杂文档的阅读,可以迅速了解文档的结构和内容梗概。

如果WPS文字工作界面设置与用户的个人习惯相冲突或经常使用的工具未显示在明显的区域中,那么用户可以对WPS文字的工作界面进行自定义设置,从而提高使用效率。

1) 自定义快速访问工具栏

快速访问工具栏的默认按钮只有七个,如果用户常用的按钮不止这七个,那么可对工具栏的按钮进行添加或删除操作。以添加“直接打印”按钮为例,操作步骤如下:

(1) 单击快速访问工具栏右侧的下拉按钮,在展开的“自定义快速访问工具栏”下拉列表中，勾选“直接打印”选项，如图 3 - 2 所示；

(2) 返回文档后就可以在快速访问工具栏看到所添加的“直接打印”按钮，如图 3 - 3 所示。

图 3 - 2 勾选“直接打印”选项

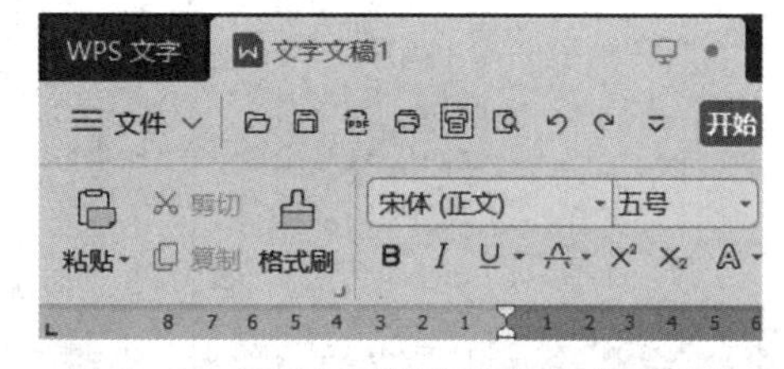

图 3 - 3 “直接打印”按钮添加在工具栏

注意：删除工具按钮时，在下拉列表中取消勾选要删除的工具所对应的选项名称即可。

2) 自定义功能区

功能区用于放置 WPS 编辑文档时所使用的全部功能按钮，包括“开始”“插入”“页面布局”等几个主要选项卡，在编辑图片、图形、形状等内容时还会显示相应的工具选项卡。使用时，用户可根据自身习惯，对命令按钮进行添加或删除、位置更改及选项卡新建或删除等操作。

以在“插入”选项卡中添加“我的编辑组”组及其按钮为例，操作步骤如下：

(1) 单击“文件”下拉菜单中“工具”级联菜单中的“选项”命令，弹出“选项”对话框；

(2) 单击“自定义功能区”，确保“自定义功能区”第 2 个下拉列表中选定内容为“主选项卡”，在第 2 个列表框中展开“插入”选项卡，再单击“插图”组(这样，新添加的组的具体位置会在“插入”选项卡的“插图”组之后)，如图 3 - 4 所示；

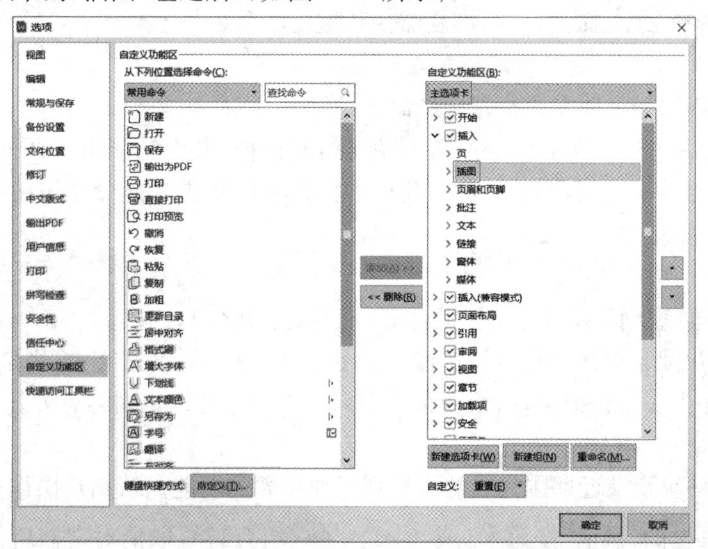

图 3 - 4 “自定义功能区”设置

(3) 单击第2个列表框下方的“新建组”按钮,再单击“重命名”按钮,在弹出的“重命名”对话框“显示名称”文本框中输入组名“我的编辑组”,然后单击“确定”按钮,此时在“插图”组后出现“我的编辑组(自定义)”组;

(4) 在“从下列位置选择命令”的第1个列表框中选择“复制”命令(此时,第1个下拉列表中选定内容默认为“常用命令”),单击“添加”按钮后,该命令按钮出现在“我的编辑组(自定义)”中,同样的方法添加“粘贴”命令按钮,然后单击“确定”按钮;

(5) 返回文档后,切换到“插入”选项卡,可以看到添加的自定义组及其命令按钮,如图3-5所示。

图3-5 添加自定义组

注意:需要删除功能区中的功能时,只要在弹出的“选项”对话框“自定义功能区”的“主选项卡”列表框中选择需要删除的组,单击列表框左侧的“删除”按钮(或利用鼠标右键快捷菜单中的“删除”命令),然后单击“确定”按钮即可。

利用WPS文字进行文字处理工作,所有的工作都是在这个工作窗口中进行,主要包括以下环节:新建或打开一个文档文件;输入文字内容并进行编辑;及时保存文档文件;利用WPS文字的排版功能对文档的字符、段落和页面进行排版;在文档中制作表格和插入对象;将文件预览后打印输出。

4. WPS文字功能命令的使用

要熟练使用WPS文字,关键是学会使用WPS文字的功能命令。着重掌握两点:一是在哪里可以找到需要的命令;二是怎样执行命令,先做什么、后做什么以及执行时的注意事项。

在WPS文字中,功能命令是告诉WPS文字完成某项功能的指令。WPS文字功能命令的使用包括选择命令、撤消命令、恢复命令和重复命令。

1) 选择命令

WPS文字有如下三种方式执行选择命令:

(1) 从功能区中选择功能命令按钮或功能组对话框,其中功能组对话框是单击功能组右下角的箭头(对话框启动器)打开的。简单的操作可以单击功能命令按钮完成,复杂的操作使用功能组对话框更为方便。

(2) 使用右键快捷菜单。

(3) 使用组合键(如[Ctrl]+[C]组合键,表示复制操作)。

其中,右键快捷菜单是一种常用的选择命令方式。在WPS文字中,用鼠标选定某些内容时,右击,将弹出一个快捷菜单,快捷菜单中列出的命令与选定内容有关。

2) 撤消命令

WPS文字具有记录近期刚完成的一系列操作步骤的功能。若用户操作失误,则可以通过快速访问工具栏的“撤消”按钮↶(或[Ctrl]+[Z]组合键),取消对文档所做的修改,使操作回退一步。WPS文字还具有多级撤消功能,如果需要取消再前一次的操作,那么可继续单击“撤消”按钮。

3）恢复命令

快速访问工具栏上还有一个“恢复”按钮，其功能与“撤消”按钮正好相反，它可以恢复被撤消的一步或任意步操作。

3.1.3 文档的基本操作

使用 WPS 文字可以创建多种类型的文档，其基本操作是类似的，主要包括新建文档、输入正文、文档编辑、文档的保存和保护以及打开文档等。这些操作可以通过单击“文件”按钮在下拉菜单中选择相应的命令，或者通过“开始”选项卡“剪贴板”功能组和“编辑”功能组中的相应命令按钮来实现。

1. 新建文档

要对文字进行处理，首先需要输入文字，这就需要新建一个文档。

新建 WPS 空白文档有两种常用方法：

（1）在标题栏中单击“新建”标签按钮。

（2）单击“文件”按钮，在下拉菜单中选择“新建”，在级联菜单“从这里新建文档”中单击“新建”命令。

前一种方法是建立空白文档最快捷的方法；而后一种方法命令功能要强一些，它可以根据文档模板来建立新文档。所谓模板，是指一种特殊文档，它具有预先设置好的、最终文档的外观框架，用户不必考虑格式，只要在相应位置输入文字，就可以快速建立具有标准格式的文档。它为某类形式相同、具体内容有所不同的文档的建立提供了便利。利用模板可以方便快速地完成某一类特定的文字处理工作，但是新建空白文档应用更普遍，更广泛。

2. 输入正文

空白文档创建好后，接下来的工作就是输入文字。

1）输入途径

在文档中输入文字的途径有多种，有键盘输入、语音输入、联机手写输入和扫描仪输入等。

（1）键盘输入：利用输入法软件通过键盘输入文字。输入法软件主要有两类：以拼音为主和以字形为主。以拼音为主的输入法软件主要有“智能 ABC 输入法”“搜狗拼音输入法”“微软拼音输入法”等，以字形为主的主要有“万能五笔”“搜狗五笔”等。

（2）语音输入：用语音代替键盘输入文字或发出控制命令，即让计算机具有“听懂”语音的能力，这利用到了语音识别技术。计算机对语音的识别主要采用样板匹配法，即对输入的语音信息和识别系统中词汇表内的词条进行匹配来实现语音识别。随着计算机技术的发展，语音输入已进入使用阶段，它将彻底改变人们与计算机的沟通方式。

（3）联机手写输入：利用输入设备（如输入板或鼠标）模仿成一支笔进行书写。它主要用来解决两个问题：一是输入生僻字或只会写不会读的字；二是对电子文档进行手写体签名。它对手写汉字的识别原理是：输入板或屏幕中内置的高精密的电子信号采集系统将笔画变为一维电信号，输入计算机的是以坐标点序列表示的笔尖移动轨迹，因而被处理的是一维的线条（笔画）串，这些线条串含有笔画数目、笔画走向、笔顺和书写速度等信息。例如，微软拼音输入法 2010 通过“输入板”提供了手写输入方式，如图 3－6 所示。单击“输入板”，将弹出如图 3－7 所示的对话框，在左边框输入手写字后，右边框就会显示相似的汉字供用户选择。

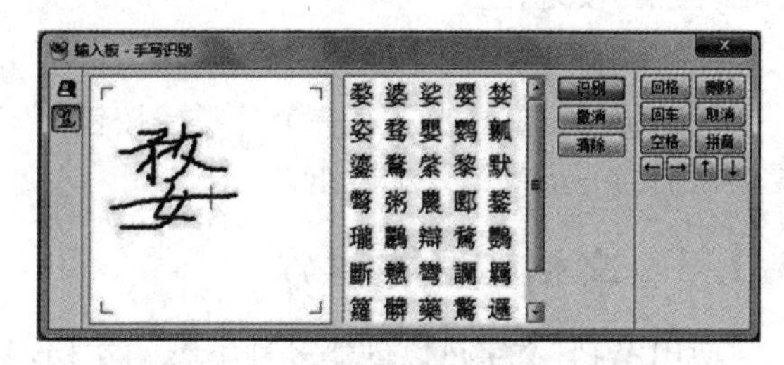

图3-6　微软拼音输入法中的“输入板”按钮　　　图3-7　“输入板-手写识别”对话框

(4) 扫描输入:利用扫描仪将纸介质上的字符图形数字化后输入计算机,再经过光学字符识别(optical character recognition,OCR)软件对输入的字符图形进行判断,转换成文字并以TXT格式文件保存。对于印刷字,扫描仪自带的光学字符识别软件的识别率很高。扫描输入为大量的文字输入带来了方便,也可以减少重要数据键盘输入时的人为错误。

在以上几种输入途径中,最常用的是键盘输入。

2) 输入状态

通过键盘输入文字有两种状态:插入和改写。在插入状态下,状态栏中出现“插入”按钮,输入的字符插在光标后的字符前;在改写状态下,状态栏中出现“改写”按钮,输入的字符将替代光标后的字符。要在插入和改写状态间切换,可以单击“插入”或“改写”按钮,或者按键盘上的[Insert]键。输入文字一般在插入状态下进行。

3) 输入文字

(1) 光标定位。

① 光标定位在文档中:在欲插入文本处单击。

② 光标定位在文档外:在当前文本范围之外的区域双击。

(2) 选择输入法。

① 单击任务栏右侧的输入法指示器,在打开的菜单中选择需要的输入法。

② 按[Ctrl]+[Shift]组合键在各种输入法之间进行切换。

③ 按[Ctrl]+[Space]组合键在英文和中文输入法之间进行切换。

(3) 全角和半角切换。选择好中文输入法之后(如搜狗拼音输入法),会出现如图3-8所示的输入法状态栏,位于文档窗口右下方来帮助输入。状态栏最左边的是输入法标志(可用于自定义状态栏),接着是最常用的四个按钮,名称从左至右依次为“中/英文”“全/半角”“中/英文标点”及“输入方式”,可单击各按钮实现切换,帮助输入。

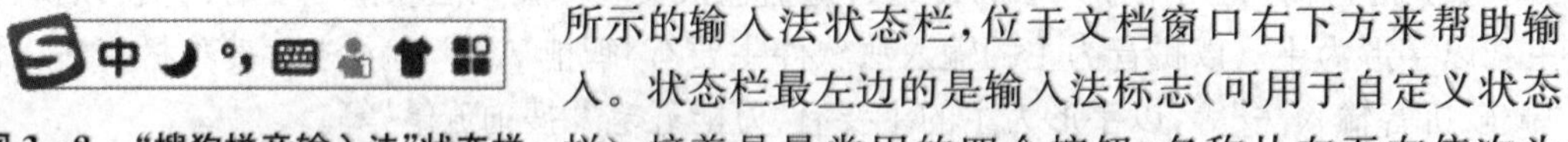

图3-8　“搜狗拼音输入法”状态栏

全(满月形)/半角(半月形)状态,是用来控制字母和数字输入效果的。全角使输入的字母和数字占一个汉字的宽度;半角使输入的字母和数字仅占半个汉字的宽度。全角和半角切换的组合键是[Shift]+[Space]。

输入文字时应注意:

① 随着字符的输入,光标从左向右移动,到达文档的右边界时自动换行。只有在开始一个新的自然段或需要产生一个空行时才需要按[Enter]键,按键后会产生一个段落标记↵,用于区分段落。在WPS文字中,还存在一些有特殊意义的符号,称为非打印字符(不能被打印出来的字符),除段落标记符外,还有手动换行符↓、分页符、制表符→和空格符等。

② 如果遇到录入没有到达文档的右边界就需要另起一行，而又不想开始一个新段落的情况（如诗歌的输入），那么可以按[Shift]+[Enter]组合键产生一个手动换行符，实现既不产生新段落又可换行的操作。

③ 当输入的内容超过一页时，系统会自动换页。如果要强行将后面的内容另起一页，那么可以按[Ctrl]+[Enter]组合键输入分页符来达到目的。

④ 在输入过程中，如果遇到只能输入大写英文字母，不能输入中文的情况，这是因为大小写锁定键已打开，按[Caps Lock]键使之关闭回到小写输入状态。

⑤ 如果不小心输入了错误的字符，那么可以用[Backspace]键或[Delete]键来删除。前者删除的是光标前的字符，而后者删除的是光标后的字符。

4）输入符号

文档中除普通文字外，还经常需要输入一些符号。

(1) 常用的标点符号。在中文标点符号状态下，直接通过键盘输入标点符号，例如键入[.]，会显示为中文句号"。"；键入[\]会显示为顿号"、"；键入[＜]或[＞]，会显示为书名号"《"或"》"；键入[Shift]+[^]会显示为省略号"……"等。可以利用[Ctrl]+[.]组合键实现中英文标点符号的切换。

(2) 特殊的标点符号、数学符号、单位符号、希腊字母等。可以利用输入法状态栏的"输入方式"输入，方法是：右击"输入方式"，在快捷菜单中选择字符类别，再选择需要的字符。

(3) 特殊的图形符号如✂、🕮等。可以单击"插入"选项卡下"文本"功能组中的"符号"命令按钮，选择其中的"其他符号"，在弹出的"符号"对话框中进行操作。

5）插入日期和时间

如果需要快速在文档中插入各种标准的日期和时间，那么可以选择"插入"选项卡下"文本"功能组中的"日期"命令按钮，弹出"日期和时间"对话框，选择需要的日期时间格式即可。如果希望每次打开文档时，时间自动更新为打开文档的时间，那么还需要在对话框中勾选"自动更新"复选框。

6）插入文件

有时需要将另一个文件的全部内容插入当前文档的光标处，可以单击"插入"选项卡"文本"功能组中"对象"命令按钮右侧的箭头，在下拉菜单中选择"文件中的文字"，弹出"插入文件"对话框，在其中选择需要的文件插入。

7）插入网络文字素材

有时在文档中需要引用从 Internet 上找到的信息，这时可以将网络文字素材复制到文档中。首先在浏览器窗口中，右击选中的文字，在快捷菜单中选择"复制"命令，即将所选文字放入"剪贴板"；然后打开 WPS 文字文档，定位光标，单击"开始"选项卡下"剪贴板"功能组中"粘贴"按钮下方的箭头，在下拉菜单中选择"只粘贴文本"命令，如图 3-9 所示。也可以单击"选择性粘贴"命令，在弹出的"选择性粘贴"对话框中选择"无格式文本"，如图 3-10 所示，将以不带任何格式的文字形式插入文档中。不要直接单击"粘贴"按钮，它会把网页文字中的许多排版格式一同带到文档中（如表格边框），这些格式信息将给文档后续的排版操作带来困难，增加许多工作量。

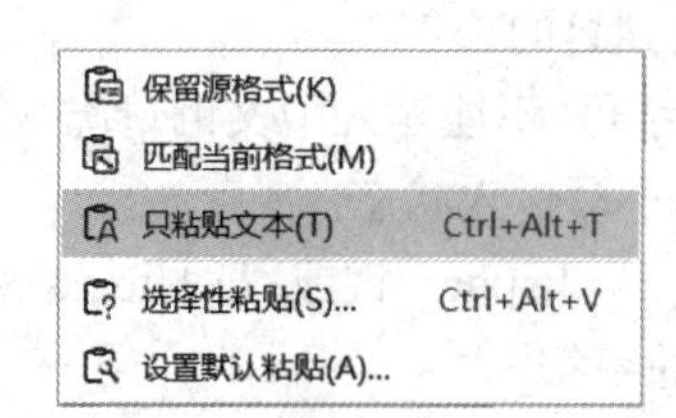

图 3-9　快捷菜单中的“只粘贴文本”

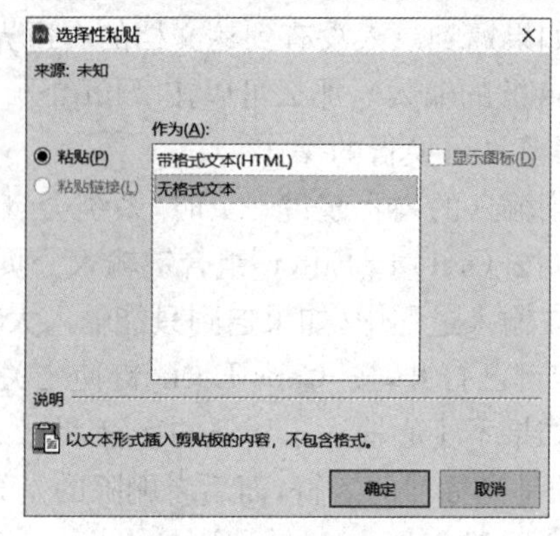

图 3-10　“选择性粘贴”对话框

例 3-1　创建一个新文档，写一封信，内容如图 3-11 所示(要求其中的日期有自动更新功能)。

滴滴：你好！

听说你最近对历史很着迷，特寄给你两本我国古代著名的史书『春秋·左传』和『史记』，希望你能喜欢！

有空常联系。☎：88888888 ；✉：diandian@163.com。

纸短情长，再祈珍重！

点点

2021 年 1 月 24 日星期日晚☺

图 3-11　信的内容

操作步骤如下：

在标题栏中单击“新建”标签按钮，新建一个空白文档，输入文本内容。其中，日期和一些特殊符号使用以下方法输入。

(1) 日期：选择“插入”选项卡下“文本”功能组中的“日期”命令按钮，弹出“日期和时间”对话框，确保“语言”框中是“中文(中国)”，在“可用格式”框中选择需要的格式，并勾选“自动更新”复选框，如图 3-12 所示。当计算机系统的日期发生变化时，该文档的日期也会进行相应的更改。

(2) 特殊标点符号：右击输入法状态条上的“输入方式”按钮，在弹出的快捷菜单(见图 3-13)中选择“标点符号”命令，找到相应的符号单击完成输入，最后单击“输入方式”按钮使之关闭。

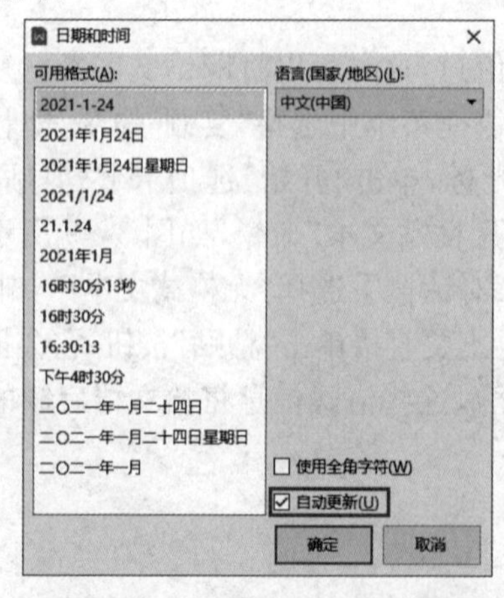

图 3-12　“日期和时间”对话框

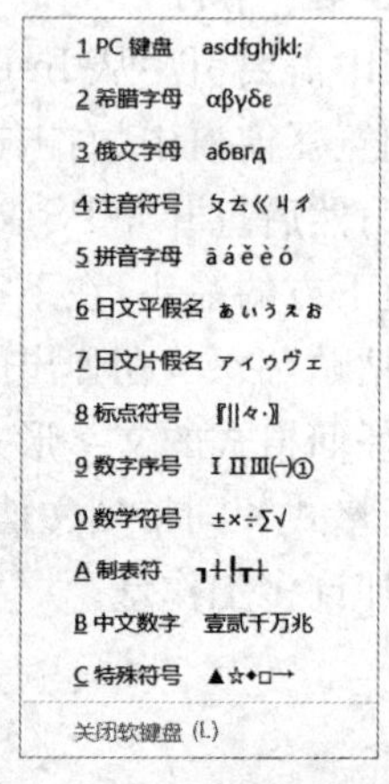

图 3-13　“输入方式”的快捷菜单

(3) 特殊图形符号:单击“插入”选项卡下“文本”功能组中的“符号”按钮,选择“其他符号”,弹出“符号”对话框。在“符号”选项卡下“字体”列表框中选择“Wingdings”,如图 3-14 所示,然后从相应符号集中选定需要的字符,单击“插入”按钮或直接双击字符完成输入。

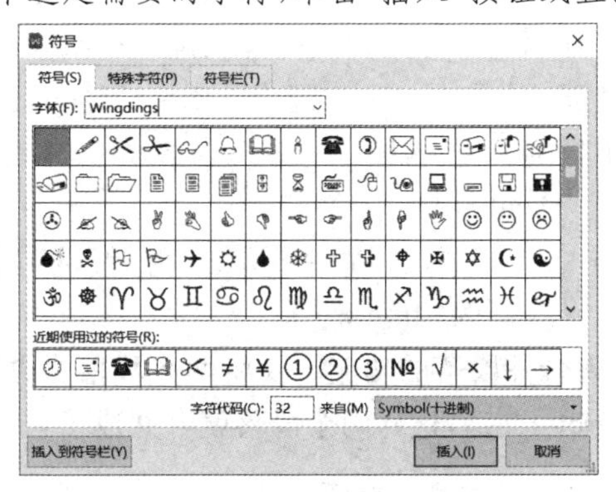

图 3-14 “符号”对话框

3. 编辑文档

对于输入的内容经常要进行插入、删除、移动、复制、替换、拼写和语法检查等编辑工作,这些操作都可以通过“开始”选项卡下“剪贴板”功能组或“编辑”功能组中的相应命令按钮来实现。文档编辑遵守的原则是:先选定,后执行。被选定的文本一般以高亮显示,容易与未被选定的文本区分开来。

1) 选定文本

选定文本有两种方法,包括基本的选定方法和利用选定区。

(1) 基本的选定方法。

① 鼠标选定:将光标移到欲选取的段落或文本的开头,按住鼠标左键拖曳经过需要选定的内容后松开鼠标。

② 键盘选定:将光标移到欲选取的段落或文本的开头,同时按住[Shift]键和光标移动键来选定内容。

(2) 利用选定区。在文本区的左边有一垂直的长条形空白区域,称为选定区。当鼠标移动到该区域时,鼠标指针变为右向箭头,在该区域单击,可选中鼠标箭头所指的一整行文字;双击,会选中鼠标所在的段落;三击,整个文档全部选定。另外,在选定区中拖动鼠标可选中连续的若干行。

选定文本的常用技巧如表 3-1 所示。

表 3-1 选定文本的常用技巧

选取范围	鼠标操作
字/词	双击要选定的字/词
行	单击该行的选定区
段落	双击该段落的选定区;或者在该段落的任何地方三击;或者按住[Ctrl]键,单击该段落
垂直的一块文本	按住[Alt]键,同时单击并拖动鼠标
一大块文字	单击所选内容的开头,然后按住[Shift]键,单击所选内容的结尾
全部内容	三击选定区;或者按[Ctrl]+[A]组合键

若要取消选定,在文本窗口的任意处单击或按光标移动键即可。

2) 编辑文档

(1) 插入:将光标移动到想要插入字符的位置,然后输入字符即可。如果要插入一个空行,那么只需要将光标定位在需要产生空行的行首位置,按[Enter]键即可。

(2) 删除:对于单个字符,用[Backspace]键或[Delete]键;对于大量文字,可以先选定要删除的内容,然后采用如下任何一种方法:

① 按[Backspace]键或[Delete]键;

② 右击,在快捷菜单中的选择"剪切"命令或单击"开始"选项卡下"剪贴板"功能组中的"剪切"命令按钮(或者按[Ctrl]+[X]组合键)。

删除段落标记可以实现合并段落的功能。要将两个段落合并,可以将光标定位在第一段的段落标记前,然后按[Delete]键,这样两个段落就合并成了一个段落。

例 3-2 对例 3-1 的那封信进行如下编辑处理:

(1) 在信的最前面插入一行标题"一封信";

(2) 在"滴滴:你好!"后面插入一段内容;

(3) 将"纸短情长,再祈珍重!"与前一段落合并为一段。

其效果如图 3-15 所示。

一封信

滴滴:你好!

我近来在学习《论语》中为人处世的道理,其中"三人行,必有我师焉"让我学会了选择朋友;"不耻下问"让我学会了如何攻克更多难题;"君子成人之美,不成人之恶"让我学会了怎样做一个君子……

听说你最近对历史很着迷,特寄给你两本我国古代著名的史书『春秋·左传』和『史记』,希望你能喜欢!

有空常联系。☎:88888888;✉:diandian@163.com。纸短情长,再祈珍重!

点点

2021年1月24日星期日晚

图 3-15 编辑那封信

操作步骤如下:

(1) 将光标置于"滴滴:你好!"段首,按[Enter]键,产生一个空行,输入"一封信"。

(2) 将光标置于"滴滴:你好!"段尾,按[Enter]键,产生一个空行,输入需要的内容。

(3) 将光标置于"有空常联系。☎:88888888;✉:diandian@163.com。"的段尾,按[Delete]键。

3) 移动或复制

在编辑文档时,可能需要把一段文字移动到另外一个位置。这时可以根据移动距离的远近选择不同的操作方法。

(1) 短距离移动:可以采用鼠标拖曳的简捷方法。选定文本,移动鼠标到选定内容上,当鼠标指针形状变成左向箭头时,单击并拖曳,此时箭头右下方出现一个虚线小方框,随着箭头的移动又会出现一条竖虚线(此虚线表明移动的位置),当虚线移到指定位置时,松开鼠标左键,完成文本的移动。

(2) 长距离移动(如从一页到另一页,或在不同文档间移动):可以利用剪贴板进行操作。右击选定的文本,在快捷菜单中选择"剪切"命令或单击"开始"选项卡下"剪贴板"功能组中的"剪切"命令按钮或按[Ctrl]+[X]组合键;然后将光标定位至要插入文本的位置,右击，选择快捷菜单中的“粘贴”命令或按[Ctrl]+[V]组合键。

剪贴板是 Windows 特意在内存中开辟的一块存储区域，作为移动或复制的中转站。它功能强大，不仅可以保存文本信息，也可以保存图形、图像和表格等信息。WPS 文字可以存放多次移动(剪切)或复制的内容，通过单击“开始”选项卡下“剪贴板”功能组中右下角的对话框启动器，打开“剪贴板”窗格，可显示剪贴板的内容。只要不破坏剪贴板上的内容，连续执行“粘贴”操作可以实现一段文本的多处移动或复制。

复制文本和移动文本的区别在于：移动文本，选定的文本在原处消失；而复制文本，选定的文本仍在原处。它们的操作相似，不同的是：复制文本在使用鼠标拖曳的方法时，要同时按下[Ctrl]键，在利用剪贴板进行操作时应单击“复制”按钮(或按[Ctrl]+[C]组合键)。

注意：应灵活使用文档之间的复制功能，WPS 的复制功能不仅仅局限于一个 WPS 文档或两个 WPS 文档之间，用户还可以从其他程序，如 IE 浏览器、其他文本、某些图形软件中直接复制文本或图形到 WPS 文档中。

4) 查找和替换

想在一篇长文档中查找某段文字，或者想用新输入的一段文字代替文档中已有的且出现在多处的特定文字，可以使用 WPS 文字提供的查找和替换功能。它是效率很高的编辑功能。

文档的查找和替换功能既可以将文本的内容与格式完全分开，单独对文本或格式进行查找或替换处理，也可以把文本和格式看成一个整体统一处理。除此之外，该功能还可作用于特殊字符和通配符。

当从网上获取文字素材时，因网页制作软件排版功能的局限性，文档中经常会出现一些非打印排版字符。当文档中空格比较多的时候，在“查找和替换”对话框的“查找内容”文本框中输入空格符号，在“替换为”文本框中不进行任何字符的输入，单击“全部替换”按钮即可将多余的空格删除；若要把文档中不恰当的“手动换行符”替换为“段落标记”，则在“查找内容”文本框中通过“特殊格式”下拉列表选择“手动换行符”(^l)，在“替换为”文本框中通过“特殊格式”下拉列表选择“段落标记”(^p)，如图 3-16 所示，再单击“全部替换”按钮即可。

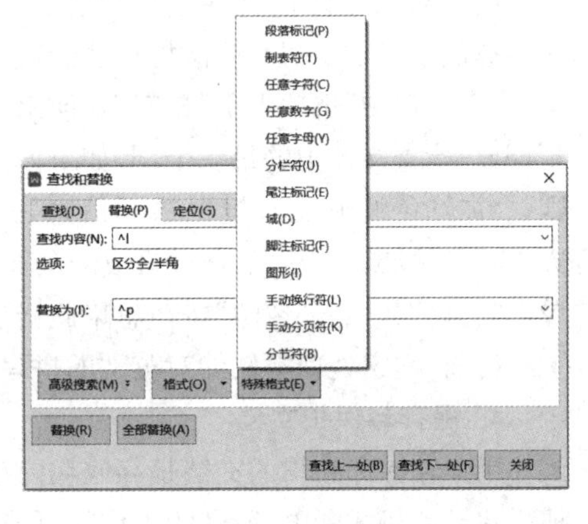

图 3-16 将“手动换行符”替换为“段落标记”

利用替换功能还可以简化输入，如在一篇文章中，如果多次出现“WPS Office WPS 文字”字符串，那么在输入时可先用一个不常用的字符(如#)表示，然后利用替换功能用字符串代替字符。

例 3-3 把例 3-2 的那封信中所有的“你”替换为蓝色的带着重号的“您”。

操作步骤如下：

(1) 单击“开始”选项卡下“编辑”功能组中的“查找替换”按钮，弹出“查找和替换”对话框。

(2) 选择“替换”选项卡，在“查找内容”文本框中输入待查找文字“你”。

(3) 在“替换为”文本框中输入目标文字“您”，然后单击“格式”按钮，在下拉列表中选择“字体”，接着在弹出的“替换字体”对话框中设置字体颜色为蓝色，“着重号”为“.”，如图3-17所示。

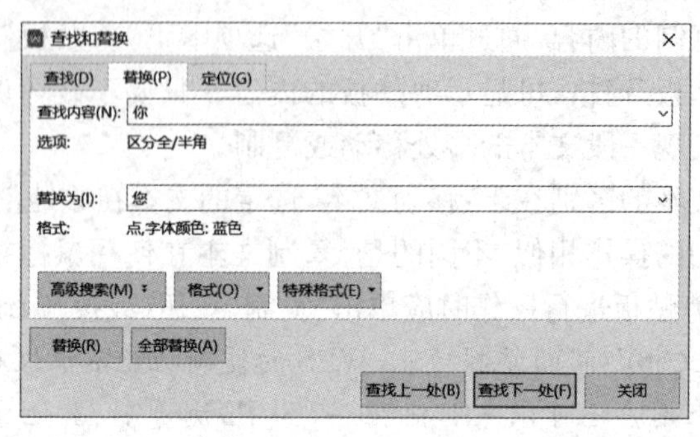

图3-17 “你”替换为蓝色的带着重号的“您”

(4) 单击“全部替换”按钮，则文档中所有满足条件的文字均被替换成目标文字。“替换”按钮只是将根据默认方向查找到的第一处文字替换成目标文字。

注意：在单击“格式”按钮进行设置前，光标应定位在“替换为”文本框中，如果不小心把“查找内容”文本框中的文字进行了格式设置，那么可以选择“格式”下拉列表中的“清除格式设置”来取消该格式，重新操作。

5) 检查拼写和语法

用户输入的文本，难免会出现拼写和语法上的错误，自己检查，会花费大量时间。WPS文字提供了自动拼写和语法检查功能，这是由其拼写检查器和语法检查器来实现的。

单击“审阅”选项卡下“校对”功能组中的“拼写检查”命令按钮，拼写检查器就会使用“拼写词典”检查文章中的每一个词，如果该词在词典中，那么拼写检查器会认为它是正确的；否则，会加红色波浪线来报告错词信息，并根据词典中能够找到的词给出修改建议。如果WPS文字指出的错误不是拼写或语法错误时(如人名、公司或专业名称缩写等)，那么可以单击“忽略”或“全部忽略”按钮忽略此错误提示，继续文档其余内容的检查工作。

目前，文字处理类软件对英文的拼写和语法检查的正确率较高，对中文校对作用不大。

4. 保存和保护文档

用户输入和编辑的文档是存放在内存中并显示在屏幕上的，如果不执行存盘操作的话，那么一旦死机或断电，所做的工作就可能因为得不到保存而丢失。只有外存(如磁盘)上的文件才可以长期保存，所以当完成文档的编辑工作后，应及时把工作成果保存到磁盘上。

1) 保存文档

保存文档的常用方法有两种：

(1) 单击快速访问工具栏的“保存”按钮(这是使用频率最高的一种方法)。

(2) 单击“文件”按钮，在下拉菜单中选择“保存”或“另存为”命令。

“保存”和“另存为”命令的区别在于：“保存”是以新替旧，用新编辑的文档取代原文档，原文档不再保留；而“另存为”则相当于文件复制，它建立了当前文件的一个副本，原文档依然存在。

新文档第一次执行“保存”命令时会弹出“另存为”对话框，如图3-18所示。此时，需要指定文件的三要素：保存位置、文件名、文件类型。WPS文字默认的文件类型是“WPS文字文件(＊.wps)”，也可以选择保存为“Microsoft Word 文件(＊.docx)”“文本文件(＊.txt)”“网页文件(＊.html)”等其他文档。

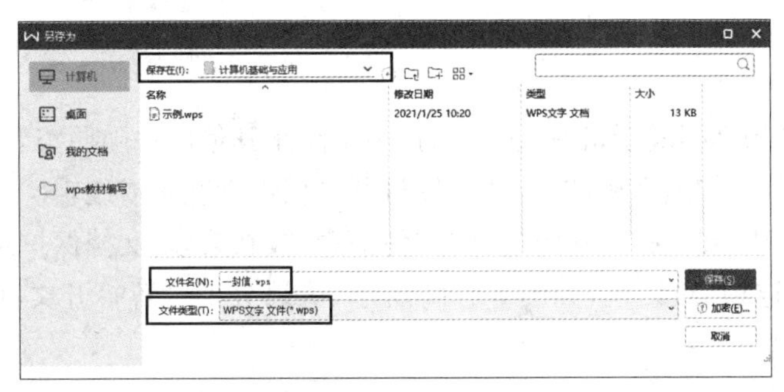

图 3-18　“另存为”对话框

注意：如果希望保存的文档能被 Microsoft Office Word 打开的话，那么保存类型应选择“Microsoft Word 文件(＊.docx)”或“Microsoft Word 97—2003 文件(＊.doc)”；如果希望保存为 PDF 格式文档，那么保存类型应选择“PDF 文件格式(＊.pdf)”；等等。

保存文档时，如果文件名与已有文件重名，那么系统会弹出确认提示对话框，提示用户改变文件名(不改名则替换原有文件)；保存文档后，可以继续编辑文档，直到关闭文档；以后再次执行“保存”命令时将直接保存文档，不会再出现“另存为”对话框；对于已经保存过的文档，选择“文件”下拉菜单中的“另存为”命令，将会弹出“另存为”对话框，供用户将文档保存在其他位置，或者另取一个文件名，或者保存为其他文件类型。

为了使文档能够及时保存，以避免因突然断电等情况造成的文件丢失现象的发生，WPS 文字设置了自动保存功能。单击“文件”下拉按钮，在下拉菜单中选择“工具”级联菜单中的“选项”命令，弹出“选项”对话框；在对话框左侧选择“备份设置”标签，在“定时备份，时间间隔”单选按钮右侧的数值框中设置好需要的数值，如图 3-19 所示。

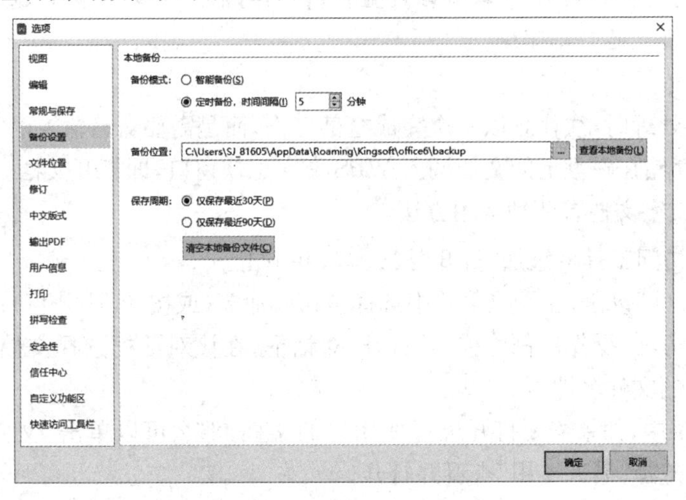

图 3-19　设置自动保存文档时间

注意：WPS Office 2019 的 WPS 文字提供了两种备份方式：智能备份和定时备份。智能备份是当软件崩溃或异常退出关闭时进行备份，因此可以在计算机崩溃死机后重新启动找回文件，但是计算机在使用时没有发生异常就不会备份，如果没有手动保存那么也就不能找回文件;定时备份则是不管计算机是否发生异常都定时进行备份,例如用户设置时间为5分钟,则每隔5分钟都会备份一次。根据这两种备份方式的不同,用户可以自行选择备份的方式。

2) 保护文档

当用户所编辑的文档属于机密性文件时,为了防止其他用户随便查看,可使用密码将其保护起来。这样,只有知道密码的人,才可以打开文档进行查看或编辑。

单击“文件”按钮,在下拉菜单中选择“文件信息”级联菜单“文档保护及属性”中的“文件加密”命令,弹出“选项”对话框,如图 3-20 所示,可以分别设置打开文件密码和修改文件密码。

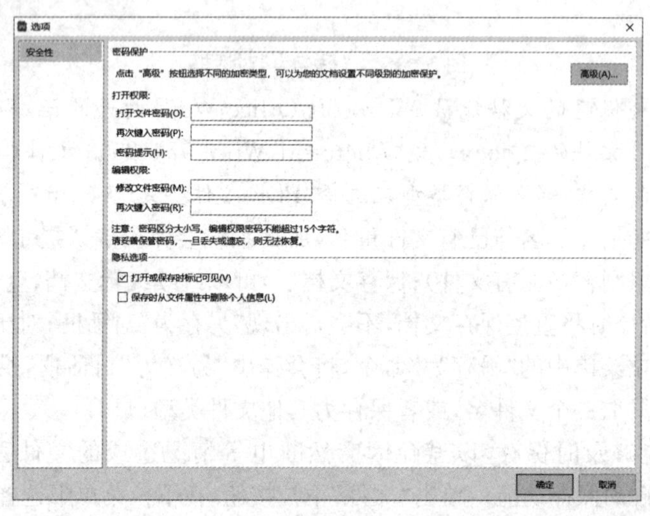

图 3-20 设置文件打开密码和修改密码

注意:要取消文档密码保护,操作跟设置密码一样,不同的是在弹出“选项”对话框后,将密码文本框中所设置的密码删除。

5. 打开文档

在进行文字处理时,往往难以一次完成全部工作,而是需要对已输入的文档进行补充或修改,这就要将存储在磁盘上的文档调入 WPS 文字工作窗口,即打开文档。

打开 WPS 文字文档有两种常用方法:

(1) 在快速访问工具栏添加“打开”按钮,并单击。

(2) 单击“文件”按钮,在下拉菜单中选择“打开”命令(或按[Ctrl]+[O]组合键)。

不论哪一种方法,操作后都将弹出“打开”对话框,在该对话框选择文档所在的文件夹,再双击需要打开的文件名即可。

在 WPS 文字中,如果需要打开最近使用过的文档,那么可以单击“文件”按钮,在下拉菜单的“打开”中选择“最近使用”查看并打开。

WPS 文字允许同时打开多个文档,打开的文件对应着标题栏中相应的文件标签,可以实现多文档之间的数据交换。

3.1.4 文档排版

文档编辑好后,就可以按要求对文本外观进行修饰,使其变得美观易读,丰富多彩,这就是文档排版。按照操作对象从小到大的顺序，文档排版包括字符排版、段落排版和页面排版。文档排版一般在页面视图下进行（可以“所见即所得”），它与文档编辑一样，同样需要遵守“先选定，后执行”的原则。

1. 字符排版

字符是指文档中输入的汉字、字母、数字、标点符号和其他符号。字符排版有两种：字符格式化和中文版式。字符格式化包括字符的字体、字号、字形（加粗和倾斜）、字体颜色、下划线、着重号、删除线、上下标、文字效果、字符缩放、字符间距、字符和基准线的上下位置等。对中文字符，还有中文版式。字符排版的部分具体例子如图 3－21 所示。

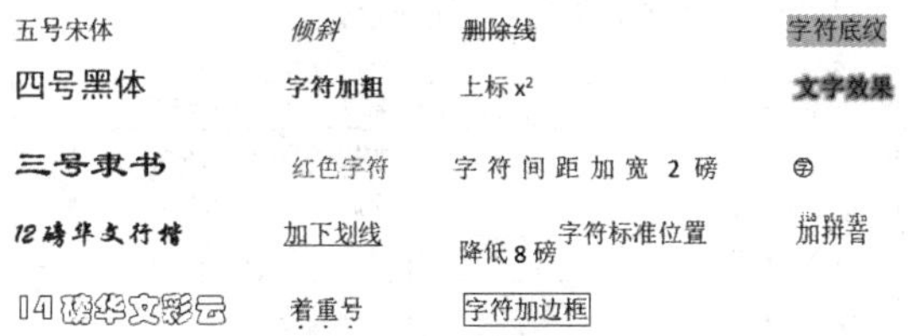

五号宋体　　*倾斜*　　删除线　　字符底纹
四号黑体　　**字符加粗**　　上标 x^2　　文字效果
三号隶书　　红色字符　　字 符 间 距 加 宽 2 磅　　⊕
12 磅华文行楷　　加下划线　　降低 8 磅 字符标准位置　　拼音
14 磅华文彩云　　着重号　　字符加边框

图 3－21　字符排版

1）字符格式化

对字符进行格式化需要先选定文本，否则只对光标处新输入的字符有效。

字符格式化设置主要包括以下几个方面。

（1）字体：指文字在屏幕或打印机上呈现的书写形式。字体包括中文（如宋体、楷体、黑体等）和英文字体（如 Times New Roman，Arial 等），英文字体只对英文字符起作用，而中文字体则对汉字、英文字符都起作用。字体数量的多少取决于计算机中安装的字体数量。

（2）字号：指文字的大小，是以字符在一行中垂直方向上所占用的点（磅值）来表示的。它以磅为单位，1 磅约为 1/72 英寸或 0.353 毫米。字号有汉字数码表示和阿拉伯数字表示两种，其中汉字数码越小字体越大，阿拉伯数字越小字体越小，用数字表示的字号要多于用中文表示的字号。选择字号时，可以选择这两种字号表示方式的任何一种，但如果需要使用大于“初号”的大字号时，那么只能使用阿拉伯数字的方式进行设置，根据需要直接在字号框内输入表示字号大小的阿拉伯数字。默认（标准）状态下，字体为“宋体”，字号为“五号”。

（3）字形：指常规、倾斜、加粗、加粗倾斜等形式。

（4）字体颜色：指字符的颜色。

（5）字符缩放：指对字符的横向尺寸进行缩放，以改变字符横向和纵向的比例。

（6）字符间距：指两个字符之间的间隔距离。标准的字符间距为 0，当规定了一行的字符数后，可通过加宽或紧缩字符间距来调整，保证一行能够容纳规定的字符数。

（7）字符位置：指字符在垂直方向上的位置，包括标准、上升和下降。

（8）特殊效果：指根据需要进行多种设置，包括删除线、上下标、文字效果等。其中，文字效果可以为普通文本应用多彩的艺术字效果，使文本更加多样美观。设置时，可以直接使用 WPS 文字中预设的外观效果，也可以进行自定义设置。

字符格式化一般通过“开始”选项卡下“字体”功能组中的相应命令按钮（如图 3－22 所示）以及“字体”对话框来实现。单击“字体”功能组右下角的对话框启动器，弹出“字体”对话框，如图 3－23 所示，其中有“字体”和“字符间距”选项卡。

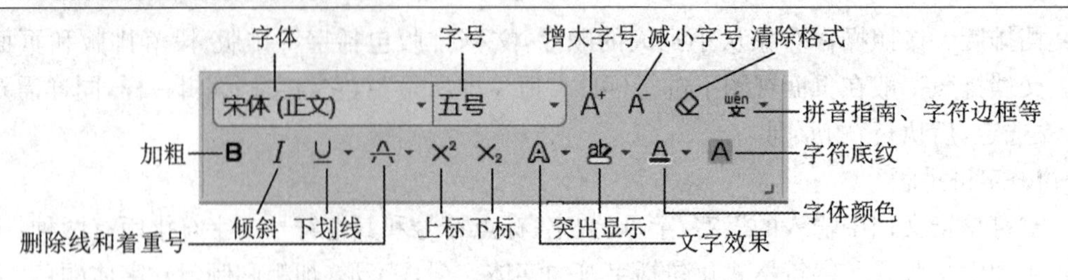

图 3-22 “字体”功能组中各命令按钮

图 3-23 “字体”对话框

(1)“字体”选项卡:用于设置字体、字形、字号、字体颜色、下划线、着重号和效果设置。

(2)“字符间距”选项卡:用于设置字符的横向缩放比例、字符间距、字符位置等内容。

注意:选中文本后,右上角会出现“字体”浮动工具栏,字符格式化也可以通过单击其中相应按钮快捷完成。

例 3-4 打开例 3-3 的文档,进行如下字符排版:

(1) 标题“一封信”设为华文琥珀、三号、倾斜;字符缩放 150%,加宽 2 磅;

(2) 使用喜欢的文本效果预设样式设置标题“一封信”,并自定义阴影和发光效果;

(3) 正文第 2 段加波浪线。

其效果如图 3-24 所示。

操作步骤如下:

(1) 打开文档,选中标题“一封信”,单击“开始”选项卡下“字体”功能组中的“字体”下拉按钮,选择“华文琥珀”,然后在“字号”下拉按钮中选择“三号”,接着单击“倾斜”命令按钮。

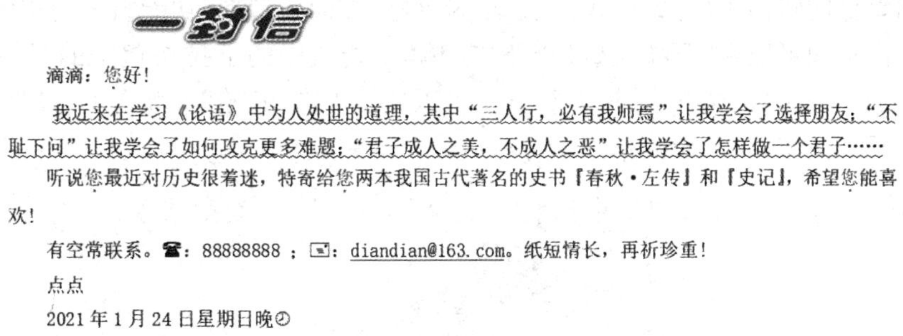

一封信

滴滴：您好！

我近来在学习《论语》中为人处世的道理，其中“三人行，必有我师焉”让我学会了选择朋友；“不耻下问”让我学会了如何攻克更多难题；“君子成人之美，不成人之恶”让我学会了怎样做一个君子……

听说您最近对历史很着迷，特寄给您两本我国古代著名的史书『春秋·左传』和『史记』，希望您能喜欢！

有空常联系。☎：88888888 ；✉：diandian@163.com。纸短情长，再祈珍重！

点点

2021年1月24日星期日晚

图 3-24 字符排版效果

（2）设置好字体、字号、字形后，继续单击该功能组右下角的对话框启动器，弹出“字体”对话框，单击“字符间距”选项卡，“缩放”选择“150%”；“间距”选择“加宽”，在其右边“值”中选择或输入“2”，单位选择“磅”，如图 3-25 所示，单击“确定”按钮。

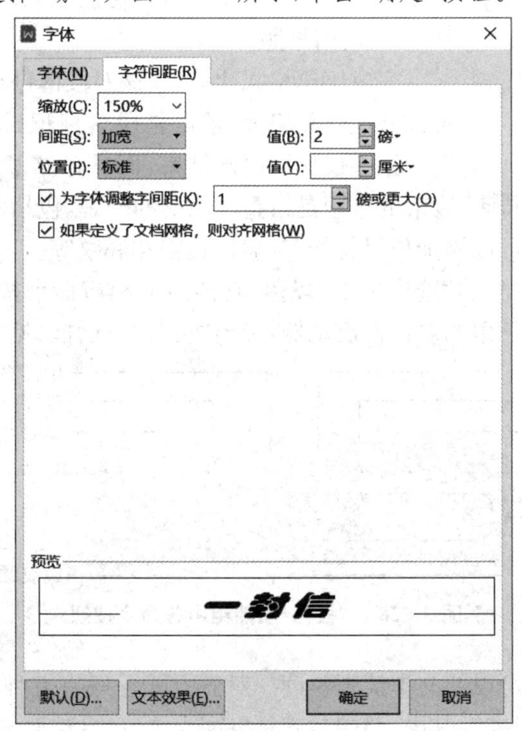

图 3-25 “字符间距”设置

（3）选中正文第 2 段单击“开始”选项卡下“字体”功能组中的“下划线”命令按钮，在下拉列表中选择波浪线。

2）中文版式

对于中文字符，WPS 文字提供了具有中国特色的特殊版式，如简体和繁体的转换、加拼音、加圈、合并字符、双行合一等，其示例效果如图 3-26 所示。

簡體和繁體的轉換　加拼音（jiā pīn yīn）　㊉　合并字符效果　双行合一

图 3-26 中文版式效果

简体和繁体的转换可以选择“审阅”选项卡下“中文简繁转换”功能组中的相应命令按钮实现;加拼音、加圈可以在“开始”选项卡下“字体”功能组中的下拉按钮中的“拼音指南”和“带圈字符”命令来实现;合并字符、双行合一可以通过单击“开始”选项卡下“段落”功能组中“中文版式”下拉按钮,在下拉菜单中选择相应命令来完成。

例 3-5 将例 3-4 那封信中标题“一封信”的“信”字加菱形圈号。

操作步骤如下:

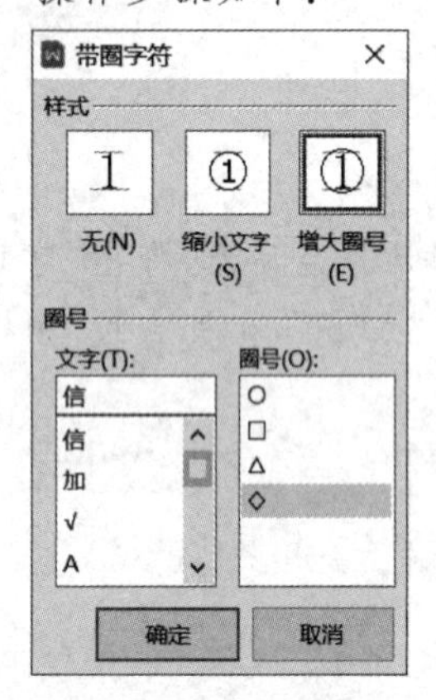

图 3-27 “带圈字符”对话框

(1) 选中“信”字。

(2) 单击“开始”选项卡下“字体”功能组中的“带圈字符”命令按钮,弹出“带圈字符”对话框,选择样式为“增大圈号”,“圈号”为“菱形”,如图 3-27 所示,然后单击“确定”按钮。

注意:要清除文档中的所有样式、文字效果和字体格式,可单击“开始”选项卡下“字体”功能组中的“清除格式”按钮。

2. 段落排版

完成字符格式化后,应该对段落进行排版。段落由一些字符和其他对象组成,最后是段落标记(按[Enter]键产生)。段落标记不仅标识段落结束,而且存储了这个段落的排版格式。段落的排版是指整个段落的外观,包括对齐方式、段落缩进、段落间距、行距等,同时还可以添加项目符号和编号、边框和底纹等。

段落排版一般通过“开始”选项卡下“段落”功能组的相应命令按钮(见图 3-28),或通过单击“段落”功能组右下角的对话框启动器,弹出“段落”对话框(见图 3-29)来完成。

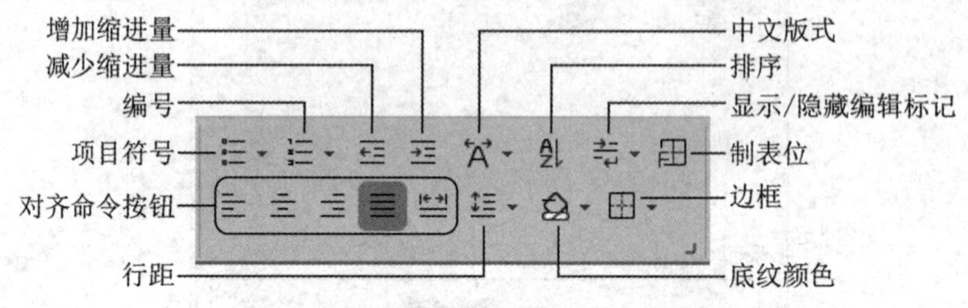

图 3-28 “段落”功能组中各命令按钮

1) 对齐方式

在文档中对齐文本可以使文本清晰易读。对齐方式一般有五种:左对齐、居中对齐、右对齐、两端对齐和分散对齐。其中,两端对齐是以词为单位,自动调整词与词间空格的宽度,使正文沿页的左右边界对齐,这种方式可以防止英文文本中一个单词跨两行的情况,但对于中文文本,其效果等同于左对齐;分散对齐是使字符均匀地分布在一行上。对齐效果示例如图 3-30 所示。

2) 段落缩进

段落缩进是指段落各行相对于页面边界的距离。一般的段落都规定首行缩进 2 字符。为了强调某些段落,可以适当进行缩进。WPS 文字提供了如下四种段落缩进方式:

(1) 首行缩进:段落第 1 行的左边界向右缩进一段距离,其余行的左边界不变。

(2) 悬挂缩进:段落第 1 行的左边界不变,其余行的左边界向右缩进一段距离。

(3) 文字之前:整个段落的左边界向右缩进一段距离。

(4) 文字之后:整个段落的右边界向左缩进一段距离。

段落
缩进和间距(I)
换行和分页(P)
常规
对齐方式(G): 两端对齐
大纲级别(O): 正文文本
方向: 从右向左(F) 从左向右(L)
缩进
文本之前(R): 0 字符
文本之后(X): 0 字符
特殊格式(S): (无)
度量值(Y): 字符
如果定义了文档网格，则自动调整右缩进(D)
间距
段前(B): 0 行
段后(E): 0 行
行距(N): 单倍行距
设置值(A): 1 倍
如果定义了文档网格，则与网格对齐(W)
预览
制表位(T)...
确定
取消

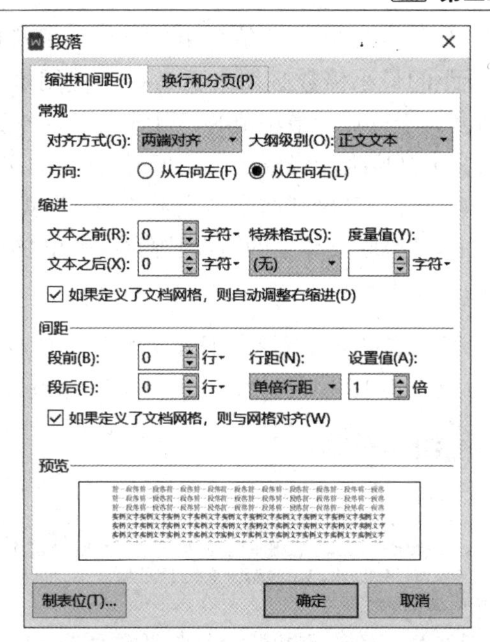

图 3-29　“段落”对话框

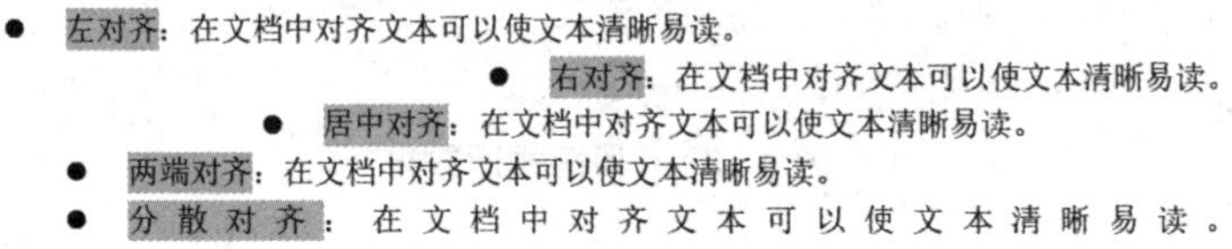

左对齐：在文档中对齐文本可以使文本清晰易读。
右对齐：在文档中对齐文本可以使文本清晰易读。
居中对齐：在文档中对齐文本可以使文本清晰易读。
两端对齐：在文档中对齐文本可以使文本清晰易读。
分 散 对 齐 ： 在 文 档 中 对 齐 文 本 可 以 使 文 本 清 晰 易 读 。

图 3-30　段落的对齐效果

可以使用标尺来快速缩进段落，具体方法是：将光标放在要缩进的段落中，然后将标尺上的缩进符号拖动到合适的位置，被选定的段落随缩进标尺的变化而重新排版。要显示标尺，需要在“视图”选项卡下“显示”功能组中勾选“标尺”复选框。

段落的缩进效果如图 3-31 所示。

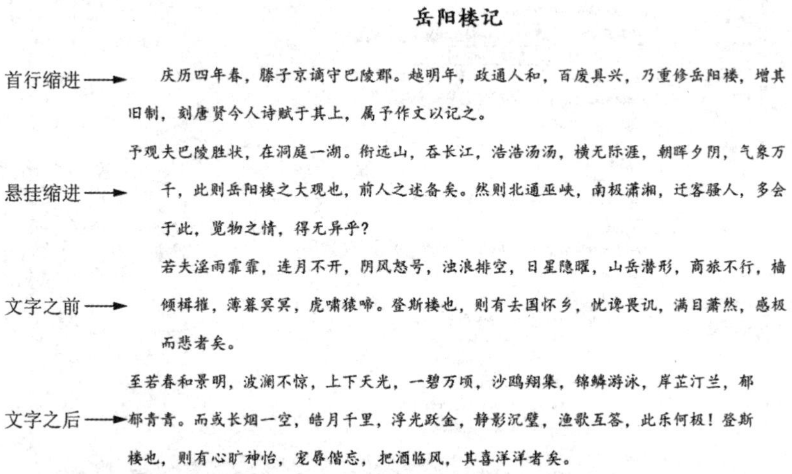

岳阳楼记
首行缩进
庆历四年春，滕子京谪守巴陵郡。越明年，政通人和，百废具兴，乃重修岳阳楼，增其旧制，刻唐贤今人诗赋于其上，属予作文以记之。
悬挂缩进
予观夫巴陵胜状，在洞庭一湖。衔远山，吞长江，浩浩汤汤，横无际涯，朝晖夕阴，气象万千，此则岳阳楼之大观也，前人之述备矣。然则北通巫峡，南极潇湘，迁客骚人，多会于此，览物之情，得无异乎？
文字之前
若夫淫雨霏霏，连月不开，阴风怒号，浊浪排空，日星隐曜，山岳潜形，商旅不行，樯倾楫摧，薄暮冥冥，虎啸猿啼。登斯楼也，则有去国怀乡，忧谗畏讥，满目萧然，感极而悲者矣。
文字之后
至若春和景明，波澜不惊，上下天光，一碧万顷，沙鸥翔集，锦鳞游泳，岸芷汀兰，郁郁青青。而或长烟一空，皓月千里，浮光跃金，静影沉璧，渔歌互答，此乐何极！登斯楼也，则有心旷神怡，宠辱偕忘，把酒临风，其喜洋洋者矣。

图 3-31　段落的缩进效果

3）段落间距与行距

段落间距指当前段落与相邻两个段落之间的距离，有段前距离和段后距离。行距是指段落中行与行之间的距离,有单倍行距、1.5倍行距、固定值、多倍行距等。其中,固定值行距必须大于0.7磅;多倍行距的最小倍数必须大于0.06。使用最多的是“最小值”选项,其默认值为12磅,当文本高度大于设置的最小值时,WPS文字会自动调整高度以容纳较大字体;使用“固定值”选项,当文本高度大于设置的固定值时,该行的文本便不能完全显示出来。

设置段落缩进和间距时,单位有“磅”“厘米”“毫米”“字符”“英寸”等,可以在“文件”下拉按钮的下拉菜单中,选择“工具”级联菜单中的“选项”命令,弹出“选项”对话框,在“常规与保存”标签中进行度量单位的具体设置。

例3-6 将例3-5那封信中正文第2段设置为文字之前和文字之后各缩进1厘米,首行缩进0.8厘米,行距为最小值15磅,段后间距为8磅。排版后的效果如图3-32所示。

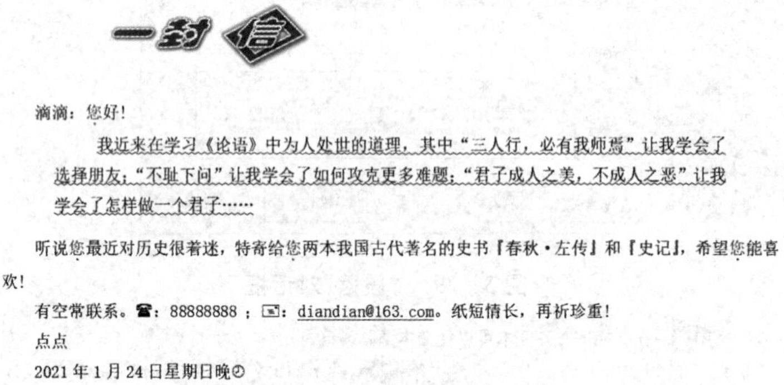

滴滴:您好!

我近来在学习《论语》中为人处世的道理,其中“三人行,必有我师焉”让我学会了选择朋友;“不耻下问”让我学会了如何攻克更多难题;“君子成人之美,不成人之恶”让我学会了怎样做一个君子……

听说您最近对历史很着迷,特寄给您两本我国古代著名的史书『春秋·左传』和『史记』,希望您能喜欢!

有空常联系。☎:88888888;✉:diandian@163.com。纸短情长,再祈珍重!

点点

2021年1月24日星期日晚

图3-32 段落排版效果

操作步骤如下:

(1) 单击“文件”下拉按钮,在下拉菜单中选择“工具”级联菜单中的“选项”命令,弹出“选项”对话框。

(2) 单击“常规与保存”标签,在“常规选项”栏中确保“度量单位”是“厘米”,注意取消“使用字符单位”复选框,如图3-33所示。

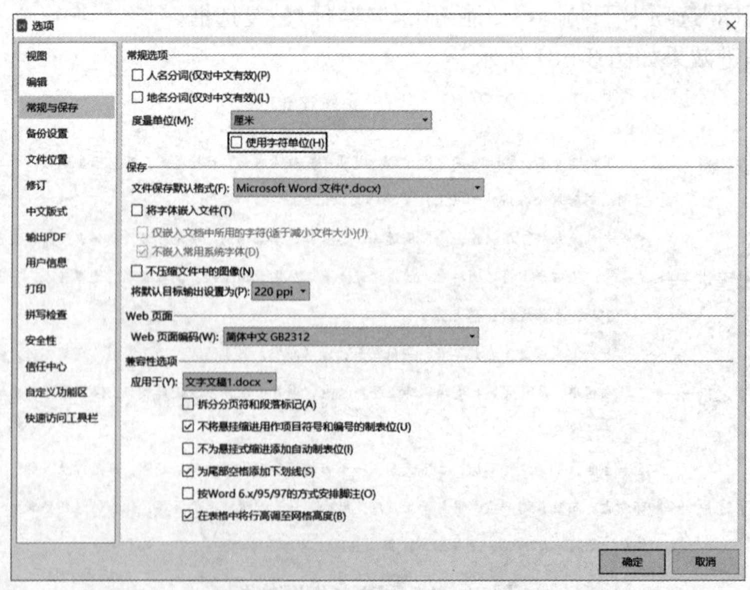

图3-33 设置段落缩进和间距单位

(3) 选中正文第 2 段(注意要将段首的空格删除,否则特殊格式的度量单位会是字符而不是厘米),单击“开始”选项卡下“段落”功能组右下角的对话框启动器,弹出“段落”对话框,进行相应设置,如图 3-34 所示,然后单击“确定”按钮即可。

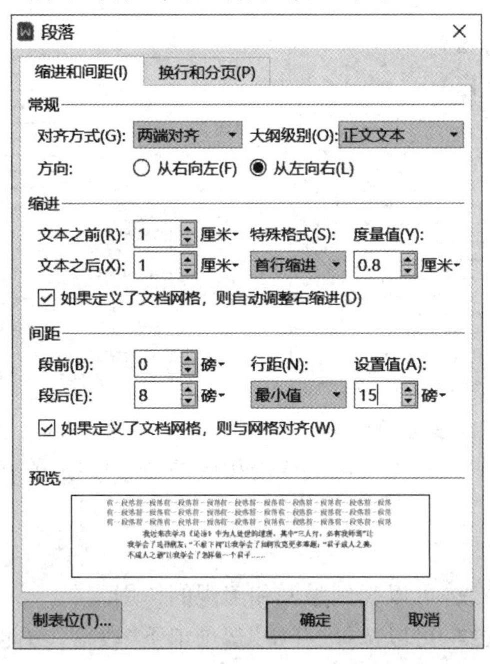

图 3-34　设置段落缩进和间距

4) 项目符号和编号

在文档处理中,为了准确清楚地表达某些内容之间的并列关系、顺序关系等,经常要用到项目符号和编号。项目符号可以是字符,也可以是图形;编号是连续的汉字、数字或字母。WPS 文字具有自动编号功能,当增加或删除编过号的段落时,系统会自动调整相关的编号顺序。

创建项目符号和编号的方法是:选择需要添加项目符号或编号的若干段落,然后单击“开始”选项卡下“段落”功能组中的“项目符号”命令按钮或“编号”命令按钮。

(1) “项目符号”:用于对选中的段落加上合适的项目符号。单击该命令按钮右边的下三角箭头,弹出项目符号库,可以选择预设的符号,也可以自定义新符号。若要自定义新符号,则可单击其中的“自定义项目符号”命令,弹出“项目符号和编号”对话框,选择一种项目符号后,单击“自定义”按钮,就会新弹出“自定义项目符号列表”对话框,如图 3-35 所示。单击“字符”和“字体”按钮来选择符号的样式或格式:单击“字符”按钮,在弹出的“符号”对话框中,可以选择新的项目符号;单击“字体”按钮,在弹出的“字体”对话框中,可以对符号进行如项目符号大小和颜色、加下划线、阴影等格式设置。

(2) “编号”:用于对选中的段落加上需要的编号。单击该命令按钮右边的下三角箭头,弹出编号库,其中包含普通编号列表和多级编号列表。若要自定义编号列表,则可选择“自定义编号”命令,在弹出的“项目符号和编号”对话框中选择一种编号样式后,单击“自定义”按钮,就会新弹出“自定义编号列表”对话框,如图 3-36 所示。在该对话框中可以设置编号的字体、样式、起始值、对齐方式和位置等。

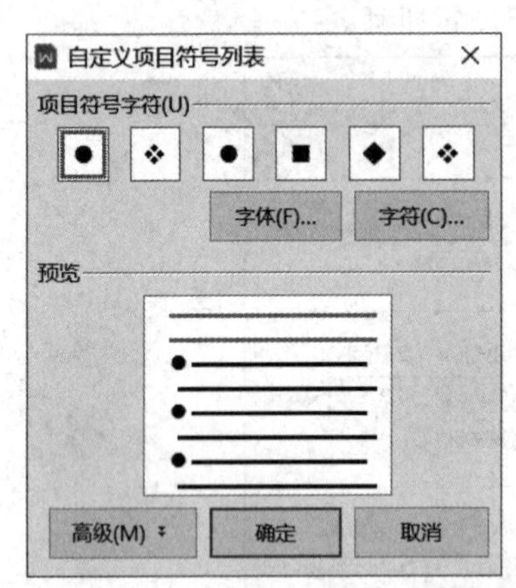

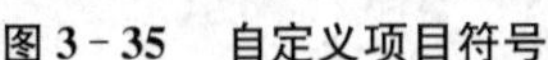
图 3－35　自定义项目符号

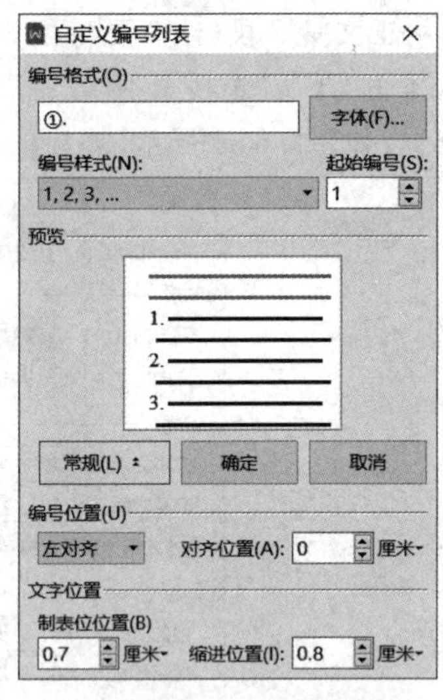

图 3－36　自定义编号

要取消项目符号或编号,只需要再次单击相应的命令按钮,在项目符号库或编号库中选择"无"命令即可。

5) 边框和底纹

给段落加上边框和底纹,可以起到强调和美观的作用。

简单地添加边框和底纹,可以选择"开始"选项卡下"段落"功能组中的"底纹颜色"命令按钮和"边框"命令按钮;较复杂的则通过"边框和底纹"对话框来完成。选定段落,单击"开始"选项卡下"段落"功能组中的"边框"下拉按钮,选择下拉菜单中的"边框和底纹"命令弹出"边框和底纹"对话框,如图 3－37 所示。

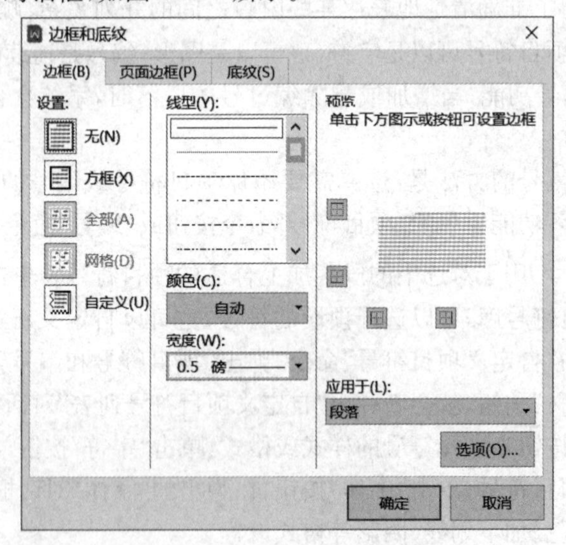

图 3－37　"边框和底纹"对话框

"边框和底纹"对话框有"边框""页面边框"和"底纹"三个选项卡。

(1) "边框":用于对选定的段落或文字加边框,可以设置边框的类别、线型、颜色和线条宽度等。若只对段落的上、下边框设置边框线,则可以单击预览窗口正文的左、右边框按钮将左、右边框线去掉。

(2)“页面边框”:用于对页面或整个文档加边框。它的设置与“边框”类似,但增加了“艺术型”下拉列表框。

(3)“底纹”:用于对选定的段落或文字加底纹。其中,“填充”为底纹的背景色;“样式”为底纹的图案样式(如浅色上斜线);“颜色”为底纹图案中点或线的颜色。

注意:设置段落的边框和底纹时,要在“应用于”下拉列表框中选择“段落”;设置文字的边框和底纹时,要在“应用于”下拉列表框中选择“文字”。

例3-7　给例3-5那封信的正文第4段段落添加外粗内细的边框,第5段文字添加浅色上斜线底纹,整个页面添加“气球”页面边框。效果如图3-38所示。

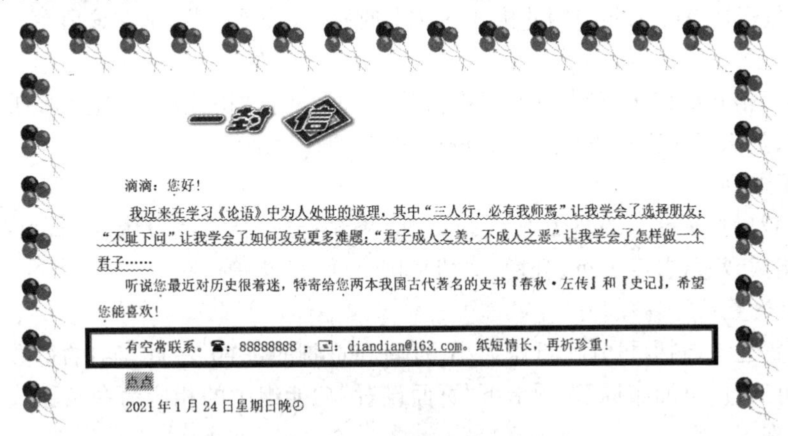

一封信

滴滴:您好!

我近来在学习《论语》中为人处世的道理,其中“三人行,必有我师焉”让我学会了选择朋友;“不耻下问”让我学会了如何攻克更多难题;“君子成人之美,不成人之恶”让我学会了怎样做一个君子……

听说您最近对历史很着迷,特寄给您两本我国古代著名的史书『春秋·左传』和『史记』,希望您能喜欢!

有空常联系。☎:88888888;✉:diandian@163.com。纸短情长,再祈珍重!

点点

2021年1月24日星期日晚☺

图3-38　添加边框和底纹的效果

操作步骤如下:

(1)选中正文第4段,单击“开始”选项卡下“段落”功能组中的“边框”下拉按钮,在下拉菜单中选择“边框和底纹”命令,弹出“边框和底纹”对话框,在“边框”选项卡下“线型”栏中选择外粗内细的线型、“应用于”中选择“段落”,然后单击“确定”按钮。

(2)选中正文第5段,在“边框和底纹”对话框中单击“底纹”选项卡,在“样式”下拉列表框中选择“浅色上斜线”,“应用于”中选择“文字”,如图3-39所示,然后单击“确定”按钮。

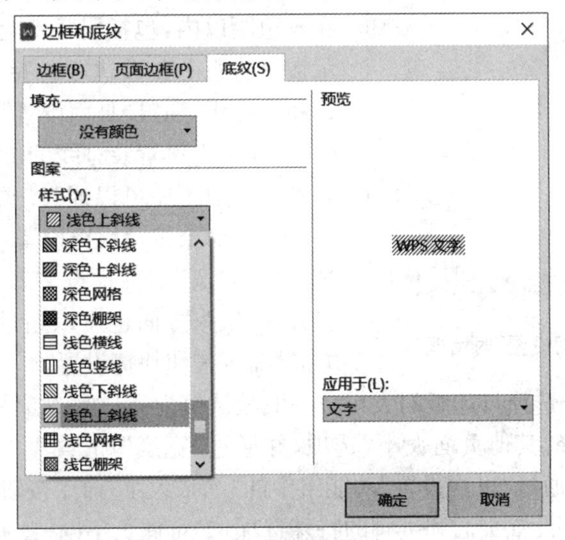

图3-39　设置“浅色上斜线”底纹

(3) 将光标置于文档中任意位置,在“边框和底纹”对话框中单击“页面边框”选项卡,在“艺术型”下拉列表框中选择“气球”边框类型,然后单击“确定”按钮即可。

6) 格式刷

对多个段落使用同一格式,可以利用“开始”选项卡下“剪贴板”功能组中的“格式刷”命令按钮,可以快速地复制格式,提高效率。该命令按钮也可用来实现字符格式的快速复制。格式刷的使用方法如下:

(1) 选定要复制格式的文本或段落(若是段落,则在该段落的任一处单击即可);

(2) 单击“开始”选项卡下“剪贴板”功能组中的“格式刷”命令按钮;

(3) 用鼠标拖曳经过要应用此格式的文本或段落(若是段落,则在该段落的任一处单击即可)。

如果同一格式要多次复制,那么可在操作(2)时,双击“格式刷”按钮。如果需要退出多次复制操作,那么可再次单击“格式刷”按钮或按[Esc]键取消。

3. 页面排版

页面排版反映了文档的整体外观和输出效果,主要包括页面设置、页眉和页脚、脚注和尾注、特殊格式设置(首字下沉、分栏、文档竖排、页面背景)等。

1) 页面设置

页面设置通常包括页边距、纸张大小、页眉和页脚的位置、每页容纳的行数和每行容纳的字数等,可通过“页面布局”选项卡下“页面设置”功能组中的相应命令按钮或“页面设置”对话框来实现。

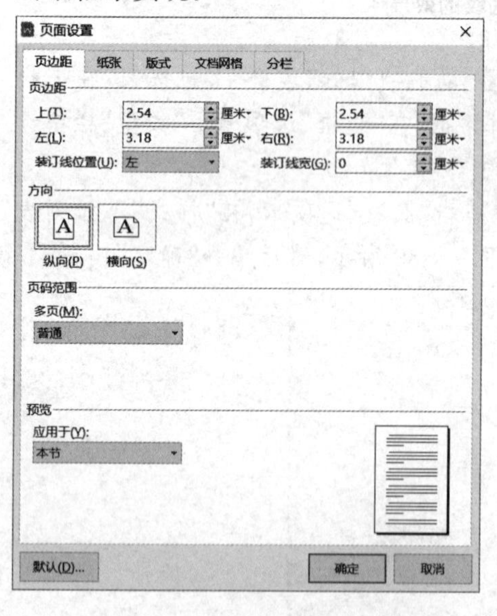

图 3-40 “页面设置”对话框

“页面设置”对话框通过单击“页面布局”选项卡下“页面设置”功能组中右下角的对话框启动器打开,如图 3-40 所示。

“页面设置”对话框的五个选项卡分别如下:

(1) “页边距”:用于设置文档内容与纸张四边的距离,从而确定文档版心的大小。通常正文显示在页边距以内,包括脚注和尾注,而页眉和页脚显示在页边距上。页边距包括上边距、下边距、左边距和右边距,通过“页面设置”对话框设置页边距的同时,还可以设置装订线的位置或选择纸张打印方向等。页边距还可以通过“页面设置”功能组中的“页边距”命令按钮快捷设置,它提供了“普通”“窄”“适中”和“宽”四种预设方式及上一次的自定义设置方式;纸张方向也可以通过该功能组中的“纸张方向”命令按钮快捷设置。

(2) “纸张”:用于选择打印纸的大小。一般默认值为 A4 纸。如果当前使用的纸张为特殊规格,那么可以选择“其他页面大小”选项,并通过“宽度”和“高度”数值框定义纸张的大小。纸张大小也可以通过“页面设置”功能组中的“纸张大小”命令按钮快捷设置。

(3) “版式”:用于设置页眉和页脚的特殊选项,如奇偶页不同、首页不同、距页边界的距离等。

(4) “文档网格”:用于设置每页容纳的行数和每行容纳的字数,文字打印方向,行、列网格线是否要打印等。

(5)“分栏”:用于设置页面的分栏方式,以及栏的宽度和间距。

通常,页面设置作用于整个文档,如果需要对部分文档进行页面设置,那么应在“应用于”下拉列表中选择范围。

例 3 - 8　对例 3 - 7 那封信进行页面设置:上边距为 2.5 厘米,下边距为 3 厘米,页面左边预留 2 厘米的装订线,纸张方向为纵向,纸张大小为 16 开,设置页眉、页脚奇偶页不同,文档中每页 25 行,每行 30 个字。

操作步骤如下:

(1) 打开文档,单击“页面布局”选项卡下“页面设置”功能组中右下角的对话框启动器,弹出“页面设置”对话框,在“页边距”选项卡下“页边距”栏的“上”“下”数值框中,调整数值为“上:2.5 厘米”和“下:3 厘米”(或直接输入相应数字);“装订线宽”数值框中调整数值为“2 厘米”,选择“装订线位置”为“左”;单击选中“方向”栏中的“纵向”。

(2) 单击“纸张”选项卡,在“纸张大小”下拉列表框中选择“16 开”。

(3) 单击“版式”选项卡,在“页眉和页脚”栏中勾选“奇偶页不同”复选框。

(4) 单击“文档网格”选项卡,在“网格”栏中选中“指定行和字符网格”单选按钮,在“字符”栏的“每行”数值框中输入“30”,“行”栏的“每页”数值框中输入“25”,如图 3 - 41 所示。最后单击“确定”按钮即可。

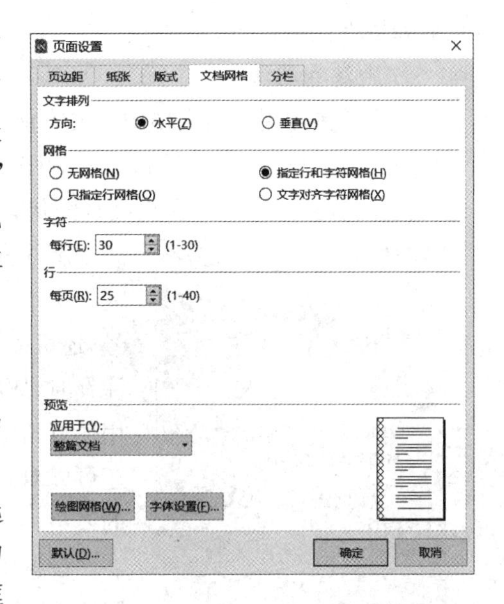

图 3 - 41　设置每页的行数和每行的字数

2) *页眉和页脚*

在文档排版打印时,有时需要在每页的顶部和底部加入一些说明性信息,称为页眉和页脚。这些信息可以是页码、文字、图形、图片、日期和时间等,还可以是用来生成各种文本的域代码(如当前时间、当前页码等)。域代码与普通文本不同,它在显示和打印时会被当前的最新内容代替。例如,日期域代码是根据显示或打印时系统的时钟生成当前的日期;同样,页码域代码也是根据文档的实际页数生成当前的页码。

WPS 文字中内置了多种页眉和页脚样式,可以直接应用于文档中。这是通过单击“插入”选项卡下“页眉和页脚”功能组中的“页眉和页脚”命令按钮来完成的。

插入页眉时,选好样式,进入页眉编辑区,此时正文呈浅灰色,表示不可编辑。页眉内容输入完成后,双击正文返回文档完成操作。页脚和页码的操作方法与此类似。

编辑时,双击页眉、页脚或页码,文档窗口会出现“页眉和页脚”工具选项卡,如图 3 - 42 所示。

可以根据需要插入图片、日期和时间、域等内容。如果要关闭页眉和页脚编辑状态回到正文,那么可直接单击“关闭”命令按钮;如果要删除页眉和页脚,那么可先双击页眉或页脚,选定要删除的内容,再按[Delete]键。

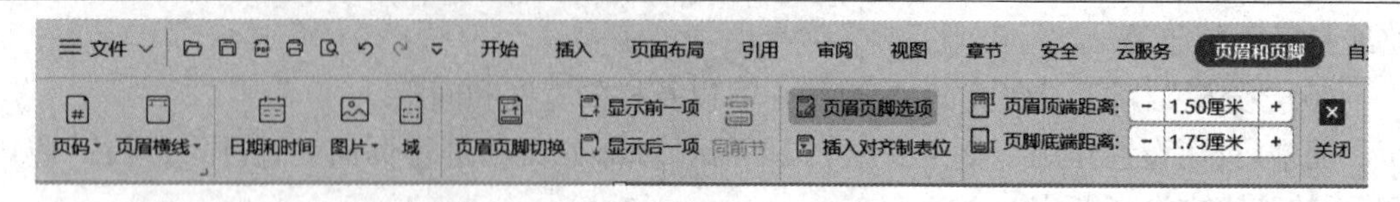

图 3-42 “页眉和页脚”工具选项卡

在文档中可自始至终使用同一个页眉或页脚,也可在文档的不同部分使用不同的页眉和页脚,如首页不同、奇偶页不同,这需要单击“页眉页脚选项”命令按钮,在弹出的“页眉/页脚设置”对话框中勾选相应复选框。如果文档被分为多个节,那么也可以设置节与节之间的页眉和页脚互不相同。

3) *脚注和尾注*

脚注和尾注用于给文档中的文本加注释。脚注对文档某处内容进行注释说明,通常位于页面底端;尾注用于说明引用文献的来源,一般位于文档末尾。在同一个文档中可以同时包括脚注和尾注,但一般在页面视图状态下可见。

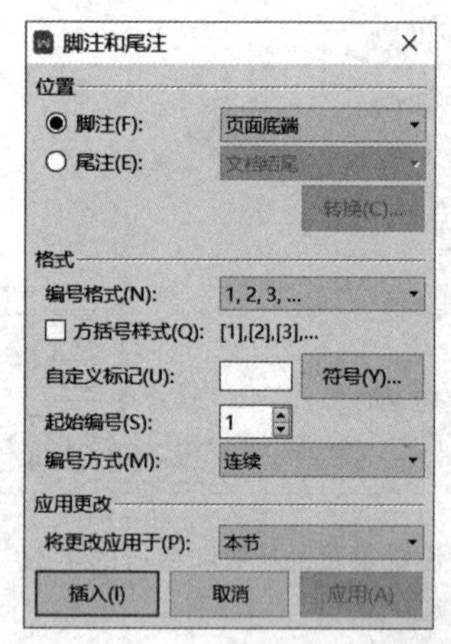

图 3-43 “脚注和尾注”对话框

脚注和尾注由两部分组成:注释引用标记和与其对应的注释文本。对于注释引用标记,WPS 文字可以自动为标记编号,还可以创建自定义标记。添加、删除或移动了自动编号的注释时,WPS 文字将对注释引用标记重新编号。注释可以使用任意长度的文本,可以像处理其他文本一样设置文本格式,还可以自定义注释分隔符,即用来分隔文档正文和注释文本的线条。

设置脚注和尾注可以通过单击“引用”选项卡下“脚注和尾注”功能组中的相应命令按钮完成,也可以单击“脚注和尾注”功能组右下角的对话框启动器,在弹出的“脚注和尾注”对话框中设置完成,如图 3-43 所示。

要删除脚注和尾注,只要将光标定位在脚注和尾注引用标记前,按[Delete]键,则引用标记和注释文本同时被删除。

例 3-9 打开“匆匆”WPS 文档,设置页眉,内容为“朱自清散文”。选择喜欢的样式插入页码,为“涔涔”添加脚注:脚注引用标记是①,脚注注释文本是“涔涔:形容汗、泪、水等不断地流下。”;为“潸潸”添加脚注:脚注引用标记是②,脚注注释文本是“潸潸:形容泪流不止。”;为文档添加尾注:尾注引用标记是“★”,尾注注释文本是“朱自清创作于 1922 年 3 月 28 日。作为短短 600 余字的散文,虽题为《匆匆》,却非‘匆匆’之作,饱含着深刻的文学意蕴。”。效果如图 3-44 所示。

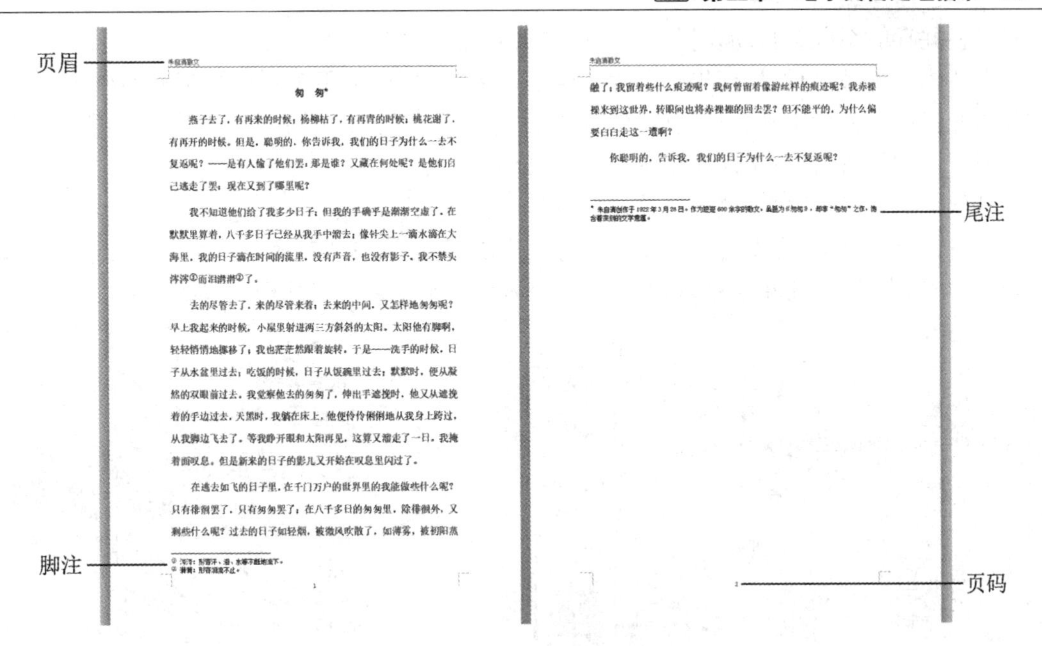

朱自清散文

匆　匆*

燕子去了，有再来的时候；杨柳枯了，有再青的时候；桃花谢了，有再开的时候。但是，聪明的，你告诉我，我们的日子为什么一去不复返呢？——是有人偷了他们罢：那是谁？又藏在何处呢？是他们自己逃走了罢：现在又到了哪里呢？

我不知道他们给了我多少日子；但我的手确乎是渐渐空虚了。在默默里算着，八千多日子已经从我手中溜去；像针尖上一滴水滴在大海里，我的日子滴在时间的流里，没有声音，也没有影子。我不禁头涔涔①而泪潸潸②了。

去的尽管去了，来的尽管来着；去来的中间，又怎样地匆匆呢？早上我起来的时候，小屋里射进两三方斜斜的太阳。太阳他有脚啊，轻轻悄悄地挪移了；我也茫茫然跟着旋转。于是——洗手的时候，日子从水盆里过去；吃饭的时候，日子从饭碗里过去；默默时，便从凝然的双眼前过去。我觉察他去的匆匆了，伸出手遮挽时，他又从遮挽着的手边过去，天黑时，我躺在床上，他便伶伶俐俐地从我身上跨过，从我脚边飞去了。等我睁开眼和太阳再见，这算又溜走了一日。我掩着面叹息。但是新来的日子的影儿又开始在叹息里闪过了。

在逃去如飞的日子里，在千门万户的世界里的我能做些什么呢？只有徘徊罢了，只有匆匆罢了；在八千多日的匆匆里，除徘徊外，又剩些什么呢？过去的日子如轻烟，被微风吹散了，如薄雾，被初阳蒸

① 涔涔：形容汗、泪、水等不断地流下。
② 潸潸：形容泪流不止。

1

朱自清散文

融了；我留着些什么痕迹呢？我何曾留着像游丝样的痕迹呢？我赤裸裸来到这世界，转眼间也将赤裸裸的回去罢？但不能平的，为什么偏要白白走这一遭啊？

你聪明的，告诉我，我们的日子为什么一去不复返呢？

2

图 3-44　添加页眉页码、脚注尾注效果

操作步骤如下：

(1) 打开文档，单击“插入”选项卡下“页眉和页脚”功能组中的“页眉和页脚”命令按钮，在页眉编辑区键入文字“朱自清散文”。

(2) 单击“页眉和页脚”工具选项卡的“页眉页脚切换”命令按钮，再单击功能区左侧的“页码”下拉按钮，在页码样式中选择一个页码的插入位置，插入页码，然后单击“关闭”按钮。

(3) 将光标定位在“涔涔”后面，单击“引用”选项卡下“脚注和尾注”功能组中右下角的对话框启动器，弹出“脚注和尾注”对话框。在“格式”栏中，选择需要的编号格式“①，②，③，…”，再单击“插入”按钮，进入脚注编辑区，输入脚注注释文本；类似地为“潸潸”添加脚注。

(4) 将光标定位在标题“匆匆”之后，单击“引用”选项卡下“脚注和尾注”功能组中右下角的对话框启动器，弹出“脚注和尾注”对话框。在“位置”栏中选择“尾注”，单击“自定义标记”旁边的“符号”按钮，在弹出的对话框中选择“★”，再单击“插入”按钮，进入尾注编辑区，输入尾注注释文本，在尾注编辑区外单击结束输入。

4）**特殊格式设置**

(1) 分栏。分栏是指将一页纸的版面分为几栏，使得页面更生动和更具可读性，这种排版方式在报纸、杂志中经常用到。

分栏排版是通过“页面布局”选项卡下“页面设置”功能组中的“分栏”命令按钮来进行操作的。如果分栏较复杂，那么需要单击其中的“更多分栏”命令，弹出“分栏”对话框，如图 3-45 所示。该对话框的“预设”区域用于设置分栏方式，可以等宽地将版面分成两栏、三栏；若栏宽不等，则只能分成两栏；也可以选择分栏时各栏之间是否带“分隔线”。此外，用户还可以自定义分栏形式，按需要设置栏数、宽度和间距。

如果要对文档进行多种分栏，那么只要分别选择需要分栏的段落，执行分栏操作即可。

多种分栏并存时系统会自动在栏与栏之间增加双虚线的“分节符”。

分栏排版不满一页时，会出现分栏长度不一致的情况，采用等长栏排版可使栏长一致。首先将光标移到分栏文本的结尾处，然后单击“页面布局”选项卡下“页面设置”功能组中的“分隔符”下拉按钮，在下拉列表中选择“连续分节符”命令。

若要取消分栏，则只要选择已分栏的段落，改为一栏即可。

注意：分栏操作只有在页面视图状态下才能看到效果；当分栏的段落是文档的最后一段时，为使分栏有效，必须在分栏前，在文档最后添加一个空段落(按[Enter]键产生)。

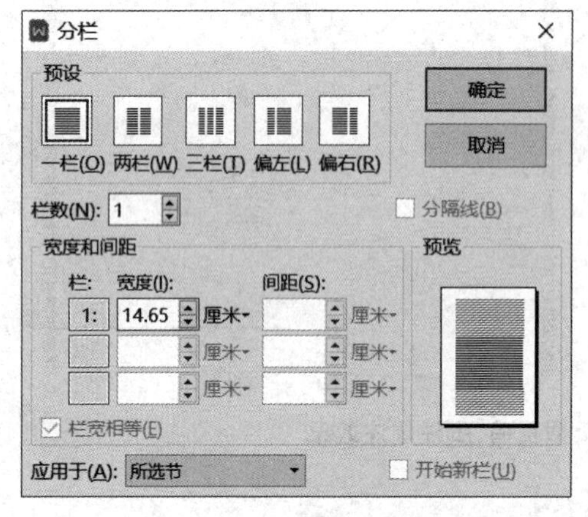

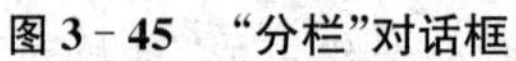
图3-45 “分栏”对话框

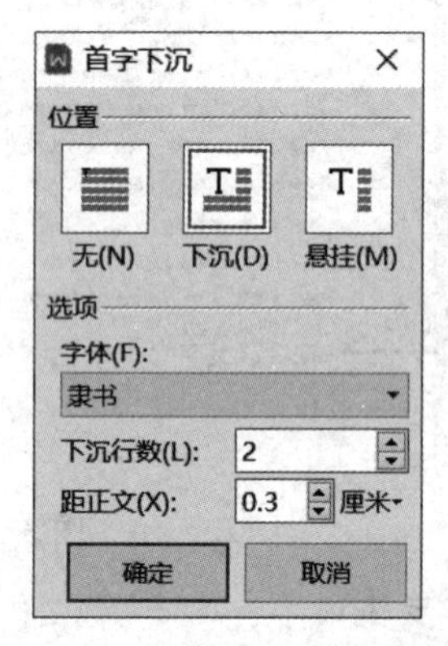

图3-46 “首字下沉”对话框

(2) 首字下沉。首字下沉是将选定段落的首字放大数倍，是报纸杂志中常用的排版方式。

选中段落或将光标定位于需要首字下沉的段落中，单击“插入”选项卡下“文本”功能组中的“首字下沉”命令按钮，弹出“首字下沉”对话框，如图3-46所示。在该对话框中可以选择“下沉”或“悬挂”位置，还可以设置字体、下沉行数及与正文的距离。

若要取消首字下沉，则只要选定已首字下沉的段落，“位置”改为“无”即可。

例3-10 打开“匆匆”WPS文档，将正文第2段分为等宽三栏，栏宽为4.4厘米，栏间加分隔线；并设置首字下沉，字体为隶书，下沉行数为2，距正文0.3厘米。效果如图3-47所示。

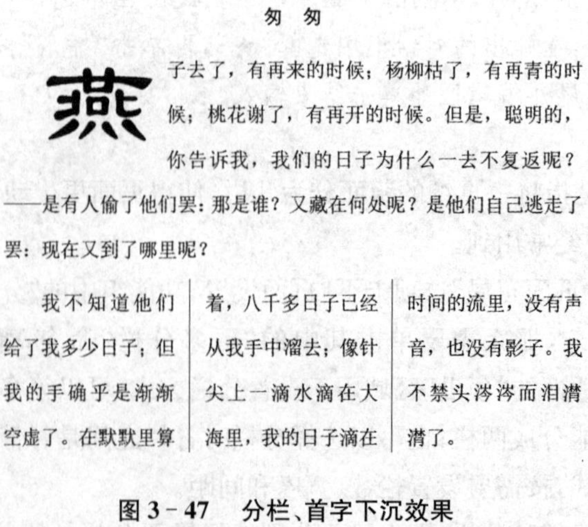

匆 匆

燕子去了，有再来的时候；杨柳枯了，有再青的时候；桃花谢了，有再开的时候。但是，聪明的，你告诉我，我们的日子为什么一去不复返呢？——是有人偷了他们罢：那是谁？又藏在何处呢？是他们自己逃走了罢：现在又到了哪里呢？

我不知道他们给了我多少日子；但我的手确乎是渐渐空虚了。在默默里算着，八千多日子已经从我手中溜去；像针尖上一滴水滴在大海里，我的日子滴在时间的流里，没有声音，也没有影子。我不禁头涔涔而泪潸潸了。

图3-47 分栏、首字下沉效果

操作步骤如下：

（1）选定正文第 2 段，单击“页面布局”选项卡下“页面设置”功能组中的“分栏”命令按钮，选择“更多分栏”，弹出“分栏”对话框，在“预设”栏中选择“三栏”，“宽度”设为“4.4 厘米”，勾选“分隔线”复选框，如图 3－48 所示，然后单击“确定”按钮。

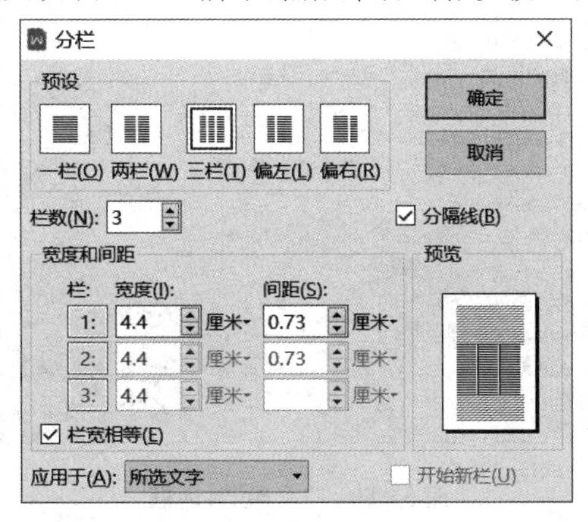

图 3－48　分栏设置

（2）单击“插入”选项卡下“文本”功能组中的“首字下沉”命令按钮，在弹出的“首字下沉”对话框中进行相应设置，然后单击“确定”按钮即可。

（3）文档竖排。通常情况下，文档都是从左至右横排的，但是有时需要特殊效果，如古文、古诗的排版需要文档竖排。这时，可以单击“页面布局”选项卡下“页面设置”功能组中的“文字方向”命令按钮，在下拉列表中根据需要选择其中的一种竖排样式。文档竖排示例效果如图 3－49 所示。

明日复明日，明日何其多。我生待明日，万事成蹉跎。

图 3－49　文档竖排

注意：如果把一篇文档中的部分文字进行文档竖排，那么竖排文字会单独占一页进行显示。如果想在一页上既出现横排文字，又出现竖排文字，那么需要利用到后面介绍的竖排文本框。

（4）页面背景。可以通过为文档添加文字或图片水印、设置文档的颜色或图案填充效果以及添加页面边框等方面来使页面更加美观。

这是通过“页面布局”选项卡下“页面背景”功能组中的相应命令按钮来实现的。

例 3－11　为例 3－10 的“匆匆”添加喜欢的图片水印效果。

操作步骤如下：

（1）单击“页面布局”选项卡下“页面背景”功能组中的“背景”下拉按钮，选择“水印”级联菜单中的“插入水印”命令，弹出“水印”对话框。

（2）勾选“图片水印”复选框，再单击“选择图片”按钮，弹出“插入图片”对话框，从中选择需要的图片，返回“水印”对话框后，根据图片大小在“缩放”数值框中输入图片的缩放比例，然后取消“冲蚀”复选框，如图 3－50 所示。最后单击“确定”按钮即可。

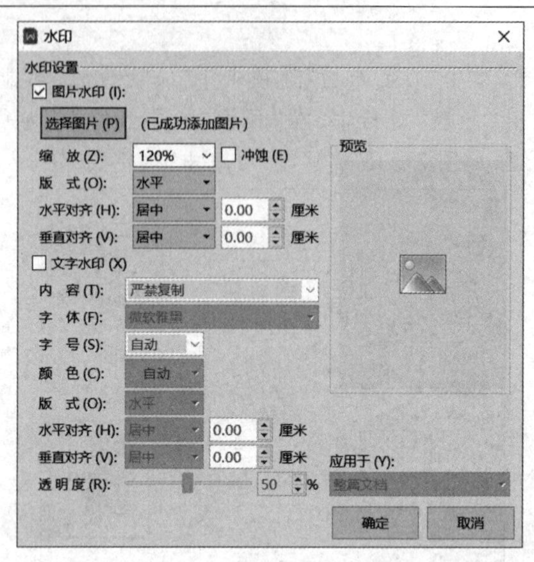

图 3-50 “水印”对话框

3.1.5 制作表格

文档中经常需要使用表格来组织文档中有规律的文字和数字,有时还需要利用表格将文字段落并行排列(如履历表),表格具有分类清晰、简明直观的优点。WPS 文字提供的表格处理功能可以方便地处理各种表格,特别适用于简单表格(如课程表、作息时间安排表、成绩表等)。如果要制作较大型、复杂的表格(如年度销售报表),或是要对表格中的数据进行大量、复杂的计算和分析的时候,那么 WPS 表格是更好的选择。

WPS 文字中的表格有三种类型:规则表格、不规则表格、文本转换成的表格,如图 3-51 所示。表格由若干行和若干列组成,行列的交叉处称为单元格。单元格内可以输入字符、图形,或插入另一个表格。

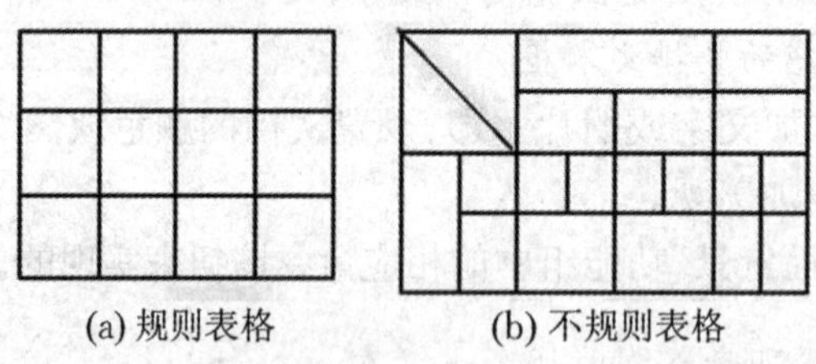

(a) 规则表格　　(b) 不规则表格

乐器名称	数量	单价/元
电子琴	100	1800
钢琴	5	11000
小提琴	20	900

(c) 文本转换成的表格

图 3-51 表格的三种类型

对表格的操作可以通过“插入”选项卡下“插图”功能组中的“表格”命令按钮来完成。

1. 创建表格

1) 建立规则表格

建立规则表格有两种方法:

(1) 单击“插入”选项卡下“插图”功能组中的“表格”命令按钮,在下拉列表中的虚拟表格里移动光标,经过需要插入的表格行列,确定后单击,如图 3-52 所示,即可创建一个规则表格。

(2) 单击“插入”选项卡下“插图”功能组中的“表格”命令按钮,在下拉列表中选择“插入表格”命令,弹出如图 3-53 所示的对话框,可以选择或直接输入所需的行数和列数。

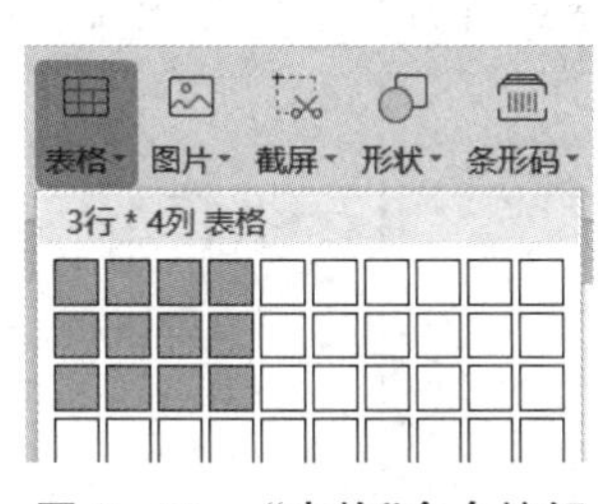

图 3-52 “表格”命令按钮

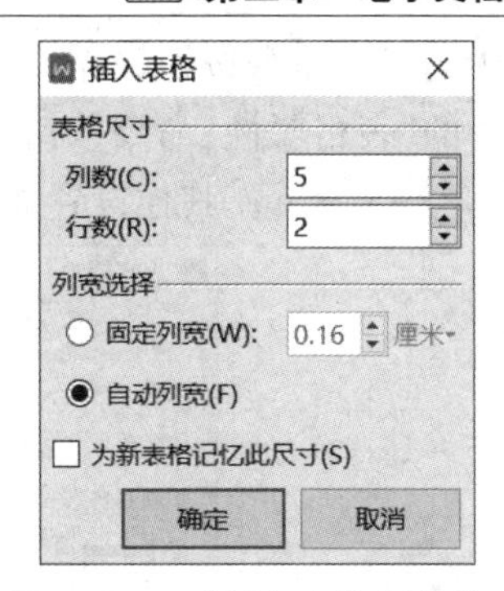

图 3-53 “插入表格”对话框

2) 建立不规则表格

单击“插入”选项卡下“插图”功能组中的“表格”命令按钮，在下拉列表中选择“绘制表格”命令。此时，光标呈铅笔状，可直接绘制表格外框、行列线和斜线(在线段的起点单击并拖曳至终点释放)，表格绘制完成后再单击“表格工具”工具选项卡“行和列”功能组中的“绘制表格”命令按钮，取消选定状态。在绘制过程中，可以根据需要设置表格线的线型、宽度和颜色等，设置方式在“表格样式”工具选项卡中。对多余的线段可利用“擦除”命令按钮，用光标沿表格线拖曳或单击即可。

3) 将文本转换成表格

按规律分隔的文本可以转换成表格，文本的分隔符可以是空格、制表符、逗号或其他符号等。首先选定文本，再单击“插入”选项卡下“插图”功能组中的“表格”命令按钮，在下拉列表中选择“文本转换成表格”命令即可。

注意：文本分隔符不能是中文或全角状态的符号，否则转换不成功。

插入表格后，除添加文字内容外，为了使表格更加美观，还可对表格的边框、底纹等格式进行设置。

创建表格时，有时需要绘制斜线表头，即将表格中第 1 行第 1 个单元格用斜线分成几部分，每一部分对应于表格中行、列的内容。对于表格中的斜线表头，可以先选中要绘制的单位格，再单击“表格样式”工具选项卡下“绘图”功能组中的“绘制斜线表头”命令按钮，选择相应的表头样式；也可以使用“插入”选项卡下“插图”功能组中的“形状”命令按钮中“线条”栏的“直线”来绘制，再利用“文本”功能组中的“文本框”共同完成。

2. 输入表格内容

表格建好后，可以在表格的任一单元格中定位光标并输入文字，也可以插入图片、图形、图表等内容。

在单元格输入和编辑文字的操作与文档的其他文本段落一样，单元格的边界作为文档的边界，当输入内容达到单元格的右边界时，文本自动换行，行高也将自动调整。

输入时，按[Tab]键使光标往下一个单元格移动，按[Shift]+[Tab]组合键使光标往上一个单元格移动，也可以将鼠标指针直接指向所需的单元格后单击。

要设置表格单元格中文字的对齐方式，可右击选定文字，在快捷菜单中指向“单元格对齐方式”，再选择需要的对齐方式，如图 3-54 所示。也可以分别设置文字在单元格中的水平对齐方式和垂直对齐方式，其中水平对齐方式可以利用“开始”选项卡下

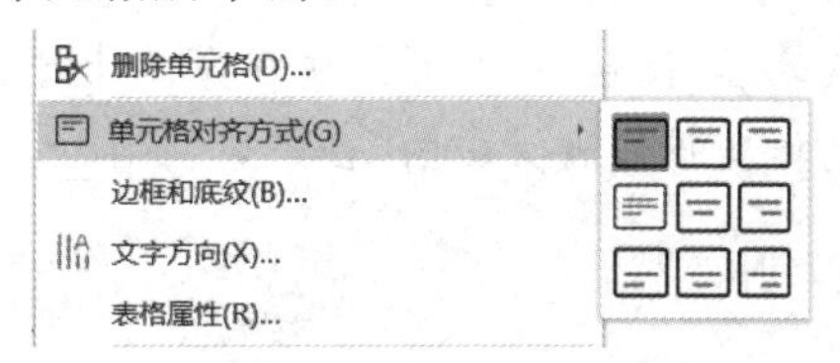

图 3-54 设置单元格中文字的对齐方式

“段落”功能组中的对齐命令按钮操作;垂直对齐方式则需要单击“表格工具”工具选项卡下“表格”功能组中的“表格属性”命令按钮,在弹出的“表格属性”对话框的“单元格”选项卡中进行操作,如图 3-55 所示。其他设置如字体、缩进等与前面介绍的文档排版操作相同。

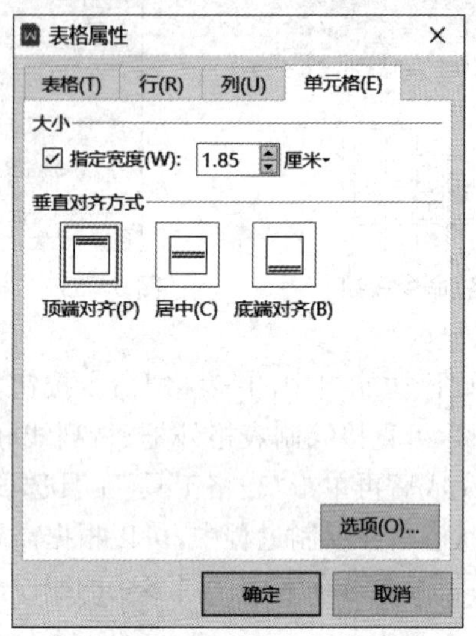

图 3-55 垂直对齐方式设置

例 3-12 创建一个带斜线表头的表格,如图 3-56 所示。表格中文字对齐方式为中部居中对齐(水平和垂直方向上都是居中对齐)。

科目 姓名	数学	英语	计算机
张三	89	71	92
李四	97	87	88
王五	84	73	95

图 3-56 带斜线表头的表格

操作步骤如下:

(1) 新建一个文档,单击“插入”选项卡下“插图”功能组中的“表格”命令按钮,在下拉列表中的虚拟表格里移动光标,经过 4 行 4 列时单击。在创建好的表格的任意一个单元格中单击,将鼠标移至表格右下角,当鼠标指针变成倾斜的双向箭头时,适当调整表格大小。

(2) 表头的斜线通过“插入”选项卡下“插图”功能组中的“形状”命令按钮中“线条”栏的“直线”来绘制。在第 1 个单元格中单击后单击“线条”栏的“直线”图标,在左上角顶点按住鼠标左键拖曳至右下角顶点,绘制出表头斜线。单击“文本框”下拉按钮中的“横向”,在单元格的适当位置绘制一个文本框,输入“科”字。然后选中文本框,在右侧的快速工具栏中,单击“形状填充”按钮,在打开的快捷菜单中选择“无填充颜色”,如图 3-57(a)所示;单击“形状轮廓”按钮,在打开的快捷菜单中选择“无线条颜色”,如图 3-57(b)所示。按同样的方法制作出斜线表头中的“目”“姓”“名”。

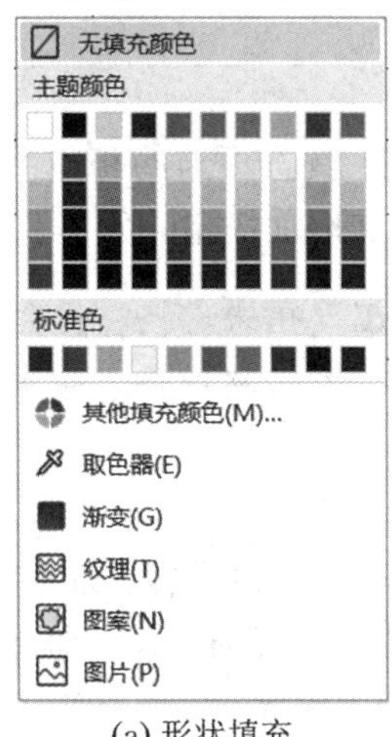

(a) 形状填充

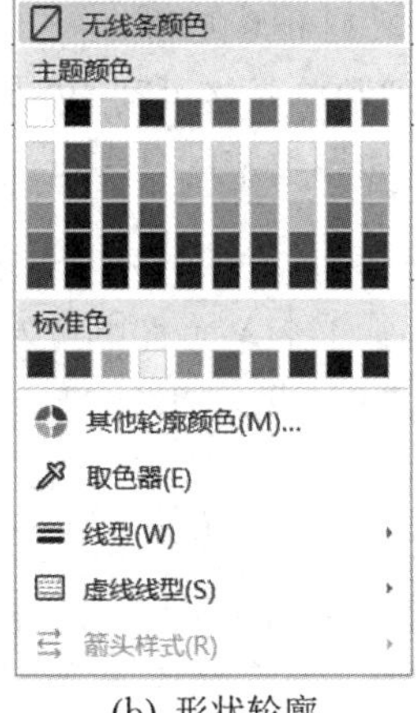

(b) 形状轮廓

图 3－57 绘制斜线表头中文本框的处理

(3) 在表格其他单元格中输入相应内容，然后选定整个表格中的文字，右击，在快捷菜单中指向“单元格对齐方式”，再单击“中部居中”对齐方式。

3. 编辑表格

表格的编辑操作同样遵守“先选定、后执行”的原则，选定表格的操作如表 3－2 所示。

表 3－2 选定表格

选取范围	鼠标操作
一个单元格	鼠标指针指向单元格内左下角处，鼠标指针呈右上角方向黑色实心箭头后单击
一行	鼠标指针指向单元格内左下角处，鼠标指针呈右上角方向黑色实心箭头后双击
一列	鼠标指针指向该列顶端边沿处，鼠标指针呈向下黑色实心箭头后单击
整个表格	单击表格左上角的符号⊞

表格的编辑包括：缩放表格；调整行高和列宽；增加或删除行、列和单元格；表格计算和排序；拆分和合并表格；表格复制和删除；表格跨页操作等。表格操作主要通过“表格工具”工具选项卡的相应命令按钮或右键快捷菜单中的相应命令来完成。

1）缩放表格

当鼠标位于表格中时，在表格的右下角会出现符号“⤡”，称为句柄。当鼠标位于句柄上，变成倾斜的双向箭头时，拖动句柄可以缩放表格。

2）调整行高和列宽

根据不同情况有三种调整方法：

(1) 局部调整：可以采用拖动标尺或表格线的方法。

(2) 精确调整：选定表格，在“表格工具”工具选项卡下“调整”功能组中的“高度”和“宽度”后的数值框中设置具体的行高和列宽。也可以单击“表格”功能组中的“表格属性”命令按钮或在右键快捷菜单中选择“表格属性”命令，弹出“表格属性”对话框，在“行”和“列”选项卡中进行相应设置。

(3) 自动调整列宽和均匀分布：选定表格，单击“表格工具”工具选项卡下“调整”功能组中的“自动调整”命令按钮，在下拉列表中选择相应的调整方式。也可以在右键快捷菜单中选择“自动调整”级联菜单中的相应命令。

3) 增加或删除行、列和单元格

增加或删除行、列和单元格可利用“表格工具”工具选项卡的相应命令按钮或右键快捷菜单中的相应命令。如果选定的是多行或多列,那么增加或删除的也是多行或多列。

例3-13 对例3-12中的表格设置行高为1.5厘米,列宽为3厘米;在表格的底部添加一行并在该行的第1个单元格中输入“平均分”,在表格的最右边添加一列并在该列的第1个单元格中输入“总分”。

操作步骤如下:

(1) 选定整个表格,单击“表格工具”工具选项卡下“调整”功能组中的“高度”数值框,调整至“1.5厘米”或者直接输入“1.5厘米”。同样,在“宽度”数值框中设置“3厘米”,按[Enter]键,并适当调整一下斜线表头大小和位置。

(2) 选中最后一行,单击“表格工具”工具选项卡下“行和列”功能组中的“在下方插入行”命令按钮(或者将光标置于最后一个单元格按[Tab]键,或者将光标置于最后一行段落标记前按[Enter]键),然后在新插入行的第1个单元格中输入“平均分”。

(3) 选中最后一列,单击“表格工具”工具选项卡下“行和列”功能组中的“在右侧插入列”命令按钮,然后在新插入列的第1个单元格中输入“总分”。

4) 表格计算和排序

(1) 表格计算。在表格中可以完成一些简单的计算,如求和、求平均值、统计等。这可以通过WPS文字提供的函数快速实现,这些函数包括求和(SUM)、求平均值(AVERAGE)、求最大值(MAX)、求最小值(MIN)等。

注意:计算结果不能自动更新,如需更新,必须选定运算结果,然后按[F9]键即可。

在WPS文字中,通过“表格工具”工具选项卡下“数据”功能组中的“公式”命令按钮来使用函数或直接输入计算公式。在计算过程中,经常要用到表格的单元格地址,它用字母后面跟数字的方式来表示,其中字母表示单元格所在列标,依次用字母A,B,C,…表示;数字表示行号,依次用数字1,2,3,…表示,如B3表示第2列第3行的单元格。作为函数自变量的单元格表示方法如表3-3所示。

表3-3 单元格表示方法

函数自变量	含义
LEFT	左边所有单元格
ABOVE	上边所有单元格
单元格1:单元格2	从单元格1到单元格2矩形区域内的所有单元格。例如,A1:B2表示A1,B1,A2,B2共四个单元格中的数据参与计算
单元格1,单元格2……	计算所有列出来的单元格1,单元格2……的数据

注意:其中的“:”和“,”必须是英文状态的标点符号,否则会导致计算错误。

在WPS文字中,提供了较Microsoft Office Word更好的快速计算功能,可以实现多个行或列的相同类型的计算方式(如求和、平均值、最大值、最小值)的一次性快速计算。例如,表中要计算全体的“总分”,只需要选中全体的成绩数据,然后单击“表格工具”工具选项卡下“数据”功能组中的“快速计算”命令按钮,再选择弹出的下拉菜单中的“求和”即可。

(2) 表格排序。除计算外，WPS 文字还可以根据数字、笔画、拼音、日期等方式对表格数据按升序或降序排列。表格排序的关键字最多有三个：主要关键字、次要关键字和第三关键字。若按主要关键字排序时遇到相同的数据，则可以根据次要关键字排序；若次要关键字出现相同的数据，则可以根据第三关键字继续排序。

例 3-14　对例 3-13 中的表格计算每位学生的总分及每门课程的平均分(要求平均分保留 2 位小数)，并对表格进行排序(不包括平均分行)：先按总分降序排列，若总分相同，则再按计算机成绩降序排列。效果如图 3-58 所示。

科目 姓名	数学	英语	计算机	总分
李四	97	87	88	272
王五	84	73	95	252
张三	89	71	92	252
平均分	90.00	77.00	91.67	

图 3-58　表格计算和排序结果

操作步骤如下：

(1) 计算总分。计算总分即求和，选择的函数是 SUM。选定用于存放第 1 位学生总分的单元格(注意不是选中第 1 个学生的各门功课成绩)，单击"表格工具"工具选项卡下"数据"功能组中的"公式"命令按钮，弹出"公式"对话框，如图 3-59 所示，此时，如果 WPS 文字自动给出的公式是正确的，那么可以直接单击"确定"按钮；如果不正确，那么在"公式"文本框中键入正确的公式。继续选定用于存放第 2 位学生总分的单元格，重复相同的步骤，用同样的方法计算出三位学生的总分。

(2) 计算平均分。计算平均分与总分类似，选择的函数是 AVERAGE。选定存放数学平均分的单元格，单击"表格工具"工具选项卡下"数据"功能组中的"公式"命令按钮，在"公式"对话框中保留"公式"文本框中的"="，删除其他内容，然后在"数字格式"下拉列表框中选择"0.00"(小数点后有几个 0 就是保留几位小数)，接着在"粘贴函数"下拉列表框中选择"AVERAGE"，在"公式"文本框中的括号内输入"ABOVE"，如图 3-60 所示(也可以在括号内输入"B2,B3,B4"或"B2:B4"，或者在"公式"文本框中输入"=(B2+B3+B4)/3")，最后单击"确定"按钮，第 1 个保留 2 位小数的平均分就算好了。用同样的方法计算出英语和计算机的平均分。

图 3-59　计算总分

图 3-60　计算平均分

(3) 表格排序。选定表格前四行的最后两列,单击“表格工具”工具选项卡下“数据”功能组中的“排序”命令按钮,在弹出的“排序”对话框中选择“主要关键字”和“次要关键字”以及相应的排序方式,如图3-61所示。最后单击“确定”按钮即可。

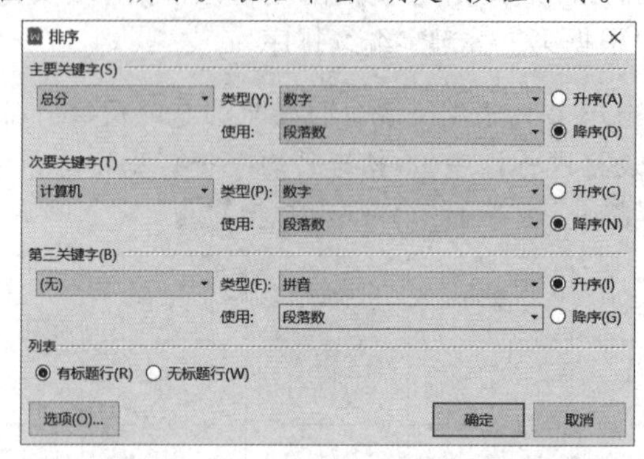

图3-61 “排序”对话框设置

(3) 拆分和合并表格、单元格。拆分表格是指将一个表格分为两个表格的情况。首先将光标移到表格将要拆分的位置,然后单击“表格工具”工具选项卡下“合并”功能组中的“拆分表格”命令按钮,会弹出“按行拆分”和“按列拆分”的菜单选项,选择需要的拆分方式,即完成了表格的拆分。此时,在两个表格中产生一个空行,删除这个空行,两个表格又合并成为一个表格(如果是按列拆分,那么删除空行后合成的表格不会恢复为原来拆分前的表格)。

拆分单元格是指将一个单元格分为多个单元格,合并单元格则恰恰相反。拆分和合并单元格可以利用“表格工具”工具选项卡下“合并”功能组中的“拆分单元格”命令按钮和“合并单元格”命令按钮来进行。

(4) 表格复制和删除。可通过右键快捷菜单中的“复制”和“删除表格”命令来完成,删除表格还可以通过“表格工具”工具选项卡下“行和列”功能组中的“删除”命令按钮进行操作。

注意:选定表格按[Delete]键,只能删除表格中的数据,不能删除表格。

(5) 表格跨页操作。当表格很长,或表格正好处于两页的分界处时,表格需要分割成两部分,就出现跨页的情况。当要分割的那一行某一单元格中的文本内容较长使得这一页容纳不下时,WPS文字提供了两种处理行跨页的方式:

① 允许行跨页分断表格,使上、下页中都显示这个单元格的一部分内容,此时上一页的尾部不会出现多余的空白行。

② 不允许行跨页分断表格,在前一页容不下的这一行整体移到下一页,此时上一页的尾部留下较多的空白行。

允许表格行跨页的操作可以单击“表格工具”工具选项卡下“表格”功能组中的“表格属性”命令按钮,弹出“表格属性”对话框后,在“行”选项卡中勾选“允许跨页断行”复选框;不允许表格跨页则取消“允许跨页断行”复选框。要实现跨页分断的表格重复标题行,可以先选中表格中的标题行,再单击“表格工具”工具选项卡下“数据”功能组中的“标题行重复”命令按钮。

4. 格式化表格

1) 自动套用表格格式

WPS文字为用户提供了七十余种表格样式,这些样式包括表格边框、底纹、字体、颜色的设置等，使用它们可以快速格式化表格。可以通过“表格样式”工具选项卡中的相应命令按钮来实现。

2）自定义表格外观

自定义表格外观，最常见的是为表格添加边框和底纹。使用边框和底纹可以使每个单元格或每行每列呈现出不同的风格，使表格更加清晰明了。给表格添加边框，可通过“表格样式”工具选项卡中的相应命令按钮进行操作，也可单击“表格样式”工具选项卡下“表格样式”功能组中的“边框”下拉按钮，在下拉菜单中选择“边框和底纹”命令，在弹出的“边框和底纹”对话框中进行操作，其设置方法与段落的边框和底纹设置类似，只是在“应用于”下拉列表框中选择“表格”。

例 3-15 为例 3-14 中的表格设置边框和底纹：表格外框为 1.5 磅实单线，内框为 1 磅实单线；平均分这一行设置文字红色底纹。效果如图 3-62 所示。

科目 姓名	数学	英语	计算机	总分
李四	97	87	88	272
王五	84	73	95	252
张三	89	71	92	252
平均分	90.00	77.00	91.67	

图 3-62　表格加边框和底纹的效果

操作步骤如下：

(1) 选定表格，单击“表格样式”工具选项卡下“表格样式”功能组中的“边框”下拉按钮，在下拉菜单中选择“边框和底纹”命令，弹出“边框和底纹”对话框。单击“边框”选项卡，在“线型”栏中选择实单线，“宽度”中选择“1.5 磅”，在“预览”中单击示意图的四条外边框，再在“宽度”中选择“1 磅”，在“预览”中单击示意图的中心点，生成十字形的两个内框，如图 3-63 所示(设置边框时除单击示意图外，也可以使用其周边的按钮)。

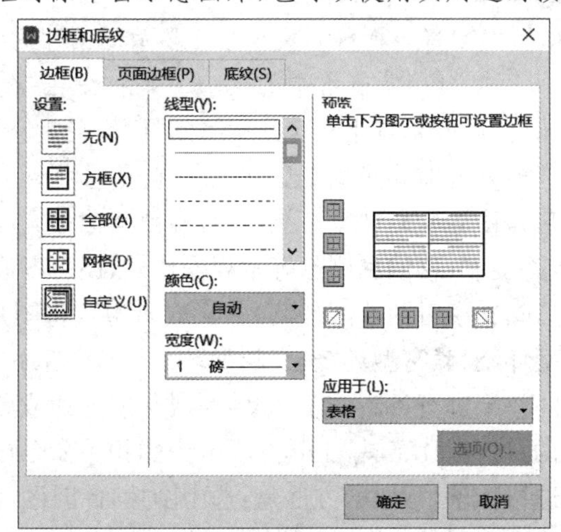

图 3-63　设置表格边框

(2) 选定平均分这一行,在“边框和底纹”对话框中单击“底纹”选项卡,在“填充”栏“标准色”区中选择红色,“应用于”下拉列表框中选择“文字”,然后单击“确定”按钮即可。

3.1.6 插入对象

目前的文字处理软件不局限于对文字的处理,还能插入各种各样的媒体对象,使文章的可读性、艺术性和感染力大大增强。WPS文字可以插入的对象包括各种类型的图片文件、图形对象(如形状、条形码、智能图形、文本框、艺术字等)、公式和图表。

注意:当文档以WPS格式存储时,不支持智能图形,也不支持设置文字效果,如对文字添加阴影等文字效果。

要在文档中插入这些对象,通常选择“插入”选项卡中的相应命令按钮,如“图片”命令按钮,“文本框”命令按钮、“艺术字”命令按钮,“公式”命令按钮以及“形状”命令按钮等。

如果要对插入的对象进行编辑和格式化操作,那么可以利用各自的右键快捷菜单及对应的选项卡来进行。

1. 插入图片

图片文件的主要格式有BMP(Windows位图)、JPG(静止图像压缩标准格式)、GIF(图形交换格式)、PNG(可移植网络图形)和TIFF(标志图像文件格式)等。

如果需要在文档中插入图片,那么可以通过“插入”选项卡下“插图”功能组中的“图片”下拉按钮的“来自文件”命令来进行。

例3-16 在空白文档中插入一张图片、程序窗口图像(截取整个程序窗口)。

操作步骤如下:

(1) 插入图片文件:

① 将光标移到文档中需要放置图片的位置。

② 单击“插入”选项卡下“插图”功能组中的“图片”下拉按钮的“来自文件”命令,弹出“插入图片”对话框,选择图片所在的位置和文件名,单击“打开”按钮,将图片文件插入到文档中。

(2) 插入程序窗口图像(截取整个程序窗口):

① 打开一个程序窗口,然后将光标移到文档中需要放置图片的位置。

② 单击“插入”选项卡下“插图”功能组中的“截屏”下拉按钮,选择其中的“截屏时隐藏当前窗口”命令,出现截图光标标识,按下鼠标左键拖动鼠标,使用光标的选取范围覆盖要截取的窗口区域,单击右下方快速工具中的“✔”即可。也可以打开程序窗口后,按[Alt]+[PrintScreen]组合键将窗口图像复制到剪贴板,然后粘贴至文档。

插入文档中的图片,除复制、移动和删除等常规操作外,还可以调整图片的大小,裁剪图片;可以设置图片排列方式(文字对图片的环绕),如“嵌入型”(将图片当作文字对象处理),其他非“嵌入型”如四周型环绕、紧密型环绕、穿越型环绕等(将图片当作区别于文字的外部对象处理);可以把图片的效果进行重新设置,如转换成灰度图片或黑白图片等。

对图片进行设置,可通过“图片工具”工具选项卡中的相关命令按钮来进行操作。

对插入图片的大小进行调整,常用的方法是:选中图片,此时图片四周出现8个小圆圈,称为尺寸句柄,拖曳它们可以进行图片缩放;若要准确地改变尺寸,则可以右击图片,在快捷菜单中选择“其他布局选项”命令,在弹出的“布局”对话框中,选择“大小”选项卡,可设置图片的高度、宽度，如图 3－64 所示。另外，也可以在“图片工具”工具选项卡中去类似设置。

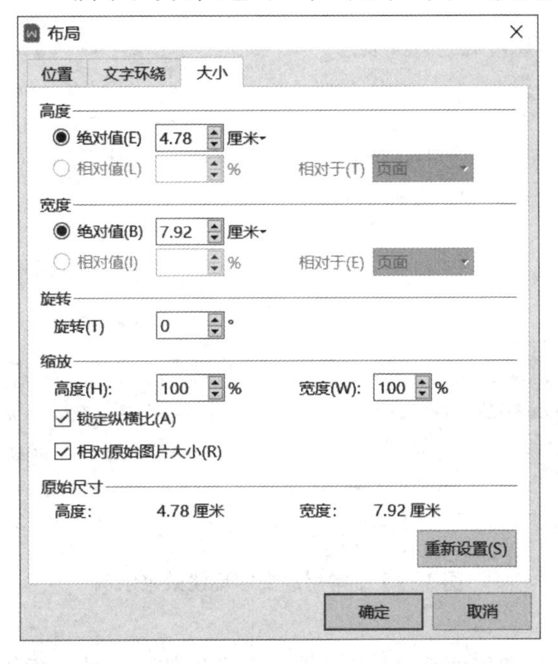

图 3－64 “布局”对话框

选中图片后，其右侧会出现快速工具栏，如图 3－65 所示。快速工具栏有三个按钮，分别是“布局选项”“图片预览”和“裁剪图片”。

要对图片进行排版布局设置可以单击“布局选项”按钮进行操作，“布局选项”的相关设置如图 3－66 所示。

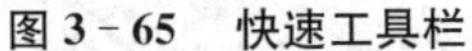
图 3－65 快速工具栏

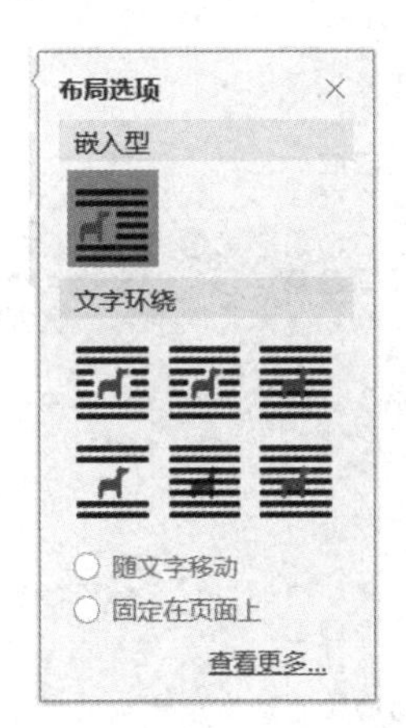

图 3－66 “布局选项”的相关设置

在文档插入图片后，图片的排版位置方式即布局，有“嵌入型”“四周型环绕”“紧密型环绕”“衬于文字下方”“浮于文字上方”“上下型环绕”“穿越型环绕”七种方式。设置图片的文字环绕方式有三种方法：一是单击“图片工具”工具选项卡下“属性”功能组中的“环绕”命令按钮，在下拉菜单中选择需要的环绕方式；二是右击图片，在快捷菜单中选择“其他布局选项”命令，单击“文字环绕”选项卡中的相应环绕方式；三是通过图片右侧快速工具栏中的“布局选项”按钮，在打开的快捷菜单中单击相应的环绕方式。四种常用的文字环绕效果示例如图 3－67 所示。

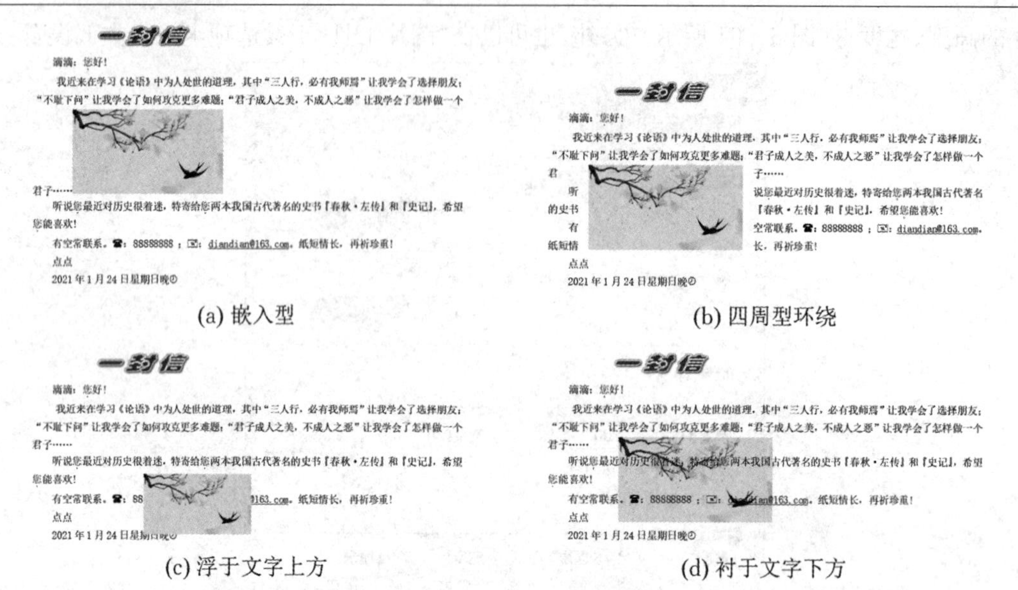

(a) 嵌入型　(b) 四周型环绕

(c) 浮于文字上方　(d) 衬于文字下方

图 3-67　常用的文字环绕效果示例

2. 插入图形对象

图形对象包括形状、智能图形、艺术字等。合理地使用这些对象,可以提高文档的质量。

1) 形状

WPS文字中的形状包括线条、矩形、基本形状、箭头总汇、公式形状、流程图、星与旗帜和标注八种类型,每种类型又包含若干样式,如图 3-68 所示。插入的形状可以在其中添加文字,插入图片,还可以对其设置阴影和三维效果,示例效果如图 3-69 所示。

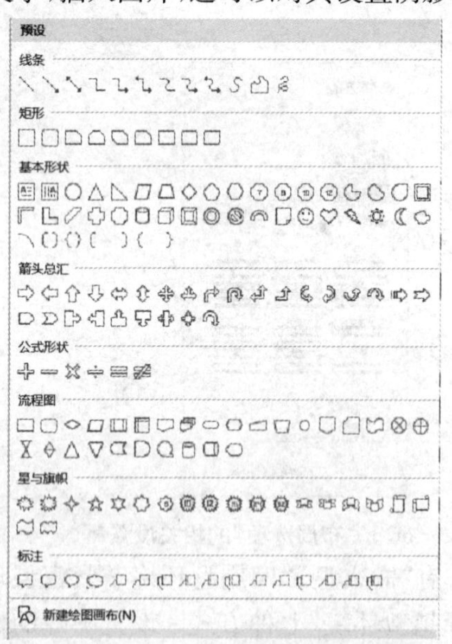

图 3-68　"形状"样式

图 3-69　在圆角矩形形状中插入图片和文字效果示例

插入形状可通过"插入"选项卡下"插图"功能组中的"形状"命令按钮来实现。在"形状"库中单击需要的图标,然后用鼠标在文本区拖动从而形成所需要的图形。需要编辑和格式化形状时,选中形状,在"绘图工具"工具选项卡中单击相应的命令按钮来操作。

形状最常用的编辑和格式化操作包括缩放、旋转、添加文字、叠放次序、组合与取消组合等。

(1) 缩放。单击图形，在图形四周会出现尺寸句柄，拖动尺寸句柄可以进行图形缩放。

(2) 旋转。单击图形，在图形正上方会出现旋转句柄，拖动旋转句柄可以进行图形旋转。

(3) 添加文字。在需要添加文字的图形上右击，在快捷菜单中选择“添加文字”命令。这时，光标就出现在选定的图形中，可输入需要添加的文字内容。这些输入的文字会变成图形的一部分，当移动图形时，图形中的文字也跟随移动。

(4) 叠放次序。当在文档中绘制多个重叠的图形时，每个重叠的图形有叠放的次序，这个次序与绘制的顺序相同，最先绘制的在最下面。可以利用右键快捷菜单中的“置于顶层”和“置于底层”命令改变图形的叠放次序。

(5) 组合与取消组合。画出的多个图形如果要构成一个整体，以便同时编辑和移动，那么可以用先按住[Shift]键再分别单击其他图形的方法来选定所有图形，然后移动鼠标至指针呈十字形箭头状时右击，选择快捷菜单中的“组合”命令。若要取消组合，右击图形，在快捷菜单中选择“取消组合”命令。

例 3-17 绘制一个如图 3-70 所示的流程图，要求流程图各个部分组合为一个整体。

图 3-70　绘制流程图

操作步骤如下：

(1) 新建一个空白文档，单击“插入”选项卡下“插图”功能组中的“形状”命令按钮，在“形状”库中选择“流程图”栏中的相应图形。第 1 个是“流程图：可选过程”，画到文档中合适位置，并适当调整大小。右击图形，在快捷菜单中选择“添加文字”命令，在图形中输入文字“开始”。

(2) 然后单击“线条”栏中的“箭头”，画出向右的箭头，“箭头样式”选择“箭头样式 5”。

(3) 重复前两步，继续插入其他所需的形状直至完成。

(4) 按住[Shift]键，依次单击所有图形，全部选中后，在图形中间右击，在快捷菜单中选择“组合”命令，将多个图形组合在一起。

2) 智能图形

智能图形是预设的形状、文字以及样式的集合，包括组织结构图、基本流程等类型，可以根据文档的内容选择需要的样式，然后对图形的内容和效果进行编辑。

例 3-18 组织结构图是由一系列图框和连线来表示组织机构和层次关系的图形。绘制效果如图 3-71 所示。

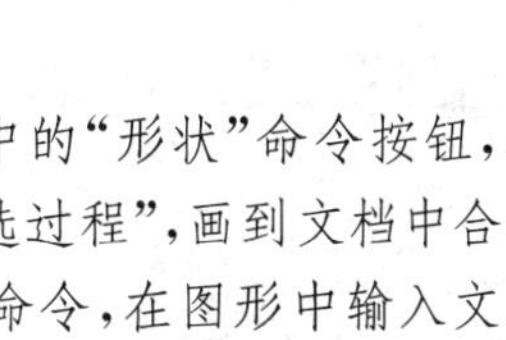

操作步骤如下：

(1) 新建一个空白文档，单击“插入”选项卡下“插图”功能组中的“智能图形”命令按钮，弹出“选择智能图形”对话框(见图 3-72)，选择“组织结构图”，单击“确定”按钮。

董事长
总经理
副总经理　副总经理　副总经理

图 3-71　绘制组织结构图

(2) 单击各个“文本框”，从上至下依次输入“董事长”“总经理”和“副总经理”。

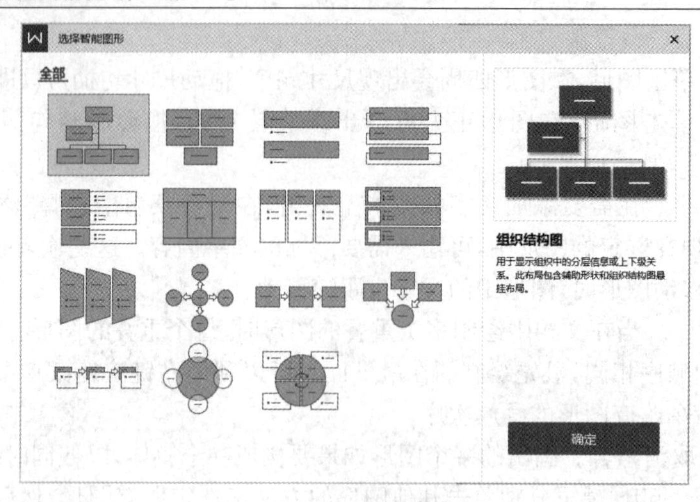

图 3-72 “选择智能图形”对话框

(3) 更改合适的主题颜色,完成设计。

3) 插入艺术字

艺术字是以普通文字为基础,通过添加阴影、扭曲等方式使文字产生艺术美的效果。

在文档中插入艺术字可以通过“插入”选项卡下“文本”功能组中的“艺术字”命令按钮来实现。生成艺术字后,会出现“绘图工具”工具选项卡,在其中的“形状样式”功能组中进行操作,如改变艺术字样式、增加艺术字效果等。

如果要删除艺术字,那么只要选中艺术字,按[Delete]键即可。

例 3-19 制作效果如图 3-73 所示的艺术字“三人行,必有我师焉”。

三人行,必有我师焉

图 3-73 艺术字效果

操作步骤如下:

(1) 单击“插入”选项卡下“文本”功能组中的“艺术字”命令按钮,在下拉列表中选择样式第 2 行的第 2 种,输入文字“三人行,必有我师焉”。“字体”为“华文琥珀”,“字号”为“36”。

(2) 在“文本工具”工具选项卡下的“艺术字样式”功能组中“文本效果”的下拉菜单中,选择“转换”命令级联菜单“弯曲”栏的“波形 1”。

3. 创建公式

在编写论文或一些学术著作时,经常需要处理数学公式。利用 WPS 文字的公式编辑器,可以方便地制作具有专业水准的数学公式,产生的数学公式可以像图形一样进行编辑操作。

要创建数学公式,单击“插入”选项卡下“文本”功能组中的“公式”命令按钮,系统打开“公式编辑器”窗口帮助完成公式的输入,如图 3-74 所示。公式输入完成后单击“关闭”按钮可回到 WPS 文字工作窗口。

注意:在输入公式时,光标的位置很重要,它决定了当前输入内容在公式中所处的位置,可通过在所需的位置处单击来改变光标位置。

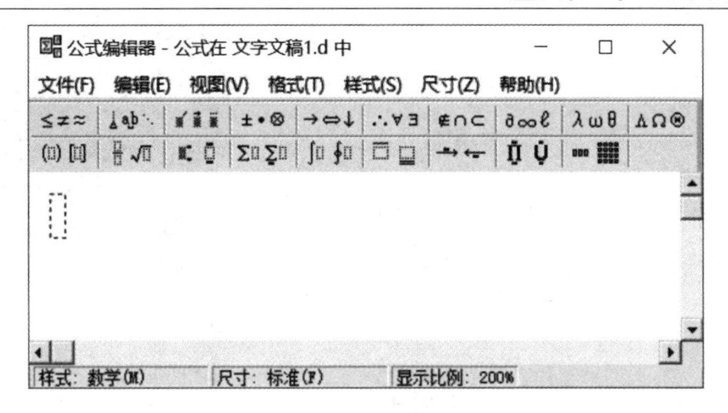

图 3-74 “公式编辑器”窗口

例 3-20 输入公式

$$s=\sqrt{\sum_{i=1}^{n}x_i^2-nx+1}。$$

操作步骤如下：

(1) 单击“插入”选项卡下“文本”功能组中的“公式”命令按钮，打开“公式编辑器”编辑窗口。

(2) 在公式输入框中输入“$s=$”；在“分式与根式模板”区单击“√▯”；单击根式中的虚线框，在“求和模板”区单击“∑▯”；然后单击求和中上方、下方、右侧的三个虚线框，依次输入相应内容：“n”“$i=1$”“x”；接着在“x”的右侧，单击“下标和上标模块”区中“▯”；单击上、下标虚线框，分别输入“2”和“i”；在“x_i^2”后单击，注意此时光标位置(应确保仍然位于根式中)，输入“$-nx+1$”。

(3) 单击“公式编辑器”窗口的“关闭”按钮，完成公式输入。

3.1.7 高效排版

为了提高排版效率，WPS文字提供了一些高效排版功能，包括样式、自动生成目录等。

1. 样式的创建及使用

样式是一组命名的字符和段落排版格式的组合。例如，一篇文档有各级标题、正文、页眉和页脚等，它们分别有各自的字符格式和段落格式，并各以其样式名存储以便使用。

使用样式有两个好处：

(1) 快捷地编排具有统一格式的段落，使文档格式严格保持一致，而且便于修改，如果文档中多个段落使用了同一样式，只要修改样式即可。

(2) 样式有助于长文档构造大纲和创建目录。

WPS文字不仅预设了很多标准样式，还允许用户根据自己的需要修改标准样式或自己新建样式。

1) 已有样式

选定需要应用样式的段落，在“开始”选项卡下“样式”功能组中的快速样式库(见图3-75)中选择已有的样式，或单击“样式”功能组右下角的对话框启动器打开“样式和格式”任务窗格，可在下拉列表框中选择样式，如图3-76所示。

图 3－75　快速样式库

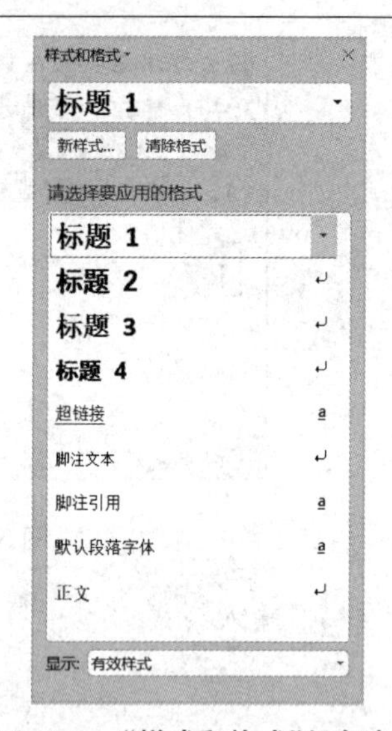

图 3－76　"样式和格式"任务窗格

2）新建样式

当 WPS 文字提供的样式不能满足用户需要时，用户可以自己创建新样式。单击"样式和格式"任务窗格中的"新样式"按钮，在"新建样式"对话框中进行。在该对话框中输入样式名，选择样式类型、样式基准，设置该样式的格式，再勾选"同时保存到模板"复选框，如图 3－77 所示。在该对话框设置样式的格式时，可以通过"格式"栏中相应按钮快速简单设置，或者单击"格式"按钮在其下拉菜单中选择相应命令详细设置。新样式建立后，就可以像已有样式一样直接使用了。

图 3－77　"新建样式"对话框

3）修改和删除样式

对已有的段落样式和格式不满意，可以进行更改和删除。更改样式后，所有应用了该样式的文本都会随之改变。

修改样式的方法是：在"样式和格式"任务窗格中，右击需要修改的样式名，在快捷菜单中选择"修改"命令，在弹出的"修改样式"对话框设置所需的格式即可。

删除样式的方法与上面类似，不同的是应在快捷菜单中选择"删除"命令。此时，带有此样式的所有段落自动应用“正文”样式。

2. 自动生成目录

书籍或长文档编写完后，需要为其制作目录，方便读者阅读和大概了解文档的层次结构及主要内容。目录除手工输入外，WPS 文字提供了自动生成目录的功能。

1）创建目录

要自动生成目录，前提是将文档中的各级标题用快速样式库中的标题样式统一格式化。一般情况下，目录分为三级，可以使用相应的三级标题“标题 1”“标题 2”“标题 3”样式，也可以使用其他几级标题样式或者自己创建的标题样式来格式化。

首先，需要把文档从页面视图切换到大纲视图。单击“引用”选项卡，选定相应的章节标题，分别单击“目录级别”下拉按钮中相应级别目录命令。依次进行，直到全文设置完毕。然后，切回到页面视图，将光标定位到需要放置目录的位置，单击“引用”选项卡下“目录”功能组中的“目录”下拉按钮中的“自定义目录”命令，弹出“目录”对话框，如图 3－78 所示。进行相应的设置后，单击“确定”按钮。

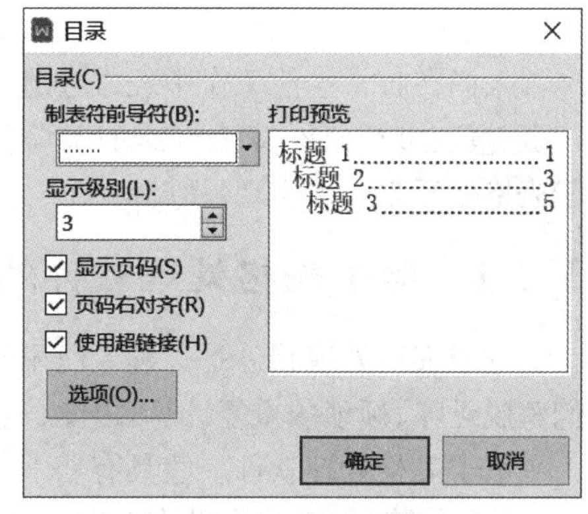

图 3－78　“目录”对话框

例 3－21　有下列标题文字，如图 3－79 所示，请为它们设置相应的标题样式并自动生成三级目录。效果如图 3－80 所示。

第 3 章　电子文档处理技术
3.1　WPS 文字
3.1.1　文字处理软件的功能
3.1.2　WPS 文字的工作环境
3.1.3　文档的基本操作

图 3－79　标题文字

第 3 章　电子文档处理技术......1
3.1　WPS 文字......1
3.1.1　文字处理软件的功能......1
3.1.2　WPS 文字的工作环境......1
3.1.3　文档的基本操作......1

图 3－80　自动生成目录的效果

操作步骤如下：

(1) 为各级标题设置标题样式。打开文档，切换到大纲视图，选定标题文字“第 3 章　电子文档处理技术”，在“引用”选项卡下“目录”功能组中单击“目录级别”下拉按钮中“1 级目录”命令；再选定“3.1　WPS 文字”，单击“目录级别”下拉按钮中“2 级目录”命令，其他的按照相同的方法处理。

(2) 切换到页面视图。将光标定位到插入目录的位置，单击“引用”选项卡下“目录”功能组中的“目录”下拉按钮中的“自定义目录”命令，弹出“目录”对话框，进行相应的设置后，单击“确定”按钮。

2）更新目录

即使文字内容在编制目录后发生了变化，WPS 文字也可以很方便地对目录进行更新。一般通过“引用”选项卡下“目录”功能组中的“更新目录”命令按钮进行操作。

3.1.8　打印文档

计算机中编辑排版好的文档要变成书面文档，需用打印机打印输出。在打印输出前，应对文档进行打印预览，通过打印预览，可对文档中不妥的地方进行调整，直到预览效果符合实际需要后，按需要设置打印范围、打印份数等参数。

打印文档时,可以单击快速访问工具栏中的“打印”按钮或单击“文件”按钮中的“打印”命令进行打印。单击“打印”命令后会弹出“打印”对话框,在其中可以进行打印机的选择、打印范围、打印份数等参数的设置。

3.2 WPS 表格

人们在日常生活工作中经常会遇到各种计算问题,如商业上进行销售统计,会计人员对工资、报表进行分析,教师记录计算学生成绩,科研人员分析实验结果等,这些都可以通过电子表格处理软件来实现。

3.2.1 电子表格处理软件的功能

电子表格处理软件是一种专门用于数据计算、统计分析和报表处理的软件。它帮助人们解脱乏味、烦琐的重复计算,以图、表形式专注于对计算结果的分析评价,提高工作效率。

电子表格处理软件一般具有如下功能:

(1) 创建、编辑和格式化工作表:包括输入数据,在工作表中应用公式和函数计算,工作表本身及其数据的编辑,工作表中单元格、行、列、表的格式化等。

(2) 制作图表:包括图表的建立、编辑和格式化等。

(3) 管理和分析数据:包括建立数据清单,对数据进行排序、筛选和汇总数据,数据透视表和数据透视图的应用,对数据进行合并计算。

(4) 打印工作表:包括打印选定数据区域、选定工作表或整个工作簿等。

3.2.2 WPS 表格的工作环境

WPS 表格的启动和退出与 WPS 文字类似。最常用的启动方法是单击“开始”|“WPS Office 专业版”|“WPS 表格”菜单项,进入 WPS 表格的工作窗口,如图 3-81 所示。

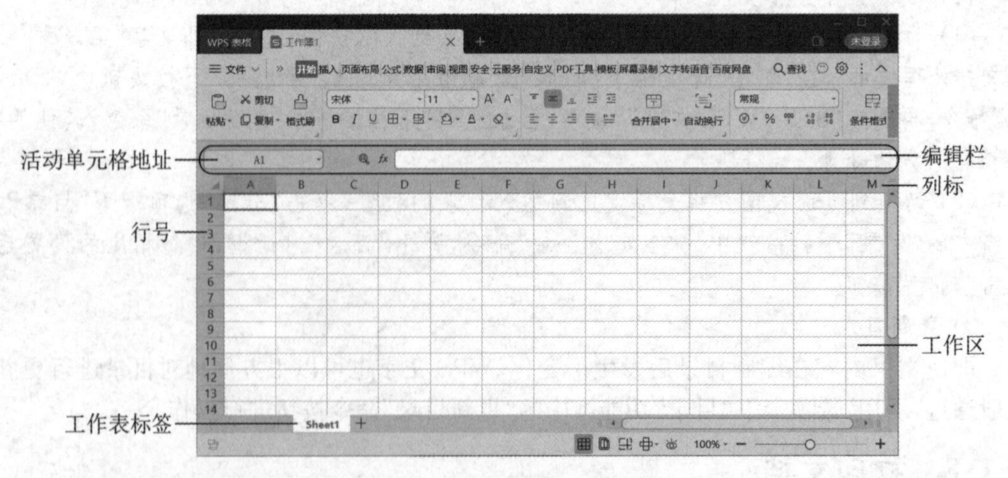

图 3-81 WPS 表格的工作窗口

WPS 表格的工作窗口与 WPS 文字的基本相同,不同之处包括以下四点。

1）编辑栏

编辑栏是 WPS 表格窗口特有的，用来显示和编辑数据或公式。它由三个部分组成：左端是名称框（当选择单元格或区域时，相应的地址或区域名称会显示在该框中）；右端是编辑框（在单元格中编辑数据时，其内容同时出现在编辑框中，对于较长的数据，单元格默认宽度通常显示不下，此时便可以在编辑框中编辑数据）；中间分别是“浏览公式结果”按钮和“插入函数”按钮（单击“插入函数”按钮可弹出“插入函数”对话框，同时“浏览公式结果”按钮会变成“取消”按钮和“输入”按钮）。

2）工作簿

WPS 表格的工作区显示的是当前打开的工作簿。工作簿是指在 WPS 表格中用来存储并处理工作数据的文件，默认名称为“工作簿 1”，其扩展名默认为. et，也可以另存为 XLSX 格式。工作簿由若干个工作表组成（工作表默认名称为“Sheet1”，可改名，工作表数目亦可以根据需要增加和删除）。WPS 表格可同时打开若干个工作簿，在工作区重叠排列。

3）工作表

工作表是一个由 1 048 576 行和 16 384 列组成的表格，行号自上而下为 1～1048576，列标从左到右为 A，B，C，…，X，Y，Z；AA，AB，AC，…，AZ；BA，BB，BC，…，BZ；…；ZA，ZB，…，ZZ；AAA，AAB，AAC，…，XFD 等。每一个工作表都有一个工作表标签，单击它可以实现工作表间的切换。

4）单元格

行和列的交叉部分称为单元格，是存放数据的最小单元。单元格的内容可以是数字、字符、公式、日期、图形或声音文件等。每个单元格都有其固定地址，用列标和行号唯一标识，如 D4 指的是第 4 列第 4 行交叉位置上的单元格。为了区分不同工作表的单元格，需要在地址前加工作表名称，如 Sheet1！A1 表示工作表“Sheet1”的单元格 A1。当前正在使用的单元格称为活动单元格，有黑框线包围。

3.2.3　表格的基本操作

表格的基本操作主要是对工作表的基本操作，包括创建（在工作表中输入原始数据、使用公式和函数计算数据）、编辑和格式化工作表。

1. 创建工作表

新建空白工作簿的常用方法：

（1）在标题栏中单击“新建”标签按钮。

（2）单击“文件”按钮，在下拉菜单中选择“新建”，在级联菜单“从这里新建文档”中单击“新建”命令。

WPS 表格也可以根据工作簿模板来建立新工作簿，其操作与 WPS 文字类似。

一个新工作簿默认包含一个工作表，创建工作表的过程实际上就是在工作表中输入原始数据，并使用公式或函数计算数据的过程。

1）在工作表中输入原始数据

输入数据一般有三种方式：

（1）直接输入。单击某一单元格，可直接在单元格或编辑栏输入数据，结束时按[Enter]键或[Tab]键或单击编辑栏的“输入”按钮。如果要放弃输入，那么按[Esc]键或单击编辑栏的“取消”按钮。输入的数据可以是文本型、数值型、日期和时间型。默认情况下，文本型数据左对齐,数值、日期和时间型数据右对齐。

① 文本型数据的输入。文本是指键盘上可键入的任何符号。

对于数字形式的文本型数据,如编号、学号、电话号码等,应在数字前加英文单引号“'”。例如,输入编号 0101,应输入“'0101”,此时单元格以 0101 状态显示,把它当作字符沿单元格左对齐。当输入的文本长度超出单元格宽度时,若右边单元格无内容,则扩展到右边列,否则将截断显示。

② 数值型数据的输入。数值除由数字(0～9)组成的字符串外,还包括+,-,/,E,e,$,%以及小数点“.”和千位分隔符“,”等特殊字符(如$150,000.5)。

对于分数的输入,为了与日期的输入区别,应先输入“0”和空格。例如,输入 1/2,应输入“0 1/2”(直接输入的话,系统会自动处理为日期)。

WPS 表格数值输入与数值显示并不总是相同,计算时以输入数值为准。当输入的数字太长(超过单元格的列宽或超过 15 位时),WPS 表格自动以科学记数法表示。例如,输入 0.000000000005,则显示为“5E-12”。当输入数字的单元格数字格式设置成带 2 位小数时,若输入 3 位小数,则末位将进行四舍五入。

输入数值后,有时会发现单元格中出现符号“###”,这是因为单元格列宽不够,不足以显示全部数值,此时加大单元格列宽即可。

③ 输入日期和时间。WPS 表格内置了一些日期和时间格式,当输入数据与这些格式相匹配时,WPS 表格将自动识别它们。

WPS 表格常见的日期和时间格式为“mm/dd/yy”“dd-mm-yy”“hh:mm(AM/PM)”,其中 AM/PM 与分钟之间应有空格,如 8:30 AM,否则将被当作字符处理。

图 3-82 给出了三种类型数据的输入示例。

E5 fx 0.000000000005

	A	B	C	D	E	F	G
1	文本型:	长文本扩展到右边列		长文本截断显示		数字前加单引号	
2		公司员工工资表		公司员工工	WPS表格	0101	
3							
4	数值型:	用0 1/2表示的分数			长数字用科学记数法表示		
5		1/2			5E-12		
6		单元格列宽不足以显示全部数据					
7		#######					
8							
9	日期和时间:	1/2被识别为日期			缺少空格被当作文本处理		
10		1月2日			8:30AM		
11							
12							
13							
14							

三种输入示例

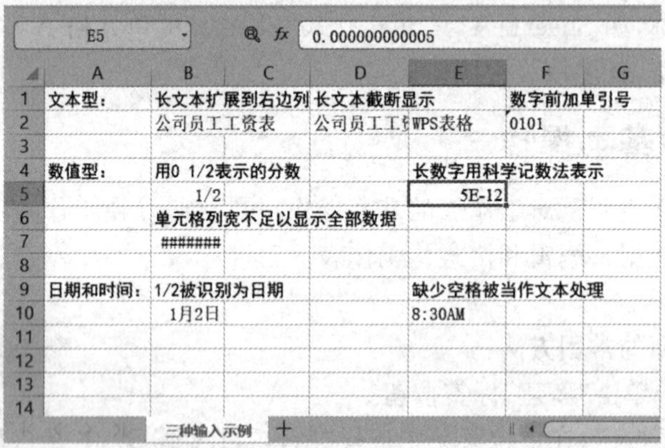

图 3-82　三种类型数据的输入示例

注意:如果需要在不连续多个单元格中输入同一文字,可以先选中这些单元格,然后在编辑栏中输入数据,按[Ctrl]+[Enter]组合键即可实现同时输入。

(2) 快速输入。当在工作表的某一列要输入一些相同的数据时,这时可以使用 WPS 表格提供的快速输入方法——记忆式输入和下拉列表输入。

① 记忆式输入。当输入的字与同一列中已输入的内容相匹配时,系统将自动填写其他字符。例如,如图 3-83 所示,在单元格 A6 输入的“台”和单元格 A4 的内容相匹配,系统自动显示了后面的字符“式电脑”,这时按[Enter]键,表示接受提供的字符;也可以不采用提供的字符,继续输入。

② 下拉列表输入。用人工的方法输入，可能会使输入内容不一致。例如，同一种商品可能输入不同的名字：空调、空调器或空调机，这会使得统计结果不准确。为避免这种情况发生，可以在选取单元格后，右击，在快捷菜单中选择“从下拉列表中选择”命令，或者按[Alt]+[↓]组合键，两种方法都会显示一个输入列表，再从中选择需要的输入项即可，如图 3－84 所示。

图 3－83　记忆式输入示例

图 3－84　下拉列表输入示例

(3) 自动填充。可以利用自动填充功能输入有规律的数据(有规律的数据是指等差、等比、系统预定义序列和用户自定义序列)。当某行或某列为有规律的数据时，可以使用 WPS 表格提供的自动填充功能。

自动填充根据初始值来决定以后的填充项，将鼠标指针指向初始值所在单元格右下角的小黑方块(称为填充柄)，此时鼠标指针变为黑十字状，然后向右(行)或向下(列)拖曳至填充的最后一个单元格，即可完成自动填充。图 3－85 给出了自动填充的示例。

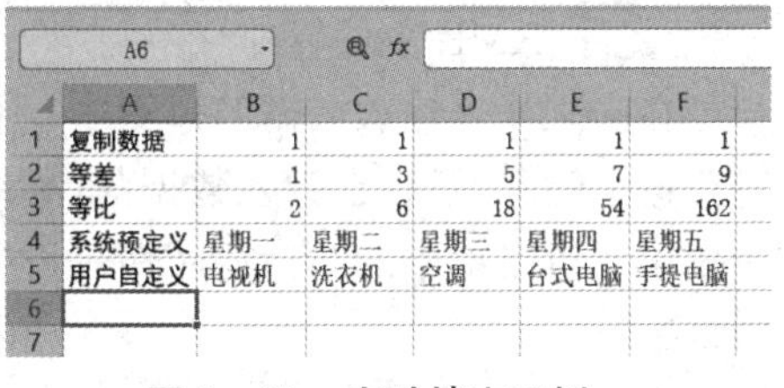

	A	B	C	D	E	F
1	复制数据	1	1	1	1	1
2	等差	1	3	5	7	9
3	等比	2	6	18	54	162
4	系统预定义	星期一	星期二	星期三	星期四	星期五
5	用户自定义	电视机	洗衣机	空调	台式电脑	手提电脑
6						
7						

图 3－85　自动填充示例

自动填充分三种情况：

① 填充相同数据(复制数据)。单击该数据所在的单元格，沿水平或垂直方向拖曳填充柄，便会产生相同数据。

② 填充序列数据。如果是日期型序列，那么只需要输入一个初始值，然后直接拖曳填充柄即可；如果是数值型序列，那么必须输入前两个单元格的数据，然后选定这两个单元格，拖曳填充柄(系统默认为等差关系)，在拖曳到的单元格内依次填充等差序列数据；如果需要填充等比序列数据，那么可以在拖曳生成等差序列数据后，选定这些数据，单击“开始”选项卡下“编辑”功能组中的“行和列”命令按钮，在下拉菜单中选择“填充”级联菜单中的“序列”命令，在弹出的“序列”对话框中选择“类型”为“等比序列”，并设置合适的步长值(比值，如“3”)来实现，如图 3－86 所示。

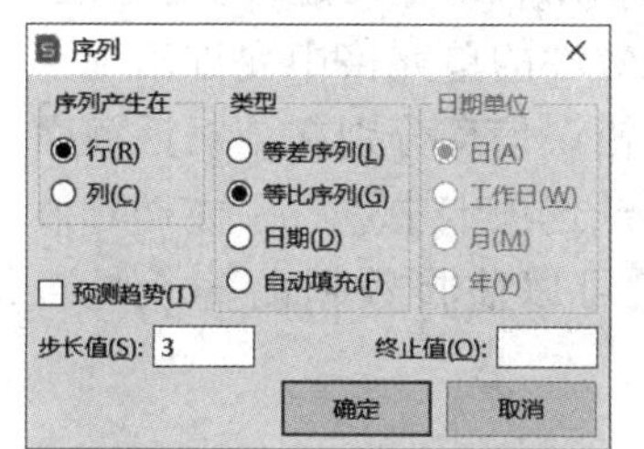

图 3－86　填充等比序列数据

③ 填充用户自定义序列数据。在实际工作中，经常需要输入单位部门设置、商品名称、课程科目、公司在各大城市的办事处名称等，可以将这些有序数据自定义为序列，节省输入工作量，提高效率。单击“文件”按钮下拉菜单中的“选项”命令，弹出“选项”对话框，选择“自定义序列”标签，在其中添加新序列即可。

添加新序列有两种方法：一是在“输入序列”文本框中直接输入，每输入一个序列按一次[Enter]键，如图 3－87(a)所示，输入完毕后单击“添加”按钮即可；二是从工作表中直接导入，只需单击“折叠对话框”按钮拾取工作表中的这一系列数据，如图 3－87(b)所示，最后单击“导入”按钮即可。

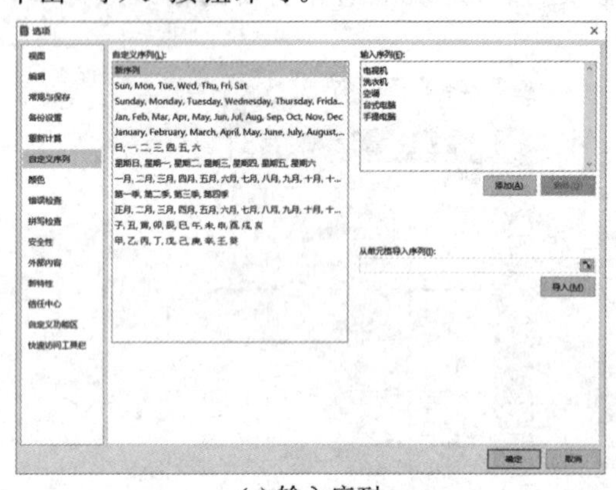

(a) 输入序列

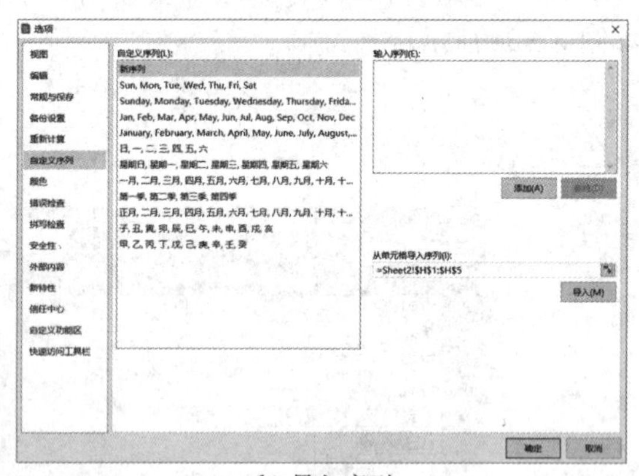

(b) 导入序列

图 3－87　自定义新序列

(4) 获取外部数据。单击“数据”选项卡下“获取外部数据”功能组中的“导入数据”命令按钮，可以导入其他数据库(如 Excel，Access，SQL Server 等)产生的文件，还可以导入TXT 文件、XML 文件等。

在向工作表输入数据的过程中，用户可能会输入一些不合要求的数据，即无效数据。为避免这个问题，可以在输入数据前，利用“数据”选项卡下“数据工具”功能组中的“有效性”命令按钮下拉菜单中的“有效性”命令设置数据的有效性规则。

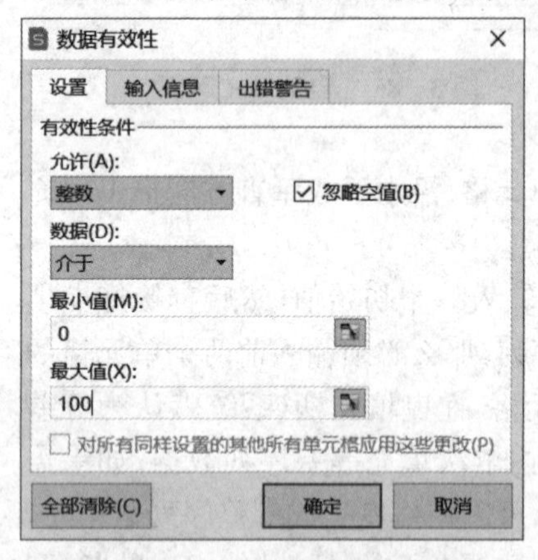

图 3－88　数据有效性设置

例如，要求输入的数据为 0～100 之间的整数，这就有必要设置数据的有效性。先选定需要进行有效性检验的单元格区域，单击“数据”选项卡下“数据工具”功能组中的“有效性”命令按钮下拉菜单中的“有效性”命令，在弹出的“数据有效性”对话框“设置”选项卡中进行相应设置，如图 3－88 所示，其中勾选“忽略空值”复选框表示在设置数据有效性的单元格中允许出现空值。设置显示输入信息和错误信息分别在该对话框中的“输入信息”和“出错警告”选项卡中进行。数据有效性设置好后，WPS 表格就可以监督数据的输入是否正确。

2) 使用公式和函数计算数据

WPS 表格的主要功能不在于它能输入、显示、存储数据，更重要的是对数据的计算能力。它可以对工作表中某一区域中的数据进行求和、平均值、计数、最大值、最小值以及其他更为复杂的运算，数据修改后公式的计算结果也会自动更新，这是手工计算无法比拟的。

在 WPS 表格的工作表中，所有的计算工作都是通过公式或函数来完成的。

(1) 使用公式计算数据。公式可以在单元格或编辑栏中直接输入。公式是利用单元格的引用地址对存放在其中的数值数据进行分析与计算的等式，如“＝A1＋B1＋C1”。它与普通数据之间的区别在于公式首先是由"＝"来引导的，后面是计算的内容，由常量、单元格引用地址、运算符和函数组成。

① 常量。常量是一个固定的值，从字面上就能知道该值是什么或它的大小是多少。公式中的常量有数值型常量、文本型常量和逻辑常量。

② 单元格引用地址。在输入公式时，之所以不用数字本身而是用单元格的引用地址(如 A1,B1,C1 等)，是为了使分析计算的结果始终准确地反映单元格的当前数据。只要改变了数据单元格中的内容，公式单元格中的结果也立刻跟随改变。如果在公式中直接书写数字，那么即使单元格中的数据有变化，公式计算的结果也不会自动更新。

③ 运算符。WPS 表格公式中常用的运算符分为四类，如表 3－4 所示。

表 3－4　运算符

类型	表示形式	优先级
算术运算符	＋(加)、－(减)、＊(乘)、/(除)、％(百分比)、^(乘方)	从高到低分为三个级别：百分比和乘方、乘除、加减。优先级相同时，按从左到右的顺序计算
关系运算符	＝(等于)、＞(大于)、＜(小于)、＞＝(大于等于)、＜＝(小于等于)、＜＞(不等于)	优先级相同
文本运算符	&(文本的连接)	
引用运算符	:(区域)、,(联合)、空格(交叉)	从高到低依次为：区域、联合、交叉

算术运算符用来对数值进行算术运算，结果还是数值。例如，根据算术运算符的优先级，运算式"1＋2％－3^4/5＊6"的计算顺序是：％，^，/，＊，＋，－，计算结果是"－96.18"。

关系运算符又叫作比较运算符，用来比较两个文本、数值、日期、时间的大小，结果是一个逻辑值。各种数据类型的比较规则如下：

数值型——按照数值的大小进行比较；

日期型——昨天＜今天＜明天；

时间型——过去＜现在＜未来；

文本型——按照字典顺序比较。

其中，字典顺序比较规则如下：从左到右比较，第一个不同字符的大小就是两个文本数据类型的大小。若前面的字符都相同，则没有剩余字符的文本小。英文字符＜中文字符。英文字符按在 ASCII 码表中的顺序进行比较，位置靠前的小，即空格＜大写字母＜小写字母。在中文字符中，中文字符(如★)＜汉字。汉字的大小按字母排序，即汉字的拼音顺序，若拼音相同则比较声调；若声调相同则比较笔画。若一个汉字有多个读音，或一个读音有多个声调，则系统选取最常用的拼音和声调。

例如，文本"12"＜文本"3"，"AB"＜"AC"，"A"＜"AB"，"AB"＜"ab"，"AB"＜"中"的结果都为"TRUE"。

文本运算符用来将多个文本连接为一个组合文本，如"WPS"&"Form"的结果为"WPSForm"。

引用运算符用来将单元格区域合并运算，如表 3－5 所示。

表3-5　引用运算符

引用运算符	含义	示例
:(区域运算符)	包括两个引用在内的所有单元格的引用	SUM(A1:C3)
,(联合运算符)	对多个引用合并为一个引用	SUM(A1,C3)
空格(交叉运算符)	产生同时隶属于两个引用的单元格区域的引用	SUM(A1:C4 B2:D3)

四类运算符的优先级从高到低依次为:引用运算符、算术运算符、文本运算符、关系运算符。当多个运算符同时出现在公式中时,WPS表格按运算符的优先级进行运算,优先级相同时,自左向右计算。

例3-22　现有“公司员工工资表”,如图3-89所示,使用公式计算每位员工的实发工资。

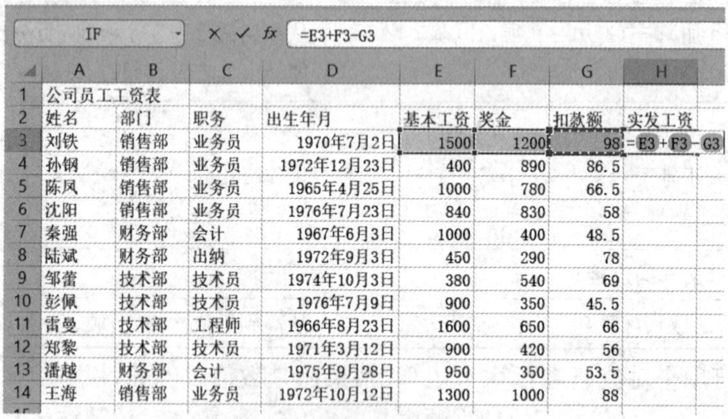

IF　=E3+F3-G3

	A	B	C	D	E	F	G	H
1	公司员工工资表							
2	姓名	部门	职务	出生年月	基本工资	奖金	扣款额	实发工资
3	刘铁	销售部	业务员	1970年7月2日	1500	1200	98	=E3+F3-G3
4	孙钢	销售部	业务员	1972年12月23日	400	890	86.5	
5	陈凤	销售部	业务员	1965年4月25日	1000	780	66.5	
6	沈阳	销售部	业务员	1976年7月23日	840	830	58	
7	秦强	财务部	会计	1967年6月3日	1000	400	48.5	
8	陆斌	财务部	出纳	1972年9月3日	450	290	78	
9	邹蕾	技术部	技术员	1974年10月3日	380	540	69	
10	彭佩	技术部	技术员	1976年7月9日	900	350	45.5	
11	雷曼	技术部	工程师	1966年8月23日	1600	650	66	
12	郑黎	技术部	技术员	1971年3月12日	900	420	56	
13	潘越	财务部	会计	1975年9月28日	950	350	53.5	
14	王海	销售部	业务员	1972年10月12日	1300	1000	88	

图3-89　使用公式计算实发工资

操作步骤如下:

(1) 在表格“公司员工工资表”中选定第1位员工实发工资的单元格H3。

(2) 在单元格中输入公式“=E3+F3-G3”(或在编辑框中输入“=E3+F3-G3”)后按[Enter]键,WPS表格自动计算并将结果显示在单元格中,同时公式内容显示在编辑框中。输入单元格引用地址更简单的方法是,直接依次单击源数据单元格,则该单元格的引用地址会自动出现在编辑框中,此时再按[Enter]键就可以得到计算结果。

(3) 其他员工的实发工资可利用公式的自动填充功能(复制公式)快速完成。移动鼠标指针到公式所在单元格右下角的小黑方块处(填充柄处),当鼠标指针变成黑十字状时,按住鼠标左键拖曳经过目标区域,到达最后一个单元格时松开鼠标,公式自动填充完毕。

注意:当公式输入错误时,可以进行修改。选择需要修改公式的单元格,然后在编辑框中修改,最后按[Enter]键即可。为方便检查公式的正确性,可以设置在单元格中显示公式,即在“公式”选项卡下“公式审核”功能组中单击“显示公式”命令按钮。

(2) 使用函数计算数据。函数是WPS表格自带的一些已经定义好的公式,格式为函数名称(参数1,参数2……),其中的参数可以是常量、单元格、单元格区域、公式或其他函数。

例如求和函数SUM(A1:A8)中,A1:A8是参数,指明操作对象是单元格区域A1:A8中的数值。

与直接创建公式比较(如公式“=A1+A2+A3+A4+A5+A6+A7+A8”与函数

“=SUM(A1:A8)”),使用函数可以减少输入的工作量,减小出错概率。而且,对于一些复杂的运算(如求平方根、求标准偏差等),由用户自己设计公式来完成会很困难。WPS表格提供了许多功能完备、易于使用的函数,涉及财务、逻辑、文本、日期与时间、查找与引用、数学与三角函数、统计、工程、数据库、信息等多方面。

WPS表格最基本的五个函数:SUM(求和)、AVERAGE(平均值)、COUNT(计数,只有数字类型的数据才被计数)、MAX(最大值)和MIN(最小值)。其他常用的数据统计和分析函数后面会有详细阐述。

函数的输入有两种方法:

① 直接输入法:即直接在单元格或编辑框内输入函数,适用于比较简单的函数。

② 插入函数法:较第1种方法更常用。可以通过“公式”选项卡下“函数库”功能组中的“插入函数”命令按钮或单击编辑栏中的“插入函数”按钮,弹出“插入函数”对话框进行操作。也可以通过单击“公式”选项卡中对应的函数按钮,在下拉菜单中选择需要的函数来完成。例如,对于五个基本函数,可以通过单击“公式”选项卡下“函数库”功能组中的“自动求和”下拉菜单的相应命令来实现,它将自动对活动单元格上方或左侧的数据进行这五种基本计算。

例3-23 使用插入函数法统计“公司员工工资表”中所有员工的基本工资、奖金、扣款额和实发工资的平均值。

操作步骤如下:

(1) 在表格“公司员工工资表”中单击用于存放基本工资平均值的单元格E15。

(2) 单击编辑栏中的“插入函数”按钮,弹出“插入函数”对话框,在“或选择类别”下拉列表框中选择“常用函数”,再在“选择函数”列表框中选择“AVERAGE”,如图3-90所示。

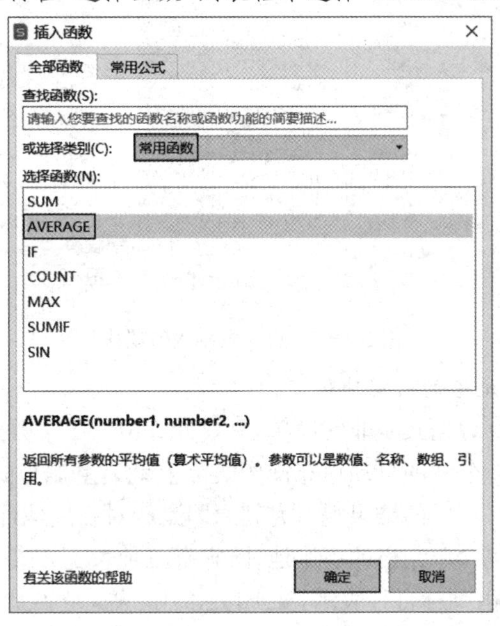

图3-90 “插入函数”对话框

(3) 单击“确定”按钮,弹出“函数参数”对话框,单击“数值1”参数框右侧的“折叠对话框”按钮,从工作表中拾取相应的单元格区域,再单击“展开对话框”按钮恢复对话框,如图3-91所示,最后单击“确定”按钮。

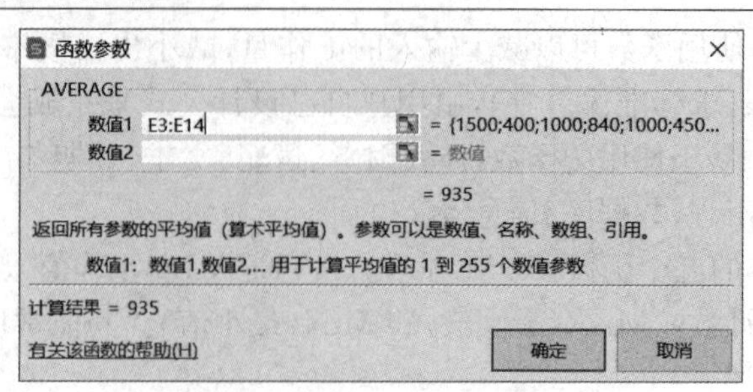

图 3-91　AVERAGE 函数参数

(4) 其他如奖金、扣款额、实发工资的平均值计算可利用公式的自动填充功能快速完成。

实际上,可以使用快捷的方法完成计算。将光标放在存放平均值的单元格 E15 中,单击“公式”选项卡下“函数库”功能组“自动求和”下拉按钮,在下拉菜单中选择“平均值”命令,E15 中将自动出现求平均值函数 AVERAGE 以及相应的数据区域,如图 3-92 所示,检查系统自动给出的数据区域是否正确,这里是 E3:E14,显然正确,按[Enter]键完成。若数据区域不正确,需重新用鼠标选择(此时鼠标指针应为白色粗十字),也可以直接输入正确的数据区域,然后按[Enter]键。

IF　=AVERAGE(E3:E14)

	A	B	C	D	E	F	G	H
1	公司员工工资表							
2	姓名	部门	职务	出生年月	基本工资	奖金	扣款额	实发工资
3	刘铁	销售部	业务员	1970年7月2日	1500	1200	98	2602
4	孙钢	销售部	业务员	1972年12月23日	400	890	86.5	1203.5
5	陈风	销售部	业务员	1965年4月25日	1000	780	66.5	1713.5
6	沈阳	销售部	业务员	1976年7月23日	840	830	58	1612
7	秦强	财务部	会计	1967年6月3日	1000	400	48.5	1351.5
8	陆斌	财务部	出纳	1972年9月3日	450	290	78	662
9	邹蕾	技术部	技术员	1974年10月3日	380	540	69	851
10	彭佩	技术部	技术员	1976年7月9日	900	350	45.5	1204.5
11	雷曼	技术部	工程师	1966年8月23日	1600	650	66	2184
12	郑黎	技术部	技术员	1971年3月12日	900	420	56	1264
13	潘越	财务部	会计	1975年9月28日	950	350	53.5	1246.5
14	王海	销售部	业务员	1972年10月12日	1300	1000	88	2212
15					=AVERAGE(E3:E14)			
16					AVERAGE (数值1, ...)			
17								

图 3-92　自动求平均值操作

3) 公式和函数中单元格的引用地址

使用公式和函数计算数据其实非常简单,只要计算出第 1 个数据,其他的都可以利用公式的自动填充功能完成。公式的自动填充操作实际上就是复制公式,那么为什么同一个公式复制到不同单元格会有不同的结果呢?究其原因是相对引用地址在起作用。

公式和函数中经常包含单元格的引用地址,它有三种表示方式:

(1) 相对引用地址:由列标行号表示,如 B1,A2:C4 等,是 WPS 表格默认的引用方式。它的特点是公式复制或移动时,该地址会根据移动的位置自动调节。例如表格“公司员工工资表”中,公式从 H3 复制到 H4,列标没变,行号加 1,公式从“=E3+F3-G3”自动变为“=E4+F4-G4”;公式从 H3 复制到 I4,列标加 1,行号加 1,公式从“=E3+F3-G3”自动变为“=F4+G4-H4”。相对引用地址常用来快速实现大量数据的同类运算。

(2) 绝对引用地址:是在列标和行号前都加上美元符号“$”,如$B$1。它的特点是指公式复制或移动时，该地址始终保持不变。例如表格“公司员工工资表”中，将 H3 的公式改为“＝＄E＄3＋＄F＄3－＄G＄3”，再将公式复制到 H4，会发现 H4 的结果与 H3 一样，公式仍然是“＝＄E＄3＋＄F＄3－＄G＄3”。美元“＄”就好像一个“钉子”，钉住了参加运算的单元格，使它们不会随着公式位置的变化而变化。

（3）混合引用地址：是在列标或行号前加上美元符号“＄”，如＄B1 和 B＄1。它是相对引用地址和绝对引用地址的混合使用。＄B1 是列不变，行变化；B＄1 则是列变化，行不变。

例 3－24　绝对引用地址示例。在例 3－23 中的工作表最后添加一列“评价”，如果员工的实发工资低于实发工资平均值则显示“低工资”，否则不显示任何信息。效果如图 3－93 所示。

I3　　fx　=IF(H3<$H$15,"低工资","")

	A	B	C	D	E	F	G	H	I
1	公司员工工资表								
2	姓名	部门	职务	出生年月	基本工资	奖金	扣款额	实发工资	评价
3	刘铁	销售部	业务员	1970年7月2日	1500	1200	98	2602	
4	孙钢	销售部	业务员	1972年12月23日	400	890	86.5	1203.5	低工资
5	陈凤	销售部	业务员	1965年4月25日	1000	780	66.5	1713.5	
6	沈阳	销售部	业务员	1976年7月23日	840	830	58	1612	
7	秦强	财务部	会计	1967年6月3日	1000	400	48.5	1351.5	低工资
8	陆斌	财务部	出纳	1972年9月3日	450	290	78	662	低工资
9	邹蕾	技术部	技术员	1974年10月3日	380	540	69	851	低工资
10	彭佩	技术部	技术员	1976年7月9日	900	350	45.5	1204.5	低工资
11	雷曼	技术部	工程师	1966年8月23日	1600	650	66	2184	
12	郑黎	技术部	技术员	1971年3月12日	900	420	56	1264	低工资
13	潘越	财务部	会计	1975年9月28日	950	350	53.5	1246.5	低工资
14	王海	销售部	业务员	1972年10月12日	1300	1000	88	2212	
15					935	641.6666667	67.79166667	1508.875	

图 3－93　绝对引用地址示例——工资评价

操作步骤如下：

（1）单击单元格 I2，输入文字“评价”。

（2）单击单元格 I3，输入“＝IF(H3＜＄H＄15,"低工资","")”，这是一个条件函数，它表示的含义是如果 H3 的数据小于 H15 的数据（实发工资平均值），就在当前单元格中显示“低工资”，否则不显示任何信息。接着按[Enter]键确定。

（3）利用公式的自动填充功能完成对其他员工的工资评价。

2. 编辑工作表

工作表的编辑主要包括工作表中数据的编辑，单元格、行、列的插入和删除以及工作表的插入、移动、复制、删除等。工作表的编辑遵守“先选定，后执行”的原则。

工作表中常用的选定操作如表 3－6 所示。

表 3－6　常用选定操作

选取范围	操作
单元格	鼠标单击或按方向键
多个连续单元格	从选择区域左上角单元格拖曳至右下角单元格；或单击选择区域左上角单元格，按住[Shift]键，单击选择区域右下角单元格
多个不连续单元格	按住[Ctrl]键的同时，单击进行单元格选择或区域选择
整行或整列	单击工作表相应的行号或列标

续表

选取范围	操作
相邻行或列	鼠标拖曳行号或列标
整个表格	单击工作表左上角行列交叉的按钮;或按[Ctrl]+[A]组合键
单个工作表	单击工作表标签
连续多个工作表	单击第1个工作表标签,然后按住[Shift]键,单击所要选择的最后一个工作表标签
不连续多个工作表	按住[Ctrl]键,分别单击所需选择的工作表标签

1) 数据的编辑

在向工作表中输入数据的过程中,经常会需要对数据进行清除、移动和复制等编辑操作。

WPS表格中的清除和删除是有区别的:清除针对的是单元格中的数据,单元格本身仍保留在原位置(选取单元格或区域后,选择"开始"选项卡下"字体"功能组中的"清除"命令按钮,可以清除单元格格式、内容和批注中的任一种或全部,而按[Delete]键清除的只是内容);删除针对的是单元格,是把单元格连同其中的内容从工作表中删除。

在移动或复制数据时,可以替换目标单元格的数据,也可以保留目标单元格的数据。要替换目标单元格的数据,可以先右击源单元格数据,在快捷菜单中根据需要选择"剪切"或"复制"命令,再右击目标单元格,在快捷菜单中选择"粘贴"命令来实现。如果要保留目标单元格的数据,那么在执行"剪切"或"复制"命令后,应选择右键快捷菜单中的"插入已剪切的单元格"或"插入复制单元格"命令来替代"粘贴"命令。

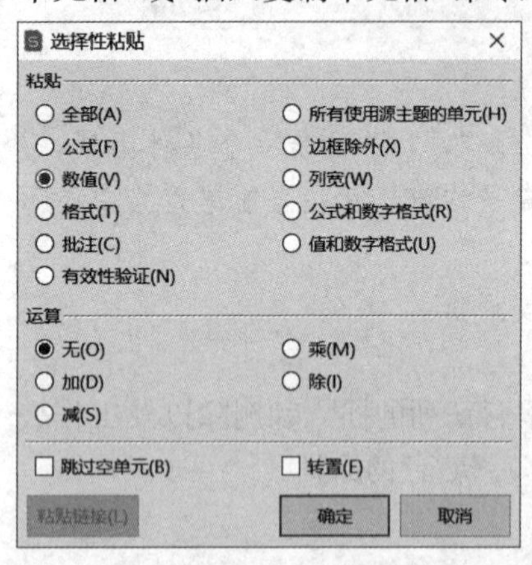

图3-94 "选择性粘贴"对话框

在WPS表格中,一个单元格通常包含很多信息,如内容、格式、公式及批注等。复制数据时可以复制单元格中的全部信息,也可以只复制部分信息,还可以在复制数据的同时进行算术运算、行列转置等,这些都是通过"选择性粘贴"命令来实现的。具体操作方法是先选定数据,在右键快捷菜单中选择"复制"命令,再单击目标单元格,在右键快捷菜单中选择"选择性粘贴"命令,在"选择性粘贴"对话框中进行相应设置,如图3-94所示。在该对话框中"粘贴"栏列出了粘贴单元格中的部分信息,其中最常用的是公式、数值、格式;"运算"栏列出了源单元格中数据与目标单元格数据的运算关系;"转置"复选框表示将源单元格区域的数据行列交换后粘贴到目标单元格区域。

2) 单元格、行、列的插入和删除

数据在输入时难免会出现遗漏,有时是漏掉一个数据,有时可能漏掉一行或一列,单元格、行、列的插入操作可以通过右键快捷菜单中的"插入"命令来实现。删除操作则可以利用右键快捷菜单中的"删除"命令来实现。

3）工作表的插入、移动、复制、删除、重命名

如果一个工作簿中包含多个工作表，那么可以使用 WPS 表格提供的工作表管理功能。常用的方法是右击工作表标签，在快捷菜单中选择相应的命令。

WPS 表格允许将某个工作表在同一个或多个工作簿中移动或复制，如果是在同一个工作簿中操作，那么只需单击该工作表标签，将它直接拖曳到目标位置实现移动，在拖曳的同时按住[Ctrl]键实现复制；如果是在多个工作簿中操作，那么首先应打开这些工作簿，然后右击该工作表标签，在快捷菜单中选择“移动或复制工作表”命令，弹出如图 3－95 所示的对话框，接着在“工作簿”下拉列表框中选择工作簿（若没有出现所需工作簿，则说明此工作簿未打开），从“下列选定工作表之前”列表框中选择插入位置来实现移动，复制操作的话还需勾选此对话框底部的“建立副本”复选框。

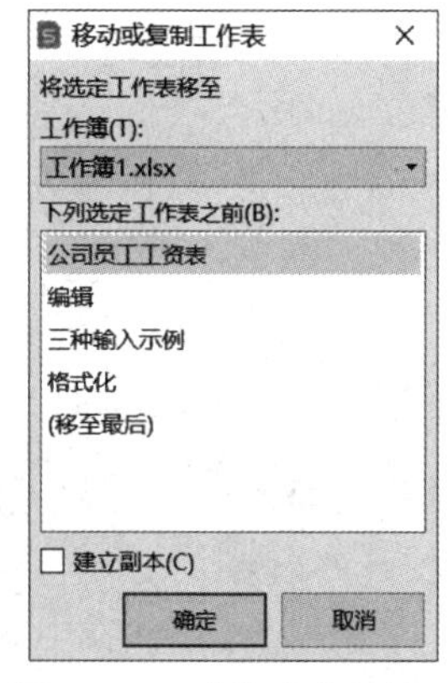

图 3－95　“移动或复制工作表”对话框

注意：在删除工作表的时候一定要慎重，一旦工作表被删除将无法恢复。如果工作簿中工作表太多，那么为了更加清楚地区分工作表，可以利用右键快捷菜单中的相应命令设置工作表标签的颜色，使之醒目显示。

3. 格式化工作表

一张好的工作表除保证数据的正确性外，为了更好地体现工作表中的内容，还应对外观进行修饰（格式化），达到整齐、鲜明和美观的目的。

工作表的格式化主要包括格式化数据、调整工作表的列宽和行高、设置对齐方式、添加边框和底纹、使用条件格式以及自动套用格式等。

1）格式化数据

（1）设置数据格式。在 WPS 表格中，可以设置不同的小数位数、百分号、货币符号、是否使用千位分隔符等来表示同一个数，例如 1234.56，123456％，￥1234.56，1,234.56。这时，屏幕上的单元格表现的是格式化后的数字，编辑栏显示的是系统实际存储的数据。

WPS 表格提供了大量的数据格式，并将它们分成常规、数值、货币、会计专用、日期、时间、百分比、分数、科学记数、文本、特殊、自定义等，其中“常规”是系统的默认格式。

要设置数据格式，可以通过“开始”选项卡下“数字”功能组中的相应命令按钮，或单击该功能组右下角的对话框启动器弹出“单元格格式”对话框，在“数字”选项卡中完成所需设置，如图 3－96 所示。该对话框也可以通过右键快捷菜单中的“设置单元格格式”命令打开。

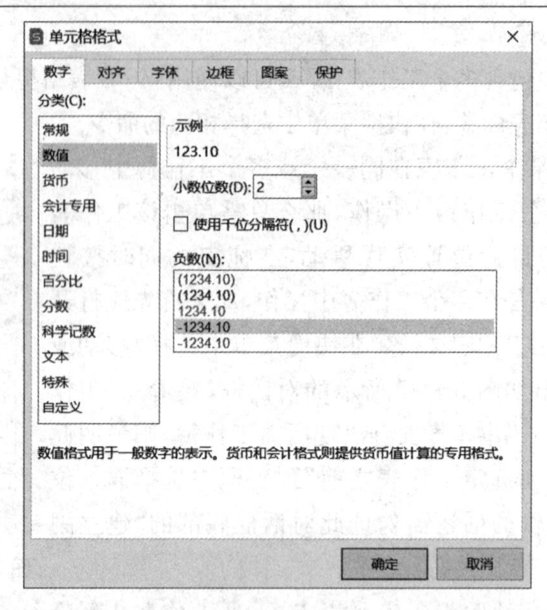

图 3-96 “单元格格式”对话框“数字”选项卡

(2) 对数据进行字符格式化。在 WPS 表格中,为了显示美观,经常会对数据进行字符格式化,如设置数据字体、字号和字形,为数据加下划线、删除线、上下标,改变数据颜色等。这主要是通过“开始”选项卡下“字体”功能组中的相应命令按钮,或单击该功能组右下角的对话框启动器弹出“单元格格式”对话框,在“字体”选项卡中完成,如图 3-97 所示。该操作与 WPS 文字的“字体”对话框类似。

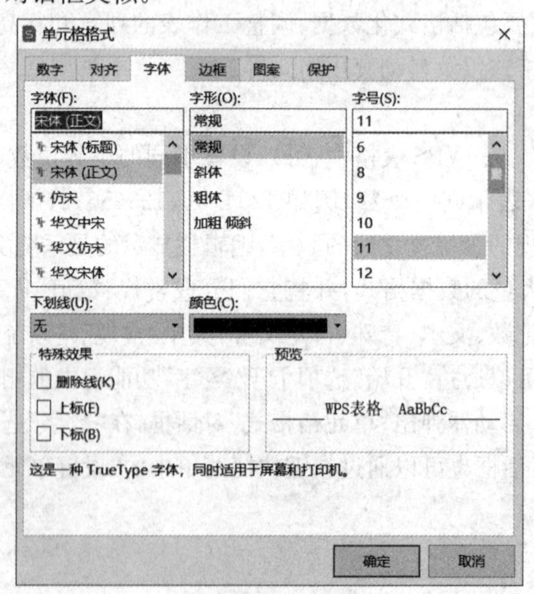

图 3-97 “单元格格式”对话框“字体”选项卡

注意:要取消数据格式的设置,可以选择“开始”选项卡下“字体”功能组中“清除”命令按钮下拉菜单中的“格式”命令。

2) 调整工作表的列宽和行高

设置每列的宽度和每行的高度是改善工作表外观经常用到的方法。调整列宽和行高最快捷的方法是利用鼠标来完成，将鼠标指向要调整的列宽（或行高）的列标（或行号）之间的分隔线上，当鼠标指针变成带一个双向箭头的十字形时，拖曳分隔线到需要的位置即可。

如果要精确调整列宽和行高，那么可以通过“开始”选项卡下“编辑”功能组中的“行和列”命令按钮下拉菜单中的“行高”和“列宽”命令执行。它们将分别显示“行高”对话框和“列宽”对话框，用户可以输入需要的行高和列宽值。

3）设置对齐方式

输入单元格中的数据通常具有不同的数据类型，在WPS表格中不同类型的数据在单元格中以某种默认方式对齐，如文本左对齐，数值、日期和时间右对齐，逻辑值和错误值居中对齐等。

设置对齐方式可通过“开始”选项卡下“对齐方式”功能组中的相应命令按钮来完成。如果有更高的要求，那么需要通过单击该功能组右下角的对话框启动器，弹出“单元格格式”对话框，在“对齐”选项卡中操作，如图3-98所示。

除设置对齐方式外，还可以对文本进行显示控制，有效解决文本的显示问题，如自动换行、缩小字体填充、将选定的单元格区域合并为一个单元格、改变文字方向和旋转文字角度等，示例效果如图3-99所示。

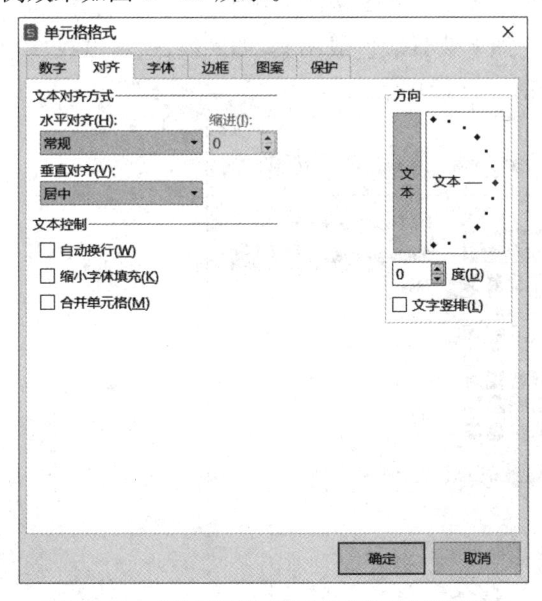

图3-98 “单元格格式”对话框“对齐”选项卡

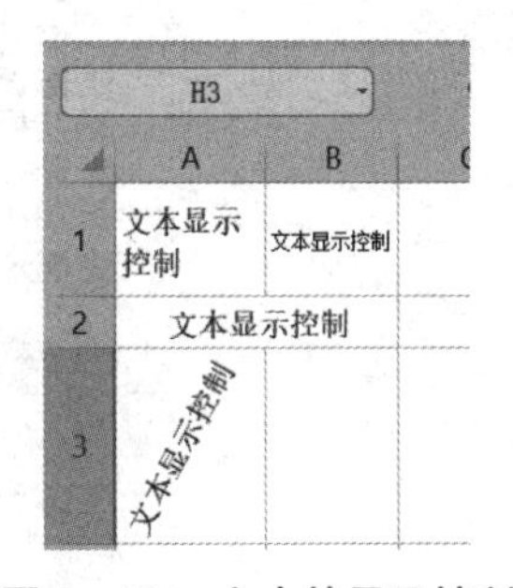

图3-99 文本的显示控制

4）添加边框和底纹

为工作表添加各种类型的边框和底纹，不仅可以起到美化工作表的目的，还可以使工作表更加清晰明了。

如果要给某一单元格或某一单元格区域增加边框，那么可以首先选择相应的区域，然后在右键快捷菜单中选择“设置单元格格式”命令弹出“单元格格式”对话框，在“边框”选项卡中进行操作，如图3-100所示。

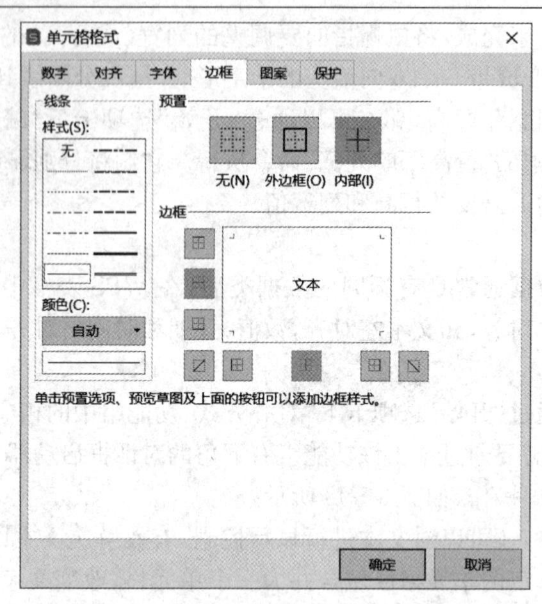

图 3-100 "单元格格式"对话框"边框"选项卡

除为工作表加上边框外,还可以为它加上背景颜色或图案,即底纹,这可以在"单元格格式"对话框"图案"选项卡中操作完成,如图 3-101 所示。

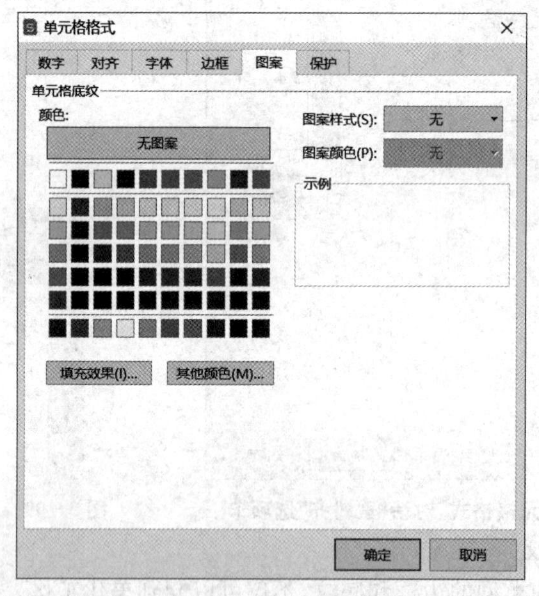

图 3-101 "单元格格式"对话框"图案"选项卡

例 3-25 对例 3-24 中的表格"公司员工工资表"进行格式化:设置实发工资列小数位 2 位,加千位分隔符和人民币符号"¥";设置标题行高为 25 磅,姓名列宽为 10 字符;将单元格区域 A1:I1 合并为一个单元格,标题内容水平居中对齐,标题字体设为华文彩云、20 号、加粗;工资表边框外框为黑色粗线,内框为黑色细线;姓名行底纹为浅绿色。效果如图 3-102 所示。

023 fx

	A	B	C	D	E	F	G	H	I
1	公司员工工资表								
2	姓名	部门	职务	出生年月	基本工资	奖金	扣款额	实发工资	评价
3	刘铁	销售部	业务员	1970年7月2日	1500	1200	98	¥2,602.00	
4	孙钢	销售部	业务员	1972年12月23日	400	890	86.5	¥1,203.50	低工资
5	陈凤	销售部	业务员	1965年4月25日	1000	780	66.5	¥1,713.50	
6	沈阳	销售部	业务员	1976年7月23日	840	830	58	¥1,612.00	
7	秦强	财务部	会计	1967年6月3日	1000	400	48.5	¥1,351.50	低工资
8	陆斌	财务部	出纳	1972年9月3日	450	290	78	¥662.00	低工资
9	邹蕾	技术部	技术员	1974年10月3日	380	540	69	¥851.00	低工资
10	彭佩	技术部	技术员	1976年7月9日	900	350	45.5	¥1,204.50	低工资
11	雷曼	技术部	工程师	1966年8月23日	1600	650	66	¥2,184.00	
12	郑黎	技术部	技术员	1971年3月12日	900	420	56	¥1,264.00	低工资
13	潘越	财务部	会计	1975年9月28日	950	350	53.5	¥1,246.50	低工资
14	王海	销售部	业务员	1972年10月12日	1300	1000	88	¥2,212.00	
15					935	641.6666667	67.79166667	¥1,508.88	

图 3-102　工资表格式化效果

操作步骤如下：

（1）单击列标“H”选定实发工资列（第 8 列），在右键快捷菜单中选择“设置单元格格式”命令，弹出“单元格格式”对话框，在“数字”选项卡“分类”栏中选择“数值”，“小数位数”数值框中选择“2”，勾选“使用千位分隔符”复选框，再在“分类”栏中选择“货币”，在“货币符号”下拉列表框中选择“¥”。也可以选择“开始”选项卡下“数字”功能组中的相应命令按钮来完成。

（2）单击行号“1”选定标题行（第 1 行），选择“开始”选项卡下“编辑”功能组中的“行和列”命令按钮下拉菜单中的“行高”命令，在弹出的“行高”对话框中输入“25”，如图 3-103(a)所示；单击列标“A”选定姓名列（第 1 列），选择“开始”选项卡下“编辑”功能组中“行和列”命令按钮下拉菜单中的“列宽”命令，在“列宽”对话框中输入“10”，如图 3-103(b)所示。

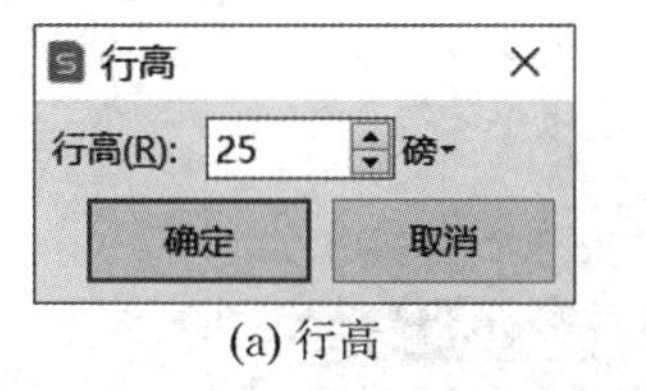

(a) 行高

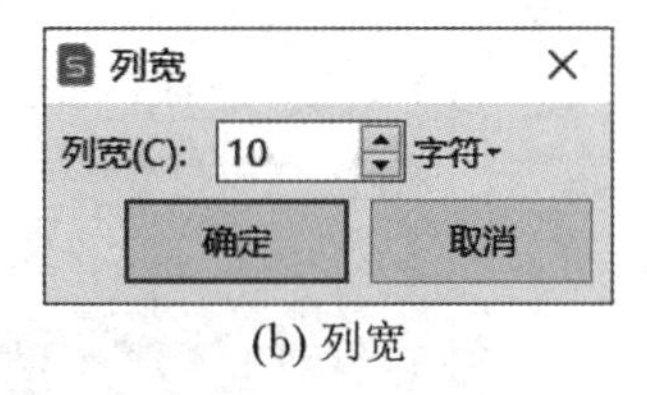

(b) 列宽

图 3-103　设置行高和列宽

（3）选中单元格区域 A1:I1，在右键快捷菜单中选择“设置单元格格式”命令，在“单元格格式”对话框“对齐”选项卡中设置“水平对齐”为“居中”，勾选“合并单元格”复选框。也可以单击“开始”选项卡下“对齐方式”功能组中的“合并居中”命令按钮快速完成。

（4）选中标题“公司员工工资表”，在“单元格格式”对话框“字体”选项卡中设置字体为“华文彩云”，“字形”为“粗体”，字号为“20”。也可以利用“开始”选项卡下“字体”功能组中的相应命令按钮来完成。

（5）选中单元格区域 A1:I15，在“单元格格式”对话框“边框”选项卡中，先选择线条“颜色”为“黑色”，“样式”为“粗线”，单击“预置”栏“外边框”按钮，完成工作表外框的设置；再选择线条“样式”为“细线”，单击“预置”栏“内部”按钮，完成工作表内框的设置。单击“确定”按钮完成表格框线的设置。

（6）选中姓名行（A2:I2），在“单元格格式”对话框“图案”选项卡中选择“颜色”为“浅绿”。

5）使用条件格式

条件格式可以使数据在满足不同的条件时，显示不同的格式，非常实用。

例 3-26 对例 3-25 中的表格“公司员工工资表”设置条件格式：将基本工资大于 1000 的单元格设置成“浅红填充色深红色文本”效果，基本工资小于 500 的单元格设置成蓝色、加双下划线。效果如图 3-104 所示。

M21　fx

	A	B	C	D	E	F	G	H	I
1	公司员工工资表								
2	姓名	部门	职务	出生年月	基本工资	奖金	扣款额	实发工资	评价
3	刘铁	销售部	业务员	1970年7月2日	1500	1200	98	¥2,602.00	
4	孙钢	销售部	业务员	1972年12月23日	400	890	86.5	¥1,203.50	低工资
5	陈凤	销售部	业务员	1965年4月25日	1000	780	66.5	¥1,713.50	
6	沈阳	销售部	业务员	1976年7月23日	840	830	58	¥1,612.00	
7	秦强	财务部	会计	1967年6月3日	1000	400	48.5	¥1,351.50	低工资
8	陆斌	财务部	出纳	1972年9月3日	450	290	78	¥662.00	低工资
9	邹蕾	技术部	技术员	1974年10月3日	380	540	69	¥851.00	低工资
10	彭佩	技术部	技术员	1976年7月9日	900	350	45.5	¥1,204.50	低工资
11	雷曼	技术部	工程师	1966年8月23日	1600	650	66	¥2,184.00	
12	郑黎	技术部	技术员	1971年3月12日	900	420	56	¥1,264.00	低工资
13	潘越	财务部	会计	1975年9月28日	950	350	53.5	¥1,246.50	低工资
14	王海	销售部	业务员	1972年10月12日	1300	1000	88	¥2,212.00	
15					935	641.66667	67.791667	¥1,508.88	

图 3-104　设置条件格式效果

操作步骤如下：

(1) 选定要设置格式的单元格区域 E3:E14，注意不要选中“基本工资”单元格 E2。

(2) 单击“开始”选项卡下“格式”功能组中的“条件格式”命令按钮下拉菜单中的“突出显示单元格规则”级联菜单中的“大于”命令，弹出“大于”对话框，进行设置，如图 3-105 所示，然后单击“确定”按钮。

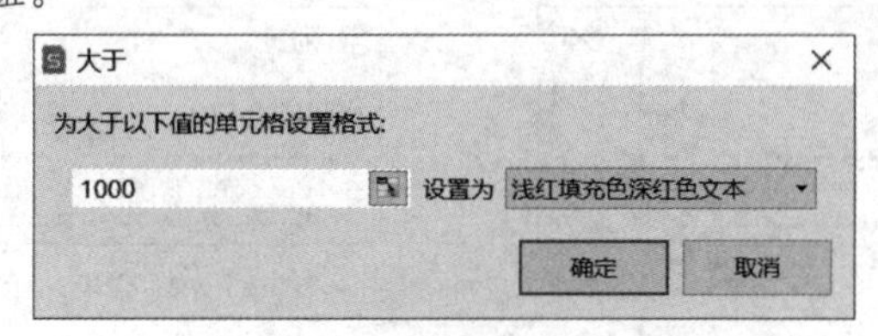

图 3-105　条件格式设置 1

(3) 用同样的方法选择“小于”命令，弹出“小于”对话框，在左边的文本框中输入 500，在右边的下拉列表框中选择“自定义格式”，如图 3-106 所示，弹出“单元格格式”对话框，在“字体”选项卡中设置“颜色”为“蓝色”，“下划线”为“双下划线”，然后单击“确定”按钮。

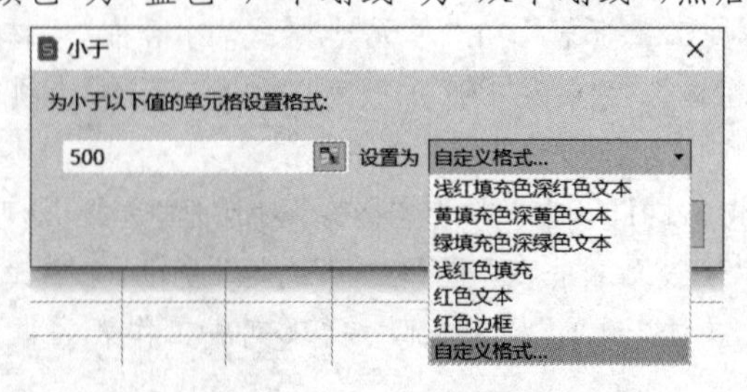

图 3-106　条件格式设置 2

6）自动套用格式

自动套用格式是一组已定义好的格式的组合，包括数字、字体、对齐、边框、颜色、行高和列宽等格式。WPS 表格提供了许多种漂亮专业的表格自动套用格式，可以快速实现工作表格式化。这通过“开始”选项卡下“格式”功能组中的“表格样式”命令按钮中套用相关格式来实现。

3.2.4 制作图表

WPS 表格能够将电子表格中的数据转换成各种类型的统计图表，更直观地揭示数据之间的关系，反映数据的变化规律和发展趋势，使用户能一目了然地进行数据分析。当工作表中的数据发生变化时，图形会相应改变，不需要重新绘制。

WPS 表格提供了九种图表类型，每一类又有若干种子类型，并且有很多二维和三维图表类型可供选择。

（1）柱形图：用于显示一段时间内数据变化或各项之间的比较情况。它简单易用，是最受欢迎的图表形式。

（2）折线图：是将同一数据系列的数据点在图中用直线连接起来，以等间隔显示数据的变化趋势。

（3）饼图：能够反映出统计数据中各项所占的百分比或是某个单项占总体的比例，使用该类图表便于查看整体与个体之间的关系。

（4）条形图：可以看作横着的柱形图，是用来描绘各个项目之间数据差别情况的一种图表，它强调的是在特定的时间点上进行分类和数值的比较。

（5）面积图：用于显示某个时间阶段总数与数据系列的关系，又称为面积形式的折线图。

（6）XY 散点图：通常用于显示两个变量之间的关系，利用散点图可以绘制函数曲线。

（7）股价图：利用数据点和竖线绘制股价图显示股价的波动趋势，可以显示最高盘价、最低盘价和昨日盘价的关系。

（8）雷达图：用于显示数据中心点以及数据类别之间的变化趋势，可对数值无法表现的倾向分析提供良好的支持。为了能在短时间内把握数据相互间的平衡关系，也可以使用雷达图。

（9）组合图：根据需要在同一图表中绘制多条不同类型的图表，如柱形图-折线图等，以更好地完成数据表达。

1. 创建图表

在 WPS 表格中，创建图表快速简便，只需要选择源数据，然后单击“插入”选项卡下“图表”功能组中对应图表类型的下三角箭头，在下拉列表中选择具体的类型即可。

例 3-27 根据例 3-26 工作表中的姓名、基本工资、奖金、实发工资生成一个二维簇状柱形图，如图 3-107 所示。

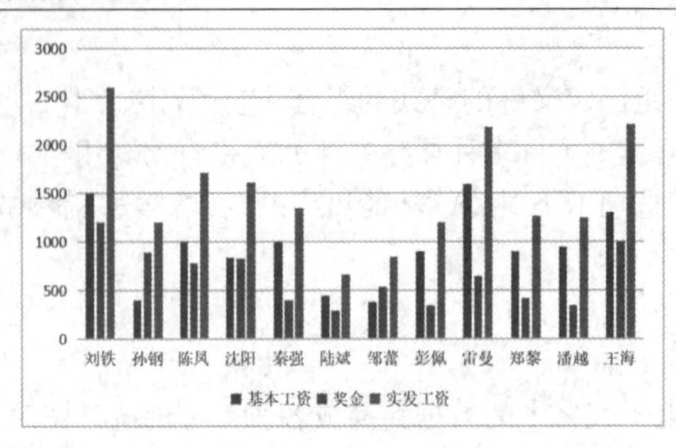

图 3-107　簇状柱形图

操作步骤如下：

(1) 选定建立图表的数据源。先选定姓名列(A2:A14)，按住[Ctrl]键，再选定基本工资列(E2:E14)、奖金列(F2:F14)和实发工资列(H2:H14)，如图 3-108 所示。

H2　fx　实发工资

	A	B	C	D	E	F	G	H	I
1	公司员工工资表								
2	姓名	部门	职务	出生年月	基本工资	奖金	扣款额	实发工资	评价
3	刘铁	销售部	业务员	1970年7月2日	1500	1200	98	¥2,602.00	
4	孙钢	销售部	业务员	1972年12月23日	400	890	86.5	¥1,203.50	低工资
5	陈凤	销售部	业务员	1965年4月25日	1000	780	66.5	¥1,713.50	
6	沈阳	销售部	业务员	1976年7月23日	840	830	58	¥1,612.00	
7	秦强	财务部	会计	1967年6月3日	1000	400	48.5	¥1,351.50	低工资
8	陆斌	财务部	出纳	1972年9月3日	450	290	78	¥662.00	低工资
9	邹蕾	技术部	技术员	1974年10月3日	380	540	69	¥851.00	低工资
10	彭佩	技术部	技术员	1976年7月9日	900	350	45.5	¥1,204.50	低工资
11	雷曼	技术部	工程师	1966年8月23日	1600	650	66	¥2,184.00	
12	郑黎	技术部	技术员	1971年3月12日	900	420	56	¥1,264.00	低工资
13	潘越	财务部	会计	1975年9月28日	950	350	53.5	¥1,246.50	低工资
14	王海	销售部	业务员	1972年10月12日	1300	1000	88	¥2,212.00	
15					935	641.66667	67.791667	¥1,508.88	

图 3-108　正确选定建立图表的数据源

(2) 单击"插入"选项卡下"图表"功能组中的"插入柱形图"命令，选择"簇状柱形图"，然后将图表调整至合适大小。

2. 编辑图表

在创建图表之后，还可以对图表进行修改编辑，包括更改图表类型，选择图表布局和图表样式等。这通过图表的相关工具选项卡中的相应命令按钮来实现，这些选项卡在选定图表后便会自动出现，它包括三个标签，分别是"图表工具""绘图工具""文本工具"。

1)"图表工具"工具选项卡

在此选项卡中，可以进行如下操作：

(1) 在"添加元素"命令按钮下拉列表中可以进行如下操作：

① 添加坐标轴：显示或隐藏主要横向坐标轴和主要纵向坐标轴，并对坐标轴的类型、位置、效果进行设置。

② 添加轴标题：添加或修改主要横向坐标轴和主要纵向坐标轴的标题。

③ 添加图表标题：显示或隐藏图表标题，并对显示位置进行设置。

④ 添加数据标签：显示或隐藏数据标签，并对显示位置进行设置。

⑤ 添加数据表：添加或修改数据表，并对显示效果进行设置。

此外,“添加元素”命令按钮下拉列表中还可以添加误差线、网络线、图例、趋势线等其他操作。

(2) 在“快速布局”命令按钮下拉列表中,可以快速套用其中内置的布局样式,对于不同的图表类型内置了多种布局样式供快速选择。

(3) 在“更改颜色”命令按钮下拉列表中,可以为图表自定义颜色和样式。

(4) 在“更改类型”命令按钮中,可以重新选择合适的图表类型。

(5) 在“切换行列”命令按钮中,可以将图表的横轴数据和纵轴数据对调。

(6) 在“选择数据”命令按钮中,可以通过“编辑数据源”对话框编辑、修改系列与分类轴标签。

(7) 在“移动图表”命令按钮中,可以在本工作簿中移动图表或将图表移动到其他工作簿。

(8) 在“设置格式”命令按钮中,可以通过其所在功能组中“图表元素”的下拉列表选择“图表区”“绘图区”“图例”“水平(类别)轴”等图表的各个模块,分别为每个模块设置格式。

(9) 在“重置样式”命令按钮中,可以将图表格式恢复到原来的状态。

2)“绘图工具”工具选项卡

在此选项卡中,可以进行如下操作:

(1) 插入形状、文本框:在图表中直接插入形状或文本框等图形工具。

(2) 插入艺术字:快速套用艺术字样式,设置艺术字颜色、外边框或艺术效果。

(3) 填充背景:对图表的背景颜色、填充效果进行设置。

(4) 排列图表元素:设置图表元素对齐、组合、旋转方式等。

3)“文本工具”工具选项卡

在此选项卡中,可以进行如下操作:

(1) 插入文本框:插入横向或竖向的文本框。

(2) 设置文本格式:对图表文字的字体、大小、颜色、对齐方式等进行设置。

(3) 设置文本显示效果:对图表文本填充、轮廓、文本效果进行设置。

例 3-28 为例 3-27 的图表添加图表标题“公司员工工资表”,横向坐标轴标题为“员工姓名”,纵向坐标轴标题为“元”。效果如图 3-109 所示。

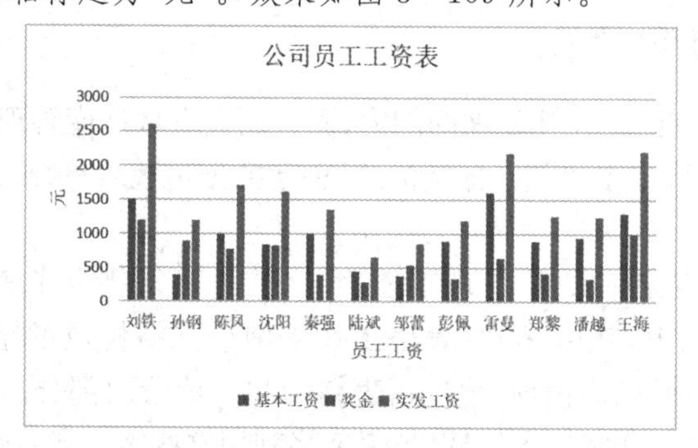

图 3-109 编辑图表

操作步骤如下:

(1) 选定图表,在“图表工具”选项卡下“图表布局”功能组中单击“添加元素”命令按钮,在下拉列表中选择“图表标题”级联菜单中的“居中覆盖”,此时图表上方添加了“图表标题”

文本框,在其中输入“公司员工工资表”。

(2) 单击“添加元素”命令按钮,在下拉列表中选择“轴标题”级联菜单中的“主要横向坐标轴”命令,在出现的“坐标轴标题”文本框中输入“员工工资”。

(3) 单击“添加元素”命令按钮,在下拉列表中选择“轴标题”级联菜单中的“主要纵向坐标轴”命令,在出现的“坐标轴标题”文本框中输入“元”。

3. 格式化图表

生成一个图表后,为了获得更理想的显示效果,可以对图表的各个对象进行格式化。这通过“图表工具”选项卡中的相应命令按钮来完成。也可以双击要进行格式设置的图表对象,在打开的“属性”窗格中进行设置。

例 3-29 将例 3-28 中的图表标题“公司员工工资表”设置一个快速样式,改变绘图区的背景为“纸纹 2”。效果如图 3-110 所示。

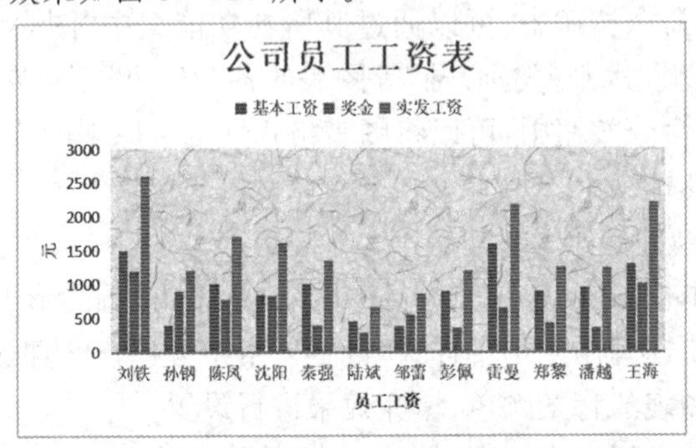

图 3-110 格式化图表

操作步骤如下:

(1) 选定图表标题,单击“图表工具”选项卡下“图表样式”功能组中图表样式库的“样式 3”。

(2) 将鼠标移至绘图区(鼠标在图表对象中移动时旁边会提示该对象名称),双击打开“属性|绘图区选项”窗格,在“填充”标签中选中“图片或纹理填充”单选按钮,然后单击“纹理填充”框右边的下三角箭头,在下拉列表中选择“纸纹 2”即可。

3.2.5 数据管理和分析

WPS 表格不仅具有数据计算处理的能力,而且还具有数据库管理的一些功能。它可以方便、快捷地对数据进行排序、筛选、分类汇总、创建数据透视表等统计分析工作。

1. 建立数据清单

如果要使用 WPS 表格的数据管理功能,那么首先必须将电子表格创建为数据清单。数据清单又称为数据列表,是由 WPS 表格工作表中单元格构成的矩形区域,即一张二维表。数据清单是一种特殊的表格,必须包括表结构和表记录两部分。表结构是数据清单中的第 1 行,即列标题(又叫作字段名),WPS 表格将利用这些字段名对数据进行查找、排序以及筛选等操作;表记录则是 WPS 表格实施管理功能的对象,该部分不允许有非法数据内容出现。

要正确创建数据清单,应遵循如下准则:

(1) 避免在一张工作表中建立多个数据清单。如果在工作表中还有其他数据,那么要在它们与数据清单之间留出空行、空列。

(2) 通常在数据清单的第 1 行创建字段名。字段名必须唯一,且每一字段的数据类型必须相同,如字段名是“部门”,则该列存放的必须全部是部门名称。

(3) 数据清单中不能有完全相同的两行记录。

2. 数据排序

在实际应用中,为了方便查找和使用数据,用户通常按一定顺序对数据清单进行重新排列。其中,数值按大小排序,时间按先后排序,英文字母按字母顺序(默认不区分大小写)排序,汉字按拼音首字母排序或笔画排序。

用来排序的字段称为关键字。排序方式分升序(递增)和降序(递减),排序方向有按行排序和按列排序。此外,还可以采用自定义排序。

数据排序有两种:简单排序和复杂排序。

(1) 简单排序:指对一个关键字(单一字段)进行升序或降序排序。可以单击“数据”选项卡下“排序”功能组中的“升序”命令按钮或“降序”命令按钮来快速实现,也可以通过“排序”命令按钮弹出“排序”对话框进行操作。

(2) 复杂排序:指对一个以上关键字(多个字段)进行升序或降序排序。当排序的字段值相同,可按另一个关键字继续排序。这必须通过单击“数据”选项卡下“排序”功能组中的“排序”命令按钮来实现。

例 3-30 对表格“公司员工工资表”中的数据排序,按主要关键字“部门”升序排序,部门相同时,按次要关键字“基本工资”降序排序,部门和基本工资都相同时,按第 3 关键字“奖金”降序排序。效果如图 3-111 所示。

I23 fx

	A	B	C	D	E	F	G	H
1	姓名	部门	职务	出生年月	基本工资	奖金	扣款额	实发工资
2	秦强	财务部	会计	1967年6月3日	1000	400	48.5	1351.5
3	潘越	财务部	会计	1975年9月28日	950	350	53.5	1246.5
4	陆斌	财务部	出纳	1972年9月3日	450	290	78	662
5	雷曼	技术部	工程师	1966年8月23日	1600	650	66	2184
6	郑黎	技术部	技术员	1971年3月12日	900	420	56	1264
7	彭佩	技术部	技术员	1976年7月9日	900	350	45.5	1204.5
8	邹蕾	技术部	技术员	1974年10月3日	380	540	69	851
9	刘铁	销售部	业务员	1970年7月2日	1500	1200	98	2602
10	王海	销售部	业务员	1972年10月12日	1300	1000	88	2212
11	陈凤	销售部	业务员	1965年4月25日	1000	780	66.5	1713.5
12	沈阳	销售部	业务员	1976年7月23日	840	830	58	1612
13	孙钢	销售部	业务员	1972年12月23日	400	890	86.5	1203.5

图 3-111 复杂排序结果

操作步骤如下:

(1) 建立工资表数据清单。在表格“公司员工工资表”中选定数据区域 A2:H14,在右键快捷菜单中选择“复制”,然后新建一个工作簿,选中工作表“Sheet1”中 A1 单元格,在右键快捷菜单中单击“选择性粘贴”命令,在弹出的“选择性粘贴”对话框“粘贴”栏中选中“数值”单选按钮,单击“确定”按钮,创建好数据清单。

注意:其中的日期数据需要处理,选择 D 列,在“开始”选项卡下“数字”功能组中单击“数字格式”下拉按钮,在下拉列表框中选择“长日期”。

(2) 选择数据清单中任意单元格,单击“数据”选项卡下“排序”功能组中的“排序”命令按钮,弹出“排序”对话框,选择“主要关键字”为“部门”,“排序依据”为“数值”,“次序”为“升序”;单击“添加条件”按钮,选择“次要关键字”为“基本工资”,“排序依据”为“数值”,“次序”为“降序”;再单击“添加条件”按钮,选择“次要关键字”为“奖金”,“排序依据”为“数值”,“次序”为“降序”,如图 3-112 所示。在该对话框中,勾选“数据包含标题”复选框是为了避免字段名也成为排序对象;“选项”按钮用来打开“排序选项”对话框,进行一些与排序相关的设置,如排列字母时区分大小写、改变排序方向(按行)或汉字按笔画排序等。

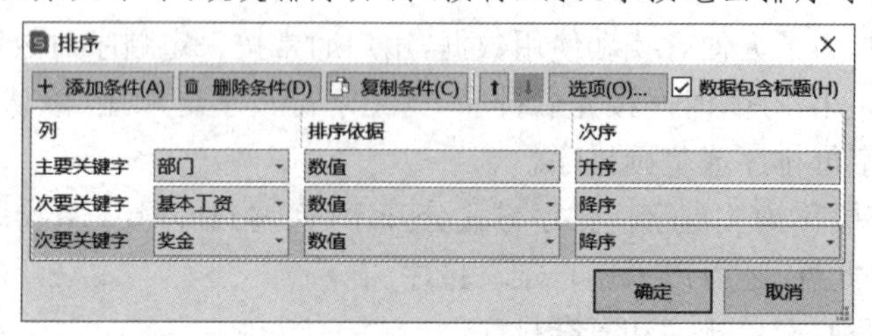

图 3-112 “排序”对话框

3. 数据筛选

当数据列表中记录非常多,用户只对其中一部分数据感兴趣时,可以使用 WPS 表格的数据筛选功能将不感兴趣的记录暂时隐藏起来,只显示感兴趣的数据,当筛选条件被清除时,隐藏的数据又恢复显示。

数据筛选有两种:自动筛选和高级筛选。自动筛选可以实现单个字段筛选以及多个字段筛选的“逻辑与”关系(同时满足多个条件),操作简便,能满足大部分应用需求;高级筛选能实现多字段筛选的“逻辑或”关系,较复杂,需要在数据清单以外建立一个条件区域。

1) 自动筛选

自动筛选可通过“数据”选项卡下“高级”功能组中的“自动筛选”命令按钮来实现。在所需筛选的字段名下拉列表中选择符合的条件,若没有则单击“文本筛选”或“数字筛选”其中的“自定义筛选”输入条件。如果要使数据恢复显示,那么可以单击“高级”功能组中的“全部显示”命令按钮。要取消自动筛选功能,可再次单击“自动筛选”命令按钮。

例 3-31 对表格“公司员工工资表”中的数据自动筛选,筛选出销售部基本工资大于或等于 1000,奖金大于或等于 1000 的记录。效果如图 3-113 所示。

O21 fx

	A	B	C	D	E	F	G	H
1	姓名	部门	职务	出生年月	基本工资	奖金	扣款额	实发工
2	刘铁	销售部	业务员	1970年7月2日	1500	1200	98	2602
13	王海	销售部	业务员	1972年10月12日	1300	1000	88	2212

图 3-113 自动筛选结果

操作步骤如下:

(1) 选择数据清单中任意单元格(建立数据清单的操作可参考例 3-30,此后不再赘述)。

(2) 单击“数据”选项卡下“高级”功能组中的“自动筛选”命令按钮,在各个字段名的右侧会出现筛选箭头,单击部门列的筛选箭头,在列表框中仅选择“销售部”,筛选结果只显示销售部的员工记录。

(3) 单击基本工资列的筛选箭头,在列表框中单击“数字筛选”下拉列表中的“大于或等于”命令,弹出“自定义自动筛选方式”对话框,在“大于或等于”右侧的文本框中输入 1000,如图 3-114 所示。筛选结果只显示销售部的员工基本工资大于或等于 1000 的记录。

(4) 单击奖金列的筛选箭头,其操作与基本工资列的筛选操作相同。

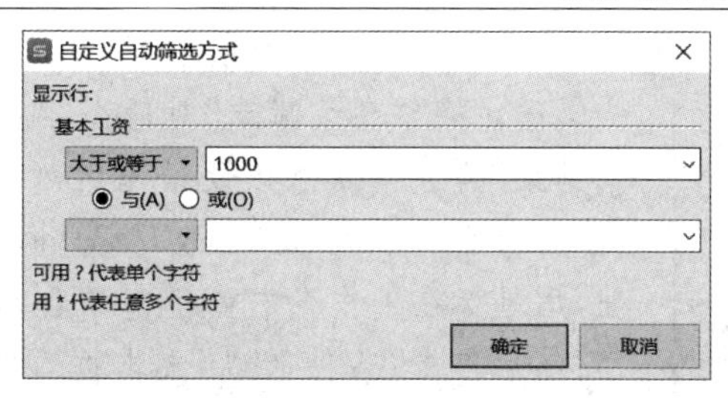

图 3-114　“自定义自动筛选方式”对话框

2）高级筛选

当筛选的条件较为复杂，或出现多个字段间的“逻辑或”关系时，可在“数据”选项卡下“高级”功能组右下角的对话框启动器，弹出的“高级筛选”对话框中进行操作。

在进行高级筛选时，字段名右侧不会出现筛选箭头，而是需要在“条件区域”输入条件。“条件区域”应建立在数据清单以外，用空行或空列与数据清单分隔。输入筛选条件时，首行输入条件字段名，从第2行起输入筛选条件，输入在同一行上的条件关系为“逻辑与”，输入在不同行上的条件关系是“逻辑或”，然后单击“数据”选项卡下“高级”功能组右下角的对话框启动器，在弹出的“高级筛选”对话框内进行数据区域和条件区域的选择，筛选的结果可在原数据清单位置显示，也可在数据清单以外的位置显示。

例 3-32　对表格“公司员工工资表”中的数据高级筛选，筛选销售部基本工资大于1000或财务部基本工资小于1000的记录，并将筛选结果在原数据区域显示。效果如图3-115所示。

	A	B	C	D	E	F	G	H
1	姓名	部门	职务	出生年月	基本工资	奖金	扣款额	实发工资
2	刘铁	销售部	业务员	1970年7月2日	1500	1200	98	2602
7	陆斌	财务部	出纳	1972年9月3日	450	290	78	662
12	潘越	财务部	会计	1975年9月28日	950	350	53.5	1246.5
13	王海	销售部	业务员	1972年10月12日	1300	1000	88	2212

图 3-115　高级筛选结果

操作步骤如下：

(1) 建立条件区域：在数据清单以外选择一个空白区域，在首行输入字段名：“部门”和“基本工资”，在第2行对应字段下输入条件：“销售部”“＞1000”，在第3行对应字段下输入条件：“财务部”“＜1000”，如图3-116所示。

	A	B	C	D	E	F	G	H
1	姓名	部门	职务	出生年月	基本工资	奖金	扣款额	实发工资
2	刘铁	销售部	业务员	1970年7月2日	1500	1200	98	2602
3	孙钢	销售部	业务员	1972年12月23日	400	890	86.5	1203.5
4	陈风	销售部	业务员	1965年4月25日	1000	780	66.5	1713.5
5	沈阳	销售部	业务员	1976年7月23日	840	830	58	1612
6	秦强	财务部	会计	1967年6月3日	1000	400	48.5	1351.5
7	陆斌	财务部	出纳	1972年9月3日	450	290	78	662
8	邹蕾	技术部	技术员	1974年10月3日	380	540	69	851
9	彭佩	技术部	技术员	1976年7月9日	900	350	45.5	1204.5
10	雷曼	技术部	工程师	1966年8月23日	1600	650	66	2184
11	郑黎	技术部	技术员	1971年3月12日	900	420	56	1264
12	潘越	财务部	会计	1975年9月28日	950	350	53.5	1246.5
13	王海	销售部	业务员	1972年10月12日	1300	1000	88	2212
14								
15	部门	基本工资						
16	销售部	>1000						
17	财务部	<1000						

图 3-116　建立条件区域

(2) 选择数据清单中任意单元格,单击"数据"选项卡下"高级"功能组右下角的对话框启动器,弹出"高级筛选"对话框,先确定"在原有区域显示筛选结果"为选中状态以及给出的列表区域是否正确,如果不正确,那么可以单击"列表区域"框右侧的"折叠对话框"按钮,用鼠标在工作表中重新选择后单击"展开对话框"按钮返回;然后单击"条件区域"文本框右侧的"折叠对话框"按钮,用鼠标在工作表中选择条件区域后单击"展开对话框"按钮返回,如图3-117所示。

图3-117 "高级筛选"对话框

4. 分类汇总

实际应用中经常用到分类汇总,如仓库的库存管理经常要统计各类产品的库存总量,商店的销售管理经常要统计各类商品的售出总量等。它们的共同特点是首先要进行分类(排序),将同类别数据放在一起,然后进行数量求和之类的汇总运算。WPS表格提供了分类汇总功能。

分类汇总就是对数据清单按某个字段进行分类(排序),将字段值相同的连续记录作为一类,进行求和、平均值、计数等汇总运算。针对同一个分类字段,可进行多种方式的汇总。

注意:在分类汇总前,必须对分类字段排序,否则将得不到正确的分类汇总结果;在分类汇总时要清楚对哪个字段分类,对哪些字段汇总以及汇总的方式,这些都需要在"分类汇总"对话框中逐一设置。

分类汇总有两种:简单汇总和嵌套汇总。

1) 简单汇总

简单汇总是指对数据清单的一个或多个字段仅做一种方式的汇总。

例3-33 对表格"公司员工工资表"中的数据简单汇总,求各部门基本工资、奖金和实发工资的平均值。效果如图3-118所示。

L18 fx

	A	B	C	D	E	F	G	H
1	姓名	部门	职务	出生年月	基本工资	奖金	扣款额	实发工资
2	秦强	财务部	会计	1967年6月3日	1000	400	48.5	1351.5
3	陆斌	财务部	出纳	1972年9月3日	450	290	78	662
4	潘越	财务部	会计	1975年9月28日	950	350	53.5	1246.5
5		财务部 平均值			800	346.6666667		1086.666667
6	邹蕾	技术部	技术员	1974年10月3日	380	540	69	851
7	彭佩	技术部	技术员	1976年7月9日	900	350	45.5	1204.5
8	雷曼	技术部	工程师	1966年8月23日	1600	650	66	2184
9	郑黎	技术部	技术员	1971年3月12日	900	420	56	1264
10		技术部 平均值			945	490		1375.875
11	刘铁	销售部	业务员	1970年7月2日	1500	1200	98	2602
12	孙钢	销售部	业务员	1972年12月23日	400	890	86.5	1203.5
13	陈凤	销售部	业务员	1965年4月25日	1000	780	66.5	1713.5
14	沈阳	销售部	业务员	1976年7月23日	840	830	58	1612
15	王海	销售部	业务员	1972年10月12日	1300	1000	88	2212
16		销售部 平均值			1008	940		1868.6
17		总平均值			935	641.6666667		1508.875
18								

图3-118 简单汇总结果

根据分类汇总要求,实际是对"部门"字段分类,对"基本工资""奖金"和"实发工资"进行汇总,汇总方式是平均值。

操作步骤如下:

(1) 选择 B 列(部门列数据),单击“数据”选项卡下“排序”功能组中“升序”命令按钮,对“部门”升序排序。

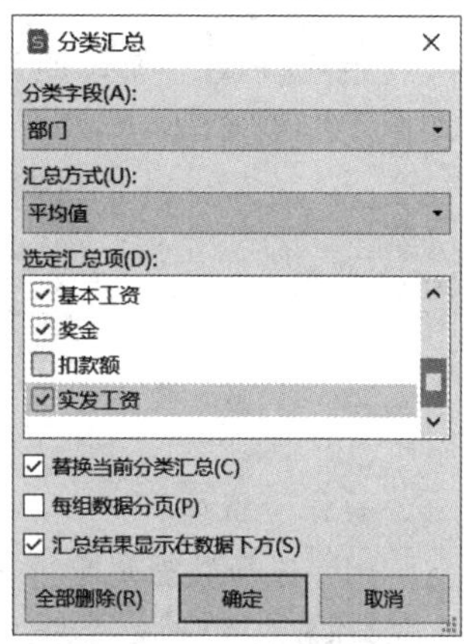

图 3-119 简单汇总的设置

(2) 选择数据清单中任一单元格,单击“数据”选项卡下“分级显示”功能组中的“分类汇总”命令按钮,弹出“分类汇总”对话框。选择“分类字段”为“部门”,“汇总方式”为“平均值”,勾选“选定汇总项”(汇总字段)的“基本工资”“奖金”和“实发工资”复选框,并清除其余默认汇总项,其设置如图 3-119 所示。在该对话框中,“替换当前分类汇总”的含义是用此次分类汇总的结果替换已存在的分类汇总结果。

分类汇总后,默认情况下,数据会分 3 级显示,可以单击分级显示区上方的 1 2 3 三个按钮进行控制,单击按钮 1,显示清单中的字段名和总计结果;单击按钮 2,显示各级分类汇总结果和总计结果;单击按钮 3,显示全部详细数据。

2) 嵌套汇总

嵌套汇总是指对同一字段进行多种不同方式的汇总。

例 3-34 对表格“公司员工工资表”中的数据嵌套汇总,在例 3-33 中求各部门基本工资、奖金和实发工资的平均值的基础上再统计各部门人数。效果如图 3-120 所示。

	A	B	C	D	E	F	G	H
1	姓名	部门	职务	出生年月	基本工资	奖金	扣款额	实发工资
2	秦强	财务部	会计	1967年6月3日	1000	400	48.5	1351.5
3	陆斌	财务部	出纳	1972年9月3日	450	290	78	662
4	潘越	财务部	会计	1975年9月28日	950	350	53.5	1246.5
5		**财务部 计数**			3	3		3
6		**财务部 平均值**			800	346.6666667		1086.666667
7	邹蕾	技术部	技术员	1974年10月3日	380	540	69	851
8	彭佩	技术部	技术员	1976年7月9日	900	350	45.5	1204.5
9	雷曼	技术部	工程师	1966年8月23日	1600	650	66	2184
10	郑黎	技术部	技术员	1971年3月12日	900	420	56	1264
11		**技术部 计数**			4	4		4
12		**技术部 平均值**			945	490		1375.875
13	刘铁	销售部	业务员	1970年7月2日	1500	1200	98	2602
14	孙钢	销售部	业务员	1972年12月23日	400	890	86.5	1203.5
15	陈凤	销售部	业务员	1965年4月25日	1000	780	66.5	1713.5
16	沈阳	销售部	业务员	1976年7月23日	840	830	58	1612
17	王海	销售部	业务员	1972年10月12日	1300	1000	88	2212
18		**销售部 计数**			5	5		5
19		**销售部 平均值**			1008	940		1868.6
20		**总计数**			12	12		12
21		**总平均值**			935	641.6666667		1508.875

图 3-120 嵌套汇总结果

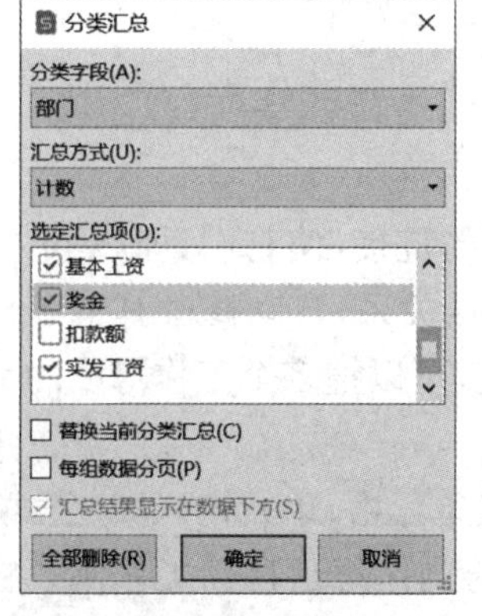

图 3-121 嵌套汇总的设置

操作步骤如下:

(1) 按例 3-33 的方法进行平均值汇总。

(2) 在平均值汇总的基础上统计各部门人数。统计人数分类汇总的设置如图 3-121 所示。需要注意的是,“替换当前分类汇总”复选框不能选中。

若要取消分类汇总,在“分类汇总”对话框中单击“全部删除”按钮即可。

5. 数据透视表

分类汇总适合按一个字段进行分类,对一个或多个字段进行汇总。如果要对多个字段进行分类并汇总,那么就需要利用数据透视表这个有力的工具来解决问题。

例 3-35 对表格“公司员工工资表”中的数据统计各部门各职务的人数。效果如图 3-122 所示。

计数项:部门	职务					
部门	出纳	工程师	会计	技术员	业务员	总计
财务部	1		2			3
技术部		1		3		4
销售部					5	5
总计	1	1	2	3	5	12

图 3-122　数据透视表统计结果

操作步骤如下:

(1) 选择数据清单中任意单元格。

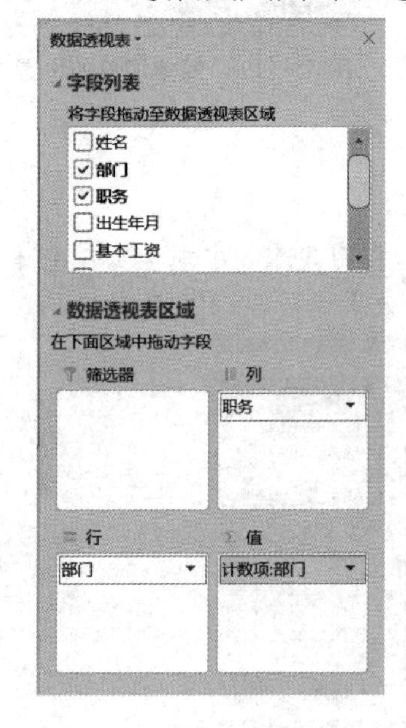

图 3-123　“数据透视表”窗格

(2) 单击“插入”选项卡下“表格”功能组中的“数据透视表”命令按钮,弹出“创建数据透视表”对话框,先确定选择的要分析的数据范围(若系统给出的区域选择不正确,则用户可用鼠标自己选择区域)以及数据透视表的放置位置(可以放在新工作表中,也可以放在现有工作表中),然后单击“确定”按钮。此时在工作表右侧出现“数据透视表”窗格,把要分类的字段“部门”和“职务”分别拖入“行”和“列”区域中,使之成为透视表的行、列标题;要汇总的字段“部门”拖入“值”区域中,如图 3-123 所示。默认情况下,若数据项是非数字型字段则对其计数,否则求和。

创建好数据透视表后,数据透视表的“分析”和“设计”选项卡会自动出现,它可以用来修改数据透视表。数据透视表的修改主要有:

(1) 更改数据透视表布局。透视表结构中行、列、数据字段都可以被删除或增加,将行、列、数据字段移出表示删除字段,移入表示增加字段。

(2) 改变汇总方式。这可以通过右击数据透视表任意单元格,在快捷菜单中选择“值汇总依据”命令来实现。

(3) 数据更新。有时数据清单中数据发生了变化,但数据透视表并没有随之变化。此时,不必重新生成数据透视表,单击数据透视表“分析”选项卡下“数据”功能组中的“刷新”按钮即可。

6. 数据链接与合并计算

1) 数据链接

WPS 表格允许同时操作多个工作表或工作簿,通过工作簿的链接,使它们具有一定的联系。修改其中一个工作簿的数据,WPS 表格会通过它们的链接关系,自动修改其他工作表或工作簿中的数据。同时,链接使工作簿的合并计算成为可能,可以把多个工作簿中的数据链接到一个工作表中。

链接让一个工作簿可以共享其他工作簿中的数据,可以链接单元格、单元格区域、公式、常量或工作表。包含原始数据的工作簿是源工作簿,接收信息的工作簿是目标工作簿。在打开目标工作簿的时候，源工作簿可以是打开的，也可以是关闭的。如果先打开源工作簿，后打开目标工作簿，那么 WPS 表格会自动使用源工作簿中的数据更新目标工作簿中的数据。

例如，一个大公司的产品销售遍布全国各地，在一个大工作簿中处理所有的数据是不现实的：一方面，收集这些数据可能要花费很大的代价；另一方面，一个工作簿中的工作表太多可能会出现许多问题。把各个地区的销售数据分别保存在不同的工作簿中，而各地区工作簿的数据可由各地区的销售代理完成，最后通过工作表或工作簿的链接，把不同工作簿中的数据汇总在一起进行分析。这样数据收集就简单了，工作表的更新也快了。

总而言之，链接具有以下优点：

(1) 在不同的工作簿和工作表之间可以进行数据共享。

(2) 小工作簿比大工作簿的运行效率更高。

(3) 分布在不同地域中的数据管理可以在不同的工作簿中完成，通过链接可以进行远程数据采集、更新和汇总。

(4) 可以在不同的工作簿中修改、更新数据，多个用户可以同时工作。如果所有的数据都存于一个工作簿中，那么会增加了多人合作办公的难度。

例 3-36　某电视机厂生产的电视机有 21 英寸、25 英寸、29 英寸和 34 英寸四种规格，主要销售于西南地区四川、重庆等地。该厂每个季度进行一次销售统计，每个地区每个季度的统计数据保存在一个独立的工作簿(如工作簿“重庆地区电视机销售数据”和“四川地区电视机销售数据”)中，各个地区的统计情况如图 3-124 所示。

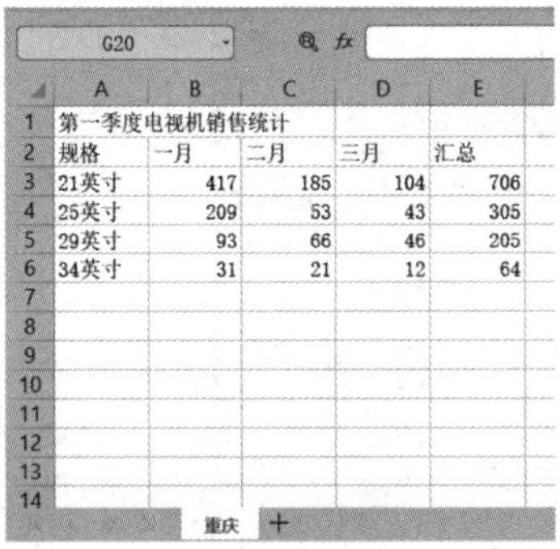

第一季度电视机销售统计				
规格	一月	二月	三月	汇总
21英寸	417	185	104	706
25英寸	209	53	43	305
29英寸	93	66	46	205
34英寸	31	21	12	64

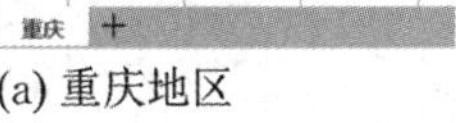

(a) 重庆地区

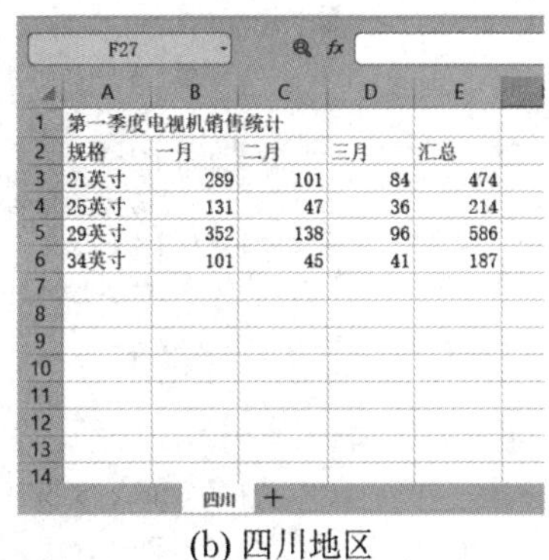

第一季度电视机销售统计				
规格	一月	二月	三月	汇总
21英寸	289	101	84	474
25英寸	131	47	36	214
29英寸	352	138	96	586
34英寸	101	45	41	187

(b) 四川地区

图 3-124　各地区电视机销售数据

现在要进行第一季度统计，从每个地区的工作簿中直接取出汇总数据，然后在工作簿“各地区电视机销售季度汇总”中进行统计，汇总统计工作簿的结果如图 3-125 所示。

第一季度电视机销售统计		
规格	四川	重庆
21英寸	474	706
25英寸	214	305
29英寸	586	205
34英寸	187	64

图 3-125　第一季度销售统计

虽然图 3-125 中各地区的季度汇总数据可以从图 3-124 中复制得到，但是当各地区工作簿中的数据发生变化时，季度汇总的数据就不能同步更新，需要重新输入或复制。用链接的方法将各地区工作簿中的数据链接到季度汇总工作簿就可以解决问题。

操作步骤如下：

(1) 同时打开链接的源工作簿和目标工作簿，激活源工作簿中的源工作表。打开工作簿“四川地区电视机销售数据”和工作簿“各地区电视机销售季度汇总”后,单击工作表“四川”。

(2) 选中源工作表中要链接的单元格区域并复制。选择工作表“四川”中的数据区域 E3:E6,然后在右键快捷菜单中选择“复制”命令。

(3) 激活目标工作簿并选择目标工作表。选中目标工作簿,单击工作表“第一季度”,然后单击存放数据的单元格区域中的左上角第 1 个单元格 B3,在右键快捷菜单中选择“选择性粘贴”命令,弹出“选择性粘贴”对话框,单击“粘贴链接”按钮,建立两个工作簿中的单元格链接。

(4) 用同样的方法实现工作表“第一季度”中对重庆地区销售汇总数据的链接。

数据链接后,每次打开包含链接的工作簿,且源工作簿处于关闭状态时,WPS 表格默认会弹出一个提示对话框提醒用户是否更新,单击“更新”按钮会更新数据。如果作为数据源的工作簿改名或移到了另外的磁盘目录中,那么 WPS 表格会报告一个链接错误信息,此时单击提示对话框中的“编辑链接”按钮,弹出“编辑链接”对话框,单击其中的“更改源”按钮,在随后的“更新值”对话框中选择链接的数据源所在的位置和文件名即可。

注意:也可以将 WPS 表格建立的工作表、图表、单元格或单元格区域作为数据源链接到其他 Windows 应用程序建立的文档中,以达到最佳效果,如 WPS 文字。以链接到 WPS 文字为例,在 WPS 表格中复制需要链接的内容(通常是数据表及图表所在的单元格区域),在 WPS 文字中单击“开始”选项卡下“剪贴板”功能组中的“粘贴”下拉按钮中的“选择性粘贴”命令,在弹出的“选择性粘贴”对话框中选中“粘贴链接”单选按钮,并在“作为”列表框中选择“WPS 表格 对象”,如图 3-126 所示。

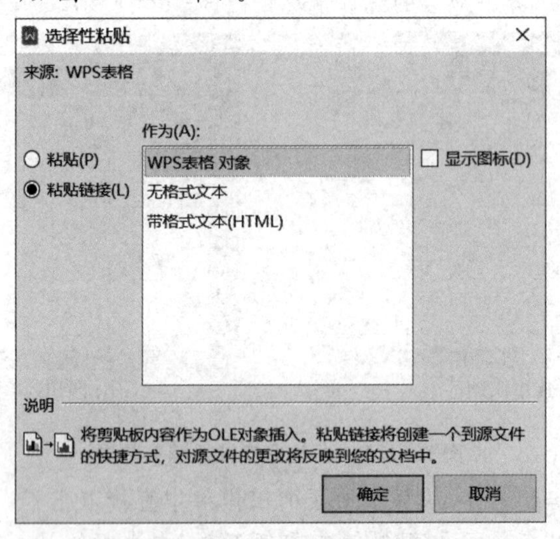

图 3-126 建立 WPS 表格和其他应用程序的链接

2) 数据合并计算

WPS 表格提供了合并计算功能,可以对多个工作表中的数据同时进行计算汇总,包括求和(SUM)、平均值(AVERAGE)、最大值(MAX)、最小值(MIN)、计数(COUNT)、标准差(STDEV)等运算。WPS 表格支持将不超过 255 个工作表中的信息收集到一个主工作表中,这些工作表可以在同一个工作簿中,也可以来源于不同的工作簿。

在合并计算中,计算结果的工作表称为目标工作表,接受合并数据的区域称为源区域。

按位置进行合并计算是最常用的方法,它要求参与合并计算的所有工作表数据的对应位置都相同，即各工作表的结构完全一样。这时，就可以把各工作表中对应位置的单元格数据进行合并。

例 3－37　沿用例 3－36，假设某电视机厂已对各地区电视机销售情况进行了第一季度和第二季度的统计，第一季度销售统计结果如图 3－125 所示，第二季度销售统计结果如图 3－127 所示。

	A	B	C
1	第二季度电视机销售统计		
2	规格	四川	重庆
3	21英寸	898	196
4	25英寸	728	952
5	29英寸	209	423
6	34英寸	260	291

图 3－127　第二季度销售统计

	A	B	C
1	上半年电视机销售统计		
2	规格	四川	重庆
3	21英寸	1372	902
4	25英寸	942	1257
5	29英寸	795	628
6	34英寸	447	355

图 3－128　上半年汇总

现在要统计上半年的年度销售总量。

操作步骤如下：

(1) 打开第一季度和第二季度的电视机销售统计工作簿。

(2) 建立工作簿“上半年汇总”，如图 3－128 所示。单击工作表“上半年汇总”中存放合并数据的第 1 个单元格(或选中要存放合并数据的单元格区域)，本例为单元格 B3(或单元格区域 B3:C6)。

(3) 单击“数据”选项卡下“数据工具”功能组中的“合并计算”命令按钮，弹出“合并计算”对话框，在“函数”下拉列表框中选择“求和”，然后单击“引用位置”编辑框右侧的“折叠对话框”按钮，用鼠标选取工作表“第一季度”中的数据区域 B3:C6，单击“展开对话框”按钮返回，再单击“添加”按钮，则选择的工作表单元格区域就会加到“所有引用位置”列表框中，如图 3－129 所示。

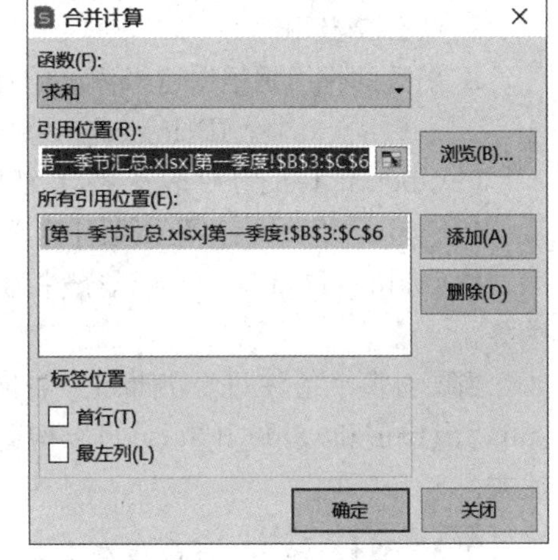

图 3－129　“合并计算”对话框

(4) 用同样的方法把第二季度的统计数据区域添加到“所有引用位置”列表框中，然后单击“确定”按钮。

7. 常用数据统计分析函数的应用

1) 排名次函数 RANK

RANK 函数的作用是返回一个数值在一组数值中的排位，专门进行排名次。其形式为

RANK(number,ref,order)

(1) number:用来参加排位的数据。

(2) ref:所有数据所在的单元格区域。

(3) order:排位的方式，0(或省略)表示降序排序，非 0 表示升序排序。

例 3-38 有大学计算机基础学生机试成绩表需要进行统计分析,如图 3-130 所示。现在需要在右侧增加一列,显示排名情况。

操作步骤如下:

(1) 单击工作表中单元格 E2,输入文字“排名”。

(2) 单击单元格 E3,输入公式“=RANK(D3,$D$3:$D$12)”,其中 D3 为第 1 个学生的机试成绩;$D$3:$D$12 为所有学生机试成绩所占的单元格区域,绝对引用是为了保证公式复制的结果正确;没有第 3 个参数则排名按降序排序,即分数高者名次靠前。然后按[Enter]键,得到第 1 个学生的名次是“2”。

(3) 利用公式的自动填充功能(拖动复制公式的方法)得到其他学生的名次。结果如图 3-131 所示。

F18

	A	B	C	D
1	大学计算机基础机试成绩表			
2	序号	姓名	性别	机试成绩
3	01	李娟	女	90
4	02	廖念	男	85
5	03	李婷	女	72
6	04	王珂	男	78
7	05	尹娟	女	67
8	06	李想	男	64
9	07	陈茜倩	女	45
10	08	王莲艺	女	93
11	09	胡歌	男	87
12	10	高姝	女	85

图 3-130 学生机试成绩表

H23

	A	B	C	D	E
1	大学计算机基础机试成绩表				
2	序号	姓名	性别	机试成绩	排名
3	01	李娟	女	90	2
4	02	廖念	男	85	4
5	03	李婷	女	72	7
6	04	王珂	男	78	6
7	05	尹娟	女	67	8
8	06	李想	男	64	9
9	07	陈茜倩	女	45	10
10	08	王莲艺	女	93	1
11	09	胡歌	男	87	3
12	10	高姝	女	85	4

图 3-131 RANK 函数的应用

2) 条件函数 IF

IF 函数的作用是根据逻辑测试的真假值返回不同的结果。其形式为

IF(logical_test,value_if_true,value_if_false)

(1) logical_test:条件表达式,其结果为 TRUE 或 FALSE。可以是比较或逻辑表达式。

(2) value_if_true:当测试条件为真时函数的返回值。可以是表达式、字符串或常数等。

(3) value_if_false:当测试条件为假时函数的返回值。可以是表达式、字符串或常数等。

当要对多个条件进行判断时,需嵌套使用 IF 函数,IF 最多可以嵌套 7 层,用参数 value_if_true 和 value_if_false 可以构造复杂的检测条件,一般直接在编辑栏输入函数表达式。

例 3-39 例 3-38 的成绩表中,在右侧继续增加一列,将机试成绩百分制转换成等级制,转换规则为 90~100 为优、80~89 为良、70~79 为中、60~69 为及格、60 以下为不及格。

操作步骤如下:

(1) 单击工作表中单元格 F2,输入文字“等级制”。

(2) 单击单元格 F3,输入公式“=IF(D3>=90,"优",IF(D3>=80,"良",IF(D3>=70,"中",IF(D3>=60,"及格","不及格"))))”,然后按[Enter]键,得到第 1 个学生的成绩等级是“优”。

(3) 利用公式的自动填充功能(拖动复制公式的方法)得到其他学生的成绩等级。结果如图 3-132 所示。

F15

	A	B	C	D	E	F
1	大学计算机基础机试成绩表					
2	序号	姓名	性别	机试成绩	排名	等级制
3	01	李娟	女	90	2	优
4	02	廖念	男	85	4	良
5	03	李婷	女	72	7	中
6	04	王珂	男	78	6	中
7	05	尹娟	女	67	8	及格
8	06	李想	男	64	9	及格
9	07	陈茜倩	女	45	10	不及格
10	08	王莲艺	女	93	1	优
11	09	胡歌	男	87	3	良
12	10	高姝	女	85	4	良

图 3-132　IF 函数的应用

3) 条件求和函数 SUMIF

SUMIF 函数的作用是按给定条件对指定单元格求和。其形式为

SUMIF(range,criteria,sum_range)

(1) range:用于条件判断的单元格区域。

(2) criteria:必须满足的求和条件。可以是数字、表达式或文本。

(3) sum_range:需要求和的实际单元格。只有当 range 中的相应单元格满足条件时,才对 sum_range 中的单元格求和。若省略 sum_range,则直接对 range 中的单元格求和。

4) 数量求和函数 COUNTIF

COUNTIF 函数的作用是计算出符合条件的单元格的个数。其形式为

COUNTIF(range,criteria)

(1) range:需要计算其中满足条件的单元格数目的单元格区域。

(2) criteria:为确定哪些单元格将被计算在内的条件。可以为数字、表达式或文本。

例 3-40　例 3-39 的成绩表中,统计男生和女生的机试成绩总分数,且统计各个分数段(如 90～100,80～89,70～79,60～69,60 以下)的学生人数。结果如图 3-133 所示。

M18

	A	B	C	D	E	F	G	H	I
1	大学计算机基础机试成绩表								
2	序号	姓名	性别	机试成绩	排名	等级制			总分数
3	01	李娟	女	90	2	优		男	314
4	02	廖念	男	85	4	良		女	452
5	03	李婷	女	72	7	中			
6	04	王珂	男	78	6	中			
7	05	尹娟	女	67	8	及格		分数段	人数
8	06	李想	男	64	9	及格		90~100	2
9	07	陈茜倩	女	45	10	不及格		80~89	3
10	08	王莲艺	女	93	1	优		70~79	2
11	09	胡歌	男	87	3	良		60~69	2
12	10	高姝	女	85	4	良		60以下	1

图 3-133　SUMIF 函数和 COUNTIF 函数的应用

操作步骤如下:

(1) 按图建立男、女生总分数单元格区域和分数段人数单元格区域。

(2) 单击单元格 I3,输入公式"=SUMIF($C$3:$C$12,H3,$D$3:$D$12)",表示在数据区域 C3:C12 中查找单元格 H3 中的内容,即在 C 列查找"男"所在的单元格,找到后,返回 D 列同一行的单元格(因为返回的结果在数据区域 D3:D12),最后对所有找到的单元格求和。按[Enter]键后,在单元格 I3 得到男生的机试成绩总分数。用拖动复制公式

的方法得到女生的机试成绩总分数。

(3) 在单元格 I8 至 I12 中依次输入公式“=COUNTIF(D3:D12,">=90")”“=COUNTIF(D3:D12,">=80")-COUNTIF(D3:D12,">=90")”“=COUNTIF(D3:D12,">=70")-COUNTIF(D3:D12,">=80")”“=COUNTIF(D3:D12,">=60")-COUNTIF(D3:D12,">=70")”“=COUNTIF(D3:D12,"<60")”,然后按[Enter]键得到各个分数段的人数。

5) 查找和引用函数 VLOOKUP

VLOOKUP 函数的作用是用按列查找的方式从给定数据表区域的最左列查找特定数据,返回查找区域中与找到单元格位于相同行不同列的单元格内容。其形式为

VLOOKUP(lookup_value,table_array,col_index_num,range_lookup)

(1) lookup_value:要查找的值。

(2) table_array:查找的单元格区域。

(3) col_index_num:table_array 单元格区域中要返回的数据所在列的序号。例如,col_index_num=1,返回 table_array 第 1 列中的数据,col_index_num=2,返回 table_array 第 2 列中的数据,以此类推。

(4) range_lookup:表示查找的方式,可取 TRUE 或 FALSE(也可以是 1 或 0)。TRUE(或 1)表示模糊查找,即近似查找,常用于数据转换或数据对照表中的数据查找。FALSE(或 0)表示精确查找,即数据完全匹配的查找。

VLOOKUP 函数在 table_array 单元格区域的第 1 列中查找值为 lookup_value 的数据,如果找到,则返回与找到数据同行第 col_index_num 列单元格中的数据。当 range_lookup 为 TRUE 时,table_array 的第 1 列数据必须按升序排列;否则不能返回正确的数值。当 range_lookup 为 FALSE 时,table_array 的第 1 列数据不需要排序。

例 3-41 将例 3-40 的成绩表中,成绩由百分制转换成等级制也可以通过 VLOOKUP 函数的模糊查找来实现。另外,实际生活中成绩表数据往往很多(学生人数多,成绩门次多),要查看某个同学的成绩非常困难,就可以设计一个查询表格,输入某个学生的学号(本例为序号)后,能自动显示该学号所对应的姓名和成绩。查找结果如图 3-134 所示。

P20 fx

	A	B	C	D	E	F	G	H	I
1	大学计算机基础机试成绩表							成绩转换	
2	序号	姓名	性别	机试成绩	排名	等级制		0	不及格
3	01	李娟	女	90	2	优		60	及格
4	02	廖念	男	85	4	良		70	中
5	03	李婷	女	72	7	中		80	良
6	04	王珂	男	78	6	中		90	优
7	05	尹娟	女	67	8	及格			
8	06	李想	男	64	9	及格		成绩查询(输入学号)	
9	07	陈茜倩	女	45	10	不及格		学号(序号)	08
10	08	王莲艺	女	93	1	优		姓名	王莲艺
11	09	胡歌	男	87	3	良		机试成绩	93
12	10	高姝	女	85	4	良		排名	1

图 3-134 VLOOKUP 函数的应用

操作步骤如下:

(1) 清除成绩表中等级制列中的内容,按图 3-134 建立成绩转换的表格,其中 0~60 为不及格,60~69 为及格,70~79 为中,80~89 为良,90 以上为优,然后单击单元格 F3,输

入公式"＝VLOOKUP(D3,＄H＄2:＄I＄6,2,1)",按[Enter]键,得到第1个学生的等级,然后通过拖动复制公式的方法得到其他学生的等级。

注意:实际应用中,成绩转换表可能位于不同的工作表中,但查找方法完全相同,查找区域第1列(本例为H列),必须升序排列,否则结果可能不正确。

(2) 按图3-134建立成绩查询的表格。在单元格I10中输入公式"＝VLOOKUP(I9,A3:E12,2,0)",单元格I11中输入公式"＝VLOOKUP(I9,A3:E12,4,0)",单元格I12中输入公式"＝VLOOKUP(I9,A3:E12,5,0)",然后在单元格I7输入"'08"(08前加单引号表示作为文本输入),按[Enter]键就可以显示学号(序号)为"08"同学的相关数据。

6) 财务函数PMT和IPMT

PMT函数的作用是基于固定利率及等额分期付款方式,计算投资或贷款的每期付款额。其形式为

PMT(rate,nper,pv,fv,type)

(1) rate:贷款利率。

(2) nper:总投资期或总贷款期。

(3) pv:为现值,即从该项投资或贷款开始计算时已经入账的款项,或一系列未来付款当前值的累积和,也称为本金。

(4) fv:为未来值,或在最后一次付款后希望得到的现金余额,若省略,则假设其值为0。

(5) type:数字0或1,用以指定各期的付款时间是在期初还是期末(0:期末;1:期初)。

注意:rate和nper单位要一致。例如,同样是5年期年利率为10%的贷款,若按月支付,则rate应为"10%/12",nper应为"5＊12";如果按年支付,rate应为"10%",nper应为"5"。

IPMT函数的作用是通过固定利率及等额分期付款方式计算给定期数内对投资或贷款的利息偿还额。其形式为

IPMT(rate,per,nper,pv,fv,type)

其中的per表示用于计算其本金数额的期次,必须在1～nper之间;其他四个参数的含义与PMT函数的相同。

例3-42 利用商业贷款买房,计算贷款月还款额与第1个月的还款利息(假定贷款10万元,年利率为7.05%,贷款10年,每月末等额还款)。结果如图3-135所示。

D9 fx

	A	B
1	贷款月还款额计算表	
2	贷款年利率	7.05%
3	贷款期限(年)	10
4	贷款额(元)	100000
5	每月还款额	￥-1,163.66
6	第1个月还款利息	￥-587.50
7		

图3-135　PMT函数和IPMT函数的应用

操作步骤如下:

(1) 按图3-135建立工作表。单击单元格B5,输入公式"＝PMT(B2/12,B3＊12,B4)",按[Enter]键,得到月还款额。

(2) 单击单元格B6,输入公式"＝IPMT(B2/12,1,B3＊12,B4)",按[Enter]键,得到第

1个月的还款利息。

3.2.6 打印表格

WPS表格编辑处理完成后需要打印时，可以进行相应的设置，然后将其打印输出。

WPS表格的打印根据打印内容分为三种情况：打印活动工作表、打印整个工作簿、打印选定区域。与WPS文字的打印设置类似，在打印输出前可以通过打印预览对表格中不妥的地方进行调整，按需要设置页面方向、页面布局、页眉和页脚等参数。打印时，可单击快速访问工具栏中的“打印”按钮，弹出“打印”对话框，在其中进行打印内容、打印范围等参数的设置。

✻3.3 WPS 演示

演示文稿制作软件已广泛应用于会议报告、课程教学、广告宣传、产品演示等方面，成为人们在各种场合下进行信息交流的重要工具。

3.3.1 演示文稿制作软件的基本功能

演示文稿制作软件以幻灯片的形式提供了一种演讲手段，利用它可以制作集文字、图形、声音、动画、电影、特技于一体的演示文稿，并且可以生成网页，在网络上展示。演示文稿一般由若干张幻灯片组成，可以在计算机上或投影屏幕上播放，也可以打印成幻灯片或透明胶片。

演示文稿制作软件一般具有如下功能：

(1) 制作多媒体演示文稿：包括根据内容提示向导、设计模板、现有演示文稿或空演示文稿创建新演示文稿；在幻灯片上添加对象如声音和影片、超链接(下划线形式和动作按钮形式)以及幻灯片的移动、复制和删除等编辑操作。

(2) 定制演示文稿的视觉效果：包括美化幻灯片中的对象以及设置幻灯片外观(利用母版、设计模板、配色方案)等。

(3) 设置演示文稿的播放效果：包括设计幻灯片中对象的动画效果、设计幻灯片间切换的动画效果和设置放映方式等。

(4) 打印和输出演示文稿：包括演示文稿的打印、输出为其他文件格式、打包成CD等。

3.3.2 WPS 演示的工作环境

WPS演示的启动和退出与前面介绍的WPS文字和WPS表格类似。最常用的启动方法是单击“开始”|“WPS Office 专业版”|“WPS 演示”菜单项，进入WPS演示的工作窗口，如图3-136所示。

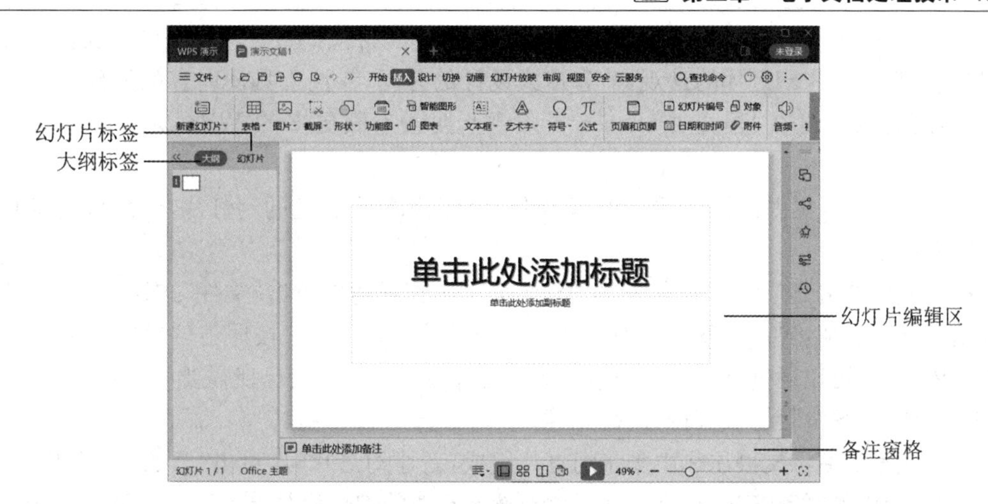

图 3-136　WPS 演示的工作窗口

WPS 演示根据建立、编辑、浏览、放映幻灯片的需要，提供了多种视图与功能：普通、幻灯片浏览、阅读版式、演讲实录和从当前幻灯片开始播放。视图不同，演示文稿的显示方式不同，对演示文稿的加工也不同。各个视图间的切换可以通过“视图”菜单中的相应命令或单击窗口底部的按钮来实现，这五个按钮从左到右依次为：

(1) 普通视图：图 3-136 所示的就是普通视图，它是系统的默认视图，只能显示一张幻灯片。它集成了幻灯片视图标签和大纲视图标签。

① 幻灯片视图标签。可以查看每张幻灯片的文本外观。可以在单张幻灯片中添加图形、影片和声音，并创建超链接以及向其中添加动画，按照幻灯片的编号顺序显示演示文稿中全部幻灯片的图像。

② 大纲视图标签。仅显示文稿的文本内容(大纲)。按序号从小到大的顺序和幻灯片内容层次的关系，显示文稿中全部幻灯片的编号、标题和主体中的文本。

在普通视图中，还集成了备注窗格，备注是演讲者对每一张幻灯片的注释，可以在备注窗格中输入，该注释内容仅供演讲者使用，不能在幻灯片上显示。

(2) 幻灯片浏览视图：可以同时显示多张幻灯片，方便对幻灯片进行移动、复制、删除等操作。

(3) 阅读视图：如果希望在一个方便审阅的窗口中查看演示文稿，而不想使用全屏的幻灯片放映视图，那么可以使用阅读视图。要更改演示文稿，可随时从阅读视图切换至某个其他视图。

(4) 演讲实录：可以制作一个幻灯片放映的演示视频，并且可以根据需要在录制时进行语音讲解。不过该功能需要安装 WebM 视频解码器插件及音频插件 Xiph，安装教程在使用该功能时会提供。

(5) 从当前幻灯片开始播放：从当前所选幻灯片按顺序全屏幕放映，可以观看动画、超链接效果等。按[Enter]键或单击将显示下一张，按[Esc]键或放映完所有幻灯片后将恢复原样。右击幻灯片或单击幻灯片左下角的按钮，还可以打开快捷菜单进行操作。

3.3.3　制作一个多媒体演示文稿

1. 建立演示文稿

WPS 演示创建演示文稿常用的方法有“本机上的模板”和“空白演示文稿”。

(1) 本机上的模板:模板包括各种主题和版式。可以利用WPS演示提供的现有模板自动、快速地形成每张幻灯片的外观,节省格式设计的时间,专注于具体内容的处理。除内置模板外,还可以联机在“稻壳儿(docer. com)”上搜索下载更多的WPS演示模板以满足要求。

(2) 空白演示文稿:用户如果希望建立具有自己风格和特色的幻灯片,可以从空白的演示文稿开始设计。

空白演示文稿是最常用的方法,在WPS演示工作环境中单击“文件”按钮,在下拉菜单中单击“新建”按钮,界面中就会出现一张空白的“标题幻灯片”。按照占位符中的文字提示来输入内容,还可以通过“插入”选项卡中的相应命令按钮插入自己所需要的各种对象,如表格、图片、图形、超链接、文本、符号、媒体等。

一个完整的演示文稿往往由多张幻灯片组成,新建幻灯片时,单击“开始”选项卡下“幻灯片”功能组中的“新建幻灯片”命令按钮,选定新建的幻灯片并单击该功能组中的“版式”命令按钮,在展开的“Office主题”中选择需要使用的版式。在WPS演示中预设了标题幻灯片、标题和内容、节标题、两栏内容等11种幻灯片版式以供选择。

2. 编辑演示文稿

编辑演示文稿包括两部分:一是对每张幻灯片中的对象进行编辑操作;二是对演示文稿中的幻灯片进行移动、复制、删除等操作。

1) 编辑幻灯片中的对象

在幻灯片上添加对象有两种方法:建立幻灯片时,通过选择幻灯片版式为添加的对象提供占位符,再输入需要的对象;通过“插入”选项卡中的相应命令按钮如“文本框”“图片”“图表”“表格”等来实现。

用户在幻灯片上添加的对象除文本框、图片、表格、组织结构图、公式等外,为了丰富演示文稿的内容,还可以是视频、音频和超链接等。

(1) 插入视频和音频。在幻灯片中插入视频和音频,可以通过单击“插入”选项卡下“媒体”功能组中的“音频”和“视频”命令按钮来实现。

(2) 插入超链接。用户可以在幻灯片中插入超链接,利用它能跳转到同一文档的某张幻灯片上,或者跳转到其他的演示文稿、WPS文档、网页或电子邮件地址等。它只能在“幻灯片放映”视图下起作用。超链接有两种形式:

① 以下划线表示的超链接。这通过“插入”选项卡下“链接”功能组中的“超链接”命令按钮来实现。

② 以动作按钮表示的超链接。这通过单击“插入”选项卡下“图像”功能组“形状”命令按钮,在下拉列表的“动作按钮”区中选择需要的按钮来实现。

在幻灯片上添加的对象可以进行缩放、修改、移动、复制、删除等编辑操作。操作方法与WPS文字相同。

2) 编辑幻灯片

幻灯片的删除、移动、复制等,通常在“幻灯片浏览”视图或“普通”视图“幻灯片”标签中通过编辑命令或编辑快捷操作方式来进行。

例3-43 新建“北京奥运福娃简介”演示文稿,共三张幻灯片。幻灯片1如图3-137所示,插入了图片(奥运五环.jpg),视频(Clock. avi)和音频(北京欢迎你.mp3)等

(素材需要在网络上寻找);幻灯片2如图3-138所示,第1行文字是以下划线表示的超链接,右下角的按钮是以动作按钮表示的超链接,均是链接到下一张幻灯片,同时该幻灯片中还插入了图片(福娃.jpg);幻灯片3是由幻灯片2复制而成的。

图3-137 幻灯片1

图3-138 幻灯片2

操作步骤如下:

(1) 在WPS演示中单击标题栏中的“新建”标签新建一个空白演示文稿。

(2) 在标题幻灯片上单击标题占位符,输入文字“北京奥运福娃简介”,再单击副标题占位符,输入文字“制作人:点点”。

(3) 单击“插入”选项卡下“图像”功能组中的“图片”命令按钮,在“插入图片”对话框中找到图片文件“奥运五环.jpg”插入幻灯片,并适当调整大小和位置。

(4) 单击“插入”选项卡下“媒体”功能组中的“视频”命令按钮的下三角箭头,选择“嵌入本地视频”命令,在“插入视频”对话框中找到视频文件“Clock.avi”插入幻灯片,适当调整大小和位置。同样,单击“音频”命令按钮的下三角箭头,选择“嵌入音频”命令,在“插入音频”对话框中找到音频文件“北京欢迎你.mp3”插入,插入音频文件后,幻灯片中央出现一个声音图标。

(5) 单击“开始”选项卡下“幻灯片”功能组中的“新建幻灯片”命令按钮,插入一张幻灯片,然后单击该功能组中“版式”命令按钮的下三角箭头,选择版式“标题和内容”,输入相应内容;选定第1行文字,单击“插入”选项卡下“链接”功能组中的“超链接”命令按钮,弹出“插入超链接”对话框,选择“链接到”中的“本文档中的位置”标签,在“请选择文档中的位置”栏中选择“下一张幻灯片”,如图3-139所示。

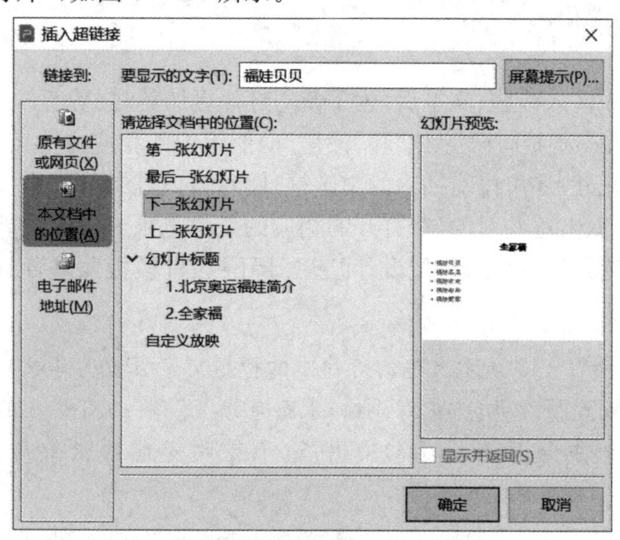

图3-139 “插入超链接”对话框

(6) 单击“插入”选项卡下“图像”功能组中的“形状”命令按钮，在下拉列表的“动作按钮”区中选择动作按钮“前进或下一项”，将它画在幻灯片右下角合适位置，在弹出的“动作设置”对话框中确定“超链接到：下一张幻灯片”后单击“确定”按钮，如图3-140所示。

图3-140 “动作设置”对话框

(7) 按照前面所述的方法插入图片“福娃.jpg”，适当调整大小和位置。

(8) 在普通视图“幻灯片”标签中，选定幻灯片2，按住[Ctrl]+[C]组合键松开，然后按住[Ctrl]+[V]组合键松开，形成幻灯片3。

3.3.4 定制演示文稿的视觉效果

演示文稿制作好后，接下来的工作就是修饰演示文稿的外观，以求达到最佳的视觉效果。

美化演示文稿包括两部分：一是对每张幻灯片分别进行美化；二是统一设置演示文稿中幻灯片的外观，进行美化。

1. 美化幻灯片

用户在幻灯片中输入标题、文本后，为了使幻灯片更加美观、易读，可以设定文字和段落的格式，这利用“开始”选项卡下“字体”和“段落”功能组中的相应命令按钮来实现。除对文字和段落进行格式化外，还可以对插入的文本框、图片、自选图形、表格、图表等其他对象进行格式化操作，只要双击这些对象，在打开的相应的工具选项卡中设置即可。此外，还可以设置幻灯片主题和背景等，这是通过“设计”选项卡下“设计模板”和“背景”功能组中的相应命令按钮来操作的。

例3-44 将例3-43演示文稿幻灯片1的标题文字设置为华文行楷、66、分散对齐；将幻灯片2的背景设置预设颜色“中海洋绿-水鸭色渐变”；将幻灯片3的主题设置为“通用模板-翠绿”(注意该主题只应用于幻灯片3，不要改变前两张幻灯片的主题)。效果如图3-141所示。

图 3 - 141　美化幻灯片效果

操作步骤如下：

(1) 在普通视图幻灯片标签中单击幻灯片 1，选定标题文字，在"开始"选项卡下"字体"功能组中设置"字体"为"华文行楷"，"字号"为"66"，"段落"功能组中设置"对齐方式"为"分散对齐"。

(2) 在幻灯片标签中选中幻灯片 2，单击"设计"选项卡下"背景"功能组中的"背景"命令按钮的下三角箭头，选择"背景"命令，打开"对象属性"任务窗格，在"填充"标签中选中"渐变填充"，在右端可以设置填充颜色。除此以外，还能设置渐变样式、渐变角度、渐变光圈位置、色标颜色等，如图 3 - 142 所示，设置"渐变样式"为"线性渐变"。背景还可以是纹理背景、图案或外部导入的图片。最后单击"关闭"按钮。"关闭"按钮作用于选定幻灯片，"全部应用"按钮则作用于所有幻灯片。

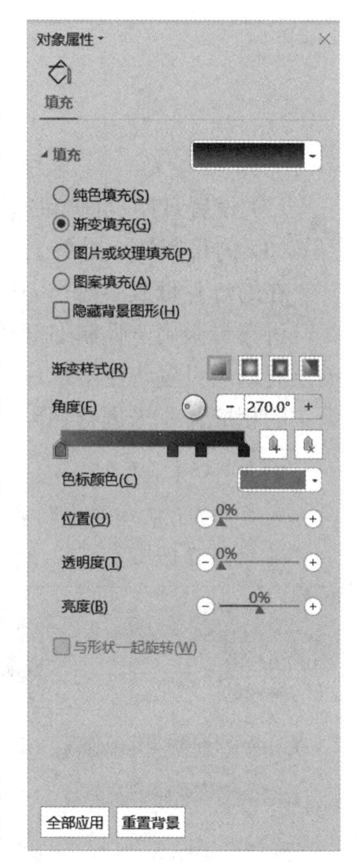

图 3 - 142　设置渐变样式

(3) 在幻灯片标签中选中幻灯片 3，在"设计"选项卡下"设计模板"功能组中右击"通用模板-翠绿"图标，在快捷菜单中选择"应用于选定幻灯片"命令。

2. 统一设置幻灯片外观

一个演示文稿由若干张幻灯片组成，为了保持风格一致和布局相同，提高编辑效率，可以通过 WPS 演示提供的母版功能来设计好一张"幻灯片母版"，使之应用于所有幻灯片。母版包括可出现在每一张幻灯片上的显示元素，可以对整个文稿中的幻灯片进行统一调整，避免重复制作。

WPS 演示的母版分为幻灯片母版、讲义母版和备注母版。

幻灯片母版是最常用的，它可以控制当前演示文稿中相同幻灯片版式上键入的标题和文本的格式与类型，使它们具有相同的外观。如果要统一修改多张幻灯片的外观，没有必要一张张幻灯片进行修改，只需要在相应幻灯片版式的母版上做一次修改即可。如果用户希望某张幻灯片与幻灯片母版效果不同，则直接修改该幻灯片即可。

单击"视图"选项卡下"母版视图"功能组中的"幻灯片母版"命令按钮，进入幻灯片母版视图，在左侧窗格中选择"标题和内容 版式"，其母版如图 3 - 143 所示。

母版通常有五个占位符：标题、文本、日期、幻灯片编号和页脚。在母版视图中可以进行下列操作：

(1) 更改标题和文本样式；

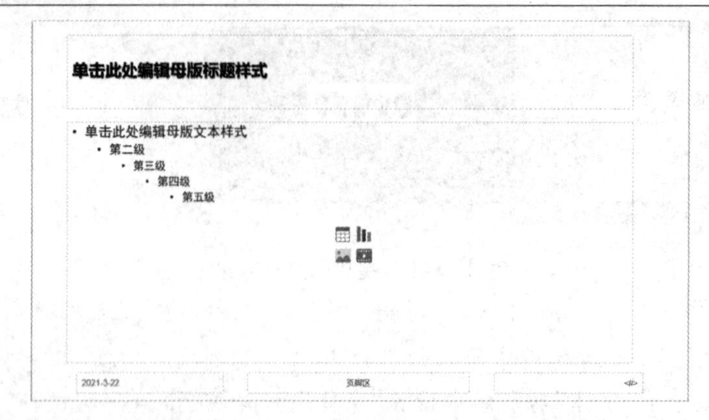

图3-143 “标题和内容 版式”的母版

(2) 设置日期、页脚和幻灯片编号;

(3) 向母版插入对象。

在幻灯片母版中操作完毕后,单击“幻灯片母版”工具选项卡中的“关闭”命令按钮返回。

讲义母版用于控制幻灯片以讲义形式打印的格式,备注母版主要提供演讲者备注使用的空间以及设置备注幻灯片的格式,它们的操作可以通过“视图”选项卡下“母版视图”功能组中的相应命令来进行。

例3-45 在例3-44演示文稿每张幻灯片的右下角位置加入幻灯片编号,下方正中间加入页脚“北京欢迎你”,并在“标题 版式”母版中设置页脚字号为24磅。

操作步骤如下:

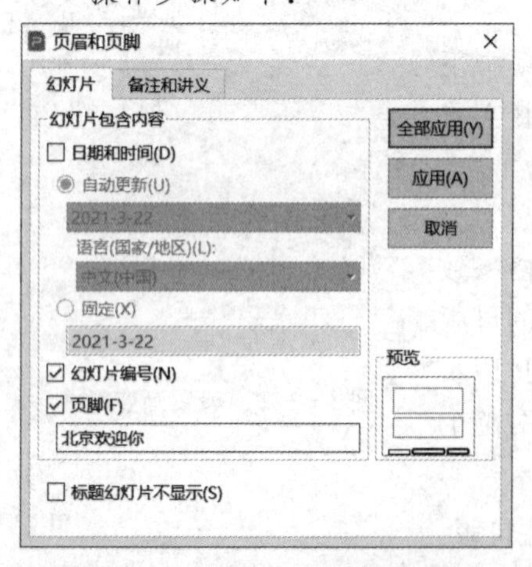

图3-144 设置幻灯片编号和页脚

(1) 单击“插入”选项卡下“文本”功能组中的“页眉和页脚”命令按钮,弹出“页眉和页脚”对话框,勾选“幻灯片编号”和“页脚”复选框,并在“页脚”文本框中输入“北京欢迎你”,如图3-144所示。单击“全部应用”按钮。

(2) 单击“视图”选项卡下“母版视图”功能组中的“幻灯片母版”命令按钮,进入幻灯片母版视图,在右侧窗格中选择“标题幻灯片 版式”,在页脚区选中“北京欢迎你”,在“开始”选项卡下“字体”功能组中“字号”下拉列表框中选择“24”,再单击幻灯片母版选项卡中的“关闭”命令按钮返回。此后,添加的“标题幻灯片”中的页脚字号均为24磅。

3.3.5 设置演示文稿的播放效果

1. 设计动画效果

设计动画效果包括两部分:一是设计幻灯片中对象的动画效果;二是设计幻灯片间切换的动画效果。

1) 设计幻灯片中对象的动画效果

在为幻灯片中的对象设计动画效果时,可以分别对它们的进入、强调、退出以及动作路径进行设置:

① 进入动画效果是对象进入幻灯片时产生的效果，包括基本型、细微型、温和型及华丽型四种。

② 强调动画效果用于让对象突出，引人注目，一般选择一些较华丽的效果。

③ 退出动画效果包括“百叶窗”“飞出”“轮子”“棋盘”等多种效果，可根据需要进行设置。

④ 动作路径和绘制自定义路径动画效果用于自定义动画运动的路线及方向，也可以采用 WPS 演示中预设的多种路径。

（1）添加动画：可以通过单击“动画”选项卡下“动画”功能组动画库中的相应命令按钮来完成，WPS 演示将一些常用的动画效果放置于动画库中。也可以单击该选项卡中的“自定义动画”命令按钮，在打开的右侧窗格的“添加效果”下拉列表中“进入”“强调”“退出”或“动作路径”之下单击圆圈内的向下箭头展开更多的动画选项。例如，单击动作路径最后圆圈内的下箭头，就可以加入更多的动作路径动画效果，如图 3－145 所示。

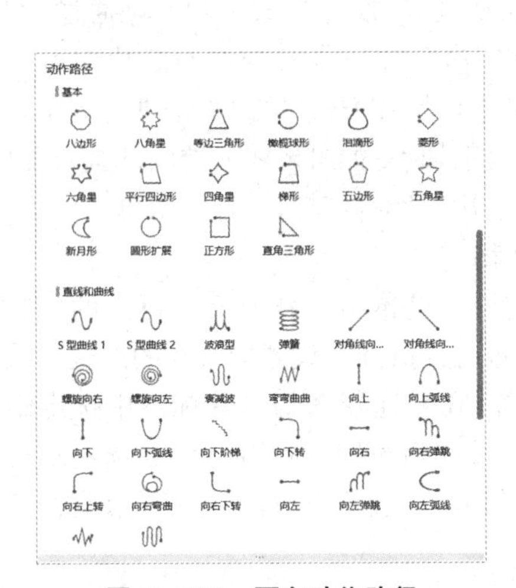

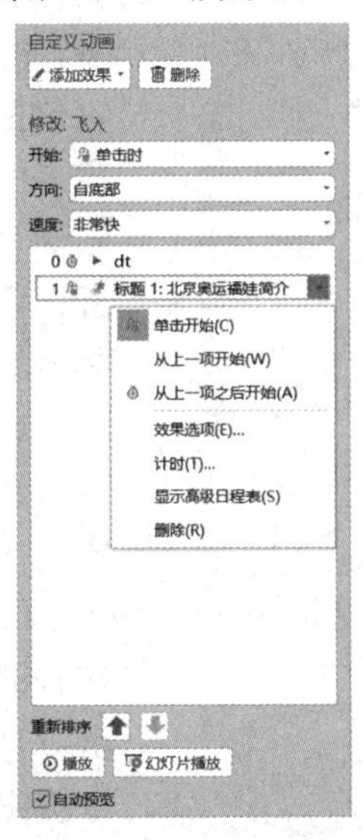

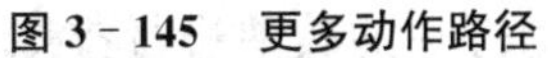

图 3－145 更多动作路径

图 3－146 动画运行方式与顺序调整

（2）编辑动画：动画效果设置好后，还可以对动画方向、运行方式、顺序、声音、动画时长等内容进行编辑，让动画效果更加符合演示文稿的意图。有些动画可以改变方向，这通过单击“动画”选项卡中的“自定义动画”命令按钮来完成。如图 3－146 所示，动画运行方式包括“单击开始”“从上一项开始”“从上一项之后开始”三种方式；对于动画的顺序调整，可以长按需要调整的动画序号并将其拖拽至目的序号即可，也可以单击窗格下方“重新排序”中的相应按钮：“⬆”“⬇”，此时幻灯片中对象左上角的动画序号会相应变化；如果需要给动画添加声音，那么可以单击“效果选项”，在弹出的动画效果对话框中“效果”选项卡下“声音”下拉列表框中选择合适的声音，还可以将“动画文本”设置为“按字母”出现，设置每个字母间出现的延迟，如图 3－147 所示；动画运行时长包括“非常快”“快速”“中速”“慢速”“非常慢”五种方式，这可以在动画效果对话框“计时”选项卡中设置完成，如图 3－148 所示。该选项卡中还可以设置动画运行方式和延迟。

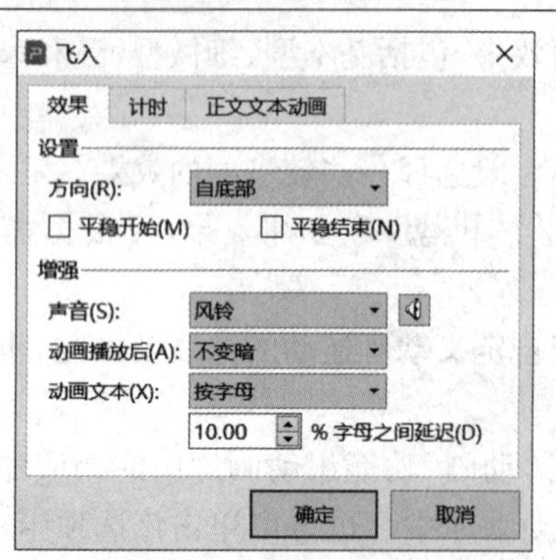

图 3-147　声音和动画文本的设置

图 3-148　动画运行时间长度设置

2）设计幻灯片间切换的动画效果

幻灯片间的切换效果是指移走屏幕上已有的幻灯片，并以某种效果开始新幻灯片的显示，如"百叶窗""溶解""抽出""随机"等。幻灯片切换效果的设置包括切换方式、切换效果、换片方式三种。这通过"切换"选项卡中的"切换效果"命令按钮来实现，"幻灯片切换"窗格如图 3-149 所示。其中，"换片方式"可以单击进行人工切换，或者设置时间间隔来自动切换；如果要将所选的动画效果应用于其他幻灯片，单击"应用于所有幻灯片"按钮即可。

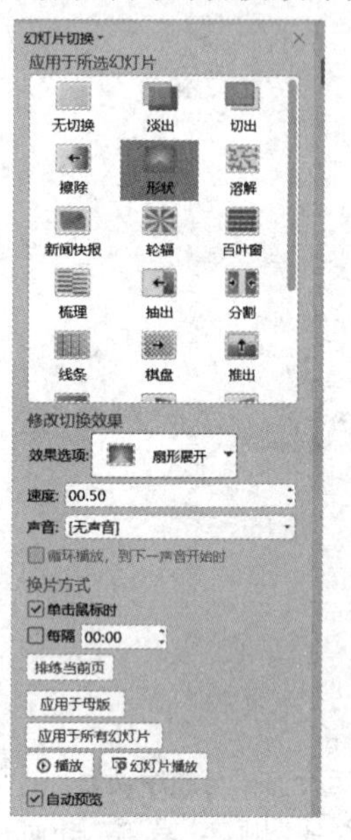

图 3-149　"幻灯片切换"窗格

2. 播放演示文稿

在放映幻灯片前，一些准备工作是必不可少的，如将不需要放映的幻灯片隐藏、排练计时、设置幻灯片的放映方式等。

(1) 隐藏幻灯片：在普通视图幻灯片标签中选定幻灯片，在右键快捷菜单中选择"隐藏幻灯片"命令，或选定幻灯片，单击"幻灯片放映"选项卡下"设置"功能组中的"隐藏幻灯片"命令按钮。

(2) 排练计时：是对幻灯片的放映进行排练，对每个动画所使用的时间进行控制。整个文稿播放完毕后，系统会提示用户幻灯片放映总共所需要的时间并询问是否保留排练时间，单击"是"按钮后，WPS 演示自动切换到幻灯片浏览视图，并且在每个幻灯片下方显示出放映所需要的时间。幻灯片排练计时是通过"幻灯片放映"选项卡下"设置"功能组中的"排练计时"命令按钮来实现的。

(3) 设置幻灯片的放映方式：在播放演示文稿前可以根据使用者的不同需要设置不同的放映方式，这通过单击"幻灯片放映"选项卡下"设置"功能组中的"设置放映方式"命令按钮，在"设置放映方式"对话框中操作实现，如图 3-150 所示。

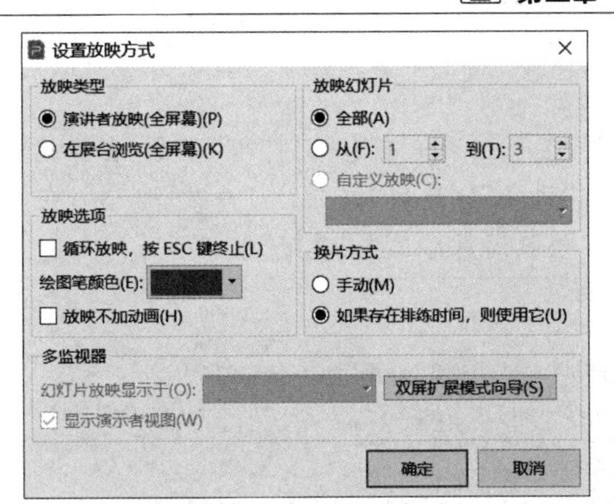

图 3-150　设置演示文稿放映方式

幻灯片放映有如下两种放映方式：

① 演讲者放映(全屏幕)：以全屏幕形式显示，演讲者可以控制放映的进程，可用绘图笔勾画，适于大屏幕投影的会议、讲课。

② 在展台浏览(全屏幕)：以全屏幕形式在展台上作演示用，按事先预定的或通过“排练计时”设置的时间和次序放映，不允许现场控制放映的进程。

要播放演示文稿有多种方式：按[F5]键；选择“幻灯片放映”选项卡下“开始放映幻灯片”功能组中的“从头开始”命令按钮；单击窗口底部的“从当前幻灯片开始播放”按钮等。其中，除最后一种方法是从当前幻灯片开始放映外，其他方法都是从第 1 张幻灯片放映到最后一张幻灯片。

例 3-46　将例 3-45 演示文稿幻灯片 2 的标题设置空翻的动画效果，速度为中速，声音为风铃，从上一项之后开始 1 秒后发生；设置全部幻灯片的切换效果为“形状”，换片方式为“单击鼠标时”换页或每间隔 8 秒换页。

操作步骤如下：

(1) 在普通视图幻灯片标签中，单击幻灯片 2，选定该幻灯片的标题，单击“动画”选项卡中的“自定义动画”命令按钮，“自定义动画”窗格中单击“添加效果”按钮，在进入动画效果中单击最后的向下箭头，选择“华丽型”中的“空翻”。

(2) 右击“修改：空翻”列表框中的“标题 1：北京奥运福娃简介”，在快捷菜单中选择“效果选项”，在“效果”选项卡中设置“声音”为“风铃”；然后单击“计时”选项卡，设置“开始”为“之后”，“延迟”为“1.0”秒，“速度”为“中速(2 秒)”。

(3) 选定任意幻灯片，选择“切换”选项卡中的“切换效果”命令按钮中的“形状”，在右侧“幻灯片切换”中勾选“单击鼠标时”或勾选“每隔”，调整数值框为 8 秒，单击“应用于所有幻灯片”按钮。

(4) 按[F5]键观看放映，查看动画播放效果。

3.3.6　打印、输出演示文稿

演示文稿可以打印，这通过单击“文件”按钮，在下拉菜单中选择“打印”命令来实现。

例 3-47　将例 3-46 演示文稿以讲义形式用 A4 纸打印出来，每张纸打印 3 张幻灯片。

操作步骤如下:

(1) 打开演示文稿。

(2) 单击“文件”按钮,在下拉菜单中选择“打印”命令,在弹出的“打印”对话框中的“打印内容”里选定“讲义”,在“讲义”栏选定“每页幻灯片数”为“3”,在其右侧会显示一个预览缩略图,如图 3-151 所示。预览满意后单击“确定”按钮即可。

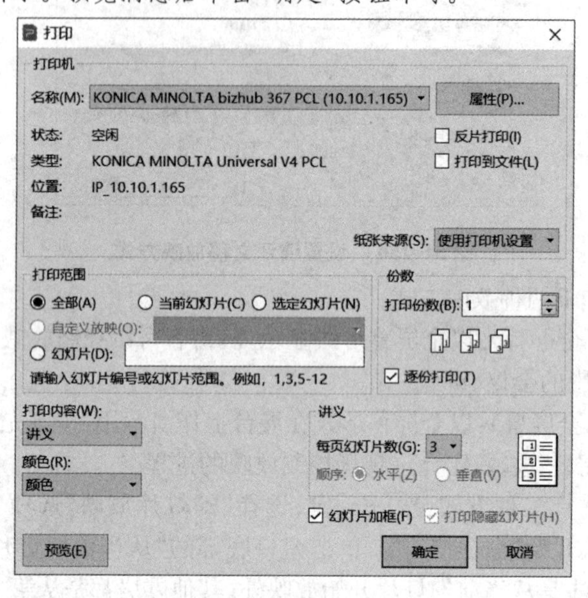

图 3-151　打印演示文稿

演示文稿制作完毕后,可以输出为不同格式的文件,可以输出为 PDF 文档、视频、OFD 格式等。这通过单击“文件”按钮下拉菜单中的“另存为”级联菜单中相应的命令来实现。

选择题

1. WPS 文字的运行环境是(　　)。

   A. DOS　　B. UCDOS　　C. WPS　　D. Windows

2. WPS 文档文件默认的格式是(　　)。

   A. TXT　　B. WPS　　C. DOCX　　D. DOC

3. 打开 WPS 文字文档一般是指(　　)。

   A. 把文档的内容从磁盘调入内存,并显示出来

   B. 把文档的内容从内存中读入,并显示出来

   C. 显示并打印出指定文档的内容

   D. 为指定文件开设一个新的、空的文档窗口

4. WPS 文字中的(　　)视图方式使得显示效果与打印预览基本相同。

   A. Web 版式　　B. 大纲　　C. 页面　　D. 阅读版式

5. “编辑”级联菜单中“复制”命令的功能是将选定的文本或图形(　　)。

   A. 复制到剪贴板　　B. 由剪贴板复制到光标位置

C. 复制到文件的光标位置　　D. 复制到另一个文件的光标位置

6. 选择纸张大小，可以在(　　)选项卡下“页面设置”功能组中单击“纸张大小”命令按钮设置。

A. “开始”　　B. “插入”　　C. “页面布局”　　D. “审阅”

7. 在 WPS 文字中，可单击(　　)选项卡中的“页眉和页脚”命令按钮，建立页眉和页脚。

A. “开始”　　B. “插入”　　C. “视图”　　D. “引用”

8. WPS 文字具有分栏功能，下列关于分栏的说法中正确的是(　　)。

A. 最多可以分四栏　　B. 各栏的宽度必须相同

C. 各栏的宽度可以不同　　D. 各栏之间的间距是固定的

9. 在 WPS 文字表格计算中，其公式“＝SUM(A1,C4)”的含义是(　　)。

A. 第 1 行第 1 列至第 3 行第 4 列共 12 个单元格相加

B. 第 1 行第 1 列至第 1 行第 4 列共 4 个单元格相加

C. 第 1 行第 1 列与第 1 行第 4 列共 2 个单元格相加

D. 第 1 行第 1 列与第 4 行第 3 列共 2 个单元格相加

10. 在 WPS 文字文档中插入图形，下列方法中(　　)是不正确的。

A. 单击“插入”选项卡中的“形状”命令按钮，选择需要绘制的图形

B. 单击“文件”按钮下拉菜单中的“打开”命令，再选择某个图形文件名

C. 单击“插入”选项卡中的“图片”命令按钮，再选择某个图形文件名

D. 利用剪贴板将其他应用程序中的图形粘贴到所需文档中

11. WPS 表格默认的文件格式是(　　)。

A. TXT　　B. ET　　C. XLSX　　D. XLS

12. 在 WPS 表格中，要进行计算，单元格首先应该输入的是(　　)。

A. ＝　　B. －　　C. ×　　D. √

13. 工作表单元格 A1～A4 的内容依次是 5,10,15,0，单元格 B2 中的公式是“＝A1＊2^3”，若将 B2 的公式复制到单元格 B3，则 B3 的结果是(　　)。

A. 60　　B. 80　　C. 8000　　D. 以上都不对

14. 如果单元格 A1～A5 包含数字 10,7,9,27 和 2，那么(　　)。

A. SUM(A1:A5)等于 10　　B. SUM(A1:A3)等于 26

C. AVERAGE(A1&A5)等于 11　　D. AVERAGE(A1:A3)等于 7

15. 在行号和列标前加“$”，代表绝对引用。绝对引用工作表 Sheet2 中从单元格 A2 到 C5 的格式为(　　)。

A. Sheet2!A2:C5　　B. Sheet2!$A2:$C5

C. Sheet2!$A$2:$C$5　　D. Sheet2!$A2:C5

16. 如果要对一个区域中各行数据求和，那么应用(　　)函数，或选用“开始”选项卡中的“求和”命令按钮进行运算。

A. AVERAGE　　B. SUM　　C. SUN　　D. SIN

17. 在 WPS 表格中，下列关于选择性粘贴的叙述错误的是(　　)。

A. 选择性粘贴可以只粘贴格式

B. 选择性粘贴只能粘贴数值型数据

C. 选择性粘贴可以将源数据的排序旋转 90°，即“转置”粘贴

D. 选择性粘贴可以只粘贴公式

18. 下列关于排序操作的叙述中正确的是(　　)。

A. 排序时只能对数值型字段进行排序，对于字符型字段不能进行排序

B. 排序可以选择字段值的升序或降序两个方向分别进行

C. 用于排序的字段称为“关键字”，在 WPS 表格中只能有一个关键字

D. 一旦排序后就不能恢复原来的记录排列

19. 在WPS表格中,下列关于分类汇总的叙述错误的是(　　)。

A. 分类汇总前数据必须按关键字排序

B. 分类汇总的关键字只能是一个字段

C. 汇总方式只能是求和

D. 分类汇总可以删除,但删除汇总后排序操作不能撤消

20. 数据透视表操作,通过(　　)选项卡中的"数据透视表"命令按钮实现。

A. "开始"　　B. "插入"　　C. "数据"　　D. "公式"

21. WPS演示是一个(　　)软件。

A. 文字处理　　B. 电子表格处理　　C. 演示文稿制作　　D. 绘图

22. WPS演示默认的文件格式是(　　)。

A. PPTX　　B. POT　　C. DPS　　D. PPT

23. 在需要整体观察幻灯片时,应该选择(　　)。

A. 阅读视图　　B. 普通视图　　C. 备注页视图　　D. 幻灯片浏览视图

24. 新建一张新幻灯片按钮为(　　)。

A.　　B.　　C.　　D.

25. 当在幻灯片中插入了声音以后,幻灯片中将会出现(　　)。

A. 喇叭标记　　B. 一段文字说明　　C. 链接说明　　D. 链接按钮

26. 要使所制作背景对所有幻灯片生效,应在"对象属性"窗格中单击(　　)。

A. 应用　　B. 取消　　C. 全部应用　　D. 确定

27. 为所有幻灯片设置统一的、特有的外观风格,应使用(　　)。

A. 母版　　B. 配色方案　　C. 自动版式　　D. 幻灯片切换

28. WPS演示中要实现超链接,应该选择(　　)选项卡下"链接"功能组中的"超链接"命令按钮。

A. "开始"　　B. "动画"　　C. "插入"　　D. "切换"

29. 在对幻灯片中某对象进行动画设置时,应在(　　)选项卡中进行。

A. "动画"　　B. "切换"　　C. "设计"　　D. "幻灯片放映"

30. 当在交易会进行广告宣传片的放映时,应选择(　　)放映方式。

A. 演讲者放映　　B. 观众自行放映　　C. 在展台浏览　　D. 需要时按下某键

第四章　多媒体技术基础

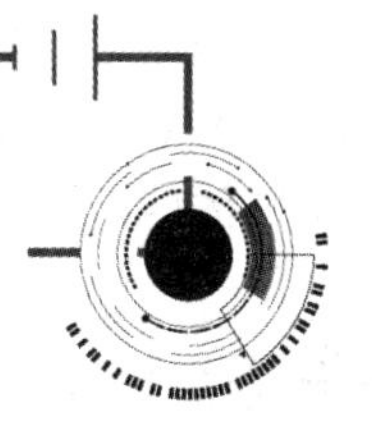

多媒体技术是人类在电话电报技术、广播电视技术、计算机技术和网络技术应用成熟的基础上发展起来的全新信息处理技术，是计算机技术应用的又一次革命。

多媒体技术是利用计算机技术综合处理文本、图形、图像、动画、音频和视频等多种媒体信息，使之一体化，并在其间建立逻辑连接，集成为一个具有交互性系统的技术。多媒体技术的最大优势是能对多种媒体信息进行获取、压缩编码、编辑、加工处理、存储和展示。

本章主要内容：多媒体技术概述；多媒体计算机系统的组成；多媒体信息的数字化处理；多媒体数据压缩技术；多媒体应用技术。

※4.1　多媒体技术概述

4.1.1　媒体及多媒体的概念与类型

1. 媒体的概念

媒体是人类社会生活中信息传播、交流、转换的载体，如书本、报纸、电视、广播、杂志、磁盘、光盘等相关设备。

在计算机技术领域，媒体包含两种特定的含义：①信息存储与传输的实体，如磁盘、光盘、磁带、通信网络等；②信息的表现形式（或传播形式），如数字、文字、声音、图形、图像、动画、影视节目等。

信息的存储实体与表现形式相互依存，存储实体反映信息的存在形式，表现形式确定信息的表现类型。

2. 媒体的分类

为了便于描述信息媒体在存储、处理和传播过程中的有关问题，国际电报电话咨询委员会（International Telegraph and Telephone Consultative Committee，CCITT）制定了媒体分类标准，将信息的表现形式、信息编码、信息转换与存储设备、信息传输网络等统一规定为媒体，并划分为如下五种类型：

(1) 感觉媒体(perception medium)：直接作用于人的感官，使人能直接产生感觉，如语言、音乐、图形、静止的或动态的图像、自然界的各种声音以及计算机系统中的数据和文字等。

(2) 表示媒体(representation medium):指各种编码,如语言编码、文本编码和图像编码等。这是为了加工、处理和传输感觉媒体而人为地研究、构造出来的一类媒体。

(3) 表现媒体(presentation medium):指将感觉媒体输入到计算机中或通过计算机展示感觉媒体的物理设备,即获取和还原感觉媒体的计算机输入和输出设备,如显示器、打印机、音箱等输出设备,键盘、鼠标、话筒、扫描仪、数码相机、摄像机等输入设备。

(4) 存储媒体(storage medium):指存储表示媒体信息的物理设备,如硬盘、光盘、U盘和闪存等。

(5) 传输媒体(transmission medium):指传输表示媒体信息的物理介质,如双绞线、同轴电缆、光纤、空间电磁波等。

在上述各种媒体中,表示媒体是所有媒体的核心。计算机处理媒体信息时,首先通过表现媒体的输入设备将感觉媒体转换成表示媒体,并存放在存储媒体中,计算机从存储媒体中获取表示媒体信息后进行加工、处理,最后利用表现媒体的输出设备将表示媒体还原为感觉媒体。此外,计算机也可将从存储媒体中得到的表示媒体传送给网络中的其他计算机。不同媒体与计算机信息处理过程的关系如图4-1所示。

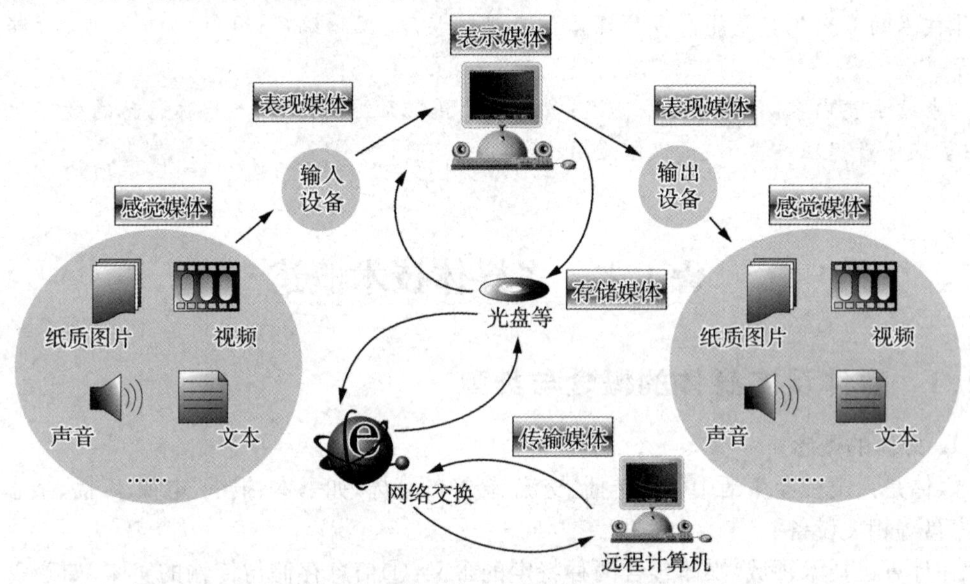

图4-1 媒体与计算机系统

从表示媒体与时间的关系看,不同形式的表示媒体可以被划分为如下两类:

(1) 静态媒体:信息的再现与时间无关,如文本、图形、图像等。

(2) 连续媒体:具有隐含的时间关系,其播放速度会影响所含信息的再现,如声音、动画、视频等。

连续媒体对传统的计算机系统、通信系统和分布式应用系统等都有更高的性能要求。

3. 多媒体的概念

多媒体(multimedia)是由两种以上的媒体融合而成的信息综合表现形式,是多种媒体的处理、集成和利用的结果。多媒体强调媒体信息的多样性,更注重各媒体间的有机结合及人与媒体信息之间的交互作用,具体表现为多种媒体表现、多种感官作用、多种设备支持、多种学科交叉、多个领域应用等。因此,多媒体是建立在信息技术之上的融合两种以上媒体的人机交互式信息媒体或系统。

多媒体的实质是将不同表现形式的媒体信息数字化并集成，通过逻辑连接形成有机整体，同时实现交互式控制。数字化与交互集成是多媒体的精髓。

多媒体与传统媒体的区别如下：

(1) 传统媒体基本上都是模拟信号，而多媒体信息都是数字化的。

(2) 传统媒体只能让人被动地接收信息，而多媒体可以让人主动与信息媒体交互。

(3) 传统媒体一般是单一形式，而多媒体是两种以上不同媒体信息的有机集成。

例如，传统的电视节目是用视频图像、文字和声音来表达和传播信息的，但它不是多媒体，因为传统的电视技术是基于模拟信号处理技术，人不能对播放的节目和内容进行随意控制，只是被动地观看，缺乏交互能力。目前，随着数字技术的发展，数字电视的逐步普及，电视也朝着多媒体的方向发展。

4. 多媒体信息类型

目前，多媒体信息在计算机中的基本形式可划分为文本、图形、图像、音频、视频和动画等，这些基本形式称为多媒体信息的基本元素。

1) 文本

文本(text)是以文字、数字和各种符号表达的信息形式，是多媒体信息中使用最多的信息媒体，主要用于对知识的描述。在计算机中，文本有格式文本和无格式文本两种主要形式。格式文本中除文本内容的文字外，还包含定义版面格式的相关信息，如字体、字号、颜色等；而无格式文本则仅包含构成文本内容的文字，其输出格式由管理程序指定(不能由编辑使用者改变)，故又称为纯文本。

2) 图形

图形(graphic)是指用计算机绘图软件绘制的从点、线、面到三维空间的以矢量坐标或位图像素表示的黑白或彩色图形，如以直线、矩形、圆、多边形以及其他可用角度、坐标和距离来表示的几何图形。

3) 图像

图像(image)是指静态图像，如各种图纸、照片等。图像可以从现实世界中获取，也可以利用计算机产生数字化图像。图像是由单位像素组成的位图来描述的，每个像素点都用若干位二进制数编码，用来反映像素点的颜色和亮度。

4) 音频

音频(audio)是指在 20 Hz～20 kHz 频率范围连续变化的声波信号，可分为语音、音乐与合成音效三种形式。

5) 视频和动画

视频(video)是指从摄像机、数码相机、影碟机以及电视接收机等影像输出设备得到的连续活动图像信号；动画(animation)则是采用计算机动画设计软件创作，由若干幅图像进行连续播放而产生的具有运动感觉的连续画面。视频和动画的共同特点是每幅图像都是前后关联的，通常每幅图像都是前幅图像的变形，每幅图像均可称为帧。帧以一定的速率(fps，帧/秒)连续投射在屏幕上，就会产生连续运动的感觉。当播放速率在 24 fps 以上时，人们的视觉就会产生自然连续播放的效果。

4.1.2 多媒体技术及其特点

1. 多媒体技术

多媒体技术是计算机综合处理多种媒体信息，在多种媒体信息间建立逻辑连接，并集成为一个具有交互性的系统的技术。多媒体技术所处理的文字、声音、图形、图像等媒体数据是一个有机整体，而不是一个个“分立”信息类的简单堆积，多种媒体无论在时间上还是在空间上都存在紧密的联系，是具有同步性和协调性的媒体信息的集合。因此，多媒体技术的关键特性在于信息载体的集成性、多样性和交互性，这也是多媒体技术研究必须解决的主要问题。

2. 多媒体技术的特点

1）集成性

多媒体技术是多种媒体信息的有机集成，也包括处理这些媒体信息的软、硬件的集成。多媒体信息的集成是指各种媒体信息的多通道统一获取、统一存储、组织以及表现合成等方面。其中，多媒体信息的组织和表现合成是采用超文本通过超媒体的方式实现的，从而为人们构造了一种非线性的信息组织结构。处理媒体信息的软、硬件集成是指在硬件方面能够处理多媒体信息的高性能计算机系统以及与之相对应的输入/输出能力及外设；软件方面，应该有集成一体的多媒体操作系统、多媒体信息处理系统、多媒体应用开发与创作工具等。

2）多样性

多样性是指媒体种类及其处理技术的多样性。多样性使计算机能够处理的信息空间得到扩展和放大，不再局限于数值和文本，而是广泛采用图形、图像、视频、音频等媒体形式来表达。多媒体技术就是要使计算机能处理的信息多维化，通过信息的获取、处理与展现，使之在交互过程中具有更加自由的空间，满足用户感官全方位的多媒体信息要求。

3）交互性

交互性是指用户与计算机之间进行数据交换、媒体交换和控制权交换的一种特性，为用户提供了更加有效地控制和使用信息的手段。多媒体技术对多媒体信息具有捕捉、控制、操作、编辑、存储、呈现和通信等功能，从而可以建立用户与用户之间、用户与计算机之间的数据双向交流的操作环境以及多样性、多变性和超媒体的学习和展示环境。交互性增加了对多媒体信息的注意和理解，延长了信息保留的时间，使人们获取信息和使用信息的方式由被动变为主动。借助于交互控制，人们不是被动地接受文字、图形、声音和图像，而是可以主动地随时进行编辑、检索、提问和回答。

最后要说明的是，因为计算机技术中的数字化技术和交互式处理能力，所以才使多媒体技术成为现实，才能对多种媒体信息进行统一的处理。以往传统的家用电器，正是由于不具备数字化技术和交互式处理能力，因此不能说它们具有多媒体技术的特性。

4.1.3 多媒体信息处理的关键技术

多媒体技术利用计算机将各种媒体以数字化的方式集成在一起，从而使计算机具有获取、存储、处理和表现多种媒体信息的综合能力。多媒体计算机系统需要将不同的媒体数据表示成统一的数据结构码流，然后对其进行变换、重组和分析处理，以进一步的存储、传送、输出和交互控制。

多媒体信息处理的关键技术包括多媒体音频、视频技术，多媒体数据压缩技术，多媒体计算机系统技术，多媒体数据存储技术。

4.1.4 多媒体技术的应用及发展前景

1. 多媒体技术的应用

1）娱乐、游戏领域

娱乐和游戏是多媒体的一个重要应用领域。计算机游戏深受年轻人的喜爱，游戏者对游戏不断提出的要求极大地促进了多媒体技术的发展，许多最新的多媒体技术往往首先应用于游戏软件。目前，互联网上的多媒体娱乐活动更是多姿多彩，从在线音乐、在线电视、在线影院到联网游戏，应有尽有。可以说娱乐和游戏是多媒体技术应用最为成功的领域之一。

2）商业、公共服务、电子商务领域

在商业、公共服务和电子商务领域，互动多媒体越来越多地承担向客户、职员和大众发布信息的任务，并实现了高效率、低成本的运营要求。可以在许多公共场所，如商店、酒楼、风景旅游地、营业厅、博物馆，甚至是飞机、火车上，找到多媒体技术的应用所在。多媒体系统能直观、形象地展示商品、服务和知识，人们可以通过多媒体系统的操作与演示，从各种角度了解更多的知识和服务。客户与商家之间都可以通过多媒体技术找到各自最佳的信息表现方式。

3）教育培训领域

多媒体技术将声、文、图集成于一体，传递的信息更丰富、更直观，是一种更贴近生活的交流方式，人们在这种交流中通过多种感官接收信息，加快了理解和掌握知识的过程，有助于接收者的联想和推理等思维活动。

在教学内容方面，多媒体技术使得教学的内容和形式发生了巨大的变化，从单一的文字演变成了文字、图形、图像、声音、动画、视频等综合媒体，极大地丰富了教学内容和形式。

在教学手段方面，具有强大功能的多媒体计算机与大屏幕投影仪的组合，提供了多功能、实用、简便、高效的人性化、现代化的教学手段。

在教学环境方面，多媒体技术与宽带网络的有机结合，形成了本地教学网络、校园教学网络以及远程多媒体教学网络。不仅强化了教学手段和功能，也将教学空间扩展到了整个校园甚至互联网，提供了无校园限制、无时间限制的随时、随地、自由的学习空间。

在教学方式方面，利用多媒体计算机的文本、图形、视频、音频等媒体综合及交互式特点，可以设计出生动形象、人机交流、即时反馈的课件。可以根据学生的水平采取不同的教学方案，根据反馈信息为学生提供及时的学习辅导，根据教学情况随时补充新的教学内容。

4）网络通信应用

多媒体技术与网络通信技术相结合产生了可视电话、视频会议、视频聊天、多媒体电子邮件、信息点播和计算机支持协同工作（computer supported cooperative work，CSCW）等应用技术，这些技术的应用在某种程度上改变了人们的生活方式和习惯，并将继续对人类的生活、学习和工作产生深刻的影响。

5）家庭及个人应用

多媒体技术的广泛应用，使得大量的数码产品，如数码相机、数码摄像机、MP3 播放器、PDA、移动存储和 MP4 播放器等迅速进入家庭，并普及到个人，这些产品使得多媒体信息的复制和欣赏更加方便和及时。而今，随着信息化住宅小区的发展，宽带和光纤网的接入，拥有多功能的多媒体个人计算机和各类数码产品既可以办公、创作、学习，也可以游戏、娱乐。采用交互视听功能,用户还可以根据自己的爱好联网点播或发布视听节目等。

6) 多媒体数字出版物

利用多媒体技术制作的数字出版物由于信息种类丰富、出版周期短、信息含量大,已经成为最受欢迎的媒体形式之一。与普通图书、杂志相比,数字出版物最大的优点是价格便宜,信息量大,图文并茂,有声有色,可以利用计算机进行信息检索,使读者通过交互的方式,获得全方位的信息。例如,数字版的大百科全书,普通用户能够十分便捷地进行购买和保存。

7) 模拟仿真应用

在飞行员训练、航天员训练、军事训练、抽象理论、天体运行、生物进化、航天模拟、天气预报等诸多行业中,许多难以用语言表达的事物可以采用多媒体技术模拟其发展过程,使人们能够形象地了解事物发展变化的原理和趋势,掌握操作技能,并节省开支和成本,提高训练效率。

2. 多媒体技术的发展前景

目前,多媒体技术是信息技术领域最热门的技术之一,加上大众传媒业与通信业的快速发展与融合以及日益增长的综合信息服务要求,多媒体技术具备了更大的发展潜力和明确的发展方向。

(1) 研究建立新一代多媒体通信网络环境,使多媒体从单机、单点向分布、协同多媒体环境发展,在全球范围内建立一个可自由交互的综合业务通信网。其中,网络结构、网络设备以及网上分布应用与信息服务的研究将是热点。社会生活中的计算机网络、电信网络以及广播电视网络首先会在技术层面上合一,形成交互式综合网络的服务能力。未来的多媒体通信将朝着不受空间、时间、通信对象任何约束和限制的方向发展,其目标是实现任何人在任何时刻与任何地点进行任何形式的通信交流。

(2) 利用图像理解、语音识别、全文检索等技术,研究多媒体基于内容的处理。开发能进行基于内容理解的系统是多媒体信息管理的重要方向。

(3) 多媒体标准仍是研究的重点。各类标准的研究将有利于产品规范化,应用更方便。因为以多媒体为核心的信息产业突破了单一行业的限制,涉及诸多行业,而多媒体系统的集成特性对标准化提出了很高的要求,所以必须开展标准化的研究,它是实现多媒体信息系统和大规模产业化的关键所在。

(4) 多媒体技术与相关技术相结合,提供完善的人机交互环境。同时,多媒体技术继续向其他领域扩展,使其应用的范围进一步扩大。目前,多媒体仿真、智能多媒体等新技术层出不穷,不断扩大原有技术领域的内涵,激发新的理念。

(5) 多媒体技术与外围技术构成的虚拟现实研究仍在继续发展。多媒体虚拟现实技术与可视化技术需要相互补充,并与语音、图像识别,智能接口等技术相结合,建立高层次虚拟现实系统。同时,多媒体技术将在听觉、视觉、触觉媒体技术研究的基础上,开展味觉和嗅觉媒体技术的研究工作。

多媒体技术总的发展趋势是具有更简单、更自然、更人性化的交互性,能够在更大范围内提供更多形式的信息服务,为未来人类生活创造一个在功能、空间、时间及人与人交互方面更完美的崭新世界。

❋4.2　多媒体计算机系统的组成

多媒体计算机系统是一种支持多种来源、多种类型和多种格式的多媒体数据在多种信息间建立逻辑连接，进而集成为一个具有交互性能的计算机系统。与普通的计算机系统一样，多媒体计算机系统也是由硬件和软件两大部分组成的，其层次结构如图4-2所示。

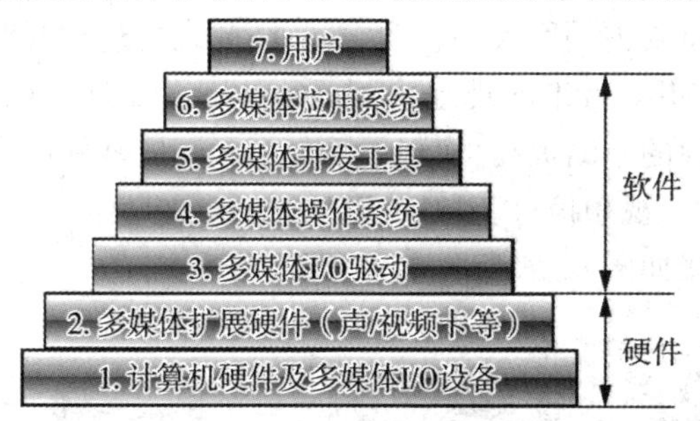

图4-2　多媒体计算机系统的层次结构

多媒体计算机系统是由高性能的硬件、操作系统平台、应用工具软件、用户应用软件等组成的，其系统结构如图4-3所示。

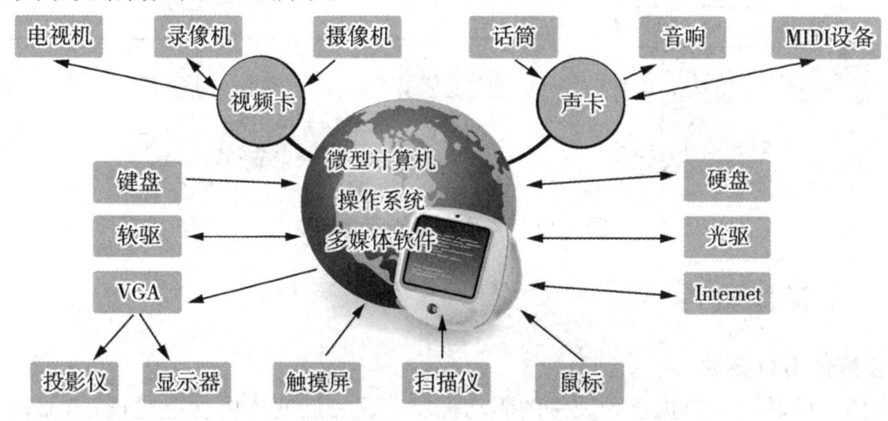

图4-3　多媒体计算机系统的结构

4.2.1　多媒体硬件

1. 计算机硬件及多媒体I/O设备

1）计算机硬件

计算机硬件是指具备多媒体信息处理能力的计算机基本部件，主要包括CPU、内存、外存（磁盘、光盘）、显示系统（显示卡、显示器）以及基本I/O设备，涉及CPU主频、内存容量、硬盘容量、光盘驱动器性能、图形/图像性能、MPEG支持以及操作系统版本等多项指标，其特点是速度快、容量大、显示色彩丰富。随着计算机硬件技术的不断发展，相关的技术性能也在不断提高。因此，多媒体计算机配置的具体性能指标也随着时间的推移而变化。

2）多媒体I/O设备

多媒体I/O设备主要包括如下五类：

(1) 视频、音频、图像输入设备:摄像机、录像机、数码相机、话筒、扫描仪等。

(2) 视频、音频输出设备:电视机、投影仪、音响等。

(3) 人机交互设备:键盘、鼠标、触摸屏、显示器、彩色打印机、光笔等。

(4) 存储设备:硬盘、U盘、光盘等。

(5) 通信设备:宽带网络等。

2. 多媒体扩展硬件

多媒体扩展硬件主要指用于音/视频信号的压缩和解压缩(实时)硬件,如声卡、视频卡等。由于视频和音频信息要占用巨大的存储空间,因此在处理时要对其进行压缩和解压缩,具体性能指标不能低于MPC标准的规定,通常采用以专用芯片为基础的接口卡。目前,随着计算机的综合性能指标的不断提高,实现压缩与解压缩的软件产品也得到广泛普及,可以压缩和播放多种格式的音/视频信息。

常用多媒体硬件连接如图4-4所示。

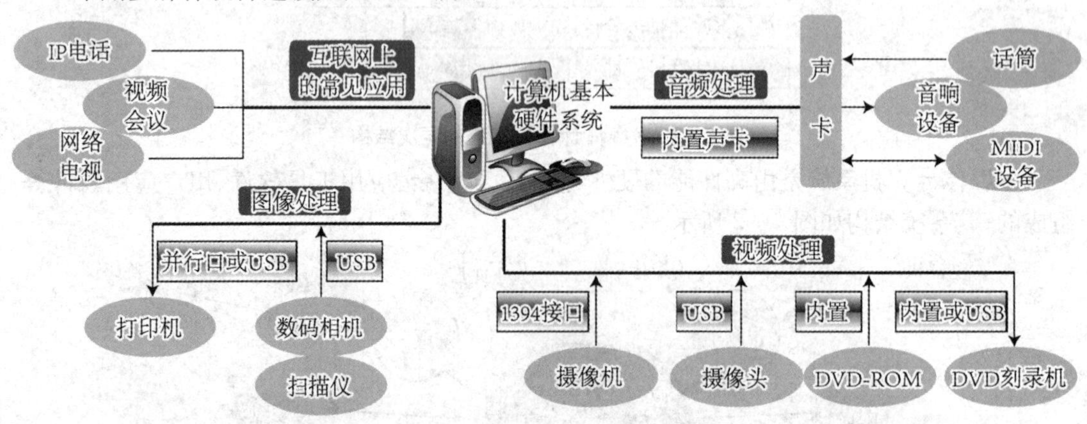

图4-4 常用多媒体硬件连接

4.2.2 多媒体软件

1. 多媒体I/O驱动

多媒体I/O驱动主要指各种硬件的驱动程序。这一层的主要功能是连接、驱动硬件设备并提供软件编程接口,以便高层软件调用。

2. 多媒体操作系统

多媒体操作系统是多媒体高层软件与硬件之间交换信息的桥梁,是用户使用多媒体设备的操作接口,能够向用户提供使用多媒体设备的操作(命令、图标等)接口,向用户提供多媒体程序设计的程序调用接口以及提供一般操作系统的管理功能。微软公司的Windows系列操作系统、苹果公司的macOS操作系统等都是典型的多媒体操作系统。

3. 多媒体开发工具

多媒体开发工具是集成了多媒体信息处理、多媒体应用创作与开发的各种工具软件,它向用户提供多媒体信息的编辑、集成交互和多媒体应用的开发功能,从而构成一个高效方便的多媒体集成环境。

多媒体开发工具种类繁多、功能各异,如MS Windows操作系统中的多媒体录制与播放工具,各种外挂多媒体播放器(CD播放器、VCD播放器、MP3播放器、MP4播放器、流媒体播放器等)，Adobe 公司的 Photoshop 图像处理软件、Premiere 视频编辑软件，Macromedia 公司的 Authorware 多媒体创作软件、Flash 动画制作软件及 Dreamweaver 网页制作软件，微软公司的 PowerPoint 与 FrontPage 多媒体集成软件等。

4. 多媒体应用系统

多媒体应用系统位于多媒体计算机系统层次结构的最高层，是利用多媒体创作工具设计开发的面向应用领域的多媒体软件系统。例如，多媒体计算机辅助教学系统、多媒体数字出版物、视频会议系统、网络教育系统、电子商务系统等，其最大特点是强调人与系统的交互性。

✲4.3 多媒体信息的数字化处理

所谓数字化，是指利用计算机信息处理技术将声、光、电、磁等信号转换成数字信号，或将声音、文字、图像等信息转变为数字编码并用于传输与处理的过程。与非数字信号(信息)相比，数字信号具有传输速度快、容量大、抗干扰能力强、保密性好、便于计算机操作和处理等优点。

现实中的信号分为模拟信号和数字信号两大类。

模拟信号是指某一电参量(幅度、频率、相位)在一定的取值范围内连续变化的信号，如话筒产生的话音电压信号。在电话通信中，传送的信息是声波。声波通过送话器变成跟随声音强弱而变化的电信号，这个模拟信号通过电话线路传送给对方，再通过受话器将电信号还原为声音，让接听者听到。

数字信号是指某一电参量在一定的取值范围内跳跃变化，仅有有限个取值的信号。例如，早期的莫尔斯电报机的电报信号是用“点”和“划”组成的电码来代表文字和数字。数字信号是数字形式的信号，它的特点包括取值不连续、结构简单、抗干扰能力强、易整形和再生，但占用的带宽较大。

多媒体信息数字化包括三个阶段，即采样(sampling)、量化(quantization)与编码(coding)，如图 4－5 所示，这个数字化的过程有时也称为模/数(analogue to digital, A/D)转换。

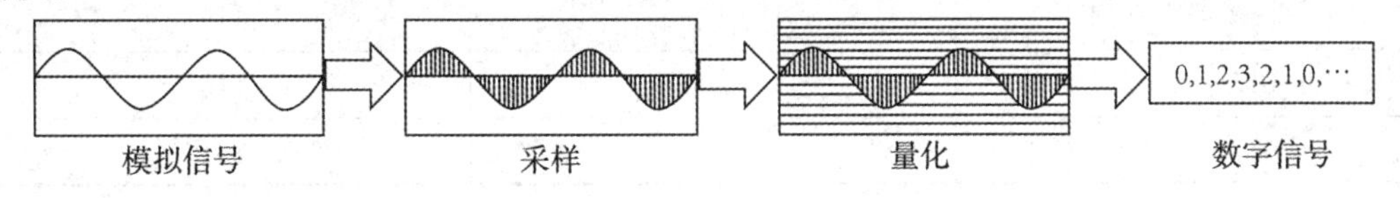

图 4－5 模拟信号的数字化过程

(1) 采样是在时间上对模拟信号进行离散化处理，即每隔一定的时间间隔，抽取模拟信号的一个瞬时值，使模拟信号在时间上离散化，如图 4－6 所示。

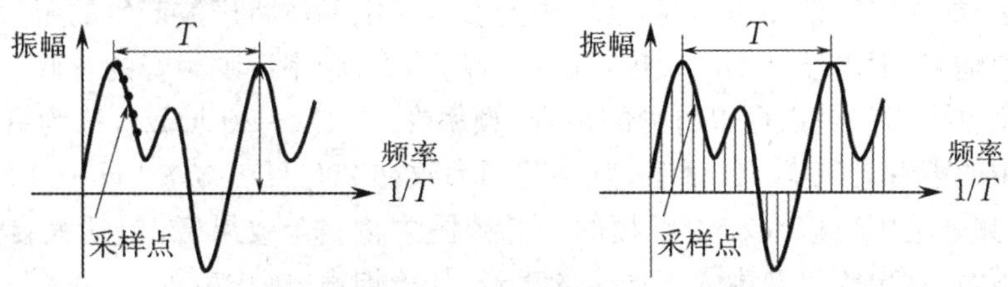

图 4－6 采样的过程

采样频率是指将模拟信号数字化时，每秒钟抽取的模拟信号样本的次数，其单位是kHz(千赫兹)。采样频率的高低是根据模拟信号的最高频率和采样定理决定的。

(2) 量化是把采样得到的时间离散信号值转化为数字值，是模拟信号在幅度上的离散化。量化位数是每个采样点能够表示的数据范围，常用的量化位数有8位、16位。例如，8位的量化级每个采样点可以表示256(0～255)个不同的量化值，而16位量化级则可表示65 536个不同的量化值。量化级的大小决定了模拟信号的动态范围，即被记录和重放的模拟信号最高与最低之间的差值。量化位数与采样频率的关系如图4-7所示。

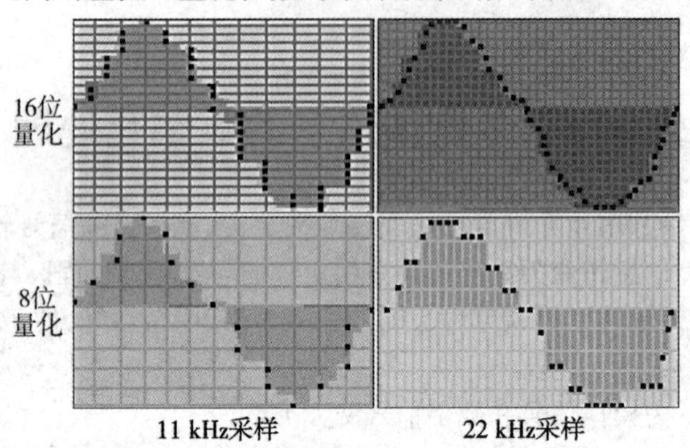

图4-7 量化位数与采样频率的关系

(3) 编码则是按一定的规律，将量化后的信号值用固定位数的二进制数字表示，如表4-1所示。

表4-1 信号的量化与编码

电压范围/V	量化(十进制数)	编码(二进制数)
0.5～<0.7	3	011
0.3～<0.5	2	010
0.1～<0.3	1	001
−0.1～<0.1	0	000
−0.3～<−0.1	−1	111
−0.5～<−0.3	−2	110
−0.7～<−0.5	−3	101

4.3.1 音频信息与音频文件

音频信息是指一切通过声音形式传递信息的媒体。通常声音用一种连续的随时间变化的波形来表示，如人对着话筒讲话时，话筒中的石英压电晶体将声波产生的压力转换成连续变化的电压值输出，而电压波形的幅度反映声音的响度，频率反映声音的音调。计算机中处理的声音信息主要指的是人可以听见的声音(频率在20 Hz～20 kHz)，称为音频信号。多媒体计算机中的声音有三类：① 话音，频率范围大致在200 Hz～3.4 kHz；② 音乐，由各种乐器产生，其频率范围可以存在于音频的全部范围之内；③ 效果音，包括大自然产生的声音，如风声、雨声、雷声等以及由人工产生的声音，如枪炮声、爆炸声等。

音频文件可分为波形文件(如WAV,MP3音乐)和音乐文件(如手机MIDI音乐)两大类。由于它们对自然声音记录方式的不同，因此文件大小与音频效果相差很大。波形文件通过录入设备录制原始声音，直接记录真实声音的二进制采样数据，文件通常较大。音乐文件记录产生某种声音的指令，这种指令可通过声卡的音乐合成器将声音合成出来，文件通常较小。

目前，流行的音频文件有 WAV，MP3，WMA，RM，MIDI 等。

(1) WAV 文件是微软公司和 IBM 公司共同开发的 PC 标准音频格式，具有很高的音质。未经压缩的 WAV 文件所占存储容量非常大，1 分钟 CD 音质的音乐大约占用 10 MB 的存储空间。

(2) MP3 是一种符合 MPEG-1 标准音频压缩第三层格式的文件，MP3 压缩比可达 10∶1～12∶1。MP3 是一种有损压缩算法，它利用听觉系统的感知特性，去掉频率较高且人耳听不到的音频信号，使人听起来音频信号是无失真的。一首 50 MB 的 WAV 格式歌曲用 MP3 压缩后，只需 3～4 MB 存储空间，而音质与原文件相差不大。

(3) WMA 是微软公司开发的一种音频文件格式，在低比特率时(如 48 kbps)，相同音质的 WMA 文件比 MP3 文件小很多。

(4) RM，RAM 是 Real Networks 公司开发的一种流式音频文件格式，它主要用于低速率的互联网上实时传输音频信息。

(5) 在 MIDI 文件中，只包含产生某种声音的指令，这些指令包括使用什么 MIDI 乐器、乐器的音色、声音的强弱、声音持续时间的长短等。计算机将这些指令发送给声卡，声卡按照指令将声音合成出来。

MIDI 音乐可以模拟上千种常见乐器的发音，但它不能模拟人的唱歌声音。在不同的计算机中，音色库与音乐合成器的不同，会导致 MIDI 音乐有不同的效果。另外，MIDI 音乐缺乏重现真实自然声音的能力，电子音乐的效果特别明显。

因为 MIDI 文件存储的是命令，而不是声音数据，所以生成的文件较小，节省内存空间。MIDI 音乐容易编辑，是因为编辑命令比编辑声音波形容易得多。

4.3.2 矢量图和位图

“图”是物体透射光或反射光的分布，“像”是人的视觉系统对图的接收在大脑中形成的印象或认识，“图像”则是两者的结合。数字化图像信息通常有两种存在形式，一种是矢量图，另一种是位图。

1. 矢量图

矢量图是用计算机绘图软件或绘图指令绘制的从点、线、面到三维空间的以矢量坐标表示的黑白或彩色图形。这些图形有不同的形状、位置、大小、色彩等属性，例如，以直线、矩形、圆、多边形以及其他可用角度、坐标和距离来表示的几何图形。

矢量图是图像的抽象，反映图像上的关键特征。矢量图不直接描述图像的每一点，而是描述产生这些点的过程和方法，即用一组指令的形式描述图形特征。

矢量图的缺点是需耗费机器大量的时间做复杂的分析演算工作，因此显示速度较慢，但易于对各个成分进行移动、缩放、旋转和扭曲等变换，图像的缩放不会影响到显示精度，且图像的存储空间较小。矢量图主要用于工程图、白描图、图例、卡通漫画和三维建模以及文字等。

2. 位图

位图即位映射图,又称为点阵图,通常将一幅位图图像考虑为一个矩阵,矩阵中的一个元素(pixel,像素)对应图像的一个点,相应的值表示该点的灰度或颜色等级。位图图像比较适合于内容复杂的图像和真实的照片。位图的缺点是图像在放大和缩小的过程中会失真,另外,位图占用的磁盘空间也比较大。

矢量图与位图相比,位图的容量一般较大,文件的大小与图的尺寸和颜色有关,文件内容是点阵数据;矢量图一般较小,文件的大小与图的复杂程度有关,文件内容是图形指令。从应用的特点看,位图适合于获取和复制,表现力丰富,但编辑较复杂;矢量图易于编辑,适于绘制和创建,放大和缩小不会产生失真。

3. 矢量图/位图处理

矢量图处理是计算机信息处理的一个重要分支,被称为计算机图形学,主要研究二维或三维空间图形的矢量表示、生成、处理、输出等内容。具体而言,就是利用计算机系统对点、线、平面、曲面等数学模型进行存储、修改、处理(包括几何变换、曲线拟合、曲面拟合、纹理产生与着色等)和显示等操作,通过几何属性表现物体和场景。

位图处理是指对位图图像进行的数字化处理、压缩、存储和传输等内容,具体的处理技术包括图像变换、图像增强、图像分割、图像理解、图像识别等。在处理过程中,图像以位图方式存储和传输,而且需要通过适当的数据压缩方法减少数据量,图像输出时再通过解压缩方法还原图像。

在实际应用中,经常将矢量图和位图结合起来使用,以增强图像的表现能力。

4.3.3 视频信息

视频是多媒体的重要组成部分,是人们容易接受的娱乐信息媒体。视频是多幅静止图像(图像帧)与连续的音频信息在时间轴上同步运动的混合媒体,多帧图像随时间变化而产生运动感,因此视频也称为运动图像。通常视频信息通过摄像机拍摄而产生,最常见的视频形式是各种电视画面。按照视频的存储与处理方式不同,可分为模拟视频与数字视频两种。若每帧图像都是由人工或计算机产生的图像,则称为动画。

1. 模拟视频

模拟视频是以连续的模拟信号方式存储、处理和传输的视频信号。例如,采用模拟摄像机拍摄的视频画面,通过相应的通信网络(有线、无线)传输,使用模拟电视接收机接收、播放,或者用盒式磁带录像机将其作为模拟信号存放在磁带上。

模拟视频具有如下特点:

(1) 以连续的模拟信号形式作为视频信息。

(2) 用隔行扫描方式在输出设备(如电视机)上还原图像。

(3) 用模拟调幅的手段在空间传播。

(4) 使用模拟录像机将视频作为模拟信号存放在磁带上。

传统的视频信号都是以模拟方式进行存储和处理的,在传输图像时会随频道和距离的变化而产生较大衰减与失真,且不适合数字网络传输。与数字视频相比,模拟视频不便于编辑、分类和检索。

2. 数字视频

数字视频是以离散的数字信号方式表示、存储、处理和传输的视频信息,所用的存储介质、处理设备以及传输网络都是数字化的。例如,采用数字摄影设备直接拍摄的视频画面,通过数字宽带网络(光纤、数字卫星网等)传输,使用数字设备(数字电视接收机或模拟电视+机顶盒、多媒体计算机等)接收播放或用数字化设备将视频信息存储在数字存储介质(光盘、硬盘、U 盘等)上等。

数字视频具有如下特点:

(1) 以离散的数字信号形式记录视频信息。

(2) 用逐行扫描的方式在输出设备(如显示器)上还原图像。

(3) 用数字化设备编辑处理。

(4) 通过数字化宽带网络传播。

(5) 可将视频信息存储在数字存储介质上。

多媒体技术中的数字视频,主要指以多媒体计算机为核心的数字视频处理体系。要使多媒体计算机能够对视频进行处理,除直接拍摄数字视频信息外,还必须有能将模拟视频源的模拟视频信号转换成数字视频的能力。

与模拟视频相比,数字视频具有如下优点:

(1) 可以用计算机方便地编辑处理;

(2) 再现性好,无失真;

(3) 适合数字网络应用。

数字视频的缺点是数据量大,因而需要将其进行适当的压缩才能适合一般设备进行处理和网络传输。播放数字视频时需要通过解压还原视频信息,因而处理速度较慢。

视频文件的格式包括如下几种:

(1) AVI。音频视频交错格式(audio video interleaved, AVI)是微软公司开发的一种音频、视频交叉记录的数字视频文件格式,是一种可扩展的视频体系,采用有损压缩方式,文件扩展名为. avi。AVI 文件主要应用在多媒体光盘和互联网上,用来保存电影、电视等各种影像信息。

(2) QuickTime。QuickTime 是苹果公司于 1991 年发布的数字视频格式标准,其文件扩展名为. mov。该格式支持 256 种颜色,支持 RLE,JPEG 等先进的集成压缩技术,提供了 150 多种视频效果和 200 种 MIDI 兼容音响和设备的声音效果,能够通过互联网提供实时的数字化信息流、工作流与文件回放。

(3) MPEG。MPEG 是活动图像压缩标准,其文件扩展名为. mpg。MPEG 格式文件在 1 024×768 的分辨率下可以用每秒 25 帧(PAL 制式)或 30 帧(NTSC 制)的速率同步播放 128 000 种颜色的全运动视频图像和 CD 音乐伴音,并且其文件大小仅为 AVI 文件的 1/6。

(4) Video CD(VCD)和 Karaoke CD。该格式数据文件的扩展名为. dat,其结构与 MPEG 格式基本相同,播放时也需要一定的硬件支持,标准 VCD 图像的分辨率只有 352×240 像素,与 AVI 或 MOV 格式视频相差无几,由于 VCD 的帧速率比 AVI 高得多,加上有 CD 音质的伴音,因此整体的观看效果要比 AVI 好得多。

(5) RealVideo。实时声音和实时视频是在计算机网络发展起来的多媒体技术,它可以为用户提供实时的声音和视频效果。RealVideo 采用的实时流技术将文件分成许多小块,可以像工厂里的流水线一样下载。用户在网页上浏览音乐或视频时,可以一边下载一边用 Real 播放器收听或收看,不用等整个文件下载完才收听或收看。RealVideo 格式的多媒体文件又称为实媒体或流格式文件,其扩展名为. rm,. ra 或. ram。

(6) ASF。高级串流格式(advanced streaming format,ASF)的文件扩展名为.wma。ASF格式支持任意的压缩/解压缩编码方式,并可以使用任何一种底层网络传输协议,具有很大的灵活性,较MPEG之类的压缩标准增加了控制命令脚本的功能,它以减少数据流量但保持文件质量的方法来实现流式多媒体内容的发布。

数字视频的采集需要信号源,目前主要有如下三种:

(1) 利用计算机生成的动画,如将FLC或GIF动画转换成AVI等视频格式。

(2) 将静态图像或图形文件系列合成视频文件序列。

(3) 通过视频采集卡将模拟视频转换成数字视频。

在多媒体计算机中,对视频媒体信息的编辑处理可借助视频编辑软件来完成。常用的视频编辑软件有Adobe公司的Premiere,友立(Ulead)公司的MediaStudio,微软公司的Windows Movie Maker,Pinnacle公司的Studio DV等,非线性工具相当丰富,能完成视频素材的采集、合成和编辑。

3. 动画

对于过程事物的描述只依赖于文本信息或图形图像信息是不够的,为达到更好的描述效果,需要利用动画素材。不论是二维动画还是三维动画,所创造的效果都能更直观、更真实地表现事物变化的过程。动画提供了静态图形所缺少的瞬间交叉的运动景象,它是一种可感觉到运动相对时间、位置、方向和速度的动态媒体。

1) 动画软件

计算机动画制作软件是创作动画的工具,使用这种工具不需要编程,只要有一定的计算机操作技能和一定的动画及美术知识,通过相对简单的交互式操作,就可以根据动画构思制作出计算机动画。根据创作对象的不同,动画制作软件可以分为二维和三维两种。

(1) 二维动画是平面动画,制作软件有Flash,LiveMotion,ImageReady,Ulead GIF Animator等。

(2) 三维动画属于造型动画,可以模拟真实三维空间,通过计算机构造三维几何造型,并给表面赋予颜色、纹理,然后设计三维形体的运动、变形,调整灯光的强度、位置及移动,最后生成一系列可供动态实时播放的连续图像,因此可以模拟某些形体操作,如平移、旋转、模拟摄像机的变焦、平转等。三维动画软件有COOL 3D,3D Studio MAX,Maya等。

2) 动画文件格式

(1) FLIC(FLI/FLC)是Autodesk公司在其出品的Autodesk Animator/Animator Pro/3D Studio MAX等2D/3D动画制作软件中采用的彩色动画文件格式,是FLI和FLC的统称。其中,FLI是最初的基于320×200像素的动画文件格式,而FLC则是FLI的扩展格式,它采用了更高效的数据压缩技术,其分辨率也不再局限于320×200像素。FLIC被广泛应用于动画图形中的动画序列、计算机辅助设计和计算机游戏应用程序等。

(2) SWF是Macromedia公司的产品Flash的矢量动画格式,它采用曲线方程描述其内容,因此这种格式的动画在缩放时不产生失真,非常适合描述由几何图形组成的动画。由于这种格式的动画可以与网页文件充分结合,并能添加MP3音乐,因此被广泛地应用于网页上,成为一种准流式媒体文件。

(3) GIF是图形交换格式(graphics interchange format)的缩写,是由CompuServe公司于1987年推出的一种高压缩比的彩色文件格式,主要用于图像文件的网络传输。最初,GIF只是用来存储单幅静止图像,后又进一步发展为可同时存储若干幅静止图像并形成连续的动画。目前,互联网上动画文件多为 GIF 格式文件。

※4.4 多媒体数据压缩技术

多媒体信息的数据量都非常巨大,如果不采取任何数据压缩技术,计算机系统将无法存储和处理如此巨大的信息量。除此之外,多媒体信息还存在大量的信息冗余,因此有必要对多媒体信息进行有效的压缩,但又应尽量减少多媒体信息的失真。

4.4.1 数据压缩技术概述

1. 多媒体信息的数据量

多媒体信息包括文本、声音、图形、图像和视频等。经过数字化处理后其数据量是非常大的。具体的多媒体信息的数据量计算如下:

(1) 文本数据量:设屏幕的分辨率为 1 024×768 像素,屏幕显示字符大小为 16×16 点阵像素,每个字符用 2 个字节存储,则满屏字符的存储空间为

$$[(1\ 024\times768)\div(16\times16)]\times2\ \text{B}=6\ 144\ \text{B}=6\ \text{kB}。$$

(2) 矢量图数据量:矢量图所需的存储空间较小。例如,存储一幅由 500 条直线组成的矢量图,即要存储构造图形所需的线条信息,每条线的信息可由起点坐标(x1,y1)、终点坐标(x2,y2)、线条颜色、线条宽度、线条类型(虚、实线等)、属性表示,其中 4 个坐标属性每个用 2 个字节存储,其他 5 个属性用 1 个字节存储,则这幅图形的存储空间为

$$(4\times2+5\times1)\times500\ \text{B}=6\ 500\ \text{B}\approx6.35\ \text{kB}。$$

(3) 点阵图形数据量:如果用扫描仪获取一张 11×8.5 英寸(相当于 A4 纸大小)的彩色照片输入计算机,扫描仪分辨率设为 300 dpi,扫描色彩为 24 位 RGB 彩色图,经扫描仪数字化后,图像的存储空间为

$$11\times300\times8.5\times300\times24\div8\ \text{B}=25\ 245\ 000\ \text{B}\approx24.08\ \text{MB}。$$

(4) 数字化声音数据量:模拟电话的声音频率为 4 kHz,为了达到这个指标,采样频率必须为 8 kHz,量化精度为 8 位,1 秒钟电话声音传输的数据量为

$$8\ 000\times8\times1\div8\ \text{B}=8\ 000\ \text{B}\approx7.8\ \text{kB}。$$

(5) 数字化高质量音频:人们听到最高声音频率为 22 kHz,制作 CD 音乐时,为了达到这个指标,采样频率要达到 44.1 kHz,量化精度为 16 位,存储一首 4 分钟的立体声数字化音乐需要的存储空间为

$$44\ 100\times16\times2(\text{声道})\times240\div8\ \text{B}=42\ 336\ 000\ \text{B}\approx40.38\ \text{MB}。$$

(6) 数字化视频数据量:NTSC 制式的视频图像分辨率为 640×480,每秒钟显示 30 帧视频画面,色彩采样精度为 24 位,因而存储 1 秒钟未经压缩的数字化 NTSC 制式视频图像需要的存储空间为

$$640\times480\times24\times30\div8\ \text{B}=27\ 648\ 000\ \text{B}\approx26.4\ \text{MB}。$$

从以上的计算可以看出,多媒体数据的数据量是巨大的,因此数据压缩技术则显得十分重要。研究结果表明,选用合适的数据压缩技术,可以将原始文本数据量压缩到原来的1/2,语音数据量压缩到原来的 1/2~1/10,图像数据量压缩到原来的 1/2~1/60。

2. 数据压缩可行性

通俗地说,数据压缩就是从多媒体数据中去除冗余信息,即保留原始信息中变化的特征性信息,去除重复的、确定的、不可感知的和可推知的信息,用最少的数码来表示信源所发出的信号,减少给定消息集合或数据采样集合的信号空间。

数据压缩的对象是数据,而数据中又包含有大量重复的、确定的、不可感知的和可推知的冗余信息,这些冗余信息可以去掉而不影响对所获得的信息的理解,因此多媒体数据的压缩对人的视觉和听觉是可行和有效的。多媒体数据中的冗余信息包括如下八种:

(1) 信息熵冗余。信源编码时,由于很难预知各码元的先验概率,因此分配的比特数不能达到最佳(编码后的单位数据量不等于其信源熵),致使单位数据量大于信源熵,即存在信息熵冗余。

(2) 空间冗余。在一幅图像中,规则物体和规则背景的表面特性具有相关性,即同一景物表面上各采样点和颜色之间往往存在着空间连贯性,例如一片湖水和天空背景的颜色连续性。而基于离散像素采样来表示物体颜色的方式没有利用景物表面颜色的这种空间连贯性,从而产生了空间冗余。此时可以利用物体表面颜色的连贯性,用记录颜色值和相同颜色像素数目的方式来达到压缩图像数据的目的。

(3) 时间冗余。在图像序列中,时间冗余就是相邻帧图像之间有较大的相关性(也称为相似性),一帧图像中的某物体或场景可以由其他帧图像中的某物体或场景重构出来。这些帧往往包含相同的背景和移动物体,只不过移动物体所在的空间位置略有不同,所以后一帧的数据与前一帧的数据有许多共同的地方,这种共同性是由于相邻帧记录了相邻时刻的同一场景画面,因此称为时间冗余。

(4) 结构冗余。图像一般都有非常强的纹理结构,如草席、砖墙、地板、天花板等,它们一般都是比较有规律的纹理结构,这类图像在结构上存在冗余。

(5) 知识冗余。理解图像与某些基础知识有很大的相关性,如人脸的图像有固定的结构,嘴的上方有鼻子,鼻子的上方有眼睛,鼻子位于脸的中线上等。这类规律性的结构可由先验知识和背景知识得到,称此类冗余为知识冗余。

(6) 视觉冗余。人类的视觉系统对于图像场的敏感性是非均匀、非线性的,人眼并不能觉察图像场的所有变化,而是依据视觉特性有取舍地进行观察。例如,人眼对亮度变化敏感,而对色度变化相对不敏感;在高亮度区,人眼对亮度变化的敏感度会下降;人眼对物体边缘敏感,而对内部区域相对不敏感;人眼对整体结构敏感,而对内部细节相对不敏感等。这些敏感因素反映在灰度等级的分辨率仅为 2^6 级,而一般数字图像的量化采用的是 2^8 灰度等级以上,因此存在视觉冗余。

(7) 听觉冗余。人耳对不同频率声音的敏感性是不同的,即人耳能听到的最小声音强度(听觉阈值)随声音频率而变化。同时,人耳并不能察觉所有声音频率的信号,对某些频率的声音信号不必特别关注,因此存在听觉冗余。

(8) 纹理的统计冗余。有些图像纹理尽管不严格服从特定的统计规律,但是它在统计的意义上服从该规律。利用这种性质也可以减少表示图像的数据量,所以称之为纹理的统计冗余。

3. 多媒体数据压缩的分类

多媒体数据压缩技术经过多年的研究与应用,已经形成了一系列针对不同信息内容的数据压缩算法。这些算法各有不同的特点,可以从不同的角度对其进行分类。

(1) 按照压缩内容分类。按照压缩内容,多媒体数据压缩可分为音频数据压缩、静态图像数据压缩、视频数据压缩和其他数据文件压缩等四种类型。

(2) 按照压缩方式分类。按照压缩方式,多媒体数据压缩可分为对称压缩和非对称压缩两类。

① 所谓对称压缩,是指数据压缩的算法和解压缩的算法是一样的,两者互为可逆操作。对称压缩的优点在于双方都以同一种速度进行操作。例如,在视频会议这种实时传递的系统中,便采用对称压缩技术。发送方将实况视频信号用某种算法进行压缩,然后通过通信介质进行传输;接收方收到信号后,再使用同样的算法按逆运算进行解压缩,使图像解码后实时地重现出来。

② 所谓非对称压缩,是指数据压缩和解压缩的运算速度是不相同的。例如,VCD 的制作与播放便是典型的非对称压缩的例子。在制作 VCD 时,需要花费很长的时间才能将一部电影压缩到 VCD 盘片上;而在播放 VCD 时,为保证视频流畅,其解压缩的速度却很快,以满足实时播放的要求。

(3) 按照算法思想分类。按照压缩编码算法的基本思想,多媒体数据压缩又可分为信息熵编码、预测编码、变换编码、混合编码以及其他编码等五类,每种类型又包含一些具体算法。

(4) 按照压缩效果分类。按照压缩效果,多媒体数据压缩又可分为无损压缩和有损压缩两种类型。

4.4.2 无损压缩

无损压缩是指使用压缩后的数据进行解压缩(或叫作还原、重构)后与原来的数据完全相同,没有任何丢失信息的发生,一般是利用数据的统计冗余原理来实现的,压缩比较小,通常在 2∶1～5∶1。其应用场合主要是要求解压缩的信号与原始信号完全一致的领域,如磁盘文件的压缩。

无损压缩技术主要是利用数据的统计特性和重复特性来实现的,统计特性是指数据的出现概率不同,重复特性是指数据编码的重复出现。利用这两种特性可以实现数据压缩后解压缩与数据压缩前的完全一致。无损压缩的种类主要有以下五种。

1. 香农-范诺编码

香农-范诺(Shannon-Fano)编码又称为 S-F 编码,是一种变长编码,其基本思想是按信号源符号出现的概率大小进行排序,出现概率大的编码短,出现概率小的编码长,这样可以使数据中总的平均编码长度缩小。具体编码步骤如下:

(1) 信源符号按概率递减顺序排序;

(2) 把符号序列分成上下两部分,使上下两部分的概率相等或接近;

(3) 将上部分子序列编码为“0”,相当于左子树,将下部分子序列编码为“1”,相当于右子树;

(4) 重复上述步骤,直到每个子序列只包含一个符号为止。

2. 霍夫曼编码

霍夫曼(Huffman)编码与香农-范诺编码方法基本一致,但构造二叉树的方法则相反,不是自上而下,而是自下而上,从树叶到树根生成二叉树。具体编码步骤如下:

(1) 将信源符号按概率递减顺序排序;

(2) 把两个最小的概率加起来,作为新符号的概率,新符号与剩余符号重新排序;

(3) 重复步骤(1)和(2),直到概率达到1为止;

(4) 在每次合并消息时,将被合并的消息赋予“1”和“0”或“0”和“1”;

(5) 寻找从每一信源符号到概率为1处的路径,记录下路径上的“1”和“0”;

(6) 对每一符号写出从码树的根到终结点的“1”“0”序列。

3. 算术编码

算术编码也是一种概率统计编码方法,它用0~1的一个实数对输入的信息进行编码。算术编码用到两个基本的参数:信源符号的概率和信源符号对应的编码区间。信源符号的概率决定压缩编码的效率,也决定编码过程中信源符号的编码区间,而这些区间包含在0~1,编码过程中的区间变化过程逐步逼近符号压缩后的输出编码,最后一个区间的任意实数即为信源编码输出。

4. 行程编码

行程编码(run length encoding,RLE)是通过统计信源中的重复个数,并以〈重复个数〉〈重复符号〉格式来编码,适用于压缩包含大量重复信息的信源。在很多图像中,都具有许多颜色相同的图块。在这些图块中,许多行上都具有相同的颜色,或者在一行上有许多连续的像素都具有相同的颜色值。在这种情况下,根据RLE思想,就不需要存储每一个像素的颜色值,而仅仅存储一个像素的颜色值以及具有相同颜色的像素数目即可。在RLE中,重复的信源符号个数称为行程长度。

使用RLE的压缩技术是一种直观、简单且经济的压缩方法,其压缩比主要取决于图像本身。如果图像中相同颜色的图块越大,图块数目越少,获得的压缩比就越高。

5. 词典编码

词典编码主要是利用编码数据本身存在的字符串重复特性来实现数据压缩的。如果用一些简单的代号代替其中的重复字符串,那么可以实现信息的压缩。反映代号与所代表的字符串之间关系的表就是词典。词典编码算法的核心就是如何动态地形成词典,如何选择输出格式以减少冗余。根据所用算法的不同,词典编码又可分为如下两类:

(1) 查找正在压缩的字符序列中是否存在以前输入的数据,然后用已经出现过的字符串代替重复的部分,并将指向重复字符串的指针作为输出编码。

(2) 从输入的数据流中创建一个由短语组成的“编码词典”,这种短语可以是任意字符组合。编码数据过程中当遇到已经在词典中出现的“短语”时,编码器就输出这个词典中短语的“索引号”,而不是短语本身。索引号比字符串本身的长度要小很多,这样就可以大大压缩输入的字符流数据。

4.4.3 有损压缩

有损压缩是指使用压缩后的数据进行解压缩后与原来的数据有所不同,但不影响对原始资料所表达信息的理解。其应用对象为图像、视频和音频数据,压缩率比较高。

多媒体图像、视频和音频数据大多是经过对模拟信号的数字化(采样与量化)而得到的,模拟信号的采样与量化是第一环节的数字编码,称为脉冲编码调制(pulse code modulation,PCM)。以下介绍有损压缩编码方法。

1. 预测编码

预测编码是数据压缩的重要技术原理之一,它是根据离散信号之间的空间或时间相关性，利用前面的一个或多个信号对下一个信号进行预测，然后对实际值和预测值的差进行编码。由于时空相关性，真实值与预测值的差值变化范围远远小于真实值的变化范围，因而可以采用较少的位数来表示。同时利用人的视觉和听觉特性对差值进行非均匀量化，则会获得更高的压缩比。对图像数据压缩来说，不仅可以在一帧图像的相邻像素值之间（空间相关性）进行预测，还可以在多帧连续图像的帧间（时间相关性）进行预测。因此，就图像压缩而言，预测编码可分为帧内预测和帧间预测两种类型。

常用的预测编码方法有差分脉冲编码调制（differential pulse code modulation，DPCM）和自适应差分脉冲编码调制（adaptive differential pulse code modulation，ADPCM）等。

2. 变换编码

变换编码是指先对信号进行域变换，以寻求更大的信号独立性，减少相关性，然后对变换后的信号进行采样、量化和编码。因为相关性减少了，所以可以用较少的位数进行编码，从而达到信息压缩的目的。与预测编码相比，变换编码具有更高的编码压缩效率。

变换本身并不对数据进行压缩，它只是把信号映射到另一域，使信号在变换域的采样值更独立、更有序。这样，量化操作通过较少的比特分配就可以有效地压缩数据。解码时，首先对编码信号进行译码，然后进行域的逆变换，最后还原所需的信息。

变换编码的种类有多种，如卡-洛变换（KLT）、离散余弦变换（DCT）、沃尔什-哈达玛变换（WHT）、哈尔变换（HrT）等。

3. 混合编码

严格来说，混合编码并不是一类原理性编码方案，而是两种或两种以上相关编码方法优点与特长的混合应用。例如，在 MPEG 和 JPEG 标准中，都混合应用了两种不同的编码方法，从而实现较为理想的编码压缩效果。

4. 其他编码

除以上三类编码算法外，还有分形编码、矢量量化编码、子带编码等独具特色的编码方法。

4.4.4 数据压缩的国际标准

多媒体数据压缩具有广阔的应用领域和良好的市场前景，国际著名的研究机构和大公司都纷纷投入人力、物力和财力研究和开发相应的专利技术和产品。为了推广和普及多媒体技术的应用，制定多媒体技术的压缩标准则显得非常重要。

多媒体数据中音频和视频的数据量巨大，因此多媒体数据压缩的国际标准主要分为音频压缩标准和图像压缩标准两大类。压缩技术性能指标主要有算法复杂程度（时间复杂度和空间复杂度）、算法效率（压缩比）、恢复质量、编解码延时等。

1. 音频压缩标准

按照压缩算法的不同，可将数字音频压缩分为时域压缩、变换压缩、子带压缩以及多种压缩方法相互融合的混合压缩等。

数字音频压缩技术标准分为如下三种：

（1）电话（200 Hz～3.4 kHz）语音压缩，主要有国际电信联盟的 G.711（64 kbps），G.721（32 kbps），G.728（16 kbps）和 G.729（8 kbps）标准等，用于数字电话通信。

（2）调幅广播（50 Hz～7 kHz）语音压缩，采用国际电信联盟的 G.722（64 kbps）标准，用于优质语音、音乐、音频会议和视频会议等。

(3) 调频广播(20 Hz～5 kHz)及CD音质(20 Hz～20 kHz)的宽带音频压缩，主要采用MPEG-1或杜比AC-3等标准，用于CD，MD，MPC，VCD，DVD，HDTV和电影配音等。

2. 图像压缩标准

国际上广泛认可和应用的图像压缩编码标准主要有以下几种。

1) 联合图像专家组

联合图像专家组(joint photographic experts group，JPEG)由国际标准化组织(International Standards Organization，ISO)制定，是用于彩色和单色多灰度等级的静止图像压缩的一种标准，但其应用并不局限于静止图像，也应用在了活动图像的压缩处理中。JPEG定义了两种基本压缩算法：基于离散余弦变换的有损压缩算法与基于空间预测编码的无损压缩算法。

JPEG算法主要存储颜色变化，尤其是亮度变化，因为人眼对亮度变化要比对颜色变化更为敏感。JPEG算法恢复图像时不重建原始画面，而是生成与原始画面相近的画面，丢掉那些人眼不能注意到的颜色和细节信息。

2) 动态图像专家组

动态图像专家组(moving picture experts group，MPEG)是1988年国际标准化组织和国际电工委员会(International Electrotechnical Commission，IEC)共同组建的一个工作组，它的任务是开发运动图像及声音的数字编码标准。该标准旨在解决视频图像压缩、音频压缩及多种压缩数据流的复合与同步，它很好地解决了计算机系统对庞大的音像数据的吞吐、传输和存储问题，使影像的质量和音频的效果达到令人满意的程度。

(1) 1992年正式出版MPEG-1，分为视频、音频和系统三个部分。它可针对SIF标准分辨率(对于NTSC制为352×240；对于PAL制为352×288)的图像进行压缩，传输速度为1.5 Mbps，每秒播放30帧，具有CD音质，质量级别基本与VHS相当。MPEG-1标准已广泛应用于VCD、互联网上的各种视、音频存储传输(如非对称数字用户线路、视频点播以及教育网络)及电视节目的非线性编辑中。

(2) MPEG-2制定于1994年，主要针对高清晰电视所需要的视频及伴音信号，MPEG-2兼容MPEG-1，且提供一个较广范围的可变压缩比，以适应不同的画面质量、存储容量以及带宽的要求。MPEG-2标准已广泛应用于数字电视广播、高清晰度电视、DVD以及下一代电视节目的非线性编辑系统及数字存储中。

(3) 1998年公布MPEG-4，该标准的目标是支持多种多媒体应用(主要偏重于多媒体信息内容的访问)，可根据应用的不同要求现场配置解码器。与MPEG-1和MPEG-2相比，MPEG-4的特点是更适合于影音、电视和直播媒体等的交互服务以及远程监控，它是第一个有交互性的动态图像标准。如果在MPEG-2标准下，那么图像会当作一个整体去压缩；如果在MPEG-4标准下，那么会对图像的每一个元素进行优化压缩。

(4) MPEG-7的正式名称是多媒体内容描述接口(multimedia content description interface)。其目的就是产生一种描述多媒体信息的标准，并将该描述与所描述的内容相联系，以实现快速有效的检索，如在影像资料中搜索有长城镜头的片段。该描述不包括对描述特征的自动提取。

3) H.261

H.261是由国际电报电话咨询委员会通过的用于音频视频服务的视频编码解码器标

准(也称为 P×64 标准)。它使用两种类型的压缩:帧中的有损压缩(基于离散余弦变换)和用于帧间压缩的无损编码,并在此基础上使编码器采用带有运动估计的离散余弦变换和差分脉冲编码调制的混合方式。这种标准与 JPEG 及 MPEG 标准有明显的相似性,关键的区别在于它是为动态使用设计的,并提供完全包含的组织和高水平的交互控制。

✲4.5　多媒体应用技术

4.5.1　多媒体素材处理技术

多媒体产品的制作首先需要对图形、图像、音频、动画、视频等素材进行制作,然后进行素材集成综合,形成显示画面以及控制功能和流程。多媒体素材制作过程要求熟悉和掌握大量的图形、图像、音频、动画、视频工具软件,并且了解这些软件的特点、基本工作模式、处理方法和技巧等。下面简单介绍这些软件的特点和应用。

1. 文字处理软件

COOL 3D 是友立公司出品的一个专门制作三维立体文字效果的软件,它可以方便简单地生成具有各种特殊效果的 3D 动画文字。COOL 3D 可以用来制作文字的各种静态和动态的特效,如立体、扭曲、变换、色彩、材质、光影、运动等,并可以把生成的动画保存为 GIF 和 AVI 文件格式,因此被广泛应用于平面设计和网页制作等领域。

2. 矢量图形处理软件

CorelDRAW 是 Corel 公司开发的矢量图形设计软件。CorelDRAW 除可进行矢量图像设计外,还集成了图像编辑、图像抓取、位图转换、动画制作等一系列实用性很强的程序,构成了一个高级矢量图形设计和编辑的软件包。CorelDRAW 广泛用于平面设计、包装装潢、彩色出版与多媒体制作等领域。

3. 点阵图像处理软件

(1) Adobe Photoshop 是图像处理中功能强大、应用广泛的专业软件。

(2) Ulead PhotoImpact 具有界面友好、操作简单等特点,在图像处理和网页制作方面的能力也相当不错,其中提供了大量的模板和组件,适合于非专业多媒体设计者。

(3) Macromedia Fireworks 可以直观地创建和优化用于网页的图像,并进行精确控制。

4. 音频处理软件

(1) Cakewalk SONAR(简称 Cakewalk)具有强大的 MIDI 制作、音频录制、编辑、混音、伴奏和操控等功能,是一个综合性的音乐软件。Cakewalk 可以设计和制作 MIDI 音乐,以达到计算机作曲的目的。Cakewalk 可以实现 MIDI 信号与数字音频信号的同步,使人们可以利用计算机作曲,甚至可以生成 MIDI 设备无法发出的声音。

(2) Cool Edit Pro 可以对歌曲的全部或某一部分进行音强、音调、弦乐、颤音、噪音等调整。它还可提供多种音频处理特效,如放大、压缩、扩展、回声、失真、延迟等。Cool Edit Pro 可以同时调整多个音频文件,轻松地在几个声音文件中进行剪切、粘贴、合并、重叠等操作。

(3) GoldWave 是一款简单易用的数码录音及编辑软件,它可以对数字音乐的各种音频格式进行转换。GoldWave 可以现场录制声音文件,也可以对原有的声音文件进行编辑,制作出各种各样的效果。GoldWave 的缺点是一次只能编辑两个音轨,而且不能处理 MID,

RM 等格式的音乐文件。GoldWave 主要用于一些对音频处理没有复杂要求的用户。

5. 动画制作软件

(1) GIF Animator 是友立公司的动画制作软件,软件提供了许多现成的动画特效,它可将 AVI 文件转换成动画 GIF 文件,还能将 GIF 动画图片最佳化。

(2) Flash 是 Adobe 公司的一款用于矢量图形创作和矢量动画制作的专业软件,主要应用在网页设计和多媒体制作中。

(3) 3D Studio MAX 是 Autodesk 的子公司 Discreet 推出的三维动画制作建模软件。它具有 1 000 多种特性,可以为电影、电视制作提供直观的建模和动画功能,具有完善人物设计和模拟动画的效果,并增加了 MAX Script 编程语言,使三维动画的创建更加得心应手。

6. 视频制作软件

Premiere Pro 是 Adobe 公司的一款非线性视频编辑软件,它拥有大量专业工具,简单的颜色校正系统,多重可嵌套时间线,精确的音频编辑工具和环绕声支持。Premiere Pro 支持输出 MPEG-2 格式的文件或直接输出 DVD 格式光盘。它在支持 RGB 色彩空间的基础上,增加支持 YUV 色彩空间。它支持 1080 线的 HDV 格式,通过硬件支持,可以编辑制作任何标清和高清的电视节目。Premiere Pro 主要适用于视频及后期制作,适合于广告专业等人员。它的缺点是需要强大的硬件工作平台。

7. 多媒体制作软件

Authorware 是 Macromedia 公司推出的多媒体制作软件,它可以合成文本、图像、音频、动画、视频等多种媒体素材,可用于制作内容丰富的多媒体软件。Authorware 采用基于图标和流线的多媒体创作方式,它具有丰富的函数及程序控制功能,融合了编辑系统和编程语言的特色。Authorware 提供了 11 种交互方式供开发者选择,以适应不同的需要。开发者可以充分地利用文本、图像、音频、动画、视频等内在的多种内容,来创作和实现整个多媒体系统。

8. 工具软件

除以上专业软件外,在多媒体素材处理和产品开发中,还经常会用到一些小的工具软件,如看图软件、屏幕截图软件、屏幕录像软件、文件压缩/解压缩软件、音频/视频播放软件、视频节目修复软件、视频格式转换软件、光盘刻录软件等。

4.5.2 多媒体创作工具

1. 多媒体创作工具的主要功能及特点

近年来,随着多媒体应用系统需求的日益增长,许多公司都对多媒体创作工具及其产品非常重视,并集中人力进行开发,从而使得多媒体创作工具日新月异。根据应用目标和使用对象的不同,多媒体创作工具应具有以下功能及特点:

(1) 提供良好的编程环境及对各种媒体数据流的控制能力。多媒体创作工具应提供编排各种媒体数据的环境,即能对媒体元素进行基本的信息和信息流控制操作,包括条件转移、循环、数学计算、数据管理和计算机管理等。多媒体创作工具还应具有将不同媒体信息编入程序的能力、时间控制能力、调试能力、动态文件输入与输出能力等。编程思路方面主要有:① 流程结构式,即先设计流程结构图,再组织素材;② 卡片组织式。

(2) 较强的多媒体数据输入/输出能力。媒体数据一般由多媒体素材编辑工具完成,由于制作过程中经常要使用原有的媒体素材或加入新的媒体，因此要求多媒体创作工具软件也应具备一定的数据输入和处理能力，参与创作的各种媒体数据，应可以进行实时呈现与播放，以便对媒体数据进行检查和确认。

(3) 动画处理的能力。多媒体创作工具可以通过程序控制，实现显示区的图块和媒体元素的移动，以制作和播放简单动画。另外，多媒体创作工具还应能播放由其他动画制作软件生成的动画以及通过程序控制动画中物体的运动方向和速度，制作各种过渡特技等。例如移动位图，控制动画的可见性、速度和方向等，其特技功能包括淡入、淡出、抹去、旋转、控制、透明及层次等效果。

(4) 超链接的能力。超链接是指从一个静态对象(如按钮、图标或屏幕上的一个区域等)激活一个动作或跳转到另一个相关数据对象的行为。

(5) 应用程序的链接能力。多媒体创作工具应能将外界的应用控制程序接入所创作的多媒体应用系统，即多媒体应用程序激活另一个应用程序，为其加载数据文件，并能返回应用程序。

(6) 模块化的能力。多媒体创作工具应能让开发者创作独立片段并使之模块化，甚至目标化，使其能“封装”和“继承”，让用户能在需要时独立使用。多媒体创作工具一般都会提供一个面向对象的编辑界面，使用时只需根据系统设计方案就可以方便地进行制作。所有的多媒体信息均可直接定义到系统中，并根据需要设置其属性。

(7) 界面良好，易学易用的能力。多媒体创作工具应具有友好的人机交互界面，屏幕呈现的信息多而不乱，即多窗口，多进程管理。应具备必要的联机检索帮助和导航功能，尤其是教学软件，使用户在上机时更快地掌握基本的使用方法。此外，多媒体创作工具应操作简便，易于修改，菜单与工具布局合理，有良好的技术支持等。

2. 多媒体创作工具的种类

每一种多媒体创作工具都提供了不同的应用开发环境，并具有各自的功能和特点，适用于不同的应用范围。根据多媒体创作工具的创作方法和特点的不同，可将其划分为以下几类。

1) 以时间为基础的多媒体创作工具

以时间为基础的多媒体创作工具所制作的多媒体文件(如电影)是以可视化的时间轴来决定事件的顺序和对象显示上演的时段，这种时间轴中可以包括多行道或频道，以便安排多种对象同时呈现；它还可以用来编辑控制转向一个序列中的任何位置的节目，从而增加了导航和交互控制。通常该类多媒体创作工具都会有一个控制播放的面板，它与一般录音机的控制面板类似。在这些创作系统中，各种成分和事件按时间路线组织，其优点是操作简便，形象直观，在一个时间段内可任意调整多媒体素材的属性(如位置、转向、出图方式等)；缺点是要对每个素材的显现时间进行精确的安排，调试工作量大。这类多媒体创作工具的典型代表有 Director 和 Action 等。

2) 以图标为基础的多媒体创作工具

在以图标为基础的多媒体创作工具中，多媒体成分和交互队列(事件)以结构框架或过程图标为对象，这使项目的组织方式简化，而且多数情况下是显示各分支上各种活动的流程图。创作多媒体作品时，创作工具提供一条流程线，供放置不同类型的图标使用，使用流程图隐语“构造”程序。多媒体素材的显现是以流程为依据的，在流程图上可以对任意图标进行编辑。其优点是调试方便，在复杂的设计框架中，这个流程图对开发过程特别有用；缺点是当多媒体文件很大时,图标与分支很多,不便修改和调试。这类多媒体创作工具的典型代表有 Authorware 等。

3) 以页式或卡式为基础的多媒体创作工具

以页式或卡式为基础的多媒体创作工具一般提供一种可以将对象连接于页面或卡片的工作环境。一页或一张卡片便是数据结构中的一个结点,它类似于教科书中的一页或数据袋内的一张卡片,只是数据更多样化罢了。多媒体创作工具可以将这些页面或卡片连接成有序的序列。

这类多媒体创作工具是以面向对象的方式来处理多媒体元素的。这些元素用属性来定义,用剧本来规范,允许播放声音元素以及动画和数字视频节目。在结构化的导航模型中,可根据命令跳转到所需的任何一页,形成多媒体作品。其优点是便于组织和管理多媒体素材;缺点是要处理的内容非常多时,卡片或页面数量过大,不利于维护与修改。这类多媒体创作工具的典型代表有 ToolBook 及 HyperCard 等。

4) 以传统程序设计语言为基础的创作工具

以传统程序设计语言为基础的多媒体创作工具需要大量编程,可重用性差,调试困难,不便组织和管理多媒体素材,如 Visual C++,Visual Basic,其他综合类多媒体节目编制系统则存在通用性差和操作不规范等缺点。

4.5.3 图像处理软件 Adobe Photoshop

1. 操作界面

Adobe 公司出品的 Adobe Photoshop(以下简称 Photoshop)是目前使用最广泛的专业图像处理软件,主要用于印刷排版、艺术摄影和美术专业设计领域。Photoshop 的操作界面如图 4-8 所示,包含以下几部分。

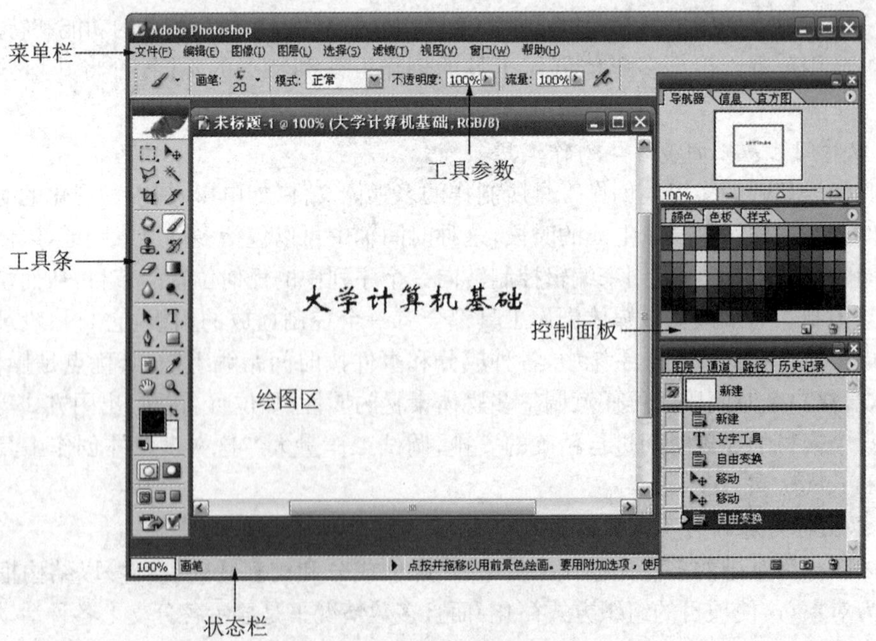

图 4-8 Photoshop 的操作界面

1）菜单栏

菜单栏包括文件、编辑（图像的复制、粘贴、删除、描边、填充、变形、旋转等）、图像（图像的色彩和亮度调整等功能）、图层、选择（对选区进行反选、羽化、扩展、收缩、旋转、变形等功能）、滤镜（图像特殊效果处理，如浮雕、变形等功能）、视图（图像的尺寸、对齐等功能）、窗口（控制面板的打开、关闭等功能）、帮助等命令菜单。在 Photoshop 中，可以选择菜单操作，也可以采用快捷键操作。

2）工具条

工具条常用工具有选区工具、移动工具、画笔工具、橡皮擦工具、色彩填充工具、图像局部处理工具、文字输入工具、钢笔路径工具、矢量图形工具、选色滴管工具、前景色/背景色选择工具等。在操作时，将光标移到工具图标上稍做停留后，Photoshop 就会自动显示该工具名称。

3）工具参数

当用户选择某个工具后，工具参数栏就会显示这个工具的一些选项和参数。用户可以对这个工具进行详细选择和参数调整等操作，例如，选择“画笔工具”后，单击工具参数栏的左边“画笔”图标的下拉按钮，就可以选择画笔的各种形状和大小，如圆点、草、枫叶、流星等，如图 4－9 所示，还可对画笔的不透明度、画笔色彩的流量等参数进行设置，以达到满意的图像效果。

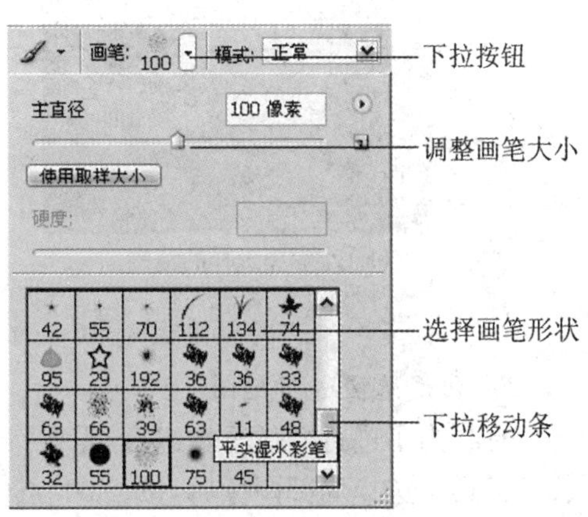

图 4－9　Photoshop 画笔工具参数

4）控制面板

Photoshop 有多种控制面板，包括导航器、信息、直方图面板，这些控制面板中使用最多的是导航器面板，可以用它调整绘图区在屏幕中的位置和大小。在设计制作一个图像时，一般将导航器的图像比例调整为 100%，这样做的目的是使设计图形时有一个准确的比例。在预览高分辨率图像时，由于计算机屏幕大小有别，一般将导航器比例调小到能够看到全部图像。对图像进行修改时，为了减少操作失误，一般将导航器比例放大到 200%以上。

颜色、色板、样式面板：经常利用颜色或色板选择颜色。

图层、通道、路径、历史记录、动作面板：其中图层是 Photoshop 中最为重要的功能，也是使用最频繁的一个工具。由于有图层功能，使图像处理这样一个非常专业化的工作，变成一个简单的拼图游戏。

5）绘图区

绘图区也称为“画板”，是 Photoshop 显示和处理图像的区域。

6）状态栏

显示当前绘图区图像的显示比例、图像文件的大小和简单地使用帮助。

2. 选区操作

选区是 Photoshop 中最基本的操作，这项工作往往利用选区工具进行。在 Photoshop 中，提供了“矩形”“椭圆”“多边形套索”“磁性套索”等选区工具。利用选区工具选择了图像某个部分后，选区的边缘会用闪烁的虚线表示。选区的操作可在“选择”菜单中进行，主要包括全选、反选、取消选区、色彩范围选择、羽化、扩展、收缩、选取相似色彩区域、变换选区（移动、旋转、变形等)等操作,可以对多个选区进行相加、相减、相交等操作,还可以通过路径来建立选区。

1) 利用选区去除背景

在图像处理时,往往要删除图像中的某一部分背景,这时需要利用选区工具在图像中进行背景部分选择,选中这个局部区域后,按[Delete]键即可删除背景,这个过程也称为"去背"。在利用"魔术棒"工具进行背景选择时,调整魔术棒"容差"参数可以改变选区的范围,如图 4-10 所示。

图 4-10 魔术棒容差选择范围的影响

2) 利用选区进行抠图

有时为了进行图像重新组合,需要将图像中的某部分(如人物)复制出来,这也需要利用选区工具。选择局部图像后,按[Ctrl]+[C]组合键复制,然后按[Ctrl]+[V]组合键粘贴,这个过程往往称为"抠图"。在 Photoshop 工具中,利用"矩形""椭圆""套索"等选区工具时,可对工具栏的"羽化"属性进行调整。这个参数决定选区是否需要柔化的边缘,羽化数值越大,则羽化的宽度越大,羽化抠图效果如图 4-11 所示。使用完羽化参数后,必须将羽化参数调回到 0,否则会影响到后续操作。如果选择"消除锯齿"参数,那么可使选区的边缘更平滑、更清晰。

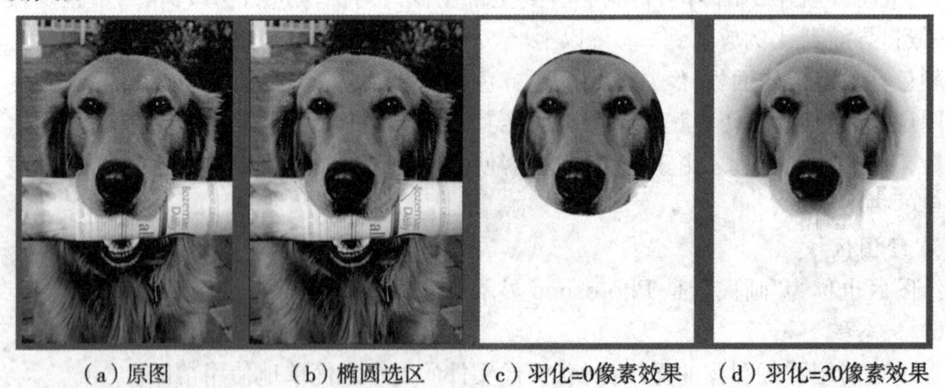

图 4-11 羽化抠图的效果

3. 图层操作

图层是 Photoshop 最重要的功能之一。因为在图像处理过程中,很少有一次成型的作品,常常是经历若干次修改后才能得到比较满意的效果。Photoshop 不是直接在一个图层进行编辑和修改，而是将图像分解成多个图层，然后分别对每个图层进行处理，最后组成一个整体的效果。这样的作品，在视觉效果上与一个图层编辑的作品是一致的。

Photoshop 允许在一个图像中创建多达 8 000 个图层。可以将一个图像利用抠图技术，分解成多个图像，这样修改一个图层时，就不会对另外的图层造成破坏。如果觉得某个图层的位置不对，可以单独移动这个图层，以达到修改的效果，甚至可以把这个图层丢弃重新再处理，而其余的图层并不会受到影响。

Photoshop 中图层的类型包括背景图层、透明图层、不透明图层、效果图层、文字图层、形状图层等，如图 4-12 所示。

Photoshop 中每个图层都是相对独立的，可以对它们进行选择、命名、增加、删除、复制、移动、打开/关闭、栅格化、合并、锁定等操作。

在图层的选择中必须牢记，被选中的图层才可以进行移动或是其他操作，这个原则很重要。例如，想要使用画笔工具画图形，就必须先明确要画在哪个图层上，选错图层是初学者常犯的错误。初学者也容易忘记图层的概念，把应该分层处理的图像部分，都做在了同一个图层上，这样会给图像处理带来不便。

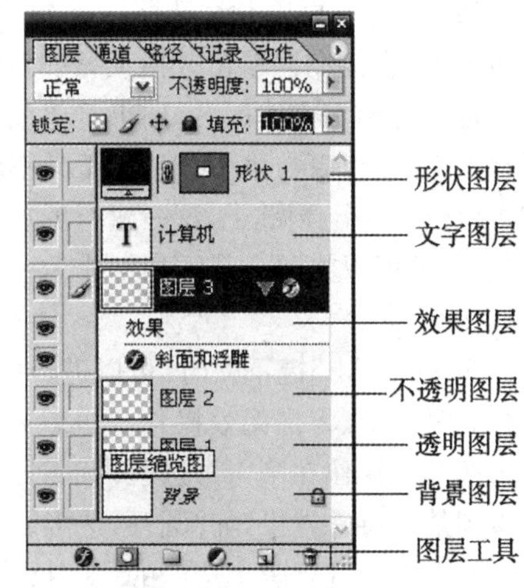

图 4-12 图层控制面板

初学者还应特别注意图层的层次问题，因为不同的图层会引起遮挡。图像中的各个图层之间彼此是有层次关系的，层次最直接的效果是遮挡。位于图层控制面板下方的图层层次较低，越往上层次越高。位于较高层次的图像内容会遮挡较低层次的图像内容，如图 4-13 所示。

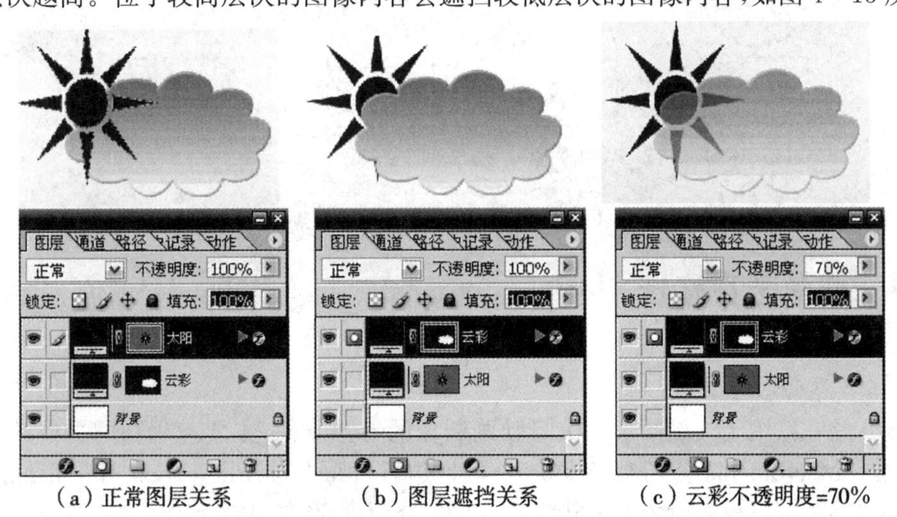

(a) 正常图层关系　　(b) 图层遮挡关系　　(c) 云彩不透明度=70%

图 4-13 图层之间的遮挡关系

背景图层有着特殊的性质，它位于最底部且层次不能改变，无法移动且无法改变不透明度。因此，应当尽量不在背景图层上作图。背景图层不是必须存在的，它可以转换为普通图层，但一幅图像只能有一个背景图层。

在实际操作中，不要随意删除图层，应先予以隐藏，在制作完成后再决定是否删除。隐藏和删除在画面效果上是一样的,但隐藏图层保留了最大的灵活性。

不透明度表示当前图层的透明程度,数值越大图层透明度越差。降低不透明度后,图层中的图像会呈现出半透明的效果。如果各个图层中的图像均为100%不透明,那么各图层彼此之间是不存在重叠效果的。当各图层处于半透明(不透明度低于100%)时,在图层内容之间的重叠区域就会呈现色彩重叠的效果,此时改变任何一个图层的不透明度,都会影响这个重叠区域内的效果。

4. 几何图形制作

Photoshop可以利用选区工具建立简单的几何图形,如选择椭圆选区工具后,再按住[Shift]键,在绘图区单击并拖动,这时建立的是一个正圆。

选择完第1个选区后,如果希望接着建立第2个选区,可按住[Shift]键不松开,然后选择选区工具(可以与第1个选区工具不同),在画板上进行选区操作,全部选区操作完成后,就可以松开[Shift]键了,这时进行的操作为选区的“加”操作。相加的选区可以是两个独立的选区,也可以将两个选区相加成为一个图形,然后就可以对选区进行色彩填充或图像复制等操作。

当按住[Alt]键不松时,可以进行两个选区的“减”操作。选区“减”操作如果在第1个选区外面时,那么将是无效操作。也就是说,没有选择任何区域,但是它不会造成不良影响。当选区“减”操作在第1个选区内部时,将会形成第1个选区的空心现象,利用这个功能,可以达到某种特殊效果,如“圆环”选区。

如果希望进行两个选区的“交”操作,那么需要同时按住[Shift]+[Alt]组合键。选区的“加”“减”“交”操作效果如图4-14所示。

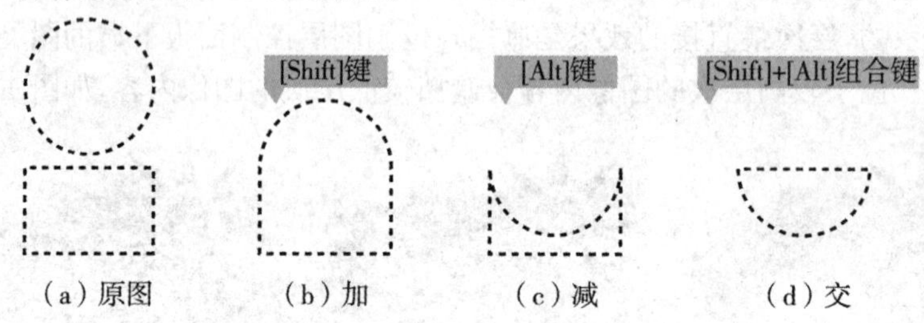

图4-14 选区的“加”“减”“交”操作

4.5.4 动画制作软件Flash

1. 基本概念

1) 工作界面

Flash是一款用于矢量图形和矢量动画制作的专业软件,主要应用在网页设计和多媒体制作中。Macromedia公司被Adobe公司收购后,Flash与Photoshop有了很好的集成性。Flash动画可以改变对象的形状大小、色彩、透明度、旋转或者其他属性。Flash动画分为逐帧动画和区间动画。逐帧动画需要用户为每一帧创建一个独立的画面,而区间动画要求用户创建动画的开始帧和结束帧,Flash可自动生成这两帧之间的所有帧。

Flash的工作界面主要包括菜单栏、时间轴窗口、绘图工具栏、控制面板、舞台等,如图4-15所示。

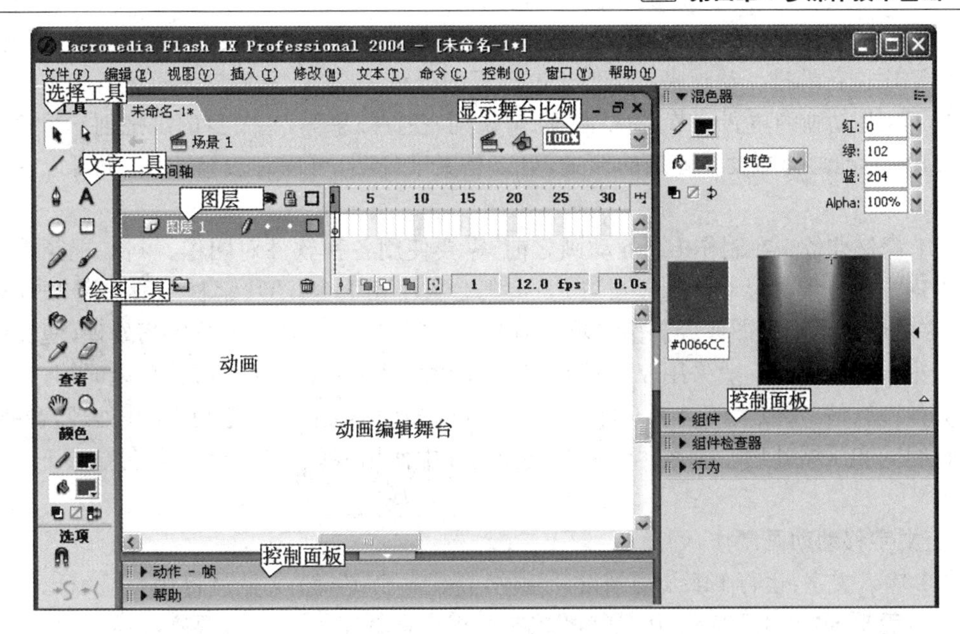

图 4－15　Flash 的工作界面

2）常用名词

（1）舞台：Flash 制作动画的窗口，其大小是输出动画的大小。

（2）场景：Flash 中提供了多场景动画的制作功能，即在一个动画中可能涉及多个场景，可以单击时间线窗口中的“场景”图标来切换场景。

（3）帧：帧表示动画中的一幅图形。帧具有两个特点，一是帧的长度，即显示从起始帧到结束帧的时间；二是帧在时间轴中的位置，不同的位置会产生不同的动画效果。

（4）关键帧：Flash 中可以只设置动画的开始帧和结束帧，中间帧的动画效果可以由计算机自动生成，而设定的开始帧和结束帧就称为关键帧。

（5）元件：Flash 中大量的动画效果是依靠一些物件组成，这些物件在 Flash 中可以进行独立编辑和重复使用，这些物件称为元件。元件分为三种类型，即图形元件、按钮元件和影片剪辑元件。

① 图形元件可以是单帧的矢量图、图像、声音或动画，它可以实现移动、缩放等动画效果，但在场景中要受到当前场景帧序列的限制。

② 按钮元件的作用是在交互过程中激发某一事件。按钮元件可以设置 4 帧动画，表示在不同操作下的四种状态，即一般、鼠标经过、鼠标按下和反应区。

③ 影片剪辑元件和图形元件有一些共同特点，但影片剪辑元件不受当前场景中帧序列的影响。

（6）图层：Flash 中的图层作用与 Photoshop 中的相似。为了动画设计的需要，Flash 还添加了遮罩层和运行引导层。遮罩层决定了被遮罩层的显示情况，运行引导层用于设置动画运动的路径。

（7）时间轴：时间轴表示整个动画与时间之间的关系。时间线面板上包含了层、帧和动画等元素。

2. 动画设计前的准备工作

制作 Flash 动画前大致要经过以下两个准备步骤：

(1) 脚本设计。在制作Flash动画之前,需要先进行动画脚本设计,将需要表达的内容按时间顺序进行编排。动画脚本类似于电影里的分镜头剧本,只是较为简单。脚本主要用于描述Flash动画的主要情节、主要画面、解说词、各种效果等,主要目的是把创作思路说明清楚。Flash动画脚本没有固定的形式,可以是文字说明,可以是表格说明,也可以使用图片说明。

(2) 素材准备。在制作Flash动画之前,需要使用各种软件对图像、声音、视频等素材进行处理。图片素材尺寸比例应当与Flash舞台大小相配合,图片素材一般采用JPG格式文件,在能够满足动画图像分辨率要求的前提下,图片素材应当先进行压缩处理,使文件容量尽量小。音频文件一般采用WAV或MP3文件格式。动画中的对话、解说词等,应当利用音频处理软件,将较大的录音文件分别剪辑成为多个小文件,并且利用音频处理软件对语音进行编辑和压缩处理。应当尽量避免在Flash中使用视频文件,因为它会导致Flash动画过大。

3. 文字移动动画制作

(1) 输入文字:运行Flash动画设计软件,新建一个Flash文档。将舞台显示比例设为100%,然后选择"文本"工具,在"属性"控制面板中选择字体、字号、颜色,在舞台左边输入"动画"两个文字,如图4-16所示。

图4-16 设置文字字体、字号和颜色

(2) 插入关键帧:在时间轴"图层1"第30帧右击,在快捷菜单中选择"插入关键帧"命令,如图4-17所示。

(3) 创建补间动画:单击时间轴"图层1"第30帧处,选择工具栏中的"选择"工具,将"动画"两个文字移动到屏幕右边,如图4-18所示,将鼠标移动到"图层1"第1帧与第30帧的中间(如第12帧)右击,在快捷菜单中选择"创建补间动画"命令,如图4-19所示。

(4) 测试动画:按[Enter]键播放动画,如图4-20所示,或按[Ctrl]+[Enter]组合键测试Flash动画。

图 4-17　插入关键帧

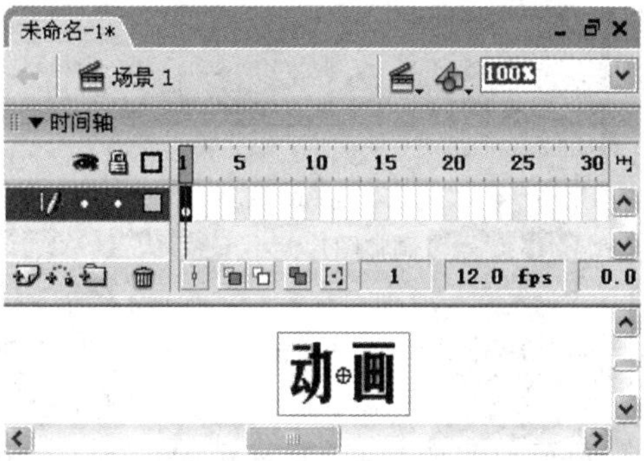

图 4-18　移动文字

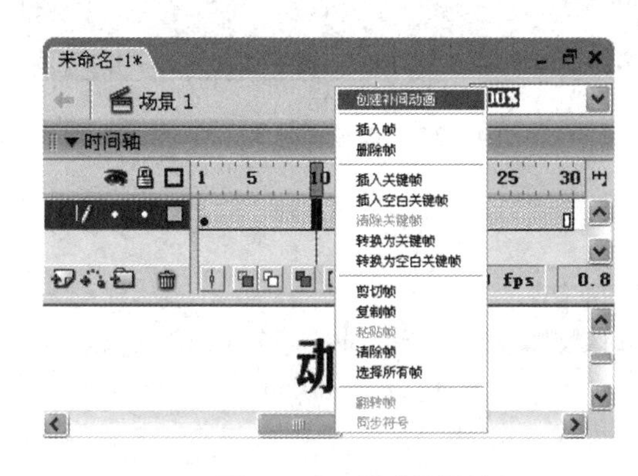

图 4-19　创建补间动画

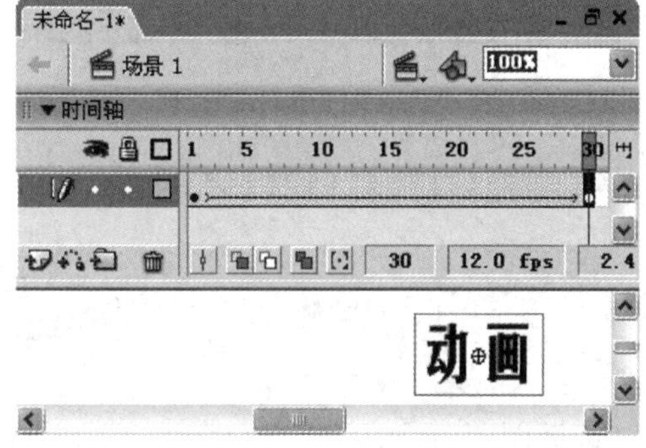

图 4-20　播放动画

(5) 保存动画源文件:在“文件”菜单中选择“另存为”项,弹出“保存”对话框,输入动画文件名,注意文件扩展名为. fla,然后保存动画文件。

(6) 导出影片文件:之前只保存了源文件,还须导出动画影片文件。在“文件”菜单中选择“导出”级联菜单中的“导出影片”命令,选择保存目录,输入文件名,注意文件扩展名为. swf,单击“保存”按钮,这时出现导出影片文件参数表,选择默认参数,单击“确定”按钮即可。

4. 图片变形动画制作

(1) 图片导入:运行 Flash 动画设计软件,新建一个 Flash 文档。将舞台显示比例设为 50%,在“文件”菜单中选择“导入”项,再选择“导入到舞台”命令,选择一张图片,单击“打开”按钮,这时图片已经导入到舞台中了。

(2) 图片大小调整:选择工具栏中的“任意变形”工具,将背景图片大小调整到比舞台略大一些,图片位置调整好,如图 4-21 所示。

(3) 图片大小变形动画:选择时间轴“图层 1”第 10 帧处右击,在快捷菜单中选择“插入关键帧”。选择“任意变形”工具,将图片大小调整回原来的 1/3 大小。将鼠标移到“图层 1”第 5 帧处右击,在快捷菜单中选择“创建补间动画”,如图 4-22 所示。选择时间轴“图层 1”第 20 帧处右击,在快捷菜单中选择“插入关键帧”。选择“任意变形”工具,将图片大小调整回原来大小。将鼠标移到“图层 1”第 15 帧处右击,在快捷菜单中选择“创建补间动画”,按[Enter]键播放动画。

(4) 保存动画源文件(. fla)并导出影片文件(. swf)。

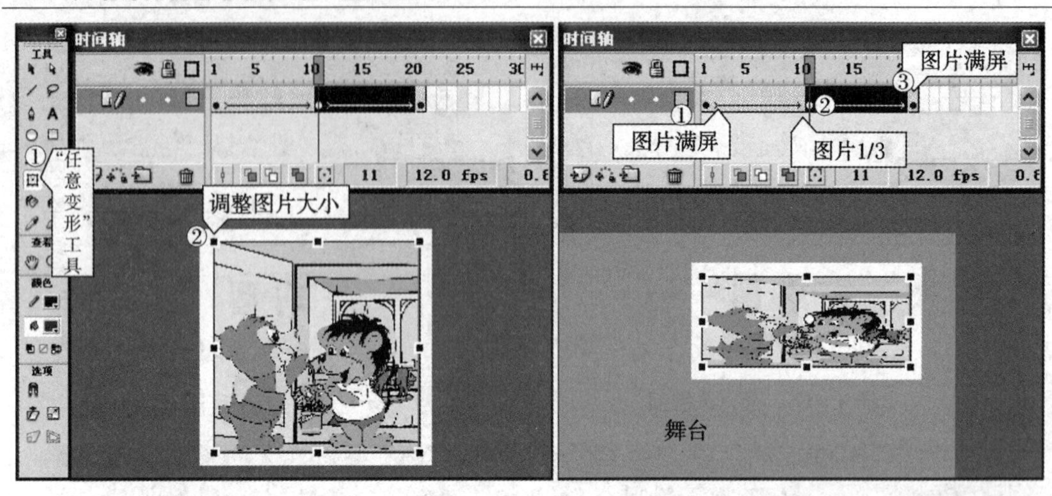

图4-21 调整图片大小和位置　　图4-22 创建图片大小变形动画

习题四

一、选择题

1. 以下媒体中能直接作用于人们的感觉器官,从而能使人产生直接的感受的是(　　)。

   A. 感觉媒体　　B. 表示媒体　　C. 显示媒体　　D. 存储媒体

2. 以下属于多媒体范畴的是(　　)。

   A. 交互式视频游戏　　B. 有声图书　　C. 彩色画报　　D. 彩色电视

3. 多媒体计算机中的媒体信息是指(　　)。

   (1) 文字　　(2) 声音、图形　　(3) 动画、视频　　(4) 图像

   A. (1)　　B. (2)　　C. (3)　　D. (1)(2)(3)(4)

4. 组成多媒体计算机系统的两部分是(　　)。

   A. 多媒体功能卡和多媒体主机

   B. 多媒体通信软件和多媒体开发工具

   C. 多媒体输入设备和多媒体输出设备

   D. 多媒体计算机硬件系统和多媒体计算机软件系统

5. 多媒体技术的主要特性有(　　)。

   (1) 多样性　　(2) 集成性　　(3) 交互性　　(4) 视听性

   A. (1)　　B. (1)(2)　　C. (1)(2)(3)　　D. (1)(2)(3)(4)

6. 以下不是多媒体技术的典型应用的是(　　)。

   A. 教育和培训　　B. 娱乐和游戏　　C. 视频会议系统　　D. 计算机支持协同工作

7. 多媒体数据具有下列(　　)特点。

   A. 数据量大和数据类型少

   B. 数据类型间区别大和数据类型少

   C. 数据量大和数据类型少、数据类型间区别小、输入输出不复杂

   D. 数据量大和数据类型多、数据类型间区别大、输入输出复杂

8. 通过听觉和视觉来接收的媒体是(　　)。

A. 表示媒体　　B. 感觉媒体　　C. 显示媒体　　D. 存储媒体

9. 数据的(　　)是多媒体的关键技术。

A. 交互性　　B. 压缩　　C. 格式　　D. 可靠性

10. 声音是一种波,它的两个基本参数是(　　)。

A. 振幅、频率　　B. 音色、音高　　C. 噪声、音质　　D. 采样率、采样位数

11. 模拟音频转化为数字音频并播放的过程中,正确的步骤是(　　)。

A. A/D 变换、采样、压缩、存储、解压缩、D/A 变换

B. 采样、压缩、A/D 变换、存储、解压缩、D/A 变换

C. 采样、A/D 变换、压缩、存储、解压缩、D/A 变换

D. 采样、D/A 变换、压缩、存储、解压缩、A/D 变换

12. (　　)图像文件格式可以支持动画效果。

A. GIF　　B. TIFF　　C. JPEG　　D. BMP

13. 对模拟声音信号进行数字化处理时,在时间轴上,每隔一个固定的时间间隔对波形的振幅进行一次取值,这被称为(　　)。

A. 量化　　B. 采样　　C. 音频压缩　　D. 音乐合成

14. 声音信号的数字化是指(　　)。

A. 采样与量化　　B. 数据编码

C. 语音合成、音乐合成　　D. 量化与编码

15. 下列属于无损数据压缩算法的是(　　)。

A. PCM　　B. 波形编码　　C. 子带编码　　D. 霍夫曼编码

16. 图像和视频编码的国际标准是(　　)。

(1) JPEG　　(2) MPEG　　(3) ADPCM　　(4) H.261

A. (1)　　B. (1)(2)　　C. (1)(2)(3)　　D. (1)(2)(3)(4)

17. 一般来说,表示声音的质量越高,则(　　)。

A. 量化位数越多和采样频率越低　　B. 量化位数越少和采样频率越低

C. 量化位数越多和采样频率越高　　D. 量化位数越少和采样频率越高

18. 下列有关分辨率的论述中不正确的是(　　)。

A. 分辨率是指在同一面积下发光像素点的数量

B. 分辨率是显示器的主要技术指标

C. 显示器的分辨率越高,显示的字符和图像越清晰

D. 显示器的发光像素越少,分辨率越高

19. 以下不属于多媒体动态图像文件格式的是(　　)。

A. AVI　　B. MPG　　C. MOV　　D. BMP

20. 衡量数据压缩技术性能的重要指标是(　　)。

(1) 压缩比　　(2) 算法复杂度　　(3) 恢复质量　　(4) 标准化

A. (1) (2)　　B. (1)(2)(3)　　C. (1)(3)(4)　　D. (1)(2)(3)(4)

二、简答题

1. 什么是多媒体? 主要有什么特点? 结合自己的体会,说说在现实生活中有哪些多媒体的应用。
2. 什么是模拟信号? 什么是数字信号? 什么是采样? 什么是量化?
3. 图像有哪些基本属性? 什么是矢量图? 什么是位图?
4. 获取数字图像有哪些途径?
5. 简述 Photoshop 中选区在图像处理过程中的作用。
6. 简述 Flash 中制作文字变形动画的过程。

第五章　计算机网络基础

计算机网络是目前计算机技术的主要发展方向之一，是人类活动不可缺少的工具，人们通过网络来进行交流与沟通。

本章主要内容：计算机网络基本概念；计算机网络通信原理；局域网。

✲5.1　计算机网络基本概念

5.1.1　计算机网络的定义

计算机网络是利用通信线路将分布在不同地理位置上的具有独立功能的多台计算机、终端及其附属设备在物理上互联，按照网络协议相互通信，以共享硬件、软件和数据资源为目标的系统。为了实现网络互联，计算机网络必须通过通信线路（传输介质，包括线缆、光缆和无线介质）相连，所有连接在通信线路上的计算机系统必须遵循一套公共的通信规则，使得数据能够到达目的地，而且发送和接收系统都能彼此理解。控制计算机通信的规则称为协议（protocol）。

计算机网络具有三大特点：

(1) 资源共享：网络用户不仅可以使用本地计算机资源，还可以通过网络访问远端计算机资源。

(2) 网络中计算机的“独立性”：连接在计算机网络中的每台计算机都可以独立地运行，既可以联网运行，也可以脱网独立运行。

(3) 通信规则（协议）：互联的计算机都必须遵循相同的通信规则（协议）。即使有通信线路相连，若没有协议或没有相同的协议，计算机间也无法进行资源共享。当两台计算机通信时，它们不仅仅交换数据，还应能理解彼此接收的数据。因此，计算机网络的目标不是简单的数据交换，而是能够理解和使用从网络中其他计算机接传来的数据。

计算机网络技术是计算机技术与通信技术相结合的产物，计算机技术引入通信领域带动了通信技术的快速发展，通信技术引入计算机领域又带动了计算机网络技术的高速发展。

5.1.2　计算机网络的发展

计算机网络的发展速度与应用的广泛程度是前人难以预料的，纵观计算机网络的形成与发展历史，大致可分为四个阶段：

第一阶段从20世纪50年代开始。这个阶段主要是把已经发展的计算机技术与通信技术结合起来，进行数据通信技术与计算机网络通信的研究，提出计算机网络的理论基础，为计算机网络的产生做好准备。

第二阶段从20世纪60年代美国的阿帕网(Advanced Research Projects Agency Network, ARPANET)与分组交换网技术开始。ARPANET是世界上第一个计算机网络，它是计算机网络技术发展的一个里程碑，它的研究成果对网络技术的发展和应用产生了重要的作用，并为互联网的形成奠定了基础。

第三阶段从20世纪70年代开始。随着网络技术的不断发展，世界上产生了许多不同标准和技术的网络，从而影响了网络的互联互通，网络标准化问题日益突出。为此，国际标准化组织提出了开放系统互联(open systems interconnection, OSI)参考模型，对推动网络体系结构和网络标准化产生了重大意义。20世纪80年代初期，美国电气电子工程师学会组织成立了IEEE 802委员会，专门研究局域网标准和技术，提出了IEEE 802局域网标准体系，对局域网技术的发展做出了巨大贡献。

第四阶段从20世纪90年代开始。这个阶段主要特征是互联网的高速发展和广泛应用，同时高速网络技术、无线网络技术、网络安全技术也得到巨大的发展。

目前，第二代互联网络(Web2.0，以IPv6为基础，可实现“户对户”连接的网络)正在发展中，基于光纤通信的高速网络以及高速无线网络、多媒体网络、并行网络、网格网络、存储网络等正成为网络研究和应用的热点。

5.1.3 计算机网络的分类

目前计算机网络的分类有许多方法，但没有统一的标准。本书介绍的是根据网络使用的传输技术和网络的覆盖范围进行的分类。

1. 按网络传输技术进行分类

1）*广播方式网络*

广播方式网络指联网的计算机都可共享一个公共通信信道，当一台计算机利用这个公共通信信道发送数据分组时，其他的计算机都能“收听”到这个数据分组。由于发送的数据分组都带有目的地址，只有地址与目的地址相同的计算机才会接收到该数据分组，其他“收听”到这个数据分组的计算机都会丢弃该数据分组。

2）*点对点式网络*

点对点式网络指计算机把数据分组只发送到接收的计算机。若发送方与接收方有物理线路直接相连，则发送方通过物理线路建立数据链路后直接把数据分组发送到接收方。若发送方与接收方没有物理线路直接相连，则必须通过网络结点分段建立数据链路，各网络结点经过接收、存储和转发数据分组，直到到达目的接收结点，此过程类似接力棒的传递。在此情况下，需要采用路由选择算法和分组转发技术才能保证双方通信的实现。

2. 按网络覆盖范围进行分类

1）*局域网*

局域网(local area network, LAN)是指一组在限定地理范围(如一间实验室、一栋楼房或校园)内互联的计算机和网络通信设备。按照采用的技术、应用和协议，可分为共享式局域网和交换式局域网，目前主要采用的是交换式局域网。

LAN具有高速传输数据(一般在10 Mbps～10 Gbps)、存在于限定的地理区域(一般几千米范围内)、工程费用较低等特性。

2) 广域网

广域网(wide area network,WAN)也称为远程网络,是指将局域网互联在一起,可以分布于整个地区和国家,也可以是全球互联的。

WAN的特性包括没有地理范围限制、长距离的数据传输容易出现错误、可以连接多种LAN、工程费用昂贵等。

3) 城域网

城域网(metropolitan area network,MAN)是介于局域网与广域网之间的一种高速网络,也可以看成局域网技术与广域网技术相结合的一种应用。作用范围介于局域网和广域网之间,可以覆盖一组邻近的公司和一个城市。

一般来说,局域网都是用在一些局部的、地理位置相近的场合,如一个家庭、一个机房或一个小办公楼。而广域网则与局域网相反,它可以用于地理位置相差甚远的场合,如两个国家之间。此外,局域网中包含的计算机数目一般相当有限,而广域网中包含的计算机数目则可高达几百万台。可见局域网与广域网在规模和使用范围之间相差较大,但这并不意味着两种类型的网络之间没有任何的联系,恰恰相反,它们之间联系紧密,因为广域网正是由多个局域网组成的。

从技术角度来说,广域网和局域网在连接的方式上有所不同。例如,一个局域网通常是在一个单位拥有的建筑物里用本单位所拥有的电缆线连接起来,即网络的隶属权是属于该单位自己的;而广域网通常是租用一些公用的通信服务设施连接起来的,如公用的无线电通信设备、微波通信线路、光纤通信线路和卫星通信线路等,这些设备可以突破距离的局限性。

5.1.4 计算机网络的功能

计算机网络主要具有如下功能:

(1) 数据通信与传输:数据通信与传输是计算机网络的最基本功能之一。从通信角度看,计算机网络其实是一种计算机通信系统。作为计算机通信系统,能实现如文件传输、电子邮件等通信与传输功能。

(2) 资源共享:资源共享包括硬件、软件和数据资源的共享,是计算机网络最主要的功能。资源共享指的是网上用户能够部分或全部地使用计算机网络资源,使计算机网络中的资源互通有无、分工协作,从而大大地提高各种硬件、软件和数据资源的利用率。

(3) 提高计算机系统的可靠性和可用性:计算机网络中每台计算机都可以依赖计算机网络相互为后备机,一旦某台计算机出现故障,其他的计算机可以马上继续完成原先由该故障机所承担的任务,避免了系统的瘫痪,使得计算机的可靠性得到了大大的提高。当计算机网络中某一台计算机负载过重时,计算机网络能够进行智能的判断,并将新的任务转交给计算机网络中较空闲的计算机去完成,这样就能均衡每一台计算机的负载,提高了每台计算机的可用性。

(4) 进行分布式处理:对于较大型的综合问题,计算机网络将通过一定的算法将任务分配给不同的计算机,从而达到均衡网络资源、分布处理的目的。此外,利用网络技术,能将多台计算机连成具有高性能的计算机系统,以并行的方式共同处理一个复杂的问题,这就是被称为分布式计算的一种网络计算模式。

✲5.2　计算机网络通信原理

5.2.1　基本术语介绍

计算机网络知识中有许多基本术语，下面介绍在本章内容中涉及的一部分计算机网络基本术语的概念。

传输介质：网络中连接通信双方的物理通路，也是通信中实际传输信息的载体。

数据链路：为保证数据通信的正确性而通过协议来控制数据传输过程的链路。

分组：网络层上传输数据的单元，分组上包含源结点和目的结点的地址信息。

报文：传输层上传输数据的单元，即一次通信需要传输到目的结点的数据和控制信息。

路由选择：为分组达到目的结点而选择的传输路径，一般通过算法来实现。

交换技术：指被传输的数据在通过通信结点时交互和转发的技术。

网络协议：为实现网络数据通信而规定通信各方必须遵守的约定和规则。

5.2.2　计算机网络体系结构

计算机网络体系结构指网络层次结构模型和各层次协议的集合。网络体系结构对计算机网络应该实现的功能进行精确定义，而这些功能如何实现是具体的实现问题，网络体系结构并不讨论具体的实现方法，但对网络实现的研究起着重大指导意义。

目前主要的计算机体系结构包括：国际标准化组织制定的 OSI 参考模型、互联网使用的 TCP/IP 参考模型、局域网使用的 IEEE 802 参考模型。

OSI 参考模型将网络的功能分成七层，如图 5－1 所示。

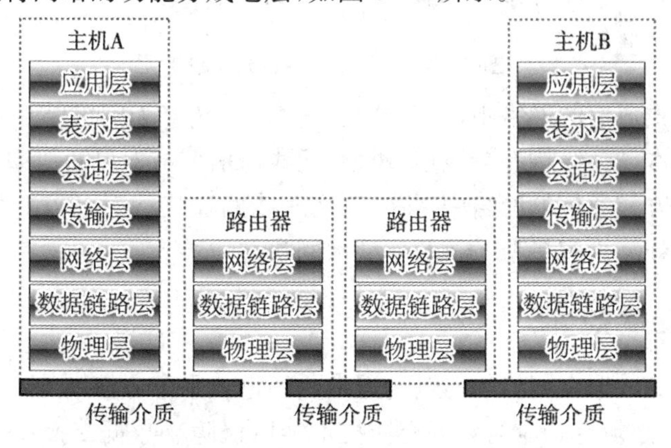

图 5－1　OSI 参考模型

（1）物理层：利用传输介质为通信的网络结点之间建立、管理和释放物理连接，实现比特流的透明传输，为数据链路层提供数据传输服务。在物理层传输的数据单元是比特。

（2）数据链路层：在物理层提供服务的基础上，数据链路层在通信的实体间建立数据链路连接，传输以帧为单位的数据包，并采用差错控制与流量控制方法，使有差错的物理线路变成无差错的数据链路。

（3）网络层：通过路由选择算法为分组通过通信子网选择最适当的路径以及实现拥塞

控制、网络互联等功能。网络层的数据传输单元是分组。

(4) 传输层:向用户提供可靠的端到端(end-to-end)服务。它向高层屏蔽了下层数据通信的细节,是计算机网络体系结构中关键的一环。它传输的单元是报文。

(5) 会话层:负责维护两个结点之间会话的建立、管理和终止以及数据的交换。

(6) 表示层:用于处理在两个通信系统中交换信息的表示方式,主要包括数据格式变换、数据加密与解密,数据压缩与恢复等功能。

(7) 应用层:为应用程序提供网络服务。应用层需要识别并保证通信对方的可用性,使得协同工作的应用程序之间的同步,建立传输错误纠正与保证数据完整性控制机制。

5.2.3 计算机网络拓扑结构

计算机网络设计首先应考虑选择适当的线路、线路容量与连接方式,使整个网络的结构合理,易于实现通信。为了解决复杂的网络结构设计,这里引入网络拓扑结构概念。计算机网络拓扑是指通过网络中结点与通信线路之间的几何关系表示网络结构,以反映网络中各实体的结构关系。

常见的网络拓扑结构有总线型、星型、环型、树型、网状型等,如图5-2所示。

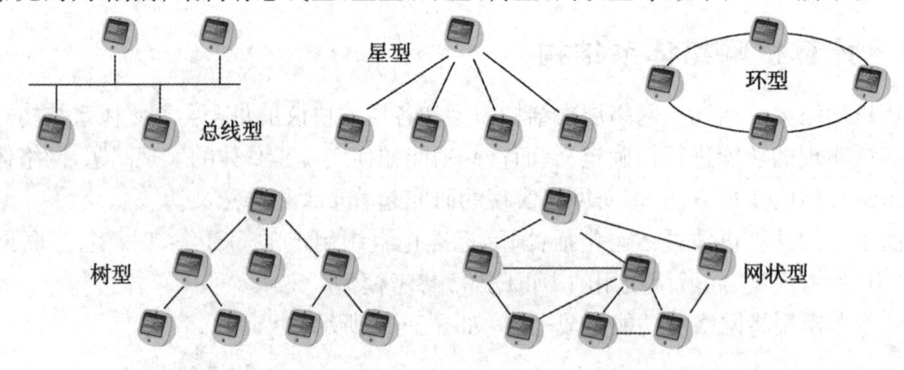

图5-2 常见的网络拓扑结构

在采用广播方式通信的网络中,一个公共通信信道被多个网络结点共享。采用广播方式通信的网络的基本拓扑结构有总线型、树型、无线通信型与卫星通信型。

在采用点对点方式通信的网络中,每一条物理线路连接一对结点。采用点对点方式通信的网络的基本拓扑结构有星型、树型、环型和网状型。

5.2.4 数据交换技术

通信双方收发的数据在网络的传输过程中要经过若干个通信结点,为保证数据高速、准确地通过通信结点,必须有相应的数据交换技术加以保障。数据交换技术主要有线路交换和存储转发交换技术。

线路交换技术与电话交换的工作过程相似,两台计算机通过网络进行数据交换前,要在网络中建立一个实际的物理连接,线路交换技术的通信过程要经历线路的建立、数据传输和线路释放三个阶段。

存储转发交换技术与信件邮寄过程相似,两台计算机通过网络进行数据交换前,并不需要建立一个实际的物理连接,被传输的数据带上源地址和目的地址在网络通信结点上逐步被传递。

线路交换技术与存储转发交换技术有两个主要区别:(1) 存储转发交换技术发送的数据与目的地址、源地址、控制信息按一定格式组成数据单元(报文或分组);(2) 存储转发交换技术中,通信子网上的结点是通信控制处理机,它负责完成数据单元的接收、差错控制、存储、路由选择和转发功能。

按照存储转发交换技术的数据单元分类,也可以分为报文交换与报文分组交换(经常简称分组交换)。在实际应用过程中,分组交换还可以分为数据报方式和虚电路方式两种。

5.2.5　网络传输介质

传输是计算机网络的基础,传输介质则是网络数据传输的物理通路,它决定了网络通信的质量,从而直接影响到网络的协议组成。

常见的有线传输介质有同轴电缆、双绞线、光纤等,无线传输介质则有微波、无线电波、激光、红外线等。不同的传输媒介的区别主要表现在媒介的物理特性、传输特性、连通性、抗干扰性、传输距离和价格等方面。

1) 双绞线

双绞线是由两根具有绝缘保护的铜导线按一定的密度相互缠绕而成,将一对或多对双绞线放在一个套管中就形成双绞线电缆。最简单的一种双绞线就是电话用户线,它的带宽较低。根据是否有屏蔽层保护,双绞线分为屏蔽双绞线(shielded twisted pair,STP)和非屏蔽双绞线(unshielded twisted pair,UTP)两种。其中,STP 在数据传送时可减少电磁波的干扰,稳定性较高。一般来说,双绞线电缆是成对使用的,而且每一对都相互绞合在一起,绞合的目的是为了减少对相邻线的电磁干扰。UTP 是在以太网中应用很广的双绞线类型,根据它的传输特性,可对其继续进行分类。例如,快速以太局域网就是用 5 类的双绞线(UTP-5)作传输介质,5 类的双绞线由 4 对双绞线组成,其中每根线的材质都是铜。

2) 光纤

光纤是由许多直径在 10～100 μm 甚至更小的塑胶或玻璃纤维管外加绝缘护套组成的。一个光纤电缆中可有多根纤芯,纤芯多少决定是几芯光纤电缆。光波经由玻璃纤维来传输,外层护套将外在的干扰彻底隔绝。光纤通信是指以激光作为信息载体,以光纤作为传输媒介的通信方式,它是一种非电的信号传送。

光纤具有安全性高、频带宽、信息量大、抗干扰能力强和传输距离远等特性,最大的缺点是价格高,铺设困难。

3) 无线传输介质

无线传输介质不使用电或光的导体传输信号,而是利用大气传送电磁波信号。信号的发送和接收是通过天线完成的。目前主流应用的无线网络包括公众移动通信网实现的无线网络(如 4G)和无线局域网(Wi-Fi)等。

5.2.6　常用网络设备

计算机之间要互联成网络以达到资源共享的目的,需要一些网络设备的支持。在网络中,常用的网络互联设备有网络适配器、中继器、集线器、交换机、路由器等,它们在网络通信中起着关键的作用。

1) 网络适配器

网络适配器(network adapter)俗称网卡或网络接口卡,是计算机连接网络的关键设备,是完成网络数据传输的关键部件。通过网卡将工作站或服务器连接到网络上,实现网络资源的共享和相互通信。目前网卡已成为微型计算机的标准配置之一,大多数网卡被集成到主板上。

2) 中继器

中继器(repeater)是物理层的连接设备,可用不同电缆连接网段而扩展网络长度。其原理是数字信号在传输过程中,电波最易衰减而使信号变形,电缆上的阻抗容抗也会使信号幅值和形状变小或失真,而中继器的作用就是在信号传输一定距离后,进行整形和放大。

3) 集线器

集线器(hub)是对网络进行集中管理的重要工具,像树的主干一样,它是各分支的汇集点。集线器是一种共享设备,其实质是中继器。集线器主要用于共享局域网络的组建。

4) 交换机

交换机(switch)是工作在数据链路层上的网络设备。交换机与集线器的最大区别在于交换机以交换而不是以共享方式处理端口数据,从而有效地提高系统的带宽。交换机的工作原理与共享式集线器截然不同,能接收发来的信息包并暂时存储,然后发到另一端口。如果把集线器看成一条内置的以太网总线的话,那么交换机可以视为多条总线——交换矩阵互连。由于目前交换机的价格与集线器差别不大,因此局域网大多使用交换机代替集线器组成交换式局域网,其网络速度远高于共享式局域网。

5) 路由器

路由器(router)在网络层上实现网络互联,是局域网和广域网之间进行互联的关键设备。通常的路由器都具有负载平衡,阻止广播风暴,控制网络流量以及提高系统容错能力等功能。

路由器能在多个网络之间提供网络互联,可以实现多个网络相互连接。路由器连接的网络有一个选择最佳路径进行通信的问题,即为将数据传输到目的地址而选择一条最佳路径,称为路由器路径选择。

5.3 局 域 网

5.3.1 局域网标准及 IEEE 802 模型

IEEE 802 标准的研究重点是解决在局部范围内的计算机组网问题,没有路由选择,因而 IEEE 802 标准只涉及物理层和数据链路层的技术。

IEEE 802 标准将数据链路层划分了两层:介质访问控制(medium access control, MAC)子层和逻辑链路控制(logical link control,LLC)子层。OSI 模型与 IEEE 802 模型的对应关系如图 5-3 所示。

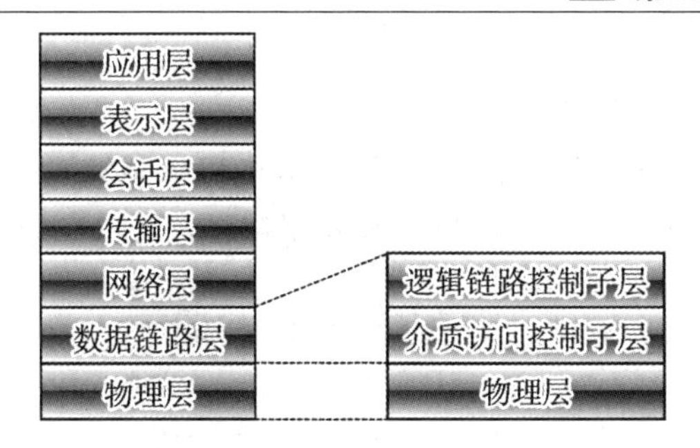

图 5-3 OSI 模型与 IEEE 802 模型的对应关系

5.3.2 局域网的拓扑结构

局域网的拓扑结构包括总线型、环型和星型。网络传输介质主要采用双绞线(常称网线)、同轴电缆和光纤等。

(1) 总线型局域网采用共享介质方式进行访问控制,其结构简单、实现容易、易于扩展、可靠性好。

(2) 环型局域网也是多个结点共享一条环通路,结点之间通过网卡利用点对点线路连接构成闭合环路,环中的数据沿着一个方向绕环逐站传输。

(3) 星型局域网最典型的就是交换式局域网,交换机作为网络中心结点对网络进行控制。结点通过点对点线路对交换机进行连接。

5.3.3 典型局域网新技术

局域网应用最广泛的技术主要是以太网技术,以太网技术是 20 世纪 80 年代中期由 IEEE 制定的 802.3 LAN 标准。它采用载波侦听多路访问/冲突检测(CSMA/CD)介质访问控制机制,管理各个结点设备在网络总线上发送信息。初期数据通信率为 10 Mbps,随着计算机技术发展到现在的 100 Mbps,1 000 Mbps,10 Gbps,相应交换技术等也不断出现。

目前,代表性的百兆以太网有:

(1) 100Base-T。使用四对双绞线,一对保留用于发送数据,一个用于接收数据,其余两个将通过协商切换方向,最大网段长度为 100 m。

(2) 100Base-TX。使用两对 5 类非屏蔽双绞线或 1 类屏蔽双绞线,一对用于发送数据,另一对用于接收数据。

(3) 100Base-T2。只用两对 3 类非屏蔽双绞线就可以达到 100 Mbps 的数据传送速率。

(4) 100Base-FX。为光纤上的快速以太网版本,它使用两股光纤,一股用于发送数据,另一股用于接收数据。可用单模光纤或者多模光纤。在全双工情况下,单模光纤的最大传输距离是 40 km,多模光纤的最大传输距离是 2 km。

另外,千兆以太网标准 IEEE 802.3z 于 1998 年 6 月获得批准,它为三种传输介质定义了三种收发器:1000Base-LX(用于安装单模光纤),1000Base-SX(用于安装多模光纤),1000Base-CX(用于平衡、屏蔽铜缆,可以用于机房内设备的互联)。万兆以太网(10 G 以太网)于 2002 年 7 月在 IEEE 通过,代表性的万兆以太网包括 10GBase-X,10GBase-R 和 10GBase-W。

5.3.4 组建局域网

一般局域网组建需要一台服务器、若干台工作站和交换机组成。服务器为局域网工作站提供资源服务,所有工作站通过交换机与服务器相连。局域网拓扑结构如图 5 - 4 所示。

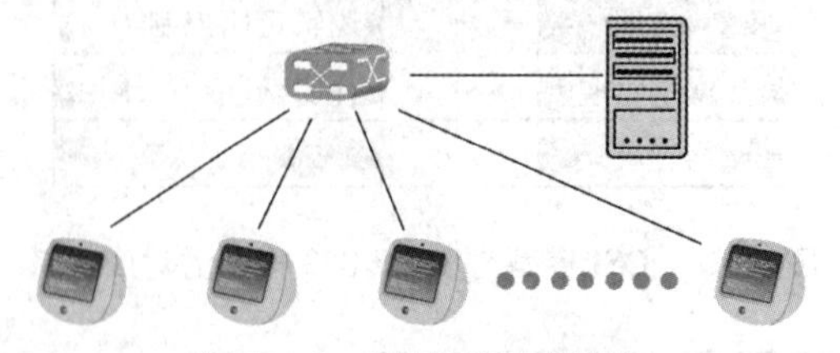

图 5 - 4　局域网拓扑结构

局域网的组建过程:

(1) 将服务器、工作站和交换机安置到设计好的位置。

(2) 制作网线。按照服务器、工作站和交换机的距离位置,裁剪长度合适的网线(目前一般用 5 类或超 5 类双绞线)后利用网线钳制作网线。把网线的两头分别用 T568B 标准安装到 RJ-45 水晶头上。T568B 标准是指 5 类双绞线的 8 根细铜芯线按白橙、橙、白绿、蓝、白蓝、绿、白棕、棕的顺序排列安装到水晶头上。制作网线时先用网线钳分别剥离网线两头外层护套 1.2～1.5 cm,接着将网线按 T568B 标准排列好,剪齐线头,然后插入水晶头,最后用网线钳固定水晶头即可。

(3) 用制作好的网线把服务器、工作站和交换机连接起来。

(4) 配置各工作站的网络属性。首先确保各工作站的网卡已正确安装并已安装好驱动程序;接着通过计算机桌面上“网络邻居”打开其属性窗口,设置其网络标识以便在局域网中加以识别;然后设置其 TCP/IP 属性中的 IP 地址,如图 5 - 5 和图 5 - 6 所示,在局域网中可将其 IP 地址设为 192.168.0.X(X 指 1～254 的任一整数),子网掩码设为 255.255.255.0;最后为工作站添加文件和打印机共享服务。

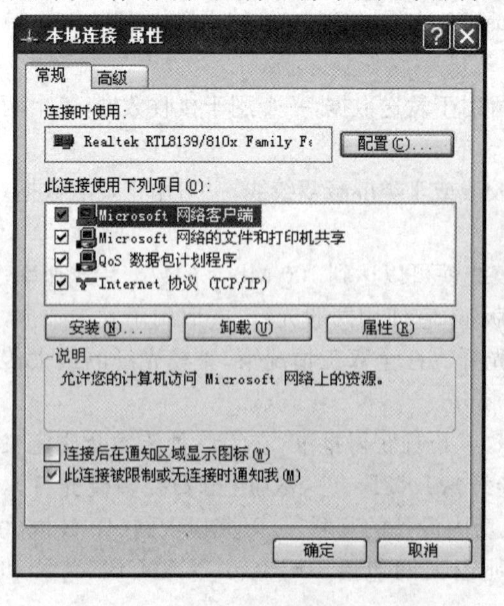

图 5 - 5　网络属性

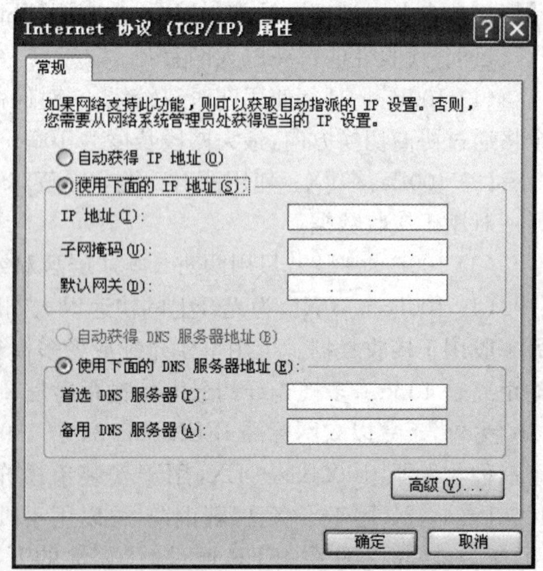

图 5 - 6　IP 设置

(5) 配置服务器的网络属性和共享资料。服务器的网络属性与工作站的配置相似。

(6) 通过 Ping 命令来测试网络连通情况。若需要测试某两台计算机的网络是否连通，则在其中一台计算机的运行窗口输入命令“Ping ＜对方的 IP 地址＞”，并按[Enter]键即可。例如，若对方的 IP 地址为 192.168.0.1，则输入“Ping 192.168.0.1”。

5.3.5　局域网应用

局域网的应用有许多，主要是文件的共享和打印机共享。在安装操作系统时，一般会自动安装“网络的文件和打印共享”服务。若没有安装，则可通过网络的“属性”对话框的“安装”按钮来安装，如图 5-5 所示。

1. 文件共享的设置

在局域网上，文件的共享要通过文件夹的共享来实现，文件的共享设置过程如下：选定要共享的文件所在的文件夹，选择右键快捷菜单中的“属性”选项，如图 5-7 所示。在弹出的对话框中选择“共享”选项卡，在“共享”选项卡中勾选“在网络上共享这个文件夹”复选框，如图 5-8 所示，单击“确定”按钮即可。被共享的文件夹图标将发生改变，如图 5-9 所示。

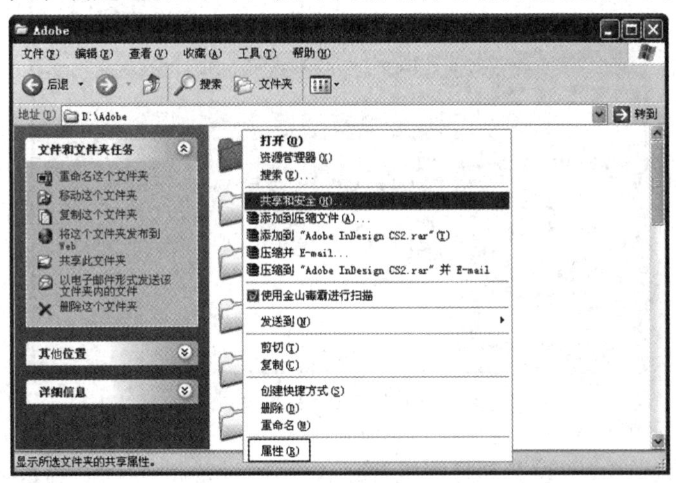

图 5-7　选择“属性”

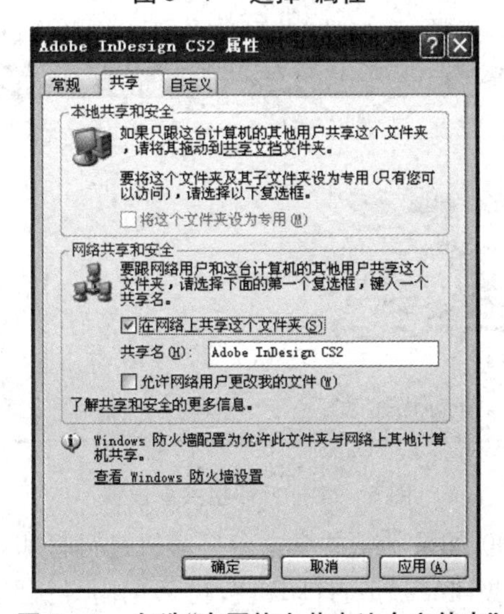

图 5-8　勾选“在网络上共享这个文件夹”

图 5-9　文件夹共享后图标发生变化

局域网的其他计算机如果需要获取共享文件夹中的文件，那么可以通过网络邻居查找设置了共享文件夹的计算机，或直接通过地址栏输入设置了共享文件夹的计算机名或 IP 地址，找到共享的文件夹，如图 5-10 所示，就可以进行相应的操作，如复制等。

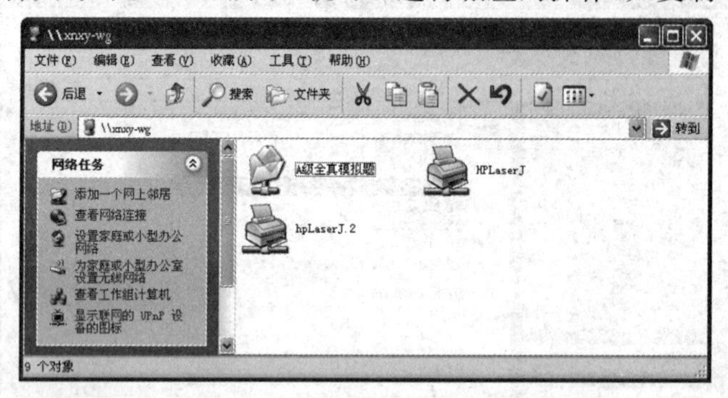

图 5-10　查找共享的文件夹

2. 打印机共享的设置

通过“开始”菜单中的“设备和打印机”命令，打开“设备和打印机”窗口，选择需要共享的打印机，通过右键的快捷菜单选择“打印机属性”命令，如图 5-11 所示，在弹出的打印机的“属性”对话框中选择“共享”选项卡，勾选“共享这台打印机”复选框，单击“确定”按钮即可。

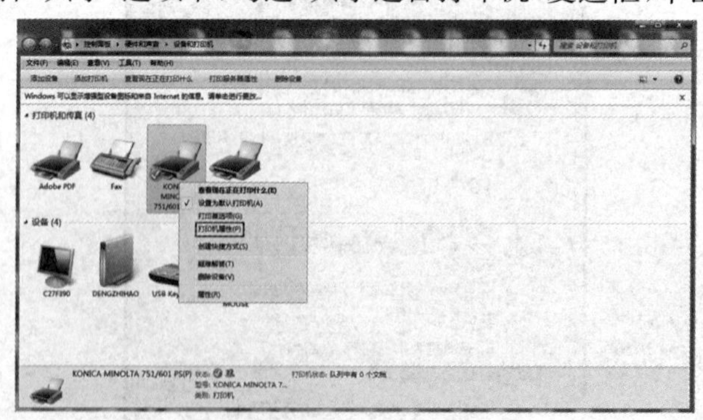

图 5-11　打印机共享设置

其他局域网内的计算机，如果希望共享这台打印机进行打印，那么在“添加打印机”对话框中选择“添加网络、无线或 Bluetooth 打印机”，再根据向导提示进行设置，如图 5-12 所示。最后将共享的网络打印机设置为默认打印机，即可实现打印机网络共享打印。

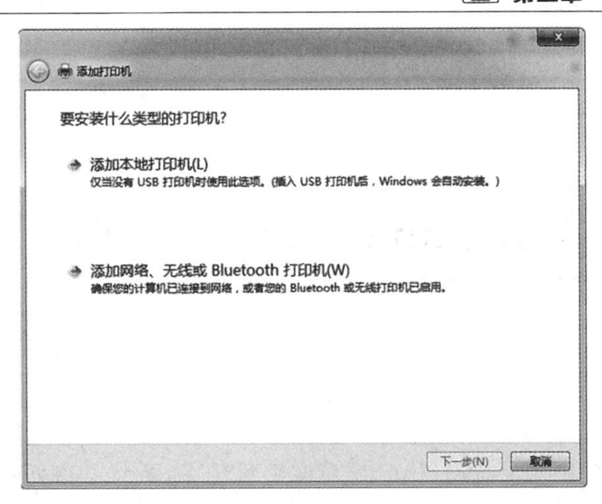

图 5-12 选择网络打印机

选择题

1. 计算机网络是计算机技术与(　　)技术的高度发展、密切结合的产物。
   A. 交换机　B. 软件　C. 通信　D. 自动控制
2. 人类历史上最早的计算机网络是(　　)。
   A. 互联网　B. 局域网　C. 以太网　D. ARPANET
3. 当通信子网采用(　　)方式时，首先要在通信双方之间建立起物理连接。
   A. 线路交换　B. 无线网络　C. 存储转发　D. 广播
4. OSI 参考模型将网络分成(　　)层。
   A. 8　B. 6　C. 4　D. 7
5. 在 OSI 参考模型中，数据链路层的数据服务单元是(　　)。
   A. 帧　B. 报文　C. 分组　D. 比特序列
6. 在 IEEE 802 参考模型中，将局域网分成了(　　)层。
   A. 2　B. 3　C. 4　D. 5
7. 下列(　　)不是局域网的拓扑结构。
   A. 总线型　B. 环型　C. 星型　D. 网状型
8. 在计算机网络分类中，下列(　　)不属于计算机网络分类。
   A. 局域网　B. 广域网　C. 城域网　D. 无线网
9. 在 OSI 参考模型中，在数据链路层之上的层是(　　)。
   A. 物理层　B. 网络层　C. 传输层　D. 应用层
10. 用于连接不同网络的网络设备是(　　)。
   A. 路由器　B. 网卡　C. 集线器　D. 交换机
11. 目前用于组成交换式局域网的网络设备是(　　)。
   A. 路由器　B. 网卡　C. 集线器　D. 交换机
12. 抗干扰能力最强、传输能力最强的传输介质是(　　)。
   A. 电话线　B. 双绞线　C. 光纤　D. 无线

第六章　Internet技术与应用

自从20世纪60年代因特网(Internet)诞生到现在,虽然所经历的时间不长,但是却极大地改变了人类的生活方式,尤其是从20世纪90年代末开始,Internet的作用表现得越来越明显。无论是从政治到军事,还是从文化到经济,大到国家,小到个人都深受Internet影响,它已经在不知不觉中改变了整个人类的生活理念。那么,什么是Internet?它到底能给我们的生活带来什么?该如何利用Internet这个工具来丰富我们的生活呢?

本章主要内容:Internet概述;Internet基础;Internet的典型应用。

✻6.1　Internet　概　述

Internet是当今世界上规模最大、用户最多的国际计算机互联网络,它将位于不同国家、不同地域、使用不同技术的局域网和广域网连接在一起,实现了全球间的信息资源共享。

6.1.1　Internet的起源与发展

Internet是全球最大的、开放的、由众多网络互联而成的国际计算机互联网络,是一个建立在计算机网络之上的网络。它是计算机技术和通信技术相结合的产物,是实现全球信息传递的一种快捷、有效、方便的工具。Internet代表着当代计算机体系结构发展的一个重要方向,由于它的成功发展,人类社会的活动正在发生变化,可以毫不夸张地说Internet网络是人类文明史上的一个重要里程碑。

Internet的起源可追溯到20世纪50年代末,美国国防部高级研究计划局(Defense Advanced Research Projects Agency,DARPA,原名为ARPA)计划建立一个计算机网络,该网络要求具有一定的稳定性和可扩展性,即在网络的某个物理部分遭到损坏后不至于影响整个网络的正常运行;同时易于连接各种独立的网络"孤岛",使得在增加或去掉某些网络结点时,对整个网络性能不至于造成很大影响,该网络即后来的ARPANET。

鉴于以上的需求及相关技术的发展,1969年,基于存储转发交换技术的分组交换广域网——ARPANET正式建立。ARPANET仅有4个结点,分别建在加州大学洛杉矶分校(University of California,Los Angeles,UCLA)、斯坦福大学(Stanford University)、加州大学圣塔芭芭拉分校(University of California, Santa Barbara, UCSB)以及犹他州立大学(Utah State University,USU)。ARPANET是为了验证远程分组交换网的可行性而进行的一项试验工程,以防止核战争爆发引起大量电话业务中断导致军事通信瘫痪的局面出现。

ARPANET 就是今天 Internet 的起源。

1980 年,DARPA 把 TCP/IP 加入 UNIX 的内核中,因此 TCP/IP 成为 UNIX 系统的标准通信模块。到了 1983 年,DARPA 把 TCP/IP 作为 DARPA 的标准协议。

1986 年,美国国家科学基金会(National Science Foundation,United States,NSF)建立了以 ARPANET 为基础的学术性网络,即 NSFNET,是 Internet 的先驱。为了达到信息资源共享的目的,NSFNET 把全美的主要研究中心和五个科研、教育用的计算中心的近 8 万台计算机联成一体,并与 ARPANET 相连。随后又把以各大学校园网络为基础构成的地区性网络再互联成为全国性网络。此外,美国国家航空航天局(National Aeronautics and Space Administration,NASA)与美国能源部(United States Department of Energy)的 NSINET 与 ESNET 网相继建成。欧洲各国也积极发展本地网络,于是在此基础上互联形成了 Internet。1994 年,NSF 宣布不再给 NSFNET 运行、维护经费支持,由 MCI,Sprint 等公司运行维护,从此商业用户进入了 Internet,Internet 的经营也商业化了。就这样,Internet 由一个科研网逐步发展成为现在面向全球的商用网。

目前的 Internet 是由多个商业公司运行的多个主干网,通过若干个网络访问点将网络互联而成。例如,从中国湖南教育厅的计算机中查阅美国麻省理工学院的 WWW 主机上的信息,这一请求通过中国湖南教育厅的网络进入中国教育和科研计算机网(China Education and Research Network,CERNET),从那里经由 Sprint 公司提供的国际信道传输到美国旧金山的网络访问点,然后转送到由 MCI 公司经营的主干网,最后才经过地区网进入美国麻省理工学院校园网中的 WWW 主机。

6.1.2 IPv6 与下一代互联网

IPv6 指的是互联网协议第 6 版,网络协议是指在国际互联网中普遍使用的通信规则。IPv6 并不等同于下一代互联网,但下一代互联网必然选择 IPv6。目前,网络协议逐渐从 IPv4 过渡到 IPv6。IPv4 使用的是 32 位地址长度,并采用 A,B,C 三类编址方式,可用的网络地址和主机地址的数目大打折扣。截止到 2019 年 11 月 26 日,全球 43 亿个 IPv4 地址已全部分配完毕。IPv6 是 IPv4 的下一个版本,它的出现恰恰为解决上述问题提供了有效的解决方案。

与 IPv4 相比,IPv6 具有以下几个优势:

(1) IPv6 具有更大的地址空间。IPv4 中规定 IP 地址长度为 32 位,即有 $2^{32}-1$ 个地址;而 IPv6 中 IP 地址的长度为 128 位,即有 $2^{128}-1$ 个地址。

(2) IPv6 使用更小的路由表。IPv6 的地址分配一开始就遵循聚类(aggregation)的原则,这使得路由器能在路由表中用一条记录(entry)表示一片子网,大大减小了路由器中路由表的长度,提高了路由器转发数据包的速度。

(3) IPv6 增加了增强的组播(multicast)支持以及对流的控制(flow control),这使得网络上的多媒体应用有了长足发展的机会,为服务质量(quality of service,QoS)控制提供了良好的网络平台。

(4) IPv6 加入了对自动配置(auto configuration)的支持,这是对 DHCP 协议的改进和扩展,使得网络(尤其是局域网)的管理更加方便和快捷。

(5) IPv6 具有更高的安全性。在使用 IPv6 网络中用户可以对网络层的数据进行加密,并对 IP 报文进行校验,极大地增强了网络的安全性。

以 IPv6 为基础的互联网不但可以实现现有的 IPv4 网络所提供的全部通信业务,而且比现有的 IPv4 网络更快、更大、更安全、更及时、更方便。其中更快，是指下一代互联网将比现在的网络传输速度提高 1 000～10 000 倍；更大，是指 IP 地址将变得无限丰富，这样家庭中的每一个电器都可以分配一个 IP 地址，真正让数字化生活变成现实；更安全，是指目前困扰计算机网络安全的大量隐患将在下一代互联网中得到有效控制。

为持续推进 IPv6 在网络各环节的部署和应用，全面提升用户渗透率和网络流量，加快提升我国互联网 IPv6 发展水平，工业和信息化部发布了《关于开展 2019 年 IPv6 网络就绪专项行动的通知》。在国家政策导向的推动下，腾讯、网易、中国电信、中国移动、中国联通、淘宝、美团等国内各大服务商，积极大力部署 IPv6 网络，通信设备制造企业、移动智能终端厂商加快产品迭代升级，网络设备和终端设备的 IPv6 支持度大幅提升，我国 IPv6 部署快速推进。根据推进 IPv6 规模部署专家委员会发布的一组最新数据，我国 IPv6 活跃用户数持续上升，截至 2020 年 7 月，我国 IPv6 活跃用户数为 3.62 亿人，占比达 40.01%。而根据亚太互联网络信息中心（Asia-Pacific Network Information Center，APNIC）统计，全球 IPv6 用户平均占比为 27%，我国的 IPv6 部署应用程度目前位居世界前列，可见 IPv6 在我国真正被使用起来了。

6.1.3 中国 Internet 的发展

Internet 在我国"越来越热"，其发展速度也非常之快。近年来随着我国基础设施的建设和计算机新技术的蓬勃发展，几个全国范围的计算机骨干网络已初具规模，逐步形成了以北京为中心，覆盖全国的数据通信网络，为我国信息化奠定了坚实的基础。

参照互联网在我国的发展轨迹，可分成六个阶段：

第一阶段（1989—1992 年初），以电子邮件为主要应用的国际互联网间接连接。

第二阶段（1992—1994 年 4 月），与国际互联网的全功能直接连接，即国际 Internet 开通。

第三阶段（1994 年 4 月—2000 年），我国 Internet 建设的全面铺开，网易、搜狐、腾讯、阿里巴巴、百度等国内互联网名企先后创立，开启互联网大浪潮。

第四阶段（2001—2008 年），博客、论坛、电商、微博迅速兴起，从搜索到社交化网络快速发展。

第五阶段（2009—2014 年），从 PC 互联网到移动互联网，各类手机软件百花齐放。

第六阶段（2015 年至今），互联网、人工智能深度融合，图片内容与短视频创作广泛普及，直播互联网快速发展。

据中国互联网络信息中心（China Internet Network Information Center，CNNIC）统计，截至 1997 年 10 月底我国互联网用户总数只有 62 万人，1999 年年底我国互联网用户总数已突破 890 万人。2007 年年底，我国互联网用户总数达到 2.1 亿人，而此时美国互联网用户总数也仅仅为 2.15 亿人。2008 年年底，我国互联网用户总数已达 2.98 亿人。我国互联网用户的数量已超过美国，跃居世界首位。截至 2020 年年底，我国互联网用户总数已达到 9.89 亿人。

从 1994 年 4 月我国正式加入 Internet，目前国内已形成十大骨干网络，如表 6-1 所示，由其接入 Internet，实现了和 Internet 的 TCP/IP 连接，开通了 Internet 的全功能服务。其中，中国科技网（China Science and Technology Network，CSTNET）使用者主要为科研、政府和高新技术企业；中国教育和科研计算机网主要面向学校和科研单位；中国国际经济贸易互联网（China International Economy and Trade Network，CIETNET）主要面向涉外企事业单位；中国长城互联网(China Great Wall Network，CGWNET)使用者为军队。

表 6-1　中国十大骨干网络

中国骨干网络名称	英文简称	主管部门	运营者	建立时间
中国公用计算机互联网	ChinaNET	工信部	中国电信	1995.5
中国科技网	CSTNET	中国科学院	中国科学院	1994.4
中国教育和科研计算机网	CERNET	教育部	赛尔网络有限公司	1995.11
中国金桥信息网	ChinaGBN	工信部	中国联通	1996.9
中国联通互联网	UNINET	工信部	中国联通	1999.4
中国网通公用互联网	CNCNET	工信部	中国网通，被中国联通收购	1999.7
中国移动互联网	CMNET	工信部	中国移动	2000.1
中国国际经济贸易互联网	CIETNET	商务部	中国国际电子商务中心	2000.1
中国长城互联网	CGWNET	中国长城互联网络中心	中国长城互联网络中心	2000.1
中国卫星互联网	CSNET	工信部	中国卫通，被中国电信收购	2000.1

这十大骨干网络其实由七家运营商运营，分别是中国联通、中国电信、中国移动、中国科学院、赛尔网络有限公司、中国国际电子商务中心、中国长城互联网络中心。若将各家运营商维护的骨干网络分别合并，则也可以称作七大骨干网络。此外，由于前四个骨干网络是元老、影响较大，因此也被合称为中国四大骨干网络。下面对这四大元老骨干网络做详细介绍。

1）中国公用计算机互联网

ChinaNET 由工信部负责组建，其主干网络覆盖全国各个省、直辖市、自治区，以营业商业活动为主，业务范围覆盖所有电话能通达的地区。1995 年，通过电话网、DDN 专线以及 X.25 等向国内用户提供服务。同年开通北京、上海两条至美国的国际专线与 Internet 互联。1996 年，全国骨干网建成开通，中国 Internet 步入商业化。ChinaNET 采用分层体系结构，由核心层、区域层、接入层组成，全国设 8 个大区，共 32 个结点。2021 年 2 月，CNNIC 在京发布了《第 47 次中国互联网络发展状况统计报告》，报告显示，截至 2020 年年底，我国域名总数为 4 198 万个，其中“.CN”域名数量为 1 897 万个，占我国域名总数的 45.2%，我国国际出口带宽为 11 511 397 Mbps。

2）中国科技网

CSTNET 是由中国科学院主持，联合北京大学、清华大学共同建设的全国性的网络，是中国最早实现与 Internet 全功能互联的网络。截至 2020 年年底，CSTNET 国际出口带宽达 114 688 Mbps。

3）中国教育和科研计算机网

CERNET 是 1994 年由国家投资建设，教育部负责管理，清华大学等高等学校承担建设和管理运行的全国学术性计算机互联网络。1995 年 7 月开通 128 kB 国际专线；1996 年 11 月开通 2 MB 国际信道；1999 年 1 月全线开通卫星主干网；2005 年改造成为国内第一个 IPv6 网络。截至 2020 年年底，CERNET 国际出口带宽达 153 600 Mbps。

CERNET主要面向教育和科研单位,是我国最大的公益性互联网络。CERNET具有雄厚的技术实力,是我国互联网研究的排头兵,在我国第一个实现了与国际下一代高速网Internet 2互联。CERNET分以下四级管理:第一级为全国网络中心,设在清华大学,负责全国主干网的运行管理;第二级为地区网络中心和地区主结点,分别设在清华大学、北京大学、上海交通大学等20所高校,负责地区网的运行管理和规划建设;第三级为省教育科研网,设在36个城市的38所大学,分布于全国除台湾地区外的所有省、直辖市、自治区;第四级为各高校的校园网。

4) 中国金桥信息网

中国金桥信息网(China Golden Bridge Network,ChinaGBN),也称为中国国家公用经济信息通信网,是建立金桥工程的业务网,1994年6月,金桥前期工程建设全面展开。1996年8月,国家计委正式立项,列为国家"九五"重大续建工程。同年9月,ChinaGBN连入美国的256 kB专线正式开通。ChinaGBN的任务是充分利用现有的资源,建成具有规模经营能力的、覆盖全国的信息通信网络。ChinaGBN实行天地一网,天上卫星网与地下光纤网互联,网络核心骨干层以卫星通信为主。

6.2 Internet 基础

为了更好地应用Internet,必须对Internet的基本原理和技术进行了解。本节介绍Internet的地址概念、域名系统、TCP/IP模型和Internet接入技术等Internet的主要原理和技术。

6.2.1 Internet的地址

在Internet网络中,为了使计算机互相识别,并进行通信,每一台连入Internet的计算机都必须具有一个地址,每个地址必须是独一无二的。虽然硬件地址(MAC地址)能唯一标识网络上的一台主机,但它存在两个问题:一是不含任何位置信息,对于复杂的网络来说,路由选择非常困难;二是硬件地址随着物理网络的不同而不同,地址长度和格式都有差异,需要统一和屏蔽这些差异。为了解决这两个问题,Internet提供了两种主要的地址识别系统,即IP地址和域名系统。

1. IP地址

1) IP地址的概念

Internet有各种各样的复杂网络和不同类型的计算机,将它们连接在一起又能互相通信,依靠的是TCP/IP。按照这个协议,接入Internet上的每一台计算机都有唯一的地址标识,这个地址即IP地址。IP地址是通过32位二进制数(在IPv6中为128位)来表示一台计算机在Internet中的位置。

2) IP地址的格式和分类

IP地址具有固定、规范的格式,由网络标识符和主机标识符两部分组成,用4个字节,32位二进制表示。网络IP地址主要分为A,B,C,D,E这五类,不同类型的IP地址,其网络标识符和主机标识符的长度不同。

A类IP地址:网络标识符用8位二进制表示,且第一位为"0";主机标识符用24位二进制表示，如图 6-1 所示。A 类 IP 地址最多能有 $2^7-2=126$ 个网络（地址中全 0 和全 1 有特殊用途），每个网络最多能有 $2^{24}-2=16\ 777\ 214$ 台主机。A 类地址适合大型网络使用。

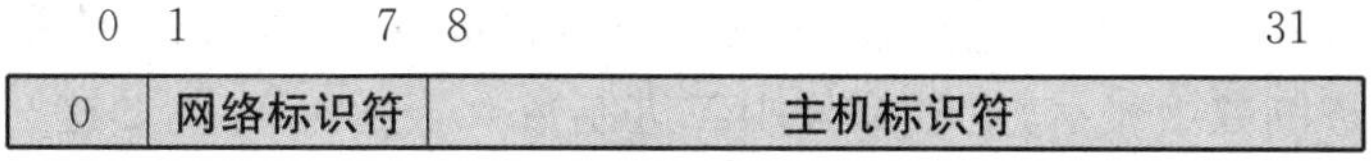

0 1　　7 8　　31

0 | 网络标识符 | 主机标识符

图 6-1　A 类 IP 地址结构

B 类 IP 地址：网络标识符用 16 位二进制表示，且最左两位为“10”；主机标识符用 16 位二进制表示，如图 6-2 所示。B 类 IP 地址最多能有 $2^{14}-2=16\ 382$ 个网络，每个网络最多能有 $2^{16}-2=65\ 534$ 台主机。B 类地址适合中型网络使用。

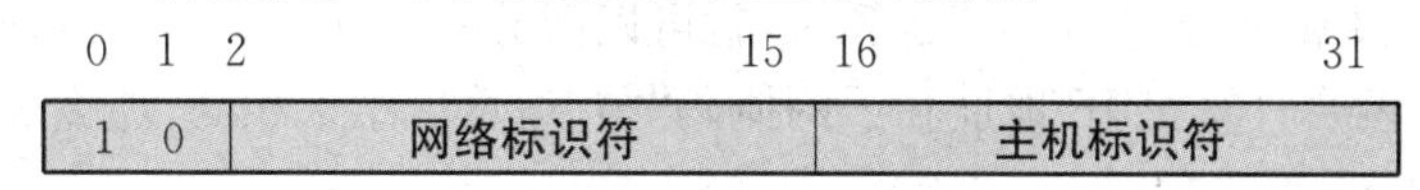

图 6-2　B 类 IP 地址结构

C 类 IP 地址：网络标识符用 24 位二进制表示，且最左 3 位为“110”；主机标识符用 8 位二进制表示，如图 6-3 所示。C 类 IP 地址最多能有 $2^{21}-2=2\ 097\ 150$ 个网络，每个网络最多能有 $2^8-2=254$ 台主机。C 类地址适合小型网络使用。

图 6-3　C 类 IP 地址结构

D 类 IP 地址的最高位为“1110”，剩下的 28 位为组播地址，每个组播地址实际上代表一组特定的主机。组播地址一般用于组播应用，如视频会议、新闻讨论组等。

E 类 IP 地址的最高位为“11110”，这类地址保留未用。

对较大的网络而言，网络数量较少，而每一个网络中连接的主机较多；反之，对较小的网络而言，网络数量较多，而每一个网络中连接的主机较少。因此，同样的编码长度，对不同类型的网络用不同的编码分配方案是一种有效的方法。

由于用 32 位二进制表示的 IP 地址很难记忆，常将 32 位的 IP 地址分为 4 段，每段 8 位，每段用等效的十进制数字表示，并且在这些数字之间加上一个实点“.”，这种记法叫作“点分十进制”记法。例如，IP 地址为 10000000 00001011 00000011 00011111，用“点分十进制”的方法可记为 128.11.3.31。

IP 地址是一种非等级的地址结构，它不反映任何有关主机位置的地理信息。在 IP 地址中当网络号为全零时，可用来指明单个网络的地址。

为了确保 IP 地址在 Internet 上的唯一性，IP 地址统一由专门的国际互联网络信息中心（Internet Network Information Center，InterNIC）分配。我国的 IP 地址主管机构是 CNNIC 与中国教育和科研计算机网网络信息中心（CERNET NIC）。CERNET NIC 设在清华大学，CERNET 各地区的网络管理中心需向 CERNET NIC 申请分配 C 类地址。

3）子网掩码与默认网关

通常在生活中用户获取 IP 地址的最小单位是 C 类地址，一个 C 类 IP 地址每个网络可以容纳 254 台主机，但许多用户却没有那么多的主机入网，造成了大量的 IP 地址浪费；而对部分用户而言，C 类地址又不够用，造成 IP 地址紧缩。为此需要缩小网络的地址空间，从而引入子网寻址技术，将 IP 地址的主机部分再次划分为子网标识和主机标识两部分。通过子网掩码可以屏蔽原来的网络标识部分，告诉本网如何进行子网划分。进行子网划分后，IP

地址就划分为“网络—子网—主机”三部分,IP 地址可记为{＜网络号＞,＜子网号＞,＜主机号＞}。

子网掩码也是一个32位二进制数,用圆点分隔成4段。其标识方法是:IP地址中网络和子网部分用二进制数1表示,主机部分用二进制数0表示。A,B,C这三类IP地址的缺省子网掩码如下所示:

A类:255.0.0.0。

B类:255.255.0.0。

C类:255.255.255.0。

当子网掩码和IP地址进行“与”运算时,就可以区分一台计算机是在本地网络还是在远程网络上。如果两台计算机IP地址和子网掩码“与”运算后结果相同,那么表示两台计算机处于同一网络内。

在计算机网络中提及的网关,一般指的是TCP/IP下的网关,它实质上就是本地子网通向其他网络的IP地址。默认网关地址指定了本地子网中路由器的IP地址,当发送数据的计算机发现目的地址不在本地子网内,就会将数据发送给默认网关,而不是直接向目的计算机发送。当一个路由器用于连接两个不同的网络时,它有两个网络接口和两个IP地址。例如,路由器可以同时拥有61.187.178.133和59.51.9.164两个IP地址。

4) IPv6 地址及其表示方法

一个IPv6地址由8个地址节组成,每节包含16个地址位,以4个十六进制数书写,节与节之间用冒号分隔,如FEDC:BA98:7654:3210:FEDC:BA98:7654:3210。

在分配某种形式的IPv6地址时,会发生包含长串0位的地址。为了简化包含0位地址的书写,指定了一个特殊的语法来压缩0。使用“::”符号指示有多个0值的16位组。“::”符号在一个地址中只能出现一次,该符号也能用来压缩地址中前部和尾部的0。

例如1080:0:0:0:8:800:200C:417A;0:0:0:0:0:0:0:1,分别可用下面的压缩格式表示:

1080::8:800:200C:417A;

::1。

所有类型的IPv6地址都被分配到接口,而不是结点。IPv6地址为接口和接口组指定了128位的标识符,有三种类型的地址:

(1) 单播(unicast)地址。

① 未指定地址:单播地址0:0:0:0:0:0:0:0称为未指定地址。

② 回返地址:单播地址0:0:0:0:0:0:0:1称为回返地址。

(2) 任播(anycast)地址。一般属于不同结点的一组接口有一个标识符,发送给一个任播地址的包传送到该地址标识的、根据路由协议距离度量最近的一个接口上。IPv6任播地址存在下列限制:任播地址不能用作源地址,而只能作为目的地址;任播地址不能指定给IPv6主机,只能指定给IPv6路由器,如图6-4所示。

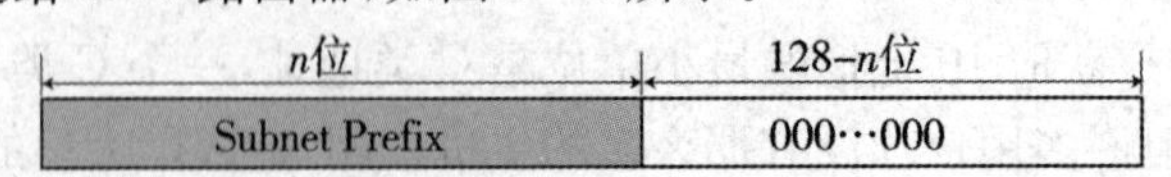

图6-4 任播地址

(3) 组播地址。一般属于不同结点的一组接口有一个标识符,发送给一个组播地址的包传递到该地址所标识的所有接口上。地址开始 8 位为 1111 1111，标识该地址为组播地址，如图 6-5 所示。IPv6 中没有广播地址，它的功能正在被组播地址所代替。

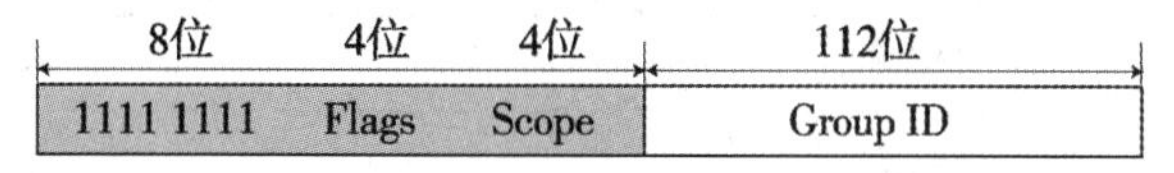

图 6-5 组播地址

2. 域名系统原理

在 Internet 上，对于众多的以数字表示的一长串 IP 地址，人们记忆起来是很困难的。为此，便引入了域名的概念。通过为每台机器建立 IP 地址与域名之间的映射关系，用户在网上可以避开难于记忆的 IP 地址，而使用域名来唯一标识网上的计算机。域名和 IP 地址之间的关系就像是某人的姓名和他的身份证号码之间的关系，显然记忆某人的姓名比记忆身份证容易得多。

域名系统（domain name system，DNS）是一个遍布在 Internet 上的分布式主机信息数据库系统，采用客户机/服务器的工作模式。域名系统的基本任务是将文字表示的域名（如 www. hnedu. cn）"翻译"成 IP 协议能够理解的 IP 地址格式（如 220. 170. 91. 145），该任务亦称为域名解析。域名解析的工作通常由域名服务器完成。

DNS 是一个高效、可靠的分布式系统。域名系统确保大多数域名在本地与 IP 地址进行解析，仅少数需要向上一级域名服务器请求，使系统高效运行。同时域名系统具有可靠性，即使某台计算机发生故障，解析工作仍然能够进行。

域名系统是一种包含主机信息的逻辑结构，它并不反映主机所在的物理位置。Internet 上主机的域名具有唯一性。

1）域名系统的分级结构

要把计算机接入 Internet，必须获得网上唯一的 IP 地址和对应的域名。按照 Internet 上的域名管理系统规定，入网的计算机应具有类似于下列结构的域名（不是固定的）：

"计算机主机名. 机构名. 网络名. 顶级域名"。

同 IP 地址格式类似，域名的各部分之间也用"."隔开。例如，www. hnedu. cn 就是一个域名，其中包括三个子域名，www 是网站的主机名，hnedu 表示湖南教育网，cn 为顶级域名表示中国。

域名系统负责对域名进行转换，为了提高转换效率，Internet 上的域名采用了一种由上到下的层次关系。DNS 把整个 Internet 网划分为多个域，处于最上层的称为顶级域，并为每个顶级域规定了国际通用的自然语言名称，称为顶级域名。顶级域的划分方式有两种，一种是按组织模式划分为 10 个域，如表 6-2 所示；另一种是按地理位置划分，每个申请加入 Internet 的国家或地区都可以向 CERNET NIC 注册一个顶级域名，一般以该国家或地区的名称缩写命名，如表 6-3 所示。

表6-2　按组织模式划分的顶级域名

域名	域名对应的组织	域名	域名对应的组织
com	商业组织	net	网络服务机构
org	非营利组织	edu	教育机构与设施
mil	军队机构与设施	gov	政府组织
arts	文化娱乐	ar	消遣性娱乐
int	国际机构	nom	个人活动

表6-3　按地理位置划分的顶级域名

域名	域名对应的国家	域名	域名对应的国家
au	澳大利亚	gb	英国
br	巴西	us	美国
de	德国	cn	中国
fr	法国	jp	日本
nl	荷兰	ca	加拿大

NIC将顶级域的管理权分派给指定的管理机构,各管理机构再将其管理的域划分为二级域,并将二级域的管理权分派给下属的管理机构,如此下去,形成层次域名树型结构。我国顶级域名cn由CNNIC负责管理,在cn下可由经国家认证的域名注册服务机构注册二级域名。我国将二级域名分为类别域名和行政区域名两类。类别域名共6个,包括用于科研机构的ac;用于工商金融企业的com;用于教育机构的edu;用于政府部门的gov;用于互联网络信息中心和运行中心的net;用于非营利组织的org。而行政区域名有34个,分别对应于我国各省级行政区。三级域名用字母(A~Z,a~z,大小写等)、数字(0~9)和连接符"-"组成,各级域名之间用实点"."连接,三级域名的长度不能超过20个字符。

2) 域名解析过程

域名和IP地址之间是一一对应的关系。DNS是TCP/IP中应用层的服务,IP地址是在网络层中的信息,而IP地址是Internet上唯一通用的地址格式,所以当以域名方式访问某台远程主机时,域名系统首先将域名"翻译"成对应的IP地址,通过IP地址与该主机联系,并且以后的所有通信都将用到IP地址。例如,使用浏览器访问网站时,既可以使用域名去访问,也可以使用IP地址去访问,两者的效果是相同的。

当用户使用域名访问网上的某台机器时,首先由本地域名服务器负责解析,若查到匹配的IP地址,则返回给客户端;否则,本地域名服务器再以客户端的身份,向上一级域名服务器发出请求。上一级的域名服务器会在本级管理域名中进行查询,若找到则返回,否则再向更高一级域名服务器发出请求,以此类推,直到最后找到目标主机的IP地址。

6.2.2 Internet的体系结构

Internet是一个建立在计算机网络之上的网络,是由成百上千个网络互联而成,如此多的网络要想协调一致地工作,除共同遵循TCP/IP外,在硬件连接上需采用分层连接的方式,管理上也要按照分层管理的原则进行。

在硬件与管理上,Internet采用了层次结构,即采用主干网、次级网和园区网的分层结构，如图 6－6 所示。主干网是 Internet 的最高层，它是 Internet 的基础和支柱。我国的 Internet 主干网由 ChinaNET，CERNET，CSTNET，ChinaGBN 等构成。次级网由若干个作为中心结点的代理结点组成，如教育网各地区网络中心、电信网各省互联网中心等连接主干。园区网是直接面向用户的网络，处于 Internet 的最下层，主要由各科研院所、大学及企业的网络构成。不论是主干网络与园区网络之间，还是园区网络内部之间均通过一种称为网关(gateway)的计算机互连起来，网关的作用是使所有的网络都能够按照 TCP/IP 进行通信。

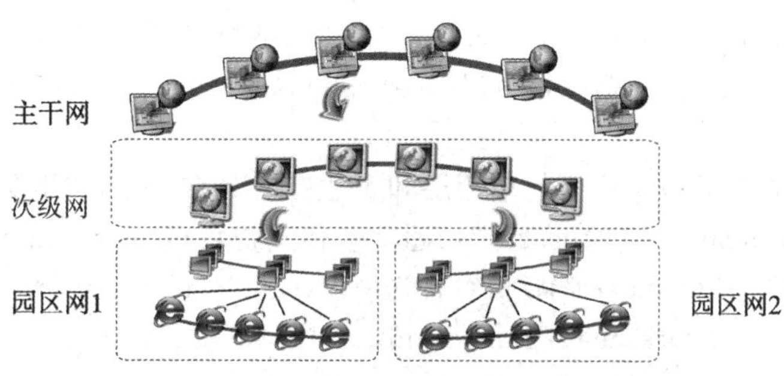

图 6－6 Internet 的层次结构

1. TCP/IP 网络体系结构

Internet 网络体系结构是以 TCP/IP 为核心的。TCP/IP 是由两个协议组成，即传输控制协议(transmission control protocol，TCP)和因特网协议(internet protocol，IP)，TCP 为应用程序提供端到端的通信和控制功能，IP 为各种不同的通信子网或局域网提供一个统一的互联平台。现在 TCP/IP 是一组协议的代名词。

TCP/IP 的核心思想是将使用不同的低层协议的异构网络，在传输层和网络层之间建立统一的虚拟逻辑网络，以此来屏蔽、隔离所有物理网络的硬件差异，从而实现网络的互联。

2. TCP/IP 分层模型

TCP/IP 分层模型(TCP/IP layering model)被称为 Internet 分层模型(Internet layering model)或 Internet 参考模型(Internet reference model)。

TCP/IP 分层模型包括四个协议层，其中有三层对应于 OSI 模型中的相应层。TCP/IP 并不包含物理层和数据链路层，因此它不能独立完成整个计算机网络系统的功能，必须与许多其他的协议协同工作。

TCP/IP 分层模型的四个协议层分别包含以下功能，如图 6－7 所示。

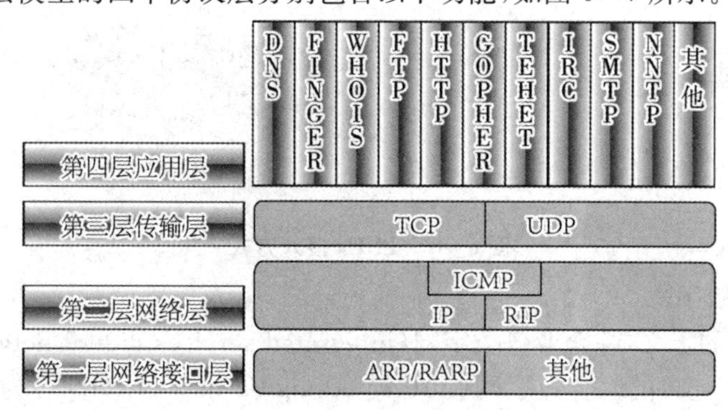

图 6－7 TCP/IP 分层模型

(1) 网络接口层:包括用于协助 IP 数据在已有网络介质上传输的协议。实际上 TCP/IP 标准并不定义与 ISO 数据链路层和物理层相对应的功能。相反,它定义类似地址解析协议(address resolution protocol,ARP),提供 TCP/IP 的数据结构和实际物理硬件之间的接口。

(2) 网络层:对应于 OSI 模型的网络层。本层包含 IP 协议、路由信息协议(routing information protocol,RIP),负责数据的包装、寻址和路由。同时还包含互联网控制报文协议(internet control message protocol,ICMP),用来提供网络诊断信息。

(3) 传输层:对应于 OSI 模型的传输层,它提供两种端到端的通信服务,其中 TCP 提供可靠的数据流运输服务,用户数据报协议(user datagram protocol,UDP)提供不可靠的用户数据包服务。

(4) 应用层:对应于 OSI 模型的应用层和表达层。Internet 的应用层协议常见的有文件传输协议(file transfer protocol,FTP)、超文本传输协议(hyper text transfer protocol,HTTP)、远程终端协议(telnet)、简单邮件传送协议(simple mail transfer protocol,SMTP)、网络新闻传送协议(network news transfer protocol,NNTP)等。

6.2.3 Internet 的接入技术

Internet 服务提供商(Internet service provider,ISP)是众多企业和个人用户接入 Internet 的驿站与桥梁。计算机并不直接连接到 Internet,而是采用某种方式与 ISP 提供的某一台服务器连接起来,通过它再接入 Internet。ISP 提供了很多接入方式可供用户选择。

1. 公用交换电话网

公用交换电话网(public switched telephone network,PSTN),如图 6-8 所示,用户通过电话接入 Internet。在用户端需要加一台调制解调器(modem),这是最容易实施的一种方法,费用比较低廉,只要一条可以连接 ISP 的电话线和一个账号就可以。这种技术传输速率低,接入 Internet 速度慢,线路可靠性差,目前已基本被淘汰。

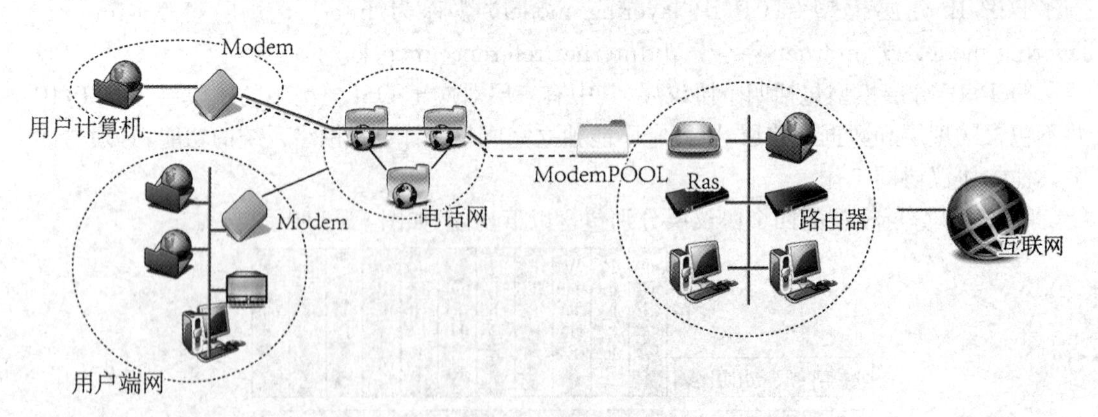

图 6-8 PSTN 接入方式

2. 综合业务数字网

按照 CCITT 的定义,综合业务数字网(integrated services digital network,ISDN)是以提供端到端的数字连接的综合数字网(integrated digital network,IDN)为基础发展起来的通信网,用以支持电话及非电话的多种业务。用户通过一组有限的标准用户网络接口接入 ISDN 网内,如图 6-9 所示(图中 NT1 表示 ISDN-NT 网络终端)。目前 ISDN 接入方式在国内迅速普及，价格大幅度下降，有的地方甚至是免初装费用。两个信道有 128 kbps 的速率，快速的连接以及比较可靠的线路，可以满足中小型企业浏览以及收发电子邮件的需求。

还可以通过 ISDN 和 Internet 组建企业虚拟专用网络(virtual private network，VPN)。这种方法的性价比很高，在国内大多数的城市都有 ISDN 接入服务。

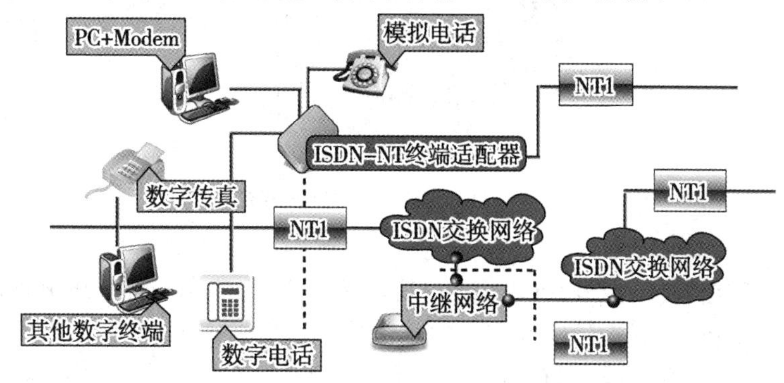

图 6-9 ISDN 接入方式

3. 非对称数字用户线路

非对称数字用户线路(asymmetric digital subscriber line，ADSL)是一种宽带接入技术。它利用现有的电话线，通过先进的复用技术和调制解调技术，使得高速的数字信息和电话语音信息在一对电话线的不同频段上同时传输，不仅仅为用户提供宽带接入，而且也维持了用户原有的电话业务及质量不变，如图 6-10 所示。所谓的非对称主要体现在提供的下行和上行带宽的非对称性。ADSL 可进行视频会议和影视节目传输，也可以在上网的同时打电话，两者互不干扰，非常适合中、小企业。这种技术的缺点是用户距离电信的交换机房的线路距离不能超过 4～6 km，限制了它的应用范围。

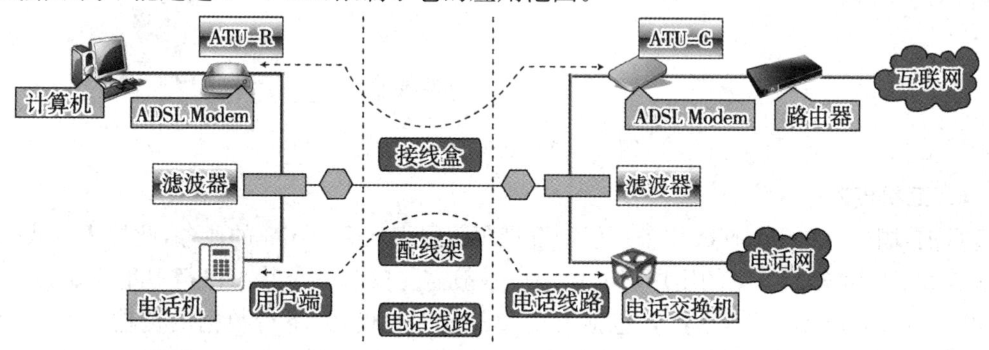

图 6-10 ADSL 接入方式

4. 数字数据网专线

数字数据网(digital data network，DDN)专线将数字通信技术、计算机技术和光纤通信技术等有机结合在一起，提供一种高速度、高质量的通信环境。

如图 6-11 所示，DDN 专线接入方式适合对带宽要求比较高的应用，如企业网站。它的特点是速率比较高，范围从 64 kbps～2 Mbps。因为整个链路被企业独占，所以费用很高，中小企业较少选择。这种线路优点很多，包括有固定的 IP 地址，可靠的线路运行，永久的连接等。但是性价比太低，除非用户资金充足，否则不推荐使用这种方法。

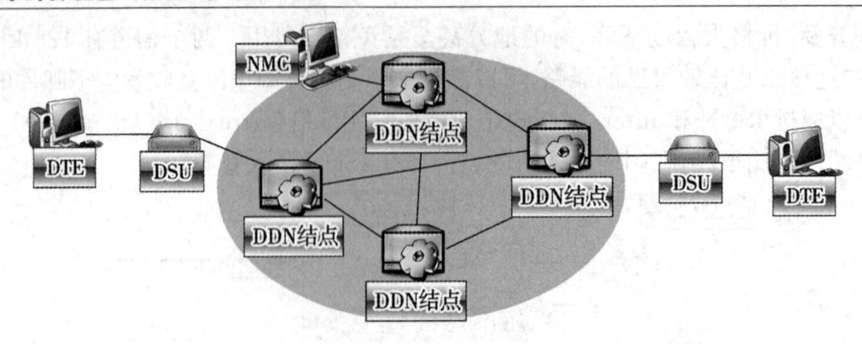

图 6-11　DDN 专线接入方式

5. 混合光纤同轴电缆网

混合光纤同轴电缆(hybrid fiber coax,HFC)网的提出是为了将有线电视网、计算机网络和电信网融为一体,建立一种经济实用的宽带综合信息服务网。

HFC 网通常由光纤干线、同轴电缆支线和用户配线网络三部分组成,从有线电视台出来的节目信号先变成光信号在主干线上传输,到用户区域后把光信号转换成电信号,经分配器分配后通过同轴电缆送到用户,如图 6-12 所示。

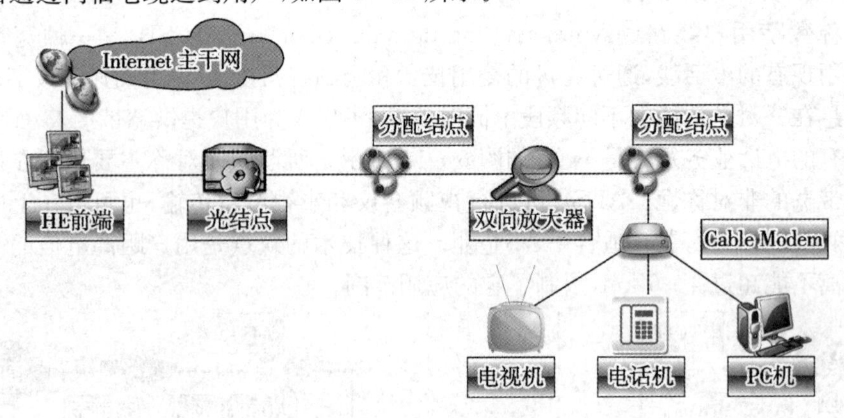

图 6-12　HFC 网接入方式

6. 卫星接入

目前,国内一些 Internet 服务提供商开展了卫星接入 Internet 的业务,此接入方式适合地区偏远又需要较高带宽的用户。卫星用户一般需要安装一个甚小口径卫星终端站(very small aperture terminal,VSAT),包括天线和其他接收设备,下行数据的传输速率一般为 1 Mbps左右,上行通过 PSTN 或者 ISDN 接入 ISP。终端设备和通信费用都比较低。

7. 光纤接入

目前一些城市正在兴建高速城域网,主干网速率可达几十 Gbps,并且推广光纤接入。光纤可以铺设到用户的路边或者大楼,可以以 100 Mbps 以上的速率接入,适合大型企业。

8. 无线接入

由于铺设光纤的费用很高,对于需要宽带接入的用户,一些城市提供无线接入。用户通过高频天线和 ISP 连接,距离在 10 km 左右,带宽为 2～11 Mbps,费用低廉,但是受地形和距离的限制,适合城市里距离 ISP 不远的用户,性价比很高。

9. 电缆调制解调器接入

目前,我国有线电视网遍布全国,很多城市提供电缆调制解调器(cable modem,CM)接入 Internet 的方式，速率可以达到 10 Mbps 以上，但是 CM 的工作方式是共享带宽的，所以有可能在某个时间段出现速率下降的情况。

✻6.3 Internet 的典型应用

6.3.1 WWW 信息资源和浏览器的使用

1. 统一资源定位符

统一资源定位符(uniform resource locator，URL)是用于完整地描述 Internet 上网页和其他资源地址的一种标识方法。

Internet 上的每一个资源都有统一的、唯一的地址，通常称之为 URL 地址，这种地址可以是本地磁盘，也可以是局域网上的某一台计算机，更多的是 Internet 上的站点。简单地说，URL 就是 Web 地址，俗称“网址”，现在几乎所有 Internet 的文件或服务都是通过链接来完成相互间的访问，而要使访问正常进行，必须使这些链接正确地指向所要访问的网页。

URL 由双斜线分成两部分，前一部分指出访问方式，后一部分指明文件或服务所在服务器的地址及具体存放位置。

URL 的一般格式为“＜协议＞://＜主机地址:端口号＞/＜路径＞”。

第一部分是协议，如 http，https，ftp 等。

第二部分是存放资源的主机 IP 地址，实际上一般用域名表示。

第三部分是资源在主机中的具体路径。

在第一部分与第二部分之间用符号“://”隔开，第二部分与第三部分之间用符号“/”隔开。

由于大部分站点与资源都用的是默认的端口号 80，故访问时一般可以省略端口号。例如，ftp://ftp.hnedu.cn 表示链接到 ftp.hnedu.cn 这台 FTP 服务器上。http://www.hnedu.cn 表示链接到 www.hnedu.cn 这台 WWW 服务器上。

2. 万维网概念

万维网(world wide web，WWW)不是普通意义上的物理网络，而是一种信息服务的集合，也可以简称为 Web，其创建者蒂姆·约翰·伯纳斯·李(Timothy John Berners-Lee)，在 1991 年创建的第一个网址中解释了 WWW 的工作原理等内容。WWW 的信息是基于超文本标记语言(hyper text markup language，HTML)描述的文件，所有 WWW 的页面都是用 HTML 编写的超文本文件。超文本文件是包含有超链接的文件，在浏览一个页面时，总会发现当鼠标移动到某些文字或对象上时，会由“箭头”状变成“小手”状，单击后会进入新的页面，这就是超链接。HTML 是 WWW 用于建立与识别超文本文档的标准语言。

3. 万维网服务

WWW 服务是目前应用最广的一种基本 Internet 应用。它把 Internet 上现有资源统统连接起来，使用户能从 Internet 上已经建立了 WWW 服务器的所有站点获取超文本媒体资源文档。由于 WWW 服务使用的是超文本链接，因此可以很方便地从一个信息页转换到另一个信息页，它不仅能查看文字，还可以欣赏图片、音乐、动画。

目前市面上已有几十种浏览器，功能有强有弱，它们大多为免费或共享软件，可以在

Internet 上方便地获取。Windows 操作系统自带的浏览器是微软公司开发的 Internet Explorer(IE)系列,下面通过介绍 Internet Explorer 8(简称 IE8)来说明浏览器的使用。

1) 浏览网站

Windows 7 桌面上有 IE8 的图标,双击图标或者单击任务栏上"e"图标按钮都可启动 IE8,其运行界面如图 6-13 所示。

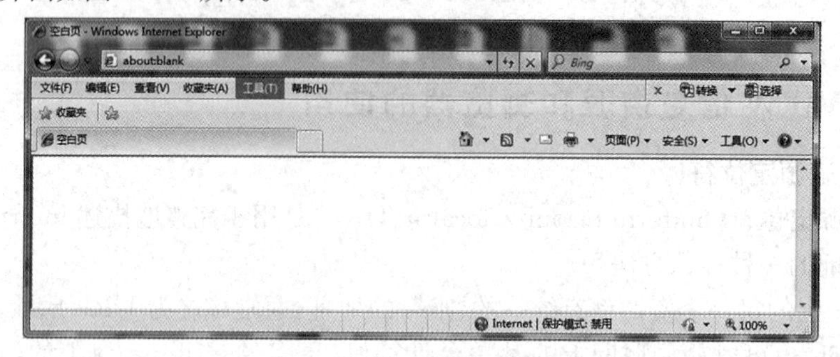

图 6-13 浏览器 IE8 窗口

在窗口的地址栏输入网站的 IP 地址或域名,就可浏览相应的网站。例如,已知湖南教育网的域名地址为 http://www.hnedu.cn,为了接入该网站,只需要在 IE 窗口的地址栏内填入"http://www.hnedu.cn",按[Enter]键即可。若链接成功,则进入湖南教育网的主页。

2) 保存网页

当需要将某些网页保存下来,或者不进入 Web 站点直接查看这些信息,可以保存整个网页,也可以只保存其中的部分内容(文本、图形或链接),还可以将网页打印出来。

如果只是将网页中的信息复制到文档,那么可先选中网页的全部或一部分内容,直接用[Ctrl]+[C]组合键复制,然后用[Ctrl]+[V]组合键粘贴到 Windows 的其他应用程序中。

如果需要保存整个网页的信息,那么可单击浏览器窗口中的"文件"菜单,选择"另存为"命令,弹出"保存网页"对话框,在左侧列表框中选择用于保存网页的文件夹,在"文件名"文本框中键入保存的文件名,如图 6-14 所示。

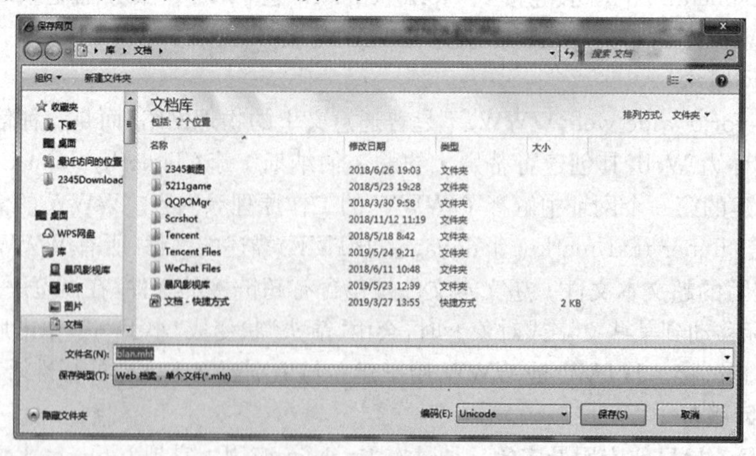

图 6-14 "保存网页"对话框

保存文件的时候,可以有几种类型供选择,如果想保存当前网页中的所有文件,包括图形、框架等,那么应该在"保存类型"下拉列表框中选择"网页,全部"类型。但需要注意的是,这种方法保存的只是当前的网页内容,该网页上超链接中的内容、图形等信息保存在"xxx.

files"的文件夹中;若选择"网页,仅 HTML"类型,则会以 HTML 源文件形式保存,IE8 只保存网页上的文本而不是图形。

3) 收藏夹的应用

IE8 浏览器专门提供了一个"收藏夹"功能,把经常要访问的网页分门别类地管理起来,其结构类似于 Windows 的文件夹方式。与网页历史记录不同的是,所谓收藏夹,仅仅是记录了所收藏主页的标题和链接,实际页面并没有保存在收藏夹内。

首先,打开经常要访问的网页,单击 IE8 菜单栏上的"收藏夹"菜单,然后在出现的下拉菜单中选择"添加到收藏夹"命令,弹出"添加收藏"对话框(见图 6－15),单击"新建文件夹"按钮打开"创建文件夹"对话框,可在"创建位置"下拉列表框中选择存储的文件夹,在"文件夹名"文本框中为该页面键入一个有代表性的标题,单击"确定"按钮即完成添加过程。

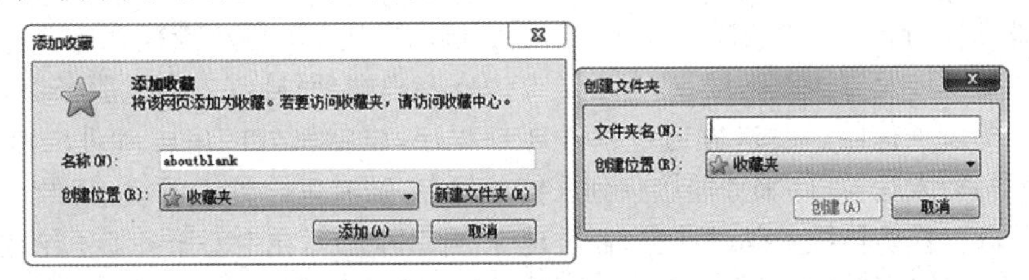

图 6－15 "添加收藏"对话框

如果想打开"收藏夹"里的网页,在已连接到网络的情况下,只需单击 IE8 菜单栏中的"收藏夹"菜单,在弹出的下拉菜单中选择保存网页的收藏夹名或网页名即可。当不想再保留某个网页时,可右击要删除的网页名称,在快捷菜单中选择"删除"命令即可。

6.3.2 信息的检索

信息技术、计算机技术及网络技术的飞速发展,科学技术日新月异,新知识层出不穷,随着网络的遍及,信息检索技术的重要性日益显现。

1. 确定检索词,列出检索式

检索词就是用户根据查阅需求找出所包含的字、词、短语。检索式就是将检索词按查找的目的编成相应的逻辑式。最常用的检索式是布尔(Boole)逻辑检索式,它涵盖了逻辑"与""或""非"的所有关系。在网络检索中逻辑"与"一般用空格键或"＋"或"AND"表示,逻辑"或"用"OR"或"－"表示,逻辑"非"用"NOT"或"★"表示。在检索时将编写的检索式输入检索栏就可以进行网上搜索了。

2. 检索工具的选择

Internet 所包含的资源量非常大,通常可通过一种叫作搜索引擎(search engine)的检索工具检索所需信息。中文综合性搜索引擎有百度、中国搜索、搜狗、好搜、有道搜索、必应等。

大型门户网站也是网上重要的搜索工具。大型门户网站内容丰富可靠,信息更新速度快,信息容量大,尤其是在当地建有同步镜像站点的大型门户网站,不仅便于使用,还可以提高网页速度。全国知名的大型门户网站有新浪、搜狐和网易等。

3. 如何进行信息检索

如果要通过百度搜索引擎,搜索与"大学计算机基础"相关的网站或文章,那么可在浏览器的地址栏键入百度搜索引擎的网址"http://www.baidu.com",进入到该搜索引擎的网站主页,在搜索文本框内键入关键字"大学计算机基础",单击"百度一下"按钮,即可进入查找。

6.3.3 电子邮件

1. 电子邮件服务(E-Mail)

电子邮件是 Internet 提供的一项最基本服务,也是用户使用最广泛的 Internet 工具之一,是一种利用 Internet 进行信息传递的现代化通信手段,其快速、高效、方便、廉价等特点使人们越来越喜欢这项服务。通过 Internet 上的电子邮件,用户可以向世界上任何一个角落的网上用户发送信息,并且随着电子邮件的功能不断增强,用户可以更加简单轻松地发送经计算机处理的声音、图像、影像等多媒体信息。

2. 电子邮件的工作过程

电子邮件采用 SMTP 收发邮件,其工作过程遵循客户——服务器模式。一份电子邮件的发送一般都要涉及发送方与接收方,发送方构成客户端,而接收方构成服务器,服务器含有众多用户的电子信箱。发送方通过邮件客户程序,将编辑好的电子邮件向邮件服务器(SMTP 服务器)发送,邮件服务器接收到来信并保存,随时供收件人阅读,就像普通的收信邮局。电子邮件模仿传统的邮政业务,通过建立"邮政中心",在中心服务器上给用户分配电子信箱,即在计算机硬盘上划出一块区域(相当于邮局),在这块存储区内又分成许多小区,就是每个用户的电子信箱。中心服务器保存邮件时向管理该地址的邮件服务器(POP3 服务器)发送消息。邮件服务器将消息存放在接收者的电子信箱内,并告知接收方有新邮件到来。接收方通过邮件客户程序连接到服务器后,就会看到服务器的通知,进而打开电子邮箱来查收邮件,邮件就从服务器的硬盘转存到本地计算机中。

用户与服务器之间可以使用仿真终端方式直接登录到主机收发邮件,也可以通过 POP3 协议由用户计算机直接编辑、发送邮件,这时在用户计算机中配置 POP3 服务器的名字应为用户所连接的邮件服务器的名字。电子邮件的收发过程如图 6-16 所示。

图 6-16 电子邮件的收发过程

3. 电子邮件的地址

每个用户要收发电子邮件,就必须要有一个属于自己的电子邮箱,即申请一个 E-Mail 账户,E-Mail 账户一般可向 ISP 申请或在门户网站上申请。在使用电子邮件时,每个用户都有独立且唯一的地址,所有用户的 E-Mail 地址有统一的格式:用户账户@主机地址。如果某用户申请的电子邮箱账户为 abcde,建立在邮件服务器 hnedu. cn 上,那么电子邮件地址就是 abcde@hnedu. cn。

4. 电子邮件客户端软件

用户不仅要有电子邮件地址,还要有一个负责收发电子邮件的程序,可供用户选择的电子邮件应用程序很多,如 UNIX Mail,Microsoft Outlook Express,Foxmail 等。

下面介绍利用 Microsoft Outlook Express 6.0(以下简称 Outlook Express 6.0)实现电子邮件功能。

Outlook Express 是 Windows 操作系统自带的邮件应用程序。启动 Windows 后,双击桌面上 Outlook Express 6.0 的快捷方式,或选择“开始”菜单中“所有程序”里“Microsoft Outlook Express 6.0”命令,便可启动 Outlook Express 6.0,如图 6-17 所示。

图 6-17 Outlook Express 6.0 窗口

Outlook Express 6.0 窗口和 IE 6.0 窗口相差不大,包含标题栏、菜单栏、工具栏和状态栏等。屏幕左侧是文件夹列表和联系人名单,右侧是主要工作区。文件夹列表中包含收件箱、发件箱、已发送邮件、已删除邮件和草稿等。

在首次使用 Outlook Express 6.0 前必须先建立自己的邮件账户,然后对基本邮件信息进行设置。在 Outlook Express 6.0 窗口下单击“工具”菜单中的“账户”命令,进入“Internet 账户”对话框。选择“邮件”选项卡(默认),再单击“添加”按钮,如图 6-18 所示,从弹出的菜单中选择“邮件”命令,弹出“Internet 连接向导——您的姓名”对话框。

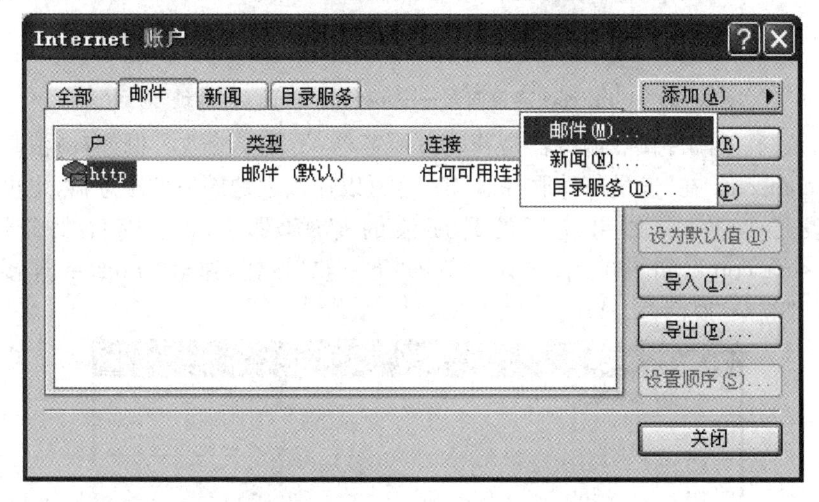

图 6-18 选择“邮件”

接着在“显示名”文本框中键入自己的显示名称,此名称将出现在所发送邮件的“发件人”一栏,如图 6-19 所示。单击“下一步”按钮,弹出填写邮件地址的“Internet 连接向导——Internet 电子邮件地址”对话框。

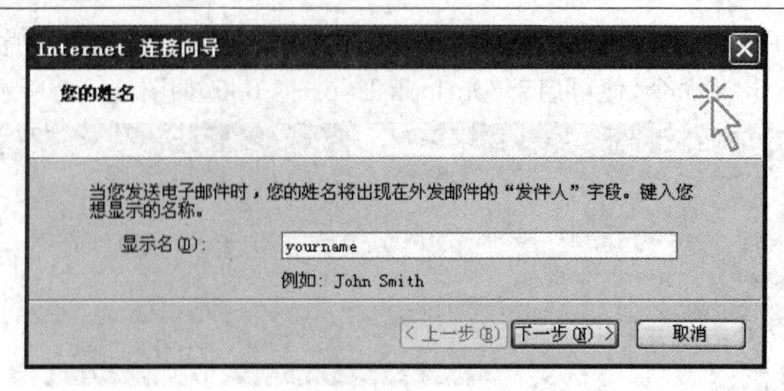

图 6-19 “Internet 连接向导——您的姓名”对话框

在电子邮件地址框里键入完整的电子邮件地址。在接收服务器框中，输入邮箱的 POP3 服务器名称。例如，新浪邮箱应填写“<your name>@sina.cn”，如图 6-20 所示。单击“下一步”按钮，弹出“Internet 连接向导——电子邮件服务器名”对话框。

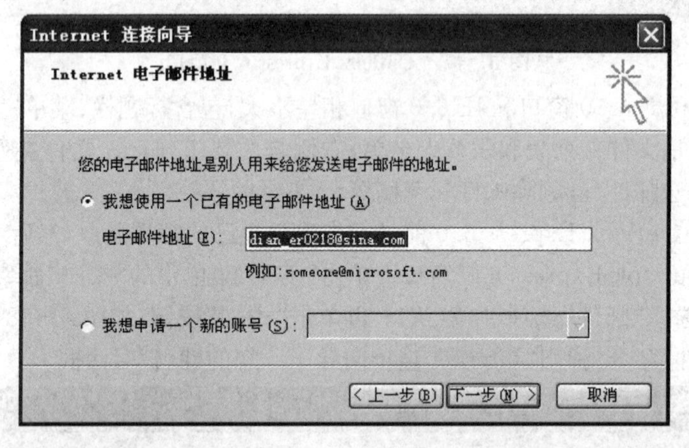

图 6-20 “Internet 连接向导——Internet 电子邮件地址”对话框

系统默认“我的邮件接收服务器是”POP3 服务器，不需要修改。例如，新浪邮箱应填写 pop3.sina.com.cn。在“发送邮件服务器”框中，可以输入本地的发件服务器，也可以输入新浪提供的发件服务器，如果使用的是新浪的邮箱，那么发送邮件服务器名称为“smtp.vip.sina.com”，如图 6-21 所示。单击“下一步”按钮，弹出“Internet 连接向导——Internet Mail 登录”对话框。

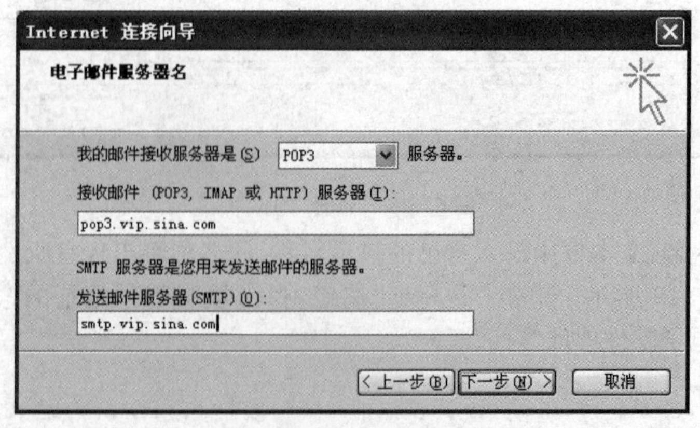

图 6-21 “Internet 连接向导——电子邮件服务器名”对话框

在“账户名”和“密码”文本框中分别输入邮箱的账户名和密码，其中账户名是邮箱地址，例如邮箱地址是“＜yourname＞sina. com”，则账户名是“＜yourname＞”。为了确保安全，密码显示为星号，如图 6－22 所示。如果没有输入密码或输入密码有误，那么系统会在接收邮件时提示要输入密码。全部设置完毕后，单击“下一步”按钮，弹出“Internet 连接向导——祝贺您”对话框，如图 6－23 所示。

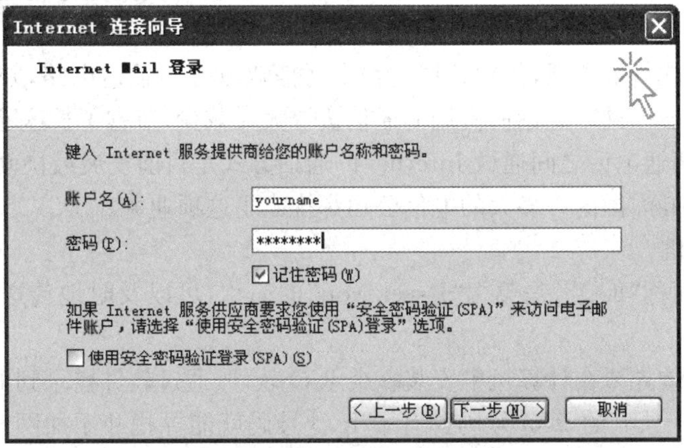

Internet 连接向导
Internet Mail 登录
键入 Internet 服务提供商给您的账户名称和密码。
账户名(A): yourname
密码(P): ********
记住密码(W)
如果 Internet 服务供应商要求您使用“安全密码验证(SPA)”来访问电子邮件账户，请选择“使用安全密码验证(SPA)登录”选项。
使用安全密码验证登录(SPA)(S)
＜上一步(B)　下一步(N)＞　取消

图 6－22　“Internet 连接向导——Internet Mail 登录”对话框

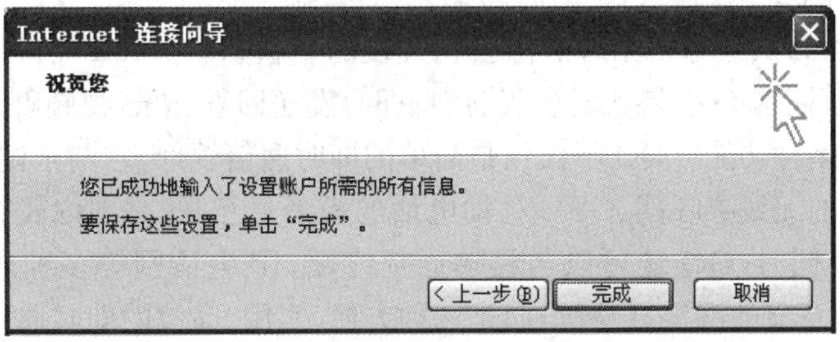

Internet 连接向导
祝贺您
您已成功地输入了设置账户所需的所有信息。
要保存这些设置，单击“完成”。
＜上一步(B)　完成　取消

图 6－23　“Internet 连接向导——祝贺您”对话框

单击“完成”按钮，返回上层窗口。单击“属性”按钮，打开设置对话框，单击“服务器”选项卡，在对话框下方，勾选“我的服务器要求身份验证”复选框，然后单击“确定”按钮返回，如图 6－24 所示。

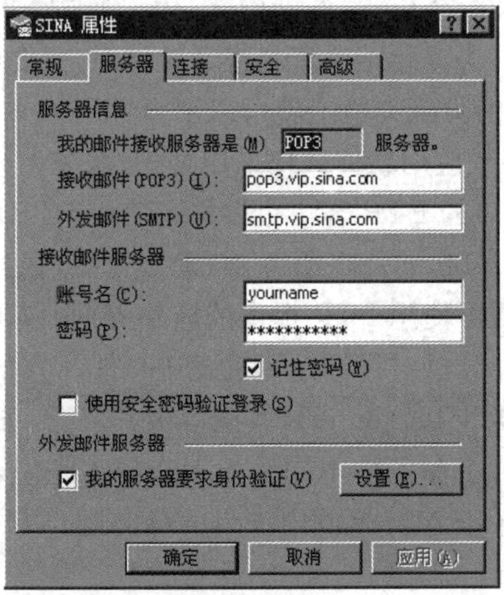

SINA 属性
常规　服务器　连接　安全　高级
服务器信息
我的邮件接收服务器是(M) POP3 服务器。
接收邮件(POP3)(I): pop3.vip.sina.com
外发邮件(SMTP)(U): smtp.vip.sina.com
接收邮件服务器
账号名(C): yourname
密码(P): ***********
记住密码(W)
使用安全密码验证登录(S)
外发邮件服务器
我的服务器要求身份验证(V)　设置(E)...
确定　取消　应用(A)

图 6－24　“服务器”选项卡

完成以上设置之后,就可以进行邮件的收发了。

6.3.4 即时交流

1. IP电话

IP电话(voice over IP)又称为网络电话或互联网电话,狭义上是指通过Internet进行电话通信,广义上是指包括语音、传真、视频传输等多项电信服务。Internet的IP电话采用"存储-转发"的方式传输数据,传输数据过程中通信双方并不独占电路,并对语音信号进行了大比例的压缩处理,网络电话所占用的通信资源大大减少,节省了长途通信费用。

普通电话与普通电话之间通过Internet的通话方式是目前发展最快而且最有商用化前途的电话方式。国际、国内许多大的电信公司都推出了这项业务。

2. 网络寻呼机

网络寻呼机简称"ICQ",是英文"I seek you"的简称,可以及时地传送文字、语音信息,聊天和发送文件。

要使用ICQ,首先要在计算机中安装一个ICQ软件,通过软件登录到ICQ服务器上,提出申请并获得一个独立的ICQ号码。有了ICQ号码就能寻找并添加网友,可以通过ICQ与在线的朋友发信息、互传文件、聊天、互传网页。这些操作都是即时的,远比E-Mail的存储转发机制要快得多。

腾讯QQ是由腾讯计算机系统有限公司开发的一款基于Internet的即时通信(instant messaging,IM)软件。QQ支持实时聊天、信息即时发送回复、语音视频聊天、共享文件、QQ邮箱、传输文件等多种功能。QQ不仅仅是简单的即时通信软件,它与全国多家移动通信公司合作,实现传统的无线寻呼网、GSM移动电话的短消息互联,是国内较为流行、功能强大的即时通信软件。同时,QQ还可以与移动通信终端、IP电话网等多种通讯方式相连,使QQ不仅仅是单纯意义的网络寻呼机,而是一种方便、实用、高效的即时通信工具。

6.3.5 文件传输

Internet的研究人员为了让用户能够利用网络将一台计算机上的文件传输到另一台计算机,设计了一种名为文件传输的软件。因为在Internet上使用文件传输服务时,总需要使用FTP。FTP的工作方式采用客户/服务器模式,用户通过FTP程序与远程计算机连接,两者都使用TCP进行通信。当需要某些资料或者软件时,只要到Internet上找到一些提供下载的FTP服务器,把文件拷贝到本机上就可以了。

FTP同Internet的大多数应用软件一样采用客户/服务器模式,包含支持FTP服务器的服务器软件和作为用户接口的FTP客户机软件。使用FTP的用户能够使自己的本地计算机与远程计算机(一般是FTP的一个服务器)建立连接,通过合法的登录手续进入该远程计算机系统。这样,用户便可使用FTP提供的应用界面,以不同方式从远程计算机系统获取所需文件,或者从本地计算机对目标计算机发送文件。分布在Internet网上的FTP文件服务器简称为FTP服务器(FTP server),其内容极其广泛。这些服务器能为用户提供查寻文件和传送文件的服务,对于在各种不同领域工作的人来说,FTP是一个开放的非常有用的信息服务工具,可用来在全世界范围内进行信息交流。FTP具体传输过程如图6-25所示。

图 6－25 文件传输

目前，利用 FTP 传输文件的方式主要有 FTP 命令行、浏览器和 FTP 下载工具。

在 UNIX 操作系统中主要使用 FTP 命令进行操作，而在 Internet 上，浏览器都带有 FTP 程序模块。直接在浏览器的地址栏中输入 FTP 服务器的 IP 地址或者域名，浏览器将自动调用 FTP 程序完成连接。例如，访问域名为 ftp://jpkc. hnpu. edu. cn 的 FTP 服务器，就在地址栏输入“ftp://jpkc. hnpu. edu. cn”。连接成功后，浏览器界面将显示出该服务器的文件夹与文件名列表，如图 6－26 所示。

图 6－26 FTP 服务器

Windows 下的 FTP 软件功能较强，可以支持带目录的文件上传和下载。在 Windows 中除可以通过浏览器来访问 FTP 服务器外，还可以使用专门的 FTP 软件来加快访问速度，如 CuteFTP，FlashFTP 等。

6.3.6 远程登录

Internet 的远程登录服务采用客户服务器工作方式，进行远程登录时需要满足如下条件：

（1）在本地计算机上必须装有包含 Telnet 协议的客户程序。

（2）必须知道远程主机的 IP 地址或域名。

（3）必须知道登录标识与口令。

世界上有许多图书馆都通过 Telnet 对外提供联机服务，一些政府部门和研究机构也将它们的数据库对外开放，供用户通过 Telnet 查询。当然，要在远程计算机上登录，首先要成为该系统的合法用户，并有相应的账号和密码，一旦登录成功，用户便可获得远程计算机对外开放的全部信息和资源。

一、选择题

1. 我国家庭的大多数计算机用户主要是通过(　　)接入 Internet。
   A. 专线　　B. 局域网　　C. 电话线　　D. 有线电视
2. IE 的收藏夹中存放的是(　　)。
   A. 最近浏览过的一些 WWW 地址　　B. 用户增加的 E-Mail 地址
   C. 最近下载的 WWW 地址　　D. 用户增加的 WWW 地址
3. 下列关于 E-Mail 功能的说法中正确的是(　　)。
   A. 在发送时一次只能发给一个人
   B. 用户在阅读完邮件后,将从服务器上删除
   C. 用户写完邮件后必须立即发送
   D. 用户收到的邮件一定是按日期排列
4. 电子邮件地址格式中"@"右边是(　　)。
   A. 用户名　　B. 本机域名　　C. 密码　　D. 服务器名
5. 在 IE 中打开多个窗口的方法很多,下列不对的是(　　)。
   A. 按[Ctrl]+[O]组合键　　B. 超链接上右击并选择在新窗口中打开
   C. 再启动一个 IE　　D. 指向超链接配合[Shift]键单击
6. 下列关于 IP 地址的说法中错误的是(　　)。
   A. 由用户名和主机号组成　　B. 由网络号和主机号组成
   C. 由 4 个字节组成　　D. 由 32 位组成
7. 出现互联网以后,许多青少年出于各种各样的原因和目的在网上非法攻击别人的主机,他们往往被称作黑客,其中许多人越陷越深,走上了犯罪的道路,这说明(　　)。
   A. 互联网上可以放任自流　　B. 互联网上没有道德可言
   C. 在互联网上也需要进行道德教育　　D. 互联网无法控制非法行动
8. Internet 提供的服务方式分为基本服务方式和扩展服务方式,下列属于基本服务的是(　　)。
   A. 远程登录　　B. 名录服务　　C. 索引服务　　D. 交互式服务
9. Internet 中域名与 IP 之间的翻译是由(　　)来完成的。
   A. 用户计算机　　B. 代理服务器　　C. 域名服务器　　D. Internet 服务商
10. 下列关于在 Internet 上的行为的说法中正确的是(　　)。
    A. 随意上传"图书作品"
    B. 下载文章并整理出版发行
    C. 进入到一些服务器里看看里边有什么东西
    D. 未经作者允许不能随意上传或出版其作品
11. 国内一家高校要建立 WWW 网站,其域名的后缀应该是(　　)。
    A. COM　　B. EDU. CN　　C. COM. CN　　D. Ac
12. 欲申请免费电子信箱,首先必须(　　)。
    A. 在线注册　　B. 交费开户　　C. 提出书面申请　　D. 发电子邮件申请
13. 某人想要在电子邮件中传送一个文件,他可以借助(　　)。
    A. FTP　　B. Telnet　　C. WWW　　D. 电子邮件中的附件功能
14. (　　)的 Internet 服务与超文本密切相关。
    A. Gopher　　B. FTP　　C. WWW　　D. Telnet

15. 关于电子邮件不正确的描述是(　　)。
    A. 可向多个收件人发送同一消息
    B. 发送消息可包括文本、语音、图像和图形
    C. 发送一条由计算机程序做出应答的消息
    D. 不能用于攻击计算机

二、填空题

1. ________是提供 IP 地址和域名之间的转换服务的服务器。
2. Internet 上采用________协议集。
3. URL 的全称是________,它是由________、________和________三部分组成。
4. Internet 提供的常用服务有________、________和________等。
5. 一般局域网的 IP 地址是________类地址。

三、思考题

1. 什么是 IP 地址？什么是域名？基于 Internet 的信息服务有哪些？
2. 什么是 Internet？它的发展经历了哪几个阶段？
3. 简述域名解析的过程。
4. WWW 是什么？它有哪些服务？

第七章　信息安全与道德

信息技术和信息产业正在改变着人们的生活和工作方式，信息已成为社会发展的重要战略资源。社会对网络信息系统的依赖也日益增强，信息网络已经成为社会发展的重要保证。然而，人们在享受网络信息所带来的便捷的同时，也面临着信息安全的严峻考验。信息安全直接关系到国家安全、经济发展、社会稳定和人们的日常生活，如何构筑信息与网络安全体系已成为信息化建设所要解决的一个迫切问题。

本章主要内容：信息安全；计算机网络安全；计算机病毒及防范；网络道德。

※7.1　信息安全

7.1.1　信息与信息技术

信息是从调查、研究和教育中获得的知识，是新闻、消息、情报、报道、事情、数据、材料、现象、事物、主题、声音、图像、文字、内容、名称，是代表数据的信号或字符，是代表物质的或精神的经验消息、数据、图片等。在计算机中，我们把获得的粗泛的素材经过加工、整理后变成能被人们接受的有意义的数据称为信息。

信息技术是指对信息进行采集、传输、存储、加工、表达的各种技术之和。

7.1.2　信息安全的基本概念

1. 信息安全的定义

我国从法律上界定信息安全(information security)为“保障计算机及其相关和配套的设备、设施(网络)的安全，运行环境的安全，保障信息安全，保障计算机功能的正常发挥，以维护计算机信息系统的安全”。从这可以看出，信息安全不单是一个技术问题。信息安全的涉及面很广，包括实体安全(保护计算机设备、设施以及其他媒体免遭自然和人为破坏的措施、过程)、运行安全和人的安全(主要是指计算机使用人员的安全意识、法律意识、安全技能等)。

2. 信息安全的特征

信息安全的任务，就是要采取措施(技术手段及有效管理)让信息资产免遭威胁，或者将威胁带来的后果降到最低，以此维护组织的正常运作。信息安全具有如下几方面的特征：

(1) 保密性：确保信息在存储、使用、传输过程中不会泄漏给非授权用户或实体。

(2) 完整性:确保信息在存储、使用、传输过程中不会被非授权用户篡改,同时还要防止授权用户对系统及信息进行不恰当的篡改,保持信息内、外部表示的一致性。完整性与保密性不同,保密性要求信息不被泄露给未授权的人,而完整性是要求信息不受各种原因的破坏。

(3) 可用性:确保授权用户或实体对信息及资源的正常使用不会被异常拒绝,允许其可靠而及时地访问信息及资源。

(4) 真实性:真实性也称为不可否认性。在信息系统的信息交互作用过程中,确信参与者的真实同一性,即所有参与者都不可能否认或抵赖曾经完成的操作和承诺。

(5) 可控性:是对信息的传播及内容具有控制能力的特性,即指授权机构可以随时控制信息的保密性。"密钥托管""密钥恢复"等措施就是实现信息安全可控性的例子。

一个安全的计算机信息系统对这五个特征都支持。换句话说,一个安全的计算机信息系统保护它的信息和计算资源不被未授权的用户访问、篡改和拒绝服务攻击。

3. 计算机系统面临的威胁

计算机系统所面临的威胁主要包括自然威胁和人为威胁。

自然威胁是不以人的意志为转移的,是不可抗拒的自然事件对计算机系统的威胁。自然威胁可能来自各种自然灾害、恶劣的场地环境、电磁辐射和电磁干扰以及设备自然老化等。

人为威胁包括有意威胁和无意威胁。有意威胁是指人为的、有目的的破坏,它可以被分为主动攻击和被动攻击。无意威胁是指由于人为的偶然事故引起且没有明显的恶意企图和目的而使信息或计算机资源受到破坏的威胁,如操作失误(未经允许使用、操作不当)、意外损失(漏电、电焊火花干扰)、编程缺陷(经验不足)、意外丢失(被盗、媒体丢失)等。

4. 信息安全研究的问题

信息安全主要研究以下三个方面的问题:

(1) 信息本身的安全,即在信息传输的过程中是否有人把信息截获,尤其是重要文件的截获,造成泄密。

(2) 信息系统或网络体系本身的安全(通常称为物理安全)。

(3) 保障系统的安全运行。

7.1.3 数据加密

数据加密技术是指将一个信息(或称明文)经过加密钥匙及加密函数转换,变成无意义的密文,而接收方则将此密文经过解密函数、解密钥匙还原成明文。加密技术是对信息进行保护的重要手段之一。

数据加密技术要求只有在指定的用户或网络下,才能解除密码而获得原来的数据,这就需要给数据发送方和接收方以一些特殊的信息用于加解密,这就是所谓的密钥,其密钥的值是从大量的随机数中选取的。对于较为成熟的密码体系,其算法是公开的,而密钥是保密的。这样使用者简单地修改密钥,就可以达到改变加密过程和加密结果的目的。密钥越长,加密系统被破译的概率就越低。根据加密和解密过程是否使用相同的密钥,加密算法可以分为对称密钥加密算法(对称加密技术)和非对称密钥加密算法(非对称加密技术)两种。

1. 对称加密技术

对称加密技术很简单,就是加密和解密使用同一密钥(单密钥),即同一个算法,如数据加密标准(data encryption standard,DES)的 Kerberos 算法。单密钥是最简单方式,通信双方必须交换彼此密钥,当需给对方发信息时,用自己的加密密钥进行加密,而在接收方收到数据后,用对方所给的密钥进行解密。当一个文本要加密传送时,该文本用密钥加密构成密文,密文在信道上传送,收到密文后用同一个密钥将密文解出来,形成普通文体供阅读。在对称密钥中,密钥的管理极为重要,一旦密钥丢失,密文将无密可保。这种方式在与多方通信时因为需要保存很多密钥而变得很复杂,而且密钥本身的安全就是一个问题。对称加密系统的加密和解密过程如图 7-1 所示(K 为单密钥)。

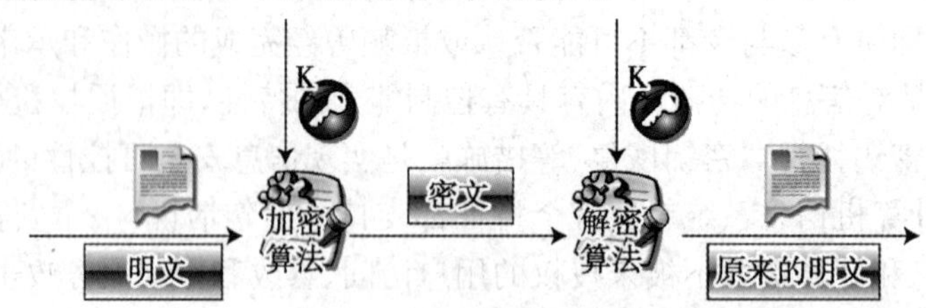

图 7-1 对称加密系统的加密和解密

DES 是美国国家标准学会(American National Standards Institute,ANSI)于 1977 年公布的由 IBM 公司研制的加密算法。DES 被授权用于所有非保密通信的场合,后来还曾被国际标准组织采纳为国际标准。

DES 是一种典型的按分组方式工作的单密钥算法,其基本思想是将二进制序列的明文分组,然后用密钥对这些明文进行替代和置换,最后形成密文。DES 算法是对称的,既可用于加密又可用于解密。它的巧妙之处在于,除密钥输入顺序外,其加密和解密的步骤完全相同,从而在制作 DES 芯片时很容易达到标准化和通用化,很适合现代通信的需要。

DES 算法将输入的明文分为 64 位的数据分组,使用 64 位的密钥进行变换,每个 64 位的明文分组数据经过初始置换、16 次迭代和逆置换三个主要阶段,最后输出得到 64 位的密文。在迭代前,先要对 64 位的密钥进行变换,密钥经过去掉其第 8,16,24,…,64 位减至 56 位,去掉的那 8 位被视为奇偶校验位,不含密钥信息,所以实际密钥长度为 56 位。

2. 非对称加密技术

在对称加密技术中,加密、解密使用的是同样的密钥,由发送方和接收方分别保存,在加密和解密时使用。通常,对称加密技术中,使用的加密算法比较简便高效,当使用长密钥时,破译极为困难。采用这种方法的主要问题是在公开的环境中如何安全地传送和保管密钥。非对称加密技术也称为公钥密码加密法,加密和解密时使用不同的密钥,即不同的算法,虽然两者之间存在一定的关系,但不可能轻易地从一个推导出另一个。有一把公用的加密密钥,有多把解密密钥,如 RSA 算法。

在这种编码过程中,一个密钥用来加密消息,而另一个密钥用来解密消息。在两个密钥中有一种关系,通常是数学关系。公钥和私钥都是一组十分长的、数字上相关的素数(是另一个大数字的因数)。有一个密钥不足以翻译出消息,因为用一个密钥加密的消息只能用另一个密钥才能解密。每个用户可以得到唯一的一对密钥,一个是公开的,另一个是保密的。公共密钥保存在公共区域,可在用户中传递,甚至可印在报纸上面,而私钥必须存放在安全保密的地方。任何人都可以有公钥,但是只有用户自己能有私钥。非对称加密系统的加密和解密过程如图 7-2 所示(K_1 为公钥,K_2 为私钥)。

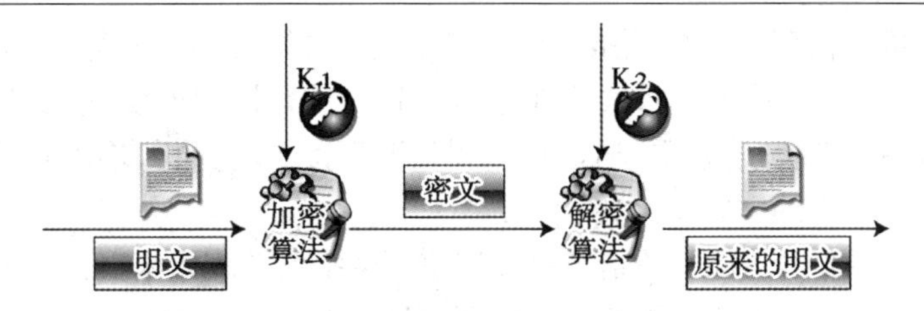

图 7-2　非对称加密系统的加密和解密

在所有的公开密钥加密算法中,RSA 算法是理论上最为成熟、完善,使用最为广泛的一种。RSA 算法是由罗纳德·李维斯特(Ronald Rivest)、阿迪·萨莫尔(Adi Shamir)和伦纳德·阿德曼(Leonard Adleman)三位教授于 1977 年提出的。该算法的数学基础是初等数论中的欧拉(Euler)定理,其安全性建立在大整数因子分解的困难性之上。RSA 算法是第一个能同时用于加密和数字签名的算法,并且易于理解和操作。RSA 算法从提出到现在,经历了各种攻击的考验,逐渐为人们所接受,被认为是目前最优秀的公钥方案之一,算法简介如下:

(1) 准备加密所需的参数:选择两个大的质数 p 和 q,一般应为 100 位以上的十进制质数。

(2) 计算 $n=p\times q$ 和 $z=(p-1)\times(q-1)$。

(3) 选择一个与 z 互为质数的数 d,找出 e,使得 $e\times d=1 \bmod z$,其中,(e,n)便是公开密钥,(d,n)便是私有密钥。

(4) 加密和解密过程:将明文看作一个比特串,划分成块,使每段明文信息 P 满足 $0<P<n$,这可以通过将明文分成每块有 k 位的组来实现,并且 k 为满足 $2^k<n$ 成立的最大整数。对明文信息 P 进行加密,计算 $C=P^e(\bmod n)$。解密 C,要计算 $P=C^d(\bmod n)$。可以证明,在确定的范围内,加密和解密函数是互逆的。为实现加密,需要 e 和 n,为实现解密需要 d 和 n,所以公钥由(e,n)组成,私钥由(d,n)组成。

✻7.2　计算机网络安全

计算机网络连接着商业、政府、教育、军事等社会各行业和部门,它已经融入人们的日常工作、学习和娱乐中,像电话、交通、水、电等一样,成为社会重要的基础设施。如果计算机网络的安全可靠运行受到威胁,将会影响人们的工作、学习和生活,甚至影响整个社会的安全和稳定。

7.2.1　网络安全问题

1. 网络安全面临的威胁

计算机网络所面临的威胁大体可分为对网络中信息的威胁和对网络中设备的威胁。影响计算机网络安全的因素很多,如系统存在的漏洞、系统安全体系的缺陷、使用人员薄弱的安全意识及管理制度等,诸多的原因使网络安全面临的威胁日益严重。概括起来,主要有如下几类:

(1) 内部窃密和破坏。内部涉密人员有意或无意泄密、更改记录信息;内部非授权人员有意或无意获取机密信息、更改网络配置和记录信息;内部人员有意或无意破坏网络系统。

(2) 截获。攻击者可能通过搭线或在电磁波辐射的范围内安装截收装置等方式,截获机密信息,或通过对信息流和流向、通信频度和长度等参数的分析,推出有用信息。这种情况下不会破坏传输信息的内容,不易被察觉。

(3) 非法访问。非法访问指的是未经授权使用网络资源或以未授权的方式使用网络资源,包括非法用户(如黑客)进入网络或系统进行违法操作;合法用户以未授权的方式进行操作。

(4) 破坏信息的完整性。攻击可能从三个方面破坏信息的完整性:篡改,改变信息流的次序、时序,更改信息的内容、形式;删除,删除某个信息或信息的某些部分;插入,在消息中插入一些信息,让接收方读不懂或接收错误的信息。

(5) 冒充。攻击者可能进行下列冒充:冒充领导发布命令、调阅文件;冒充主机欺骗合法主机及合法用户;冒充网络控制程序套取或修改使用权限、口令、密钥等信息,越权使用网络设备和资源;冒充合法用户,欺骗系统,占用合法用户的资源。

(6) 破坏系统的可用性。攻击者可能破坏网络系统的可用性:使合法用户不能正常访问网络资源;使有严格时间要求的服务不能及时得到响应;摧毁系统。

(7) 重演。攻击者截获并录制信息,然后在必要的时候重发或反复发送这些信息。

(8) 抵赖。可能出现下列抵赖行为:发送方事后否认曾经发送过某条消息;发送方事后否认曾经发送过某条消息的内容;接收方事后否认曾经接收过某条消息;接收方事后否认曾经接收过某条消息的内容。

(9) 其他威胁。对网络系统的威胁还包括计算机病毒、电磁泄漏、各种灾害、操作失误等。

2. 网络安全的目标

鉴于网络安全威胁的多样性、复杂性及网络信息、数据的重要性,在设计网络系统的安全保障时,应努力通过相应的手段达到五项安全目标,包括可靠性、可用性、保密性、完整性和不可抵赖性。

(1) 可靠性指系统在规定条件下和规定时间内完成规定功能的概率。

(2) 可用性指信息和通信服务在需要时允许授权人或实体使用。

(3) 保密性指防止信息泄漏给非授权个人或实体,信息只为授权用户使用。

(4) 完整性指信息不被偶然或蓄意地删除、修改、伪造、乱序、重放、插入等。

(5) 不可抵赖性也称作不可否认性,是面向通信双方(人、实体或进程)信息真实、同一的安全要求。

从以上的安全目标可以看出,网络的安全不仅仅是防范窃密活动,其可靠性、可用性、完整性和不可抵赖性应作为与保密性同等重要的安全目标加以实现。我们应从观念上做出必要的调整,全面规划和实施网络信息的安全。

3. 网络安全的特点

根据网络安全的历史及现状,可以看出网络安全大致有如下五个特点:

(1) 网络安全的涉及面越来越广。

(2) 网络安全涉及技术层面越来越深。

(3) 网络安全的黑盒性。

(4) 网络安全的动态性。

(5) 网络安全的相对性。

随着安全基础设施建设力度的加大及安全技术和安全意识的普及，相信网络安全必定可以满足人们的需求。

7.2.2 网络安全技术

网络安全技术是在与网络攻击的对抗中不断发展的，它大致经历了从静态到动态、从被动防范到主动防范的发展过程。常见的网络安全技术有数据加密技术、防火墙技术、网络安全扫描技术、网络入侵检测技术、黑客诱骗技术、无线局域网安全技术。

在上述网络安全技术中，数据加密是其他一切安全技术的核心和基础。在实际网络系统的安全实施中，可以根据系统的安全需求，配合使用各种安全技术来实现一个完整的网络安全解决方案。

7.2.3 网络黑客及防范

黑客(hacker)，源于英语动词 hack，意为“劈，砍”，引申为“干了一件非常漂亮的工作”。在早期麻省理工学院的校园俚语中，“黑客”则有“恶作剧”之意，尤指手法巧妙、技术高明的恶作剧。日本《新黑客词典》中对黑客的定义是“喜欢探索软件程序奥秘，并从中增长了其个人才干的人。他们不像绝大多数计算机使用者那样，只规规矩矩地了解别人指定了解的狭小部分知识”。由这些定义中，我们还看不出太贬义的意思。他们通常具有硬件和软件的高级知识，并有能力通过创新的方法剖析系统。黑客能使更多的网络趋于完善和安全，他们以保护网络为目的，而以不正当侵入为手段，找出网络漏洞。

随着时间的流逝，出现了新的“黑客”(cracker，有时翻译为“骇客”)。骇客是指那些利用网络漏洞破坏网络的人。骇客往往做一些重复的工作(如用暴力法破解口令)，他们也具备广泛的计算机知识，但与早期的黑客不同的是他们以破坏为目的。现在的 Hacker 和 Cracker 已经混为一谈，人们通常将入侵计算机系统的人统称为黑客。本章以下提到的黑客都是指入侵计算机系统的人。

1. 常见的黑客攻击

1) 获取口令

获取口令主要有三种方法：

(1) 通过网络监听非法得到用户口令，这类方法有一定的局限性，但危害性极大，监听者往往能够获得其所在网段的所有用户账号和口令，对局域网安全威胁巨大。

(2) 在知道用户的账号后(如电子邮件@前面的部分)，利用一些专门软件强行破解用户口令，这种方法不受网段限制，但需要足够的时间。

(3) 在获得一个服务器上的用户口令文件(Shadow 文件)后，用暴力破解程序破解用户口令，该方法的使用前提是黑客获得口令的 Shadow 文件。

第三种方法在所有方法中危害最大，因为它不需要像第二种方法那样一遍又一遍地尝试登录服务器，而是在本地将加密后的口令与 Shadow 文件中的口令相比较就能非常容易地破获用户密码，尤其对那些口令安全系数极低的用户。

2) 放置特洛伊木马程序

特洛伊木马程序(简称木马)可以直接侵入用户的计算机并进行破坏，它常被伪装成工具程序或者游戏等，诱使用户打开带有特洛伊木马程序的邮件附件或从网上直接下载，一旦用户打开了这些邮件的附件或者执行了这些程序之后，它们就会留在自己的计算机中，并在自己的计算机系统中隐藏一个可以在 Windows 启动时悄悄执行的程序。当用户连接到 Internet 上时,这个程序就会通知黑客,报告用户的 IP 地址以及预先设定的端口。黑客在收到这些信息后,再利用这个潜伏在其中的程序,就可以任意地修改用户的计算机的参数设定、复制文件、窥视用户整个硬盘中的内容等,从而达到控制用户的计算机的目的。

3) WWW 的欺骗技术

在网上用户可以利用 IE 等浏览器进行各种各样的 Web 站点的访问,如阅读新闻组、咨询产品价格、订阅报纸、电子商务等。然而正在访问的网页有可能已经被黑客篡改过,网页上的信息可能是虚假的。例如,黑客将用户要浏览的网页的 URL 改写为指向黑客自己的服务器,当用户浏览目标网页的时候,实际上是向黑客服务器发出请求,那么黑客就可以达到欺骗的目的了。

4) 电子邮件攻击

电子邮件攻击主要表现为两种方式:

(1) 电子邮件轰炸和电子邮件“滚雪球”,即通常所说的邮件炸弹,指的是用伪造的 IP 地址和电子邮件地址向同一信箱发送数以千计、万计次甚至无穷多次的内容相同的垃圾邮件,致使受害人邮箱被“炸”,严重者可能会给电子邮件服务器操作系统带来危险,甚至瘫痪。

(2) 电子邮件欺骗,攻击者佯称自己为系统管理员(邮件地址和系统管理员完全相同),给用户发送邮件要求用户修改口令(口令可能为指定字符串)或在貌似正常的附件中加载病毒或其他木马程序。

5) 通过一个结点来攻击其他结点

黑客在突破一台主机后,往往以此主机作为根据地,攻击其他主机(以隐蔽其入侵路径,避免留下蛛丝马迹)。他们可以使用网络监听方法,尝试攻破同一网络内的其他主机;也可以通过 IP 欺骗和主机信任关系,攻击其他主机。这类攻击很狡猾,但由于某些技术很难掌握,如 IP 欺骗,因此较少被黑客使用。

6) 网络监听

网络监听是主机的一种工作模式,在这种模式下,主机可以接收到本网段在同一条物理通道上传输的所有信息,而不管这些信息的发送方和接收方是谁。此时,如果两台主机进行通信的信息没有加密,只要使用某些网络监听工具,就可以轻而易举地截取包括口令和账号在内的信息资料。虽然网络监听获得的用户账号和口令具有一定的局限性,但监听者往往能够获得其所在网段的所有用户账号及口令。

7) 寻找系统漏洞

许多系统都有各种各样的安全漏洞(bug),其中某些是操作系统或应用软件本身具有的,这些漏洞在补丁未被开发出来之前一般很难防御黑客的破坏,除非断开与 Internet 的连接;还有一些漏洞是由于系统管理员配置错误引起的,如在网络文件系统中,将目录和文件以可写的方式调出,将未加 Shadow 的用户密码文件以明码方式存放在某一目录下,这都会给黑客带来可乘之机。

8) 偷取特权

利用各种特洛伊木马程序、后门程序和黑客自己编写的导致缓冲区溢出的程序进行攻击,前者可使黑客非法获得对用户机器的完全控制权,后者可使黑客获得超级用户的权限,从而拥有对整个网络的绝对控制权。这种攻击手段,一旦奏效,危害性极大。

9）利用账号进行攻击

有的黑客会利用操作系统提供的缺省账户和密码进行攻击，例如许多 UNIX 主机都有 FTP 和 Guest 等缺省账户（其密码和账户名同名），有的甚至没有口令。黑客用 UNIX 操作系统提供的命令如 Finger 和 Ruser 等收集信息，不断提高自己的攻击能力。

2. 黑客的防范

1）实体安全的防范

实体安全的防范主要包括控制机房、网络服务器、线路和主机等的安全隐患。加强对于实体安全的检查和监护是网络维护的首要和必备措施。除做好环境的安全保卫工作外，更主要的是对系统进行整体的动态监控。

2）基础安全防范

用授权认证的方法防止黑客和非法使用者进入网络并访问信息资源，为特许用户提供符合身份的访问权限并有效地控制权限；利用加密技术对数据和信息传输加密，解决密钥管理和权威部门的密钥分发工作，保证信息的完整性，解决数据加密传输、密钥解读和数据存储加密等安全问题。

3）内部安全防范机制

主要是预防和制止内部信息资源或数据的泄露，防止他人从内部把“堡垒”攻破。该机制的主要作用包括保护用户信息资源的安全；防止和预防内部人员的越权访问；对网内所有级别的用户实时监测；全天候动态检测和报警功能；提供详尽的访问审计功能。

7.2.4 防火墙技术

当一个机构将其内部网络与 Internet 连接之后，网络信息安全便成为此机构不得不考虑的问题。人们需要一种安全策略，既可以防止非法用户访问内部网络上的资源，又可以阻止用户非法向外传递内部信息。在这种情况下，防火墙（firewall）技术便应运而生了。

防火墙是一种能将内部网和公众网分开的方法。它能限制被保护的网络与互联网络及其他网络之间进行的信息存取、传递等操作。在构建安全的网络环境过程中，防火墙作为第一道安全防线，受到越来越多用户的关注。

1. 防火墙的定义

用于保护计算机网络中敏感数据不被窃取和篡改的计算机软硬件系统称为防火墙。简单地说，防火墙实际上是一种访问控制技术，它在一个被认为是安全和可信的内部网络和一个相对而言不那么安全和可信的外部网络之间设置障碍，阻止对信息资源的非法访问，也可以阻止保密信息从受保护网络上被非法输出。在逻辑上，防火墙是一个分离器，一个限制器，也是一个分析器，有效地监控了内部网和 Internet 之间的任何活动，保证了内部网络的安全，如图 7-3 所示。

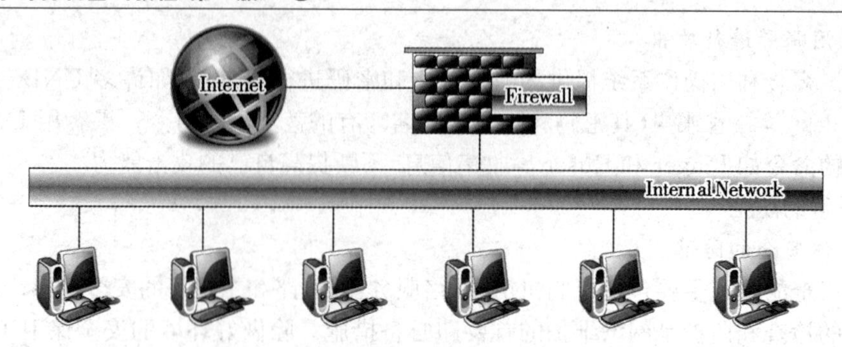

图 7-3　防火墙逻辑位置示意图

2. 防火墙的作用

应用防火墙的主要目的是要强制执行一定的安全策略,能够过滤掉不安全服务和非法用户、控制对特殊站点的访问,并提供监视系统安全和预警的方便端点。具体来说,防火墙的作用主要体现在如下几个方面:

(1) 网络安全的屏障。

(2) 强化网络安全策略。

(3) 对网络的存取和访问进行监控、审计。

(4) 防止内部信息的外泄。

(5) 限制网络暴露。

除安全作用外,防火墙还支持具有 Internet 服务特性的企业内部网络技术体系虚拟专用网。通过 VPN,可以将企事业单位分布在全世界各地的 LAN 或专用子网有机地联成一个整体,不仅省去了专用通信线路,而且为信息共享提供了技术保障。

3. 防火墙的分类

防火墙可根据防范的方式和侧重点的不同而分为很多种类型。按照防火墙对数据的处理方法,大致可分为包过滤型防火墙和应用代理型防火墙。

1) 包过滤型防火墙

数据包过滤技术作为防火墙的应用有三种:

(1) 路由设备在完成路由选择和数据转发的同时进行包过滤。

(2) 在工作站上使用软件进行包过滤。

(3) 在一种称为屏蔽路由器的路由设备上启动包过滤功能。

目前较常用的方式是第一种。

数据包过滤技术作用在网络层和传输层,以 IP 包信息为基础,对通过防火墙的 IP 包的源、目的地址、TCP/UDP 的端口标识符及 ICMP 等进行检查。

检查数据流中每个数据包后,根据数据包过滤技术的规则来确定是否允许数据包通过,其核心是过滤算法的设计。

数据包过滤技术在网络中起着举足轻重的作用,它可以在某个地方为整个网络提供特别的保护。

数据包过滤技术的操作可以在路由器上进行,也可以在网桥,甚至在一个单独的主机上进行。大多数数据包过滤系统不处理数据本身,它们不根据数据包的内容做决定。

2) 应用代理型防火墙

应用代理型防火墙作用在应用层,用来提供应用层服务的控制。其特点是完全“阻隔”

了网络通信流，通过对每种应用服务编制专门的代理程序，实现监视和控制应用层通信流的作用，因此应用代理型防火墙又被称为应用层网关型防火墙。

应用层网关型防火墙控制的内部网络只接受代理服务器提出的服务请求，拒绝外部网络其他结点的直接请求，它同时提供了多种方法认证用户。当确认了用户名和口令后，服务器根据系统的设置对用户进行进一步的检查，验证其是否可以访问本服务器。应用层网关型防火墙还对进出防火墙的信息进行记录，并可由网络管理员来监视和管理防火墙的使用情况。实际中的应用网关通常由专用代理服务器实现。

4. 防火墙的局限性

尽管防火墙有许多防范功能，但由于互联网的开放性，它也有一些力不能及的地方，具体表现在如下几个方面：

(1) 防火墙不能防范不经过防火墙的攻击。

(2) 防火墙不能防止感染了病毒的软件或文件的传输。

(3) 防火墙不能防止数据驱动式攻击。

(4) 防火墙不能防止来自内部变节者和用户带来的威胁。

总的来说，防火墙只是整体安全防范政策的一部分，整个网络易受攻击的各个点必须以相同程度的安全防护措施加以保护。

7.2.5 Windows 的安全机制

1. 操作系统的安全定义

无论任何操作系统，都有一套规范的、可扩展的安全定义，包括了从计算机的访问到用户策略等。操作系统的安全定义包括身份认证、访问控制、数据保密性、数据完整性以及不可否认性。

(1) 身份认证(最基本的安全机制)。当用户登录到计算机操作系统时，要求身份认证，最常见的就是使用账号以及密码确认身份。由于该方法的局限性，当计算机出现漏洞或密码泄漏时，可能会出现安全问题。

(2) 访问控制。Windows NT 之后的 Windows 版本中，访问控制带来了更加安全的访问方法。该机制包括磁盘的使用权限、文件夹的权限以及文件权限继承等。最常见的访问控制属于 Windows 的 NTFS 文件系统。

(3) 数据保密性。企业中的服务器数据的安全性对于企业而言，其重要程度不言而喻。加强数据的安全性是每个企业都需考虑的，常见的方法是采用加密算法进行加密。在通信中，最常见的有 SSL2.0 加密，数据和其他的信息采用 MD5 加密等。虽然 MD5 的加密算法已经被破解，但是 MD5 依然能够有效地保证数据的安全。

(4) 数据完整性。在文件传输中，我们更多考虑的是数据的完整性。虽然这也算数据保密性的范畴，但这是无法避免的。在数据的传输中，可能就有黑客在监听或捕获数据，然后破解数据的加密算法，从而得到重要的信息，包括用户账号、密码等。因此，需要更多地考虑到加密算法的安全性以及可靠性。公钥私钥就是最好的例子。

(5) 不可否认性。根据《中华人民共和国公共安全行业标准》的计算机信息系统安全产品部件的规范，验证发送方信息发送和接收方信息接收的不可否认性。通过在不可否认性鉴别过程中用于信息发送方和接收方的不可否认性鉴别的信息，验证信息发送方和接收方的不可否认性。对双方的不可否认性鉴别信息需进行审计跟踪。信息发送方和信息接收方的不可否认性鉴别信息必须都是不可伪造的。

2. Windows的安全架构

Windows系统采用金字塔形的安全架构,如图7-4所示。

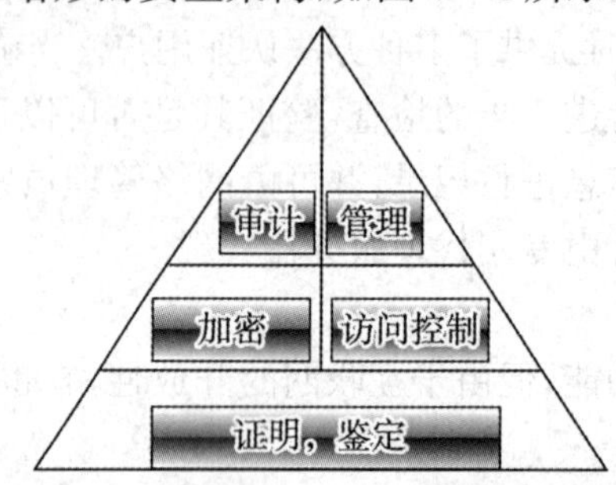

图7-4 Windows金字塔形安全架构

对于Windows系统来讲,系统的安全性主要体现在系统的组件的功能上。Windows提供了五个安全组件,保障了系统的安全性。Windows系统组件体现在很多方面,如Windows用户策略、访问控制的判断、对象的重用、强制登录等。

(1) 访问控制的判断。如图7-4所示,访问控制是在第二层上,安全性级别为普通。访问控制的判断允许对象所有者控制谁被允许访问该对象以及访问的方式。

(2) 对象的重用。如果用户正在阅读一篇本地的文章,如DOC文件,那么在阅读的同时,又想将该文件打包传送给其他人,这时候进行打包的工作是不被允许的。当执行该工作时,系统会提示该文件正在被另一个程序所使用。当资源(内存、磁盘等)被某应用访问时,Windows禁止所有的系统应用访问该资源。

(3) 强制登录。该类方式运用最多的地方属活动目录(active directory),如果在域控制器限制用户登录的方式,要求所有的用户必须登录,那么通过认证后才可以访问系统资源。

(4) 审核。打开管理工具中的"事件查看器",单击"安全性",可以看到本地计算机登录的审核列表。如果登录该计算机失败,那么管理员很快可以确定是否是恶意入侵等其他信息。在控制用户访问资源的同时,也可以对这些访问做相应的记录。

(5) 对象的访问控制。在NTFS文件系统中,对象的访问控制做得非常的到位。右击一个文件夹,选择"属性",在"安全"选项里可以看到用户所具有的权限值。NTFS文件系统很好地解决了多用户对资源的特级访问权限。要访问资源,必须是该资源允许被访问,并且是用户或应用通过第一次认证后再访问。

❋7.3 计算机病毒及防范

2019年9月,国家计算机病毒应急处理中心发布了《第十八次计算机病毒和移动终端病毒疫情调查报告》。报告显示,2018年我国计算机病毒感染率和移动终端病毒感染率均呈现上升态势,感染计算机病毒、蠕虫和木马程序依然十分突出。网络安全问题呈现出易变性、不确定性、规模性和模糊性等特点,网络安全事件发生成为大概率事件,信息泄漏、勒索病毒等重大网络安全事件多有发生。对于计算机病毒,应防患于未然。为了能更好地做好防范工作,必须了解计算机病毒的工作原理、传播途径和表现形式,同时应掌握它的检测、预防和清除方法。

7.3.1 计算机病毒的原理

1. 计算机病毒的定义

《中华人民共和国计算机信息系统安全保护条例》中明确定义，计算机病毒是指编制或者在计算机程序中插入的破坏计算机功能或者毁坏数据，影响计算机使用，并能自我复制的一组计算机指令或者程序代码。

2. 计算机病毒的结构

计算机病毒程序由引导模块、传染模块、干扰或破坏模块组成。

(1) 引导模块：将病毒程序从外存装入并驻留在内存，使传染模块、干扰或破坏模块处于激活状态。

(2) 传染模块：当系统进行磁盘读写时，判断操作对象是否符合感染条件(包括是否已感染本病毒)，符合条件则将病毒程序传给相应对象。

(3) 干扰或破坏模块：当病毒发作条件(干扰、破坏条件)满足时，向对象实施攻击。

其中，传染模块是病毒的本质特征，防治、检测及杀毒都是从分析病毒传染机制入手的。

3. 计算机病毒的工作过程

计算机病毒的完整工作过程应包括如下几个环节：

(1) 传染源：病毒总是依附于某些存储介质，如硬盘、U 盘等构成传染源。

(2) 传染媒介：病毒传染的媒介由工作的环境来定，可能是计算机网络，也可能是可移动的存储介质，如 U 盘等。

(3) 病毒激活：是指将病毒装入内存，并设置触发条件。

(4) 病毒触发：一旦触发条件成熟，计算机病毒就开始作用，自我复制到传染对象中，进行各种破坏活动。触发的条件是多样化的，可以是内部时钟、系统的日期、用户标识符，也可能是系统一次通信等。

(5) 病毒表现：表现是病毒的主要目的之一，有时在屏幕显示出来，有时则表现为破坏系统数据。凡是软件技术能够触发到的地方，都在其表现范围内。

(6) 传染：病毒的传染是病毒性能的一个重要标志。在传染环节中，病毒复制一个自身副本到传染对象中去。

7.3.2 计算机病毒的特性

计算机病毒是人为的特制程序，具有传染性、隐蔽性、潜伏性、破坏性和不可预见性五大特性。

1) 传染性

正常的计算机程序一般是不会将自身的代码强行连接到其他程序之上的。而病毒却能够使自身的代码强行传染到一切符合其传染条件的未受到传染的程序之上。计算机病毒可以通过各种可能的渠道，如 U 盘、光盘和计算机网络等传染给其他的计算机。当用户在一台计算机上发现了病毒时，往往曾经在这台计算机上使用过的 U 盘等存储介质也已感染上了病毒，而与这台计算机联网的其他计算机或许也被该病毒感染了。是否具有传染性是判断一段程序是否为计算机病毒的最重要条件。

2) 隐蔽性

病毒一般是具有很高的编程技巧、短小精悍的一段程序，通常潜伏在正常程序或磁盘中。

病毒程序与正常程序不容易被区别开来,在没有防护措施的情况下,计算机病毒程序取得系统控制权后,可以在很短的时间内感染大量程序。受到感染后,计算机系统通常仍能正常运行,用户不会感到有任何异常。正是由于其隐蔽性,计算机病毒得以在用户没有察觉的情况下扩散到其他计算机中。大部分病毒的代码之所以设计得非常短小,也是为了隐藏。多数病毒一般只有几百或几千字节,而计算机对文件的存取速度比这要快得多。病毒将这短短的几百或几千字节加入正常程序之中,使人不易察觉。

3) 潜伏性

大部分病毒在感染系统之后不会马上触发,它可以长时间隐藏在系统中,只有在满足其特定条件时才启动其干扰或破坏模块。潜伏性使得病毒可以进行广泛地传播。如“黑色星期五”病毒在逢13日的星期五发作,“上海一号”病毒会在每年3,6,9月的13日发作,这些病毒在平时会潜伏得很好,只有在满足触发条件时才会露出本来面目。

4) 破坏性

任何病毒只要侵入系统,都会对系统及应用程序产生不同程度的影响。良性病毒可能只显示些画面或发出点音乐、无聊的语句,或者根本没有任何破坏动作,只是会占用系统资源。恶性病毒则有明确的目的,如破坏数据、删除文件、加密磁盘、格式化磁盘,有的甚至对数据造成不可挽回的破坏。

5) 不可预见性

从对病毒的检测方面来看,病毒还有不可预见性。不同种类的病毒,其代码千差万别,但有些操作是共有的,如驻留内存等。利用病毒的这种共性,产生了许多杀毒软件。杀毒软件的确可以查出一些新病毒,但由于目前的软件种类极其丰富,而且某些正常程序也使用了类似病毒的操作甚至借鉴了某些病毒的技术,因此使用这种方法对病毒进行检测势必会产生许多误报。病毒的制作技术在不断地提高,病毒对杀毒软件存在一定的超前性。

在上述特性中,传染性是病毒最重要的一条特性。

7.3.3 计算机病毒的分类

从第一个病毒问世以来,病毒的种类多得已经难以准确统计。时至今日,病毒的数量仍在不断增加。

计算机病毒的分类方法有很多种,同一种病毒可能有多种不同的分法。

1. 按照计算机病毒侵入的系统分类

(1) DOS系统下的病毒。这类病毒出现最早,泛滥于20世纪八九十年代,如“小球”病毒、“大麻”病毒、“黑色星期五”病毒等。

(2) Windows系统下的病毒。随着20世纪90年代Windows的普及,Windows下的病毒便开始广泛流行。“CIH”病毒就是经典的Windows病毒之一。

(3) UNIX系统下的病毒。当前,UNIX系统应用非常广泛,许多大型系统均采用UNIX作为其主要的操作系统,所以UNIX下的病毒也就随之产生了。

2. 按照计算机病毒的链接方式分类

(1) 源码型病毒。这种病毒主要攻击高级语言编写的程序,该病毒在高级语言所编写的程序编译前插入到源程序中,经编译成为合法程序的一部分。

(2) 嵌入型病毒。这种病毒是将自身嵌入到现有程序中,把病毒的主体程序与其攻击的对象以插入的方式链接。

(3) 外壳型病毒。这种病毒将其自身包围在被侵入的程序周围,对源程序不做修改。这种病毒最为常见,易于编写,也易于发现,一般测试文件的大小即可查出。

(4) 操作系统型病毒。这种病毒用它自己的程序代码加入或取代部分操作系统代码进行工作,具有很强的破坏力,可以使整个系统瘫痪。"圆点"病毒就是典型的操作系统型病毒。

3. 按照计算机病毒的破坏性质分类

(1) 良性计算机病毒。良性计算机病毒是指其不包含对计算机系统产生直接破坏作用的代码。这类病毒为了表现其存在,只是不停地进行扩散,从一台计算机传染到另一台,并不破坏计算机内的数据。有些只是表现为恶作剧。这类病毒取得系统控制权后,会导致整个系统的运行效率降低,系统可用内存总数减少,使某些应用程序暂时无法执行。

(2) 恶性计算机病毒。恶性计算机病毒是指在其代码中包含损伤和破坏计算机系统的操作,在其传染或触发时会对系统产生直接的破坏作用。这类病毒有很多,如"米开朗琪罗"病毒,当"米开朗琪罗"病毒触发时,硬盘的前 17 个扇区将被彻底破坏,使得整个硬盘上的数据无法被恢复,造成的损失是无法挽回的。有的病毒甚至还会对硬盘做格式化等破坏操作。

4. 按照计算机病毒的寄生部位或传染对象分类

传染性是计算机病毒的本质属性,根据寄生部位或传染对象分类,即根据计算机病毒的传染方式进行分类,有如下几种:

(1) 磁盘引导型病毒。磁盘引导区传染的病毒主要是用病毒的全部或部分逻辑取代正常的引导记录,而将正常的引导记录隐藏在磁盘的其他地方。由于引导区是磁盘能正常使用的先决条件,因此这种病毒在计算机运行的一开始(如系统启动时)就能获得控制权,其传染性较强。由于在磁盘的引导区内存储着需要使用的重要信息,因此如果对磁盘上被移走的正常引导记录不进行保护,那么在运行过程中就会导致引导记录的破坏。引导区传染的计算机病毒较多,如"大麻"和"小球"病毒。

(2) 操作系统型病毒。操作系统是计算机应用程序得以运行的支持环境,由". sys"". exe"和". dll"等许多可执行的程序及程序模块构成。操作系统型病毒就是利用操作系统中的一些程序及程序模块寄生并传染的病毒。通常,这类病毒会成为操作系统的一部分,只要计算机开始工作,病毒就处在随时被触发的状态。而操作系统的开放性和不完善性给这类病毒出现的可能性与传染性提供了方便。"黑色星期五"病毒就是这类病毒。

(3) 感染可执行程序的病毒。通过可执行程序传染的病毒通常寄生在可执行程序中,一旦程序被执行病毒就会被激活,病毒程序首先被执行,并将自身驻留内存,然后设置触发条件进行传染。

(4) 感染带有宏的文档。随着微软公司文字处理软件 Word 的广泛使用和计算机网络尤其是 Internet 的推广普及,出现了一种新的病毒,这就是宏病毒。宏病毒是一种寄存于文档或模板的宏中的计算机病毒。一旦打开这样的文档,宏病毒就会被激活并转移到计算机上,且驻留在 Normal 模板中。从此以后,所有自动保存的文档都会感染上这种宏病毒,并且如果其他用户打开了已感染病毒的文档,那么宏病毒又会转移到该用户的计算机中。

5. 按照计算机病毒的传播介质分类

(1) 单机病毒。单机病毒的传播介质是移动式存储载体,一般情况下,病毒从 U 盘、移动硬盘传入硬盘,感染系统,接着感染其他 U 盘和移动硬盘,然后传染其他系统,如"CIH"病毒。

(2) 网络病毒。网络病毒的传播介质不再是移动式存储载体,而是网络通道,这种病毒的传染能力更强,破坏力更大,如“尼姆达”病毒。

当前,病毒通常是以网络方式感染其他系统。病毒也可能综合了以上的若干特征,这样的病毒常被称为混合型病毒。

7.3.4 计算机病毒的诊断与防范

1. 计算机病毒的诊断

当计算机感染病毒后,主要表现在如下几个方面:

(1) 系统无法启动、启动时间延长、重复启动或突然重启。

(2) 出现蓝屏、无故死机或系统内存被耗尽。

(3) 屏幕上出现一些乱码。

(4) 出现陌生的文件、陌生的进程。

(5) 文件时间被修改,文件大小变化。

(6) 磁盘文件被删除、磁盘被格式化等。

(7) 无法正常上网或上网速度很慢。

(8) 某些应用软件无法使用或出现奇怪的提示。

(9) 磁盘空间不应有的减少。

(10) 无缘无故地出现打印故障。

在检测出系统感染了病毒以后,就要设法清除病毒。使用杀毒软件,具有效率高、风险小的特点,是一般用户普遍使用的方法。目前,国内常用的杀毒软件有360杀毒软件、瑞星杀毒软件、金山杀毒软件、江民杀毒软件等。

2. 计算机病毒的防范

计算机病毒的防范,是指通过建立合理的计算机病毒防范体系和制度,及时发现计算机病毒侵入,并采取有效的手段阻止计算机病毒的传播和破坏,恢复受影响的计算机系统和数据。

做好计算机病毒的预防工作,应从三个方面进行。

1) 树立牢固的计算机病毒的预防思想

解决病毒的防治问题,关键的一点是要在思想上引起足够的重视,从加强管理入手,制订出切实可行的管理措施。

2) 堵塞计算机病毒的传染途径

计算机病毒的传染性是计算机病毒最基本的特性,是病毒赖以生存繁殖的条件,若计算机病毒没有传播渠道,则其破坏性小,扩散面窄,难以造成大面积流行。因此,堵塞计算机病毒的传染途径是防止病毒侵入的有效方法。

计算机病毒的主要传播途径有如下几种:

(1) 软盘、光盘和U盘。它们作为最常用的交换媒介,在计算机应用的早期是病毒传播的主要途径,因为那时计算机应用比较简单,可执行文件和数据文件系统都较小,许多执行文件均通过相互复制安装,这样病毒就能通过这些介质传播文件型病毒;另外,在利用它们列目录或引导机器时,引导区病毒会在软盘与硬盘引导区内互相感染。

(2) 硬盘。带病毒的硬盘在本地或移到其他地方使用、维修等,将本地或其他计算机的U盘感染并再次扩散。

(3) 网络。非法者设计的个人网页,容易使浏览网页者的计算机感染病毒;用于学术研究的病毒样本，可能成为别有用心的人的使用工具；散见于网站上大批病毒制作工具、向导、程序等，使得无编程经验和基础的人制造新病毒成为可能；聊天工具如QQ的使用，导致有专门针对聊天工具的病毒出现；即使用户没有使用前面的工具，只要计算机处于网络中，且系统存在漏洞，针对该漏洞的病毒就有可能感染用户的计算机。

3）制定切实可行的预防措施

制定切实可行的预防病毒的管理措施，并严格地执行。大量实践证明这种主动预防的策略是行之有效的。预防管理措施包括如下几点：

（1）用户应养成及时下载最新系统安全漏洞补丁的习惯，从根源上杜绝黑客利用系统漏洞攻击用户计算机的病毒。同时，升级杀毒软件、开启病毒实时监控应成为每日防范病毒的必修课。

（2）定期做好重要资料的备份，以免造成重大损失。

（3）选择具备"网页防火墙"功能的杀毒软件，定期升级杀毒软件病毒库，定时对计算机进行病毒查杀。

（4）勿随便打开来源不明的文件，以免受到病毒的侵害。

（5）上网浏览时一定要开启杀毒软件的实时监控功能，不要随便打开不安全的陌生网站，以免遭到病毒侵害。

※7.4 网络道德

网络世界就像一块神奇的土地，非常有吸引力。首先，网络的开放性和匿名性，使人人可以自由上网，并在网上浏览信息、下载和利用网络资源，甚至可以在网上发表各种言论。这种情况使网络世界在某种程度上脱离了现实世界而成为"虚拟空间"。同时，网络法规建设的滞后性，使网络世界处于相对的无序状态，这已引起社会各方面的关注。其次，网络的跨国性和即时性导致网络在传播知识和健康信息的同时，也夹杂着少量消极或不健康的信息。

如何规范和加强人们的信息意识与网络道德规范，已是人才培养素质教育的核心问题。全面客观地研究大学生的思想现状，探索新形势下如何推进大学生的素质教育，已是高等教育面临的一项重要任务。

7.4.1 网络道德的问题与现状

1. 滥用网络，降低了学习和工作效率

网络极具诱惑力，可以在网上听歌、看电影、看小说、玩游戏、购物、炒股等，然而花费大量的时间与精力在网络上后，学习和工作效率自然会大受影响。

2. 网络含有少量不健康的信息

由于网络的无国界性，不同国家、不同社会的信息一齐汇入互联网，一些违反我国公民道德标准的宣传暴力、色情的网站存在于互联网中。

3. 网络犯罪

网络犯罪主要包括严重违反我国互联网管理条例的行为，如利用网络窃取他人财物、利用网络破坏他人网络系统的行为等。一个单位如果遭到网络犯罪的袭击，轻者系统瘫痪，重者会遭受巨大的经济损失等。

4. 网络病毒

病毒在网络中的传播危害性更大,它可以引起企业网络瘫痪、重要数据丢失等。这看似是使用网络中的防范病毒的技术问题,其实网络中病毒的传播与企业员工和企业管理人员的社会道德观念是分不开的。一方面,有些人出于各种目的制造和传播病毒;另一方面广大的用户在使用网上下载的来路不明的软件,收发来历不明的电子邮件及日常工作中的拷贝文件都有可能传播和扩散病毒。值得注意的是,有些员工使用企业的计算机与使用自己的计算机,对病毒的防范意识往往有明显的不同。

5. 窃取、使用他人的信息成果

互联网为人类带来了方便和快捷,同时也为网络知识产权的道德规范埋下了众多的隐患。一方面,我国无论是管理者还是普通的公民,在信息技术知识产权方面的保护意识还不够;另一方面,许多人在信息技术(软件、信息产品等)侵权问题中扮演了不道德的角色,如使用盗版软件,随意拷贝他人网站的信息技术资料等。

6. 制造信息垃圾

互联网可以说是信息的海洋,随着网络的发展,许多有用的或无用的信息经常被人们成百上千次地复制、传播,因而也产生了许多信息垃圾。

7.4.2 网络道德建设

网络道德建设的关键在于处理好以下各种关系。

1. 虚拟空间与现实空间的关系

现实空间是人们熟悉并生活在其中的空间,虚拟空间则是因电子技术尤其是计算机网络的兴起而出现的人们交流信息、知识、情感的另一种虚拟环境。虚拟空间的信息传播方式具有"数字化"和"非物体化"的特点,信息传播的范围具有"时空压缩化"的特点,取得信息模式具有"互动化"和"全面化"的特点。这两种空间共同构成人们的基本生存环境,它们之间的矛盾与网络空间内部的矛盾是网络道德形成与发展的基础。

2. 网络道德与传统道德的关系

在虚拟空间中,人的社会角色和道德责任都与在现实空间中有所区别。在虚拟空间中,人们将会摆脱各种现实直观的制约着人们的道德环境。这意味着,在现实空间中形成的道德及其运行机制在虚拟空间中并不完全适用。不能为了维护传统道德而拒斥虚拟空间闯入人们的生活,但也不能听任虚拟空间的道德无序化,或消极等待其自发的道德机制的形成。如何在虚拟空间中引入传统道德的优秀成果和富有成效的运行机制?如何在充分利用信息高速公路对人的全面发展和道德文明促进的同时抵御其消极作用?如何协调既有道德与网络道德之间的关系,使之整体发展为信息社会更高水平的道德?这些均是网络道德建设的重要课题。

3. 个人隐私与社会安全的关系

在网络社会中,个人隐私与社会安全出现了矛盾:一方面,为了保护个人隐私,磁盘所记录的个人信息应该保密,除网络服务提供商作为计费的依据外,不能作他用,收集个人信息也应该受到严格限制;另一方面,个人要为自己的行为负责,个人的网上行为应该被记录下来,供人们进行道德评价和监督,有关部门也可以查询,作为执法的依据,以保障社会安全。这就提出了道德法律问题:大众和政府机关在什么情况下可以调阅网上个人的哪些信息?

如何协调个人隐私与社会监督之间的平衡？这些问题不解决，网络主体的权益和能力就不能得到充分发挥，网络社会的道德约束机制就不能形成，社会安全也得不到保障。

7.4.3 公共信息网络安全监察

公共信息网络安全监察简称网监，是我国公安部门的一项职责，具体实施这一职责的机构称为网监机关或网监部门（公共信息网络安全监察局、处、科），网监机关的工作人员称为网监警察（也称为网络警察或者网警）。

公安网监机关的具体职责包括如下几点：

（1）监督、检查、指导计算机信息系统安全保护工作。

（2）组织实施计算机信息系统安全评估、审验。

（3）查处计算机违法犯罪案件。

（4）组织处置重大计算机信息系统安全事故和事件。

（5）负责计算机病毒和其他有害数据防治管理工作。

（6）对计算机信息系统安全服务和安全专用产品实施管理。

（7）负责计算机信息系统安全培训管理工作。

（8）法律、法规和规章规定的其他职责。

网监内容包括利用法律赋予的权利监察用户的网站内容、电子邮件、聊天信息和访问记录。

网监的常用工作措施包括使用域名劫持、关键字过滤、网络嗅探、网关 IP 封锁、电子数据取证等技术来过滤、获取有关情报信息；查禁、封堵和阻断违反公共信息网络安全的法律法规的有害信息；查处网络和计算机违法犯罪；备份、调取有关电子证据等。

网监常用法律法规包括如下几条：

（1）《互联网上网服务营业场所管理条例》。

（2）《中华人民共和国计算机信息系统安全保护条例》。

（3）《中华人民共和国计算机信息网络国际联网管理暂行规定》。

（4）《计算机信息网络国际联网安全保护管理办法》。

（5）《计算机病毒防治管理办法》。

习题七

选择题

1. 计算机病毒是一种（　　）。

   A. 生物病菌　　B. 生物病毒　　C. 计算机程序　　D. 有害言论的文档

2. 下列计算机病毒传播途径，不正确的是（　　）。

   A. 使用来路不明的软件　　B. 通过借用他人的 U 盘

   C. 机器使用时间过长　　D. 通过网络传输

3. 计算机病毒在一定环境和条件下激活发作，该激活发作是指（　　）。

   A. 程序复制　　B. 程序移动　　C. 病毒繁殖　　D. 程序运行

4. 常见的网络信息系统不安全因素包括（　　）。

A. 网络因素　　B. 应用因素　　C. 管理因素　　D. 以上皆是

5. 保障信息安全最基本、最核心的技术措施是(　　)。

A. 信息加密技术　　B. 信息确认技术　　C. 网络控制技术　　D. 反病毒技术

6. 下列情况中,(　　)破坏了数据的完整性。

A. 假冒他人地址发送数据　　B. 不承认做过信息的递交行为

C. 数据在传输中途被窃听　　D. 数据在传输中途被篡改

7. 下列关于网络病毒描述错误的是(　　)。

A. 网络病毒不会对网络传输造成影响　　B. 与单机病毒比较,加快了病毒传播的速度

C. 传播媒介是网络　　D. 可通过电子邮件传播

8. 常见的网络信息系统安全因素不包括(　　)。

A. 网络因素　　B. 应用因素　　C. 经济政策　　D. 技术因素

9. 为确保学校局域网的信息安全,防止来自 Internet 的黑客入侵,采用(　　)可以实现一定的防范作用。

A. 网管软件　　B. 邮件列表　　C. 防火墙软件　　D. 杀毒软件

10. 下列关于防火墙的说法,不正确的是(　　)。

A. 防止外界计算机病毒侵害的技术　　B. 阻止病毒向网络扩散的技术

C. 隔离有硬件故障的设备　　D. 一个安全系统

11. 下列关于数据加密的说法不正确的是(　　)。

A. 消息被称为明文

B. 用某种方法伪装消息以隐藏它的内容的过程称为解密

C. 对明文进行加密所采用一组规则称为加密算法

D. 加密算法和解密算法通常在一对密钥控制下进行

12. 以下网络安全技术中,不能用于防止发送或接收信息的用户出现"抵赖"的是(　　)。

A. 数字签名　　B. 防火墙　　C. 第三方确认　　D. 身份认证

13. 网络社会道德的特点是(　　)。

A. 网络对道德标准提出了新的要求　　B. 网络空间是从现实空间分化出来的

C. 网上道德约束力是非强制性的　　D. 以上皆是

第八章　软件技术基础

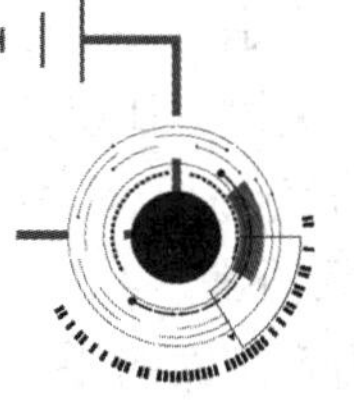

软件技术是计算机技术的核心内容之一，无论是理论研究还是应用软件开发都离不开软件技术，用户主要是通过软件与计算机进行交流的，软件技术最基本的内容是程序设计。算法与数据结构是程序设计过程中密切相关的两个重要方面，任何程序的设计都是从设计算法开始的，而数据结构是客观世界的信息在计算机中的组织与表示，数据结构设计的好坏，直接影响程序设计的质量和执行的效率。软件开发，尤其是大型软件开发过程中面临着成本、质量和生产效率等问题，软件工程理论就是为解决这些问题而提出并发展的。

本章内容包括：程序设计基础；算法与数据结构；软件工程概述。本章的内容涉及计算机的专业课程，限于篇幅，只简要介绍有关基础知识，要更深入理解软件技术的相关理论，需进一步学习相关课程。

※8.1　程序设计基础

指令是计算机能识别并执行的最小命令单位。要让计算机解决某一问题，通常需要选择多条指令，组成指令序列。计算机根据输入的指令序列，顺序执行相应的运算或操作，从而实现输入者的意图。这样的指令序列就称为程序，编写程序的过程称为程序设计，用于描述计算机所执行的操作的语言称为程序设计语言。

程序设计是一门技术，需要相应的理论、技术、方法和工具来支持。就程序设计方法和技术的发展而言，主要经历了结构化程序设计和面向对象的程序设计阶段。

除好的程序设计方法和技术外，程序设计风格也是很重要的。程序设计风格会深刻影响软件的质量和可维护性，良好的程序设计风格可以使程序结构清晰合理，程序代码便于阅读和维护。因此，程序设计风格对保证程序的质量是很重要的。

随着计算机硬件的发展，程序设计语言经历了机器语言、汇编语言、高级语言和非过程化语言等多个阶段。

8.1.1　程序设计语言

1. 机器语言

采用计算机指令格式并以二进制编码表达各种操作的语言称为机器语言。计算机能够直接理解和执行机器语言程序。

机器语言的特点包括执行速度快,编程质量高,占存储空间小,无二义性,但难读、难记,编程难度大,调试修改麻烦,并且不同的计算机具有不同的机器指令系统。

2. 汇编语言

汇编语言是一种符号语言,它用助记符来表达指令功能,必须翻译成机器语言才能由机器执行。汇编语言比机器语言容易理解,并保持了机器语言编程质量高、执行速度快、占存储空间小的优点,但程序编写仍比较复杂,而且不能独立于计算机。

3. 高级语言

高级语言是面向用户的语言,独立于具体的机器,比较接近人类语言习惯和数学表达形式,因此更容易被用户掌握。常用的高级语言有C,Pascal,C++,Java等。

4. 非过程化语言

非过程化语言有数据库查询语言SQL,人工智能语言Prolog等。

8.1.2 结构化程序设计

由于落后的软件生产方式无法满足迅速增长的计算机软件需求,从而导致软件开发与维护过程中容易出现各种问题。于是,人们开始研究程序设计方法,其中最受关注的是结构化程序设计方法。

1. 结构化程序设计原则

结构化程序设计方法的主要原则可以概括为自顶向下,逐步求精,模块化,限制使用goto语句。

(1) 自顶向下:程序设计时,应先考虑总体,后考虑细节;先考虑全局目标,后考虑局部目标。不要一开始就过多追求众多的细节,先从最上层总目标开始设计,逐步使问题具体化。

(2) 逐步求精:对复杂问题,应设计一些子目标作过渡,逐步细化。

(3) 模块化:一个复杂问题,肯定是由若干个简单的问题构成。模块化是把程序要解决的总目标分解为分目标,再进一步分解为具体的小目标,把每个小目标称为一个模块。

(4) 限制使用goto语句:程序流程遵循简单的层次化模型,严格限制goto语句的使用。

2. 结构化程序的基本结构和特点

结构化程序设计方法是先进的程序设计方法和工具。采用结构化程序设计方法编写程序,可使程序结构良好、易读、易理解、易维护。1966年,科拉多·伯姆(Corrado Böhm)和朱塞佩·贾可皮尼(Giuseppe Jacopini)证明了程序设计语言仅仅使用顺序、选择和循环三种基本控制结构就足以表达出各种其他形式结构的程序设计方法。

(1) 顺序结构是一种简单的程序设计,它是最基本、最常用的结构。顺序结构是顺序执行结构,所谓顺序执行,就是按照程序语句行的自然顺序,一条语句一条语句地执行程序。

(2) 选择结构又称为分支结构,它包括简单选择和多分支选择结构,这种结构可以根据设定的条件,判断应该选择哪一条分支来执行相应的语句序列。

(3) 循环结构又称为重复结构,它根据给定的条件,判断是否需要重复执行某一相同的或类似的程序段,利用循环结构可简化大量的程序行。在程序设计语言中,循环结构对应两类循环语句,先判断后执行循环体称为当型循环结构,先执行循环体后判断称为直到型循环结构。

总之,遵循结构化程序的设计原则,按结构化程序设计方法设计出的程序易于理解、使用和维护;提高了编程工作的效率,降低了软件开发成本。

3. 结构化程序设计的应用

在结构化程序设计的具体实施中,要注意把握如下要素:

(1) 使用程序设计语言中的顺序、选择、重复等有限的控制结构表示程序的控制逻辑。

(2) 选用的控制结构只准许有一个入口和一个出口。

(3) 程序语句组成容易识别的块,每块只有一个入口和一个出口。

(4) 复杂结构应该用基本控制结构进行组合嵌套来实现。

(5) 语言中所没有的控制结构,应该采用前后一致的方法来模拟。

(6) 严格控制 goto 语句的使用。

8.1.3 面向对象的程序设计

面向对象方法的本质,就是主张从客观世界固有的事物出发来构造系统,提倡通过人类在现实生活中常用的思维方法来认识、理解和描述客观事物。

1. 面向对象方法的优点

面向对象方法之所以日益受到人们的重视和应用,成为流行的软件开发方法,是因为其具有很多的优点。

1) 与人类习惯的思维方法一致

传统的程序设计方法是面向过程的,是以算法为核心,把数据和过程作为相互独立的部分,数据代表问题空间中的客体,程序则用于处理这些数据,在计算机内部数据和程序是分开存放的。传统的程序设计方法忽略了数据和操作之间的内在联系,用这种方法设计出来的软件系统,其解空间与问题空间不一致,使人感到难于理解。

面向对象方法以对象为核心。对象是由数据和容许的操作组成的封装体,与客观实体有直接的对应关系。对象之间通过传递消息互相联系,以模拟现实世界中不同事物彼此之间的联系。

2) 稳定性

面向对象方法基于构造问题领域的对象模型,以对象为中心构造软件系统。它的基本做法是用对象模拟问题领域中的实体,以对象间的联系刻画实体间的联系。因为面向对象的软件系统的结构是根据问题领域的模型建立起来的,而不是基于对系统应完成的功能的分解,所以当对系统的功能需求变化时并不会引起软件结构的整体变化,往往仅需要做一些局部性的修改。由于现实世界中的实体是相对稳定的,因此以对象为中心构造的软件系统也是比较稳定的。

3) 可重用性

软件重用是指在不同的软件开发过程中重复使用相同或相似软件元素的过程。重用是提高软件生产效率的最主要的方法。

面向对象的软件开发技术在利用可重用的软件成分构造新的软件系统时,有很大的灵活性。有两种方法可以重复使用一个对象类:① 创建该类的实例,从而直接使用它;② 从它派生出一个满足当前需要的新类。继承性机制使得子类不仅可以重用其父类的数据结构和程序代码,而且可以在父类代码的基础上更方便地修改和扩充,这种修改并不影响对原有类的使用。可见,面向对象的软件开发技术所实现的可重用性是自然的和准确的。

4) 易于开发大型软件产品

当开发大型软件产品时,组织开发人员的方法不恰当往往是出现问题的主要原因。用面向对象方法开发软件时,可以把一个大型产品看作一系列本质上相互独立的小产品来处理,这不仅降低了开发的技术难度,而且也使得对开发工作的管理容易许多。许多软件开发公司的经验都表明,当把面向对象技术用于大型软件开发时,能降低软件成本,提高整体质量。

5) 可维护性

用传统的开发方法和面向过程方法开发出来的软件很难维护,是长期困扰人们的一个严重问题,是软件危机的突出表现。而面向对象方法开发的软件在维护时具有如下特点:

(1) 容易修改。面向对象技术特有的继承机制,使得对所开发的软件的修改和扩充比较容易实现,通常只需从已有类派生出一些新类,无须修改软件原有成分。面向对象技术的多态性机制,使得当扩充软件功能时对原有代码的修改进一步减少,需要增加的新代码也比较少。

(2) 容易理解。在维护已有软件的时候,首先需要对原有软件与此次修改有关的部分有深入理解,才能正确地完成维护工作。传统软件之所以难于维护,在很大程度上是因为修改所涉及部分分散在软件各个地方,需要了解的面很广,内容很多,而且传统软件的解空间与问题空间的结构很不一致,更增加了理解原有软件的难度和工作量。面向对象方法符合人们习惯的思维方式,用这种方法所建立的软件系统的结构与问题空间的结构基本一致。因此,面向对象的软件系统比较容易理解。对面向对象软件系统进行修改和扩充,通常是通过在原有类的基础上派生出一些新类来实现。由于对象类有很强的独立性,当派生新类时通常不需要详细了解基类中操作的实现算法,因此了解原有系统的工作量可以大幅度降低。

(3) 易于测试和调试。为了保证软件质量,对软件维护之后必须进行必要的测试,以确保要求修改或扩充的功能已正确地实现了,而且不影响软件未修改的部分。如果测试过程中发现了错误,那么还必须通过调试改正过来。显然,软件是否易于测试和调试,是影响软件可维护性的一个重要因素。对用面向对象方法开发的软件进行维护,往往是通过从已有类派生出一些新类来实现。因此,维护后的测试和调试工作也主要围绕这些新派生出来的类进行。类是独立性很强的模块,向类的实例发消息即可运行它并观察是否能正确地完成相应的工作,因此对类的测试通常比较容易实现。

2. 面向对象方法的基本概念

1) 对象

对象是面向对象方法中最基本的概念。对象可以用来表示客观世界中的任何实体,它既可以是具体的物理实体的抽象,也可以是人为的概念,或者是任何有明确边界和意义的东西。例如,一只猫、一家公司、产品的销售等,都可以作为一个对象。总之,对象是对问题域中某个实体的抽象,设立某个对象就反映了软件系统保存了有关它的信息,并具有与它进行交互的能力。

面向对象的程序设计方法中涉及对象是系统中用来描述客观事物的一个实体,是构成系统的一个基本单位,它由一组表示其静态特征的属性和可执行的操作组成,通常把对象的操作也称为方法或服务。

例如,一只猫是一个对象,它包含了猫的属性(如毛色、重量等)及其操作(如跑、抓老鼠等)。

属性即对象所包含的信息,它在设计对象时确定,一般只能通过执行对象的操作来改变,如对象猫的属性有毛色、年龄、体重等。不同对象的同一属性可以具有相同或不同的属性值,如黑猫的毛色为黑色,白猫的毛色为白色。黑猫、白猫是两个不同的对象,它们共同的属性毛色的值不同。要注意的是,属性值应该指的是纯粹的数据值,而不能指对象。

操作描述了对象执行的功能,通过消息传递,还可以给其他对象使用。操作的过程对外是封闭的,即用户只能看到这一操作实施后的结果,这就是对象的封装性。

对象有如下一些基本特点:

(1) 标识唯一性:指对象是可区分的,并且由对象的内在本质来区分,而不是通过描述来区分。

(2) 分类性:指可以将具有相同属性和操作的对象抽象成类。

(3) 多态性:指同一个操作可以是不同对象的行为。

(4) 封装性:指将对象的属性和操作结合成一个不可分割的独立单位,且对外形成边界,从外面只能看到对象的外部特性,即只需知道数据的取值范围和可以对该数据施加的操作,无须知道数据的具体结构以及实现操作的算法。

(5) 模块独立性:对象是软件的基本模块,它是由数据及可以对这些数据施加的操作所组成的统一体,而且对象是以数据为中心的,操作围绕对其数据所需做的处理来设置,没有无关的操作。从模块的独立性考虑,对象内部各种元素彼此结合得很紧密,内聚性强。

2) 类和实例

将属性及操作相似的对象归为类,即类是具有共同属性、共同方法的对象的集合。因此,类是对象的抽象,它描述了属于该对象类型的所有对象的性质,而一个对象则是其对应类的一个实例。

要注意的是,当使用"对象"这个术语时,既可以指一个具体的对象,也可以泛指一般的对象,但是当使用"实例"这个术语时,必然是指一个具体的对象。

例如,C++语言中的 CString 是一个字符串类,它描述了所有字符串的性质。因此,任何字符串都是字符串类的对象,而一个具体的字符串"Hello world"是字符串类的一个实例。

由类的定义可知,类是关于对象性质的描述,它同对象一样,包括一组数据属性和在数据上的一组合法操作。

3) 消息

面向对象的世界是通过对象与对象间彼此的相互合作来推动的,对象间的这种相互合作需要一个机制协助进行,这样的机制称为"消息"。消息是一个实例与另一个实例之间传递的信息,它是请求对象执行某一处理或回答某一要求的信息,它统一了数据流和控制流。消息的使用类似于函数调用,消息中指定了某一个实例,一个操作名和一个参数表(可空)。接收消息的实例,执行消息中指定的操作,并将形式参数与参数表中相应的值结合起来。消息传递过程中,由发送消息的对象(发送对象)的触发操作产生输出结果,作为消息传送至接收消息的对象(接收对象),引发接收消息的对象一系列的操作。所传送的消息实质上是接收对象所具有的操作/方法名称,有时还包括相应参数,如图 8-1 所示。

图 8-1　消息传递示意

消息中只包含传递者的要求,它告诉接收者需要做哪些处理,但并不指示接收者应该怎样完成这些处理。消息完全由接收者解释,接收者独立决定采用什么方式完成所需的处理,发送者对接收者不起任何控制作用。一个对象能够接收不同形式、不同内容的多个消息;相同形式的消息可以送往不同的对象,不同的对象对于形式相同的消息可以有不同的解释,能够做出不同的反映。一个对象可以同时往多个对象传递消息,两个对象也可以同时向某个对象传递消息。

例如,对象"一只猫"具有"吃"这项操作,那么要让猫吃老鼠的话,需将消息"吃"及"老鼠"传递给对象"一只猫"。

通常,一个消息由三部分组成:

(1) 接收消息的对象的名称。

(2) 消息标识符(也称为消息名)。

(3) 零个或多个参数。

4) 继承

继承是面向对象方法的一个主要特征。继承是使用已有的类定义作为基础建立新的类定义技术。已有的类可当作基类来引用,则新类相应地可当作派生类来引用。

广义地说,继承是指能够直接获得已有的性质和特征,而不必重复定义它们。

面向对象软件技术的许多强大的功能和突出的优点,都来源于把类组成一个层次结构的系统:一个类的上层可以有父类,下层可以有子类。这种层次结构系统的一个重要性质是继承性,一个类直接继承其父类的描述(属性和操作)或特性,子类自动地共享基类中定义的属性和操作。

继承分为单继承与多重继承。单继承是指,一个类只允许有一个父类,即类等级为树形结构。多重继承是指,一个类允许有多个父类。多重继承的类可以组合多个父类的性质构成所需要的性质。因此,多重继承的子类功能更强,使用更方便,但是要注意避免二义性。继承性的优点是,相似的对象可以共享程序代码和数据结构,从而大大减少了程序中的冗余信息,提高软件的可重用性,便于软件修改维护。另外,继承性使得用户在开发新的应用系统时不必完全从零开始,可以继承原有的相似系统的功能或者从类库中选取需要的类,再派生出新的类以实现所需要的功能。

5) 多态性

对象根据所接收的消息而做出操作,同样的消息被不同的对象接收时可导致完全不同的操作,该现象称为多态性。在面向对象的软件技术中,多态性是指子类对象可以像父类对象那样使用,同样的消息既可以发送给父类对象也可以发送给子类对象。

多态性机制不仅增加了面向对象软件系统的灵活性,进一步减少了信息冗余,而且显著地提高了软件的可重用性和可扩充性。当扩充系统功能增加新的实体类型时,只需派生出与新实体类相应的新的子类,完全无须修改原有的程序代码,甚至不需要重新编译原有的程序。利用多态性,用户能够发送一般形式的消息,而将所有的实现细节都留给接收消息的对象。

8.1.4 程序设计风格

程序设计风格是指编写程序时所表现出的特点、习惯和逻辑思路等。程序是由设计人员来编写的,为了测试和维护程序,往往还要阅读和跟踪程序,因此程序设计的风格应该强调简单和清晰，程序必须是可以理解的。可以认为，"清晰第一，效率第二"已成为当今主导的程序设计风格。

要形成良好的程序设计风格，主要应注重和考虑以下因素。

1. 源程序文档化

（1）符号名的命名：符号名的命名应具有一定的实际含义，以便于对程序功能的理解。

（2）程序注释：正确的注释能够帮助读者理解程序。注释一般分为序言性注释和功能性注释。序言性注释通常位于整个程序的开头部分，它给出程序的整体说明，主要描述内容可以包括程序标题、程序功能说明、主要算法、接口说明、程序位置、开发简历、程序设计者、复审者、复审日期、修改日期等。功能性注释的位置一般嵌在源程序体之中，主要描述其后的语句或程序的作用。

（3）视觉组织：为使程序的结构一目了然，可以在程序中利用空格、空行、缩进等技巧使程序层次清晰。

2. 数据说明的方法

在编写程序时，需要注意数据说明的风格，以便使程序中的数据说明更易于理解和维护。一般应注意如下几点：

（1）数据说明的次序规范化。鉴于程序理解、阅读和维护的需要，规范数据说明次序，可以使数据的属性容易查找，也有利于测试、排错和维护。

（2）说明语句中变量安排有序化。当一个说明语句说明多个变量时，变量应按照字母顺序排列。

（3）使用注释说明复杂数据的结构。

3. 语句的结构

程序应该简单易懂，语句构造应该简单直接，不应该为提高效率而把语句复杂化。一般应注意如下要点：

（1）在一行内只写一条语句。

（2）除非对效率有特殊要求，程序编写要做到"清晰第一，效率第二"。

（3）首先要保证程序正确，然后才要求提高速度。

（4）避免使用临时变量而使程序的可读性下降。

（5）避免不必要的转移。

（6）尽可能使用库函数。

（7）避免采用复杂的条件语句。

（8）尽量减少使用"否定"条件的条件语句。

（9）数据结构要有利于程序的简化。

（10）要模块化，使模块功能尽可能单一化。

（11）利用信息隐蔽，确保每一个模块的独立性。

（12）从数据出发去构造程序。

（13）对于出错或有缺陷的程序，最好重新编写。

4. 输入和输出

输入和输出信息是用户直接关心的，输入和输出信息的方式和格式应尽可能方便用户的使用，因为系统能否被用户接受，往往取决于输入和输出的风格。无论是批处理的输入和输出方式，还是交互式的输入和输出方式，在设计和编程时都应该考虑如下原则：

(1) 对所有的输入数据都要检验数据的合法性。

(2) 检查输入项的各种重要组合的合理性。

(3) 输入格式要简单,以使得输入的步骤和操作尽可能简单。

(4) 输入数据时,应允许使用自由格式。

(5) 应允许缺省值。

(6) 输入一批数据时,最好使用输入结束标志。

(7) 在以交互式输入/输出方式进行输入时,要在屏幕上使用提示符明确提示输入的请求,同时在数据输入过程中和输入结束时,应在屏幕上给出状态信息。

(8) 当程序设计语言对输入格式有严格要求时,应保持输入格式与输入语句的一致性;给所有的输出加注释,并设计输出报表格式。

✻8.2 算法与数据结构

算法与数据结构是程序设计的基础,没有算法设计也就没有程序设计。同时,信息在计算机中组织的方式,即数据结构,直接影响程序执行的效率。

8.2.1 算法的基本概念

1. 定义

算法是指解题方案的准确而完整的描述。

对于一个问题,若可以通过一个计算机程序,在有限的存储空间内运行有限的时间而得到正确的结果,则称这个问题是算法可解的,但算法不等于程序。当然,程序也可以作为算法的一种描述,但程序通常还需考虑很多与方法和分析无关的细节问题,这是因为在编写程序时要受到计算机系统运行环境的限制。通常,程序的编制不可能优于算法的设计。

2. 基本特征

作为一个算法,一般应具有如下几个基本特征:

(1) 可行性。算法原则上能够精确地运行,而且人们通过做有限次运算后即可完成。

(2) 确定性。算法中的每一个步骤都必须是有明确定义的,不允许有模棱两可的解释和多义性。这一性质也反映了算法与数学公式的明显差别。

(3) 有穷性。算法必须能在执行有限个步骤之后终止。算法的有穷性还应包括合理的执行时间的含义。如果一个算法需要执行千万年,显然失去了实用价值。

(4) 输入。一个算法有零个或多个输入,以刻画运算对象的初始情况。所谓零个输入,是指算法本身定出了初始条件。

(5) 输出。一个算法有一个或多个输出,以反映对输入数据加工后的结果。没有输出的算法是毫无意义的。

综上所述,算法是一组严谨地定义运算顺序的规则,并且每一个规则都是有效且明确的,此顺序将在有限的次数下终止。

3. 基本要素

一个算法通常由两种基本要素组成:算法中对数据对象的运算和操作;算法的控制结构。

1）算法中对数据对象的运算和操作

算法实际上是按解题要求从环境能进行的所有操作中选择合适的操作所组成的一组指令序列。因此，计算机算法就是计算机能处理的操作所组成的指令序列。

通常，计算机可以执行的基本操作是以指令的形式描述的。一个计算机系统能执行的所有指令的集合，称为该计算机系统的指令系统。计算机程序就是按解题要求从计算机指令系统中选择合适的指令所组成的指令序列。在一般的计算机系统中，基本的运算和操作有如下四类：

（1）算术运算：主要包括“加”“减”“乘”“除”等运算。

（2）逻辑运算：主要包括“与”“或”“非”等运算。

（3）关系运算：主要包括“大于”“小于”“等于”“不等于”等运算。

（4）数据传输：主要包括“赋值”“输入”“输出”等操作。

前面提到，计算机程序也可以作为算法的一种描述，但由于在编制计算机程序时通常要考虑很多与方法和分析无关的细节问题（如语法规则），因此在设计算法的一开始，通常并不直接用计算机程序来描述算法，而是用别的描述工具（如流程图，专门的算法描述语言，甚至用自然语言）来描述算法。不管用哪种工具来描述算法，算法的设计一般都应从上述四类基本操作考虑，按解题要求从这些基本操作中选择合适的操作组成解题的操作序列。

算法的主要特征着重于它的动态执行，它区别于传统的着重于静态描述或按演绎方式求解问题的过程。传统的演绎数学是以公理系统为基础的，问题的求解过程是通过有限次推演来完成的，每次推演都将对问题做进一步的描述，如此不断推演，直到直接将解描述出来为止。而计算机算法则是使用一些最基本的操作，通过对已知条件一步一步地加工和变换，从而实现解题目标。这两种方法的解题思路是不同的。

2）算法的控制结构

一个算法的功能不仅取决于所选用的操作，而且还与各操作之间的执行顺序有关。算法中各操作之间的执行顺序称为算法的控制结构。

算法的控制结构给出了算法的基本框架，它不仅决定了算法中各操作的执行顺序，而且也直接反映了算法的设计是否符合结构化原则。描述算法的工具通常有传统流程图、N-S结构化流程图、算法描述语言等。一个算法一般都可以由顺序、选择、循环三种基本控制结构组合而成。

4. 算法设计基本方法

1）列举法

列举法（又称为穷举法）的基本思想是根据提出的问题，列举所有可能的情况，并用问题中给定的条件检验哪些是需要的，哪些是不需要的。因此，列举法常用于解决“是否存在”或“有多少种可能”等类型的问题，如求解不定方程的问题。

列举法的特点是算法比较简单。但当列举的可能情况较多时，执行列举法的工作量将会很大。因此，在用列举法设计算法时，重点在于使方案优化，尽量减少运算工作量。通常，在设计列举算法时，只要对实际问题进行详细的分析，将与问题有关的知识条理化、完备化、系统化，从中找出规律，或对所有可能的情况进行分类，引出一些有用的信息，是可以大大减少列举量的。

2）归纳法

归纳法的基本思想是通过列举少量的特殊情况，经过分析，最后找出一般的关系。显然,归纳法要比列举法更能反映问题的本质,并且可以解决列举量为无限的问题。但是,从一个实际问题中总结归纳出一般的关系,并不是一件容易的事情,尤其是要归纳出一个数学模型更为困难。从本质上讲,归纳就是通过观察一些简单而特殊的情况,最后总结出一般性的结论。

3) 递推法

递推法是指从已知的初始条件出发,逐次推出所要求的各中间结果和最后结果。

4) 递归法

人们在解决一些复杂问题时,为了降低问题的复杂程度(如问题的规模等),一般总是将问题逐层分解,最后归结为一些最简单的问题。这种将问题逐层分解的过程,实际上并没有对问题进行求解,而只是在解决了最后那些最简单的问题后,再沿着原来分解的逆过程逐步进行综合,这就是递归的基本思想。

递归分为直接递归与间接递归两种。若一个算法 P 显式地调用自己,则称为直接递归;若算法 P 调用另一个算法 Q,而算法 Q 又调用算法 P,则称为间接递归。

5) 分治法

分治法是指对问题分而治之。实际问题的复杂程度往往与问题的规模有着密切的联系,因此利用分治法解决这类实际问题是有效的。工程上常用的分治法是减半递推技术(又称为二分法或者对分法)。

所谓"减半",是指将问题的规模减半,而问题的性质不变;所谓"递推",是指重复"减半"的过程。

下面举例说明利用二分法设计算法的基本思想。

例 8-1 利用二分法,在长度为 n 的有序序列 a 中,查找值为 x 的元素。

其减半递推过程如下:

(1) 取给定序列的中间位置 $c=n/2$。

(2) 判断 $a(c)$是否等于 x,若 $a(c)=x$,则查找过程结束;若 $a(c)\neq x$,则根据以下原则将原区间减半:

① 若 $a(c)>x$,则取原序列的前半部分;

② 若 $a(c)<x$,则取原序列的后半部分。

(3) 判断减半后的序列长度是否为 0。

① 若序列长度为 0,则过程结束,返回未找到;

② 若序列长度>0,则回到步骤(1),重复上述的减半过程。

根据上述算法,在长度为 7 的有序序列{4,8,15,24,33,38,46}中,利用二分法查找值为 38 的元素,其过程如下:

取全部序列,其中间位置为 7/2,向下取整得 3,该位置的元素值为 24(序列起始位置从 0 开始),小于 38,取序列后半部分{33,38,46},继续计算该序列的中间位置为 1,元素值为 38,等于被查找元素,查找结束。显然,对于该序列,使用上述算法的元素比较次数为 2。

6) 回溯法

递推和递归算法本质上是对实际问题进行归纳的结果,而减半递推技术也是归纳法的一个分支。在工程上,有些实际问题很难归纳出一组简单的递推公式或直观的求解步骤,并且也不能进行无限的列举。对于这类问题,一种有效的方法是"试"。通过对问题的分析,找出一个解决问题的线索，然后沿着这个线索逐步试探。若试探成功，则得到问题的解；否则，逐步回退，换别的路线再进行试探。这种方法称为回溯法。回溯法在处理复杂数据结构方面有着广泛的应用。

8.2.2 算法复杂度

算法的复杂度主要包括时间复杂度和空间复杂度。

1. 时间复杂度

算法的时间复杂度是指执行算法所需要计算的工作量。

为了能够比较客观地反映出一个算法的效率，在度量一个算法的工作量时，一般用算法在执行过程中所需基本运算的执行次数来度量算法的工作量。基本运算反映了算法运算的主要特征，有利于比较同一问题的几种算法的优劣。例如，在考虑两个矩阵相乘时，可以将两个实数之间的乘法运算作为基本运算，而对于所用的加法(或减法)运算忽略不计。又如，当需要在一个表中进行查找时，可以将两个元素之间的比较作为基本运算。

算法所执行的基本运算次数还与问题的规模有关。例如，两个 20 阶矩阵相乘与两个 10 阶矩阵相乘，所需要的基本运算(两个实数的乘法)次数显然是不同的，前者需要更多的运算次数。因此，在分析算法的工作量时，还必须对问题的规模进行度量。

综上所述，算法的工作量用算法所执行的基本运算次数来度量，而算法所执行的基本运算次数是问题规模的函数，即算法的工作量$=f(n)$，其中 n 是问题的规模。例如，两个 n 阶矩阵相乘所需要的基本运算(两个实数的乘法)次数为 n^3，即计算工作量为 n^3，亦即时间复杂度为 n^3。

在具体分析一个算法的工作量时，能够对于一个固定的规模，算法所执行的基本运算次数还可能与特定的输入有关，而实际上又不能够将所有可能情况下算法所执行的基本运算次数都列举出来。例如，“在长度为 n 的一维数组中查找值为 x 的元素”，若采用顺序搜索法，即从数组的第一个元素开始，逐个与被查值 x 进行比较。显然，如果第 1 个元素恰为 x，那么只需要比较 1 次。但如果 x 为数组的最后一个元素，或者 x 不在数组中，那么需要比较 n 次才能得到结果。因此，在这个问题的算法中，其基本运算(比较)的次数与具体的被查值 x 有关。

在同一个问题规模下，当算法执行所需的基本运算次数取决于某一特定输入时，可以用如下两种方法来分析算法的工作量：

(1) 平均性态分析，是指用各种特定输入下的基本运算次数的加权平均值来度量算法的工作量。

(2) 最坏情况分析，是指在规模为 n 时，算法所执行的基本运算的最大次数。

显然，最坏情况分析的计算要比平均性态分析的计算方便得多。由于最坏情况分析实际上是给出了算法工作量的一个上界，因此有时它比后者更具有实用价值。

下面通过举例来说明算法复杂度的平均性态分析与最坏情况分析。

例 8-2　采用顺序搜索法，在长度为 n 的一维数组中查找值为 x 的元素，即从数组的第 1 个元素开始，逐个与被查值 x 进行比较。基本运算为 x 与数组元素的比较。

为简化问题，假设 x 在数组中出现的次数有且仅有一次。

首先考虑平均性态分析。显然，被查项 x 在数组中任何位置都有可能出现，则在第 1 个

位置找到 x 的可能性为 $1/n$，需要的比较次数为1，在第 i 个位置找到 x 的可能性仍为 $1/n$，需要的比较次数为 i。利用加权平均方法，找到 x 的平均比较次数为 $1/n+2/n+\cdots+i/n+\cdots+n/n=(n+1)/2$。

然后考虑最坏情况分析。在这个例子中，最坏情况发生在需要查找的 x 是数组中的最后一个元素或 x 不在数组中的时候，此时需要比较的次数显然为 n。

2. 空间复杂度

空间复杂度一般是指执行这个算法所需要的存储空间。

一个算法所占用的存储空间包括算法程序所占的存储空间、输入的初始数据所占的存储空间以及算法执行过程中所需要的额外空间。其中额外空间包括算法程序执行过程中的工作单元以及某种数据结构所需要的附加存储空间(例如在链式结构中，除要存储数据本身外，还需要存储链接信息)。如果额外空间量相对于问题规模来说是常数，那么称该算法是原地工作的。在许多实际问题中，为了减少算法所占的存储空间，通常采用压缩存储技术。

8.2.3 数据结构的基本概念

利用计算机进行数据处理是计算机应用的一个重要领域。在进行数据处理时，实际需要处理的数据元素一般有很多，而这些数据元素都需要存放在计算机中。因此，大量的数据元素在计算机中如何组织，如何提高数据处理的效率，并且节省计算机的存储空间，这是进行数据处理的关键问题。

数据结构作为计算机的一门学科，主要研究和讨论以下三个方面的问题：

(1) 数据集合中各数据元素之间所固有的逻辑关系，即数据的逻辑结构。

(2) 在对数据进行处理时，各数据元素在计算机中的存储关系，即数据的存储结构。

(3) 对各种数据结构进行的运算。

讨论以上问题的主要目的是为了提高数据处理的效率，主要包括提高数据处理的速度和尽量节省在数据处理过程中所占用的计算机存储空间。

本节主要讨论工程上常用的一些基本数据结构，它们是软件设计的基础。

1. 什么是数据结构

数据处理是指对数据集合中的各元素以各种方式进行运算，包括插入、删除、查找、更改等，也包括对数据元素进行分析。在数据处理领域中，建立数学模型有时并非十分重要，事实上，许多实际问题是无法表示成数学模型的。人们最感兴趣的是知道数据集合中各数据元素之间存在什么关系，应如何组织它们，即如何表示所需要处理的数据元素。

下面通过举例来说明对同一批数据用不同的表示方法后，对处理效率的影响。

例8-3 无序表的顺序查找与有序表的二分查找。

如图8-2所示，在这两个子表中所存放的数据元素是相同的，但它们在表中存放的顺序是不同的。如图8-2(a)所示的表中，数据元素的存放顺序是没有规则的；而如图8-2(b)所示的表中，数据元素是按从小到大的顺序存放的。我们称前者为无序表，后者为有序表。

(a)无序表

(b)有序表

图 8-2 查找算法复杂度示例

下面讨论在这两种表中进行查找的问题。

首先讨论在无序表中进行查找。由于在无序表中数据元素的存放顺序没有一定的规则,因此要在这个表中查找某个数时,只能采用顺序查找法,从第 1 个元素开始,逐个将表中的元素与被查数进行比较,直到表中的某个元素与被查数相等(查找成功)或者表中所有元素与被查数都进行了比较且都不相等(查找失败)为止。显然,在顺序查找中,如果被查找数在表的前部,那么需要比较的次数就少;但如果被查找数在表的后部,那么需要比较的次数就多。在这种情况下,当表很大时,顺序查找是很费时间的。

接着讨论在有序表中进行查找。由于有序表中的元素是从小到大进行排列的,在查找时可以利用这个特点,使比较次数大大减少。根据二分法,在有序表中查找 53,只需比较 2 次就查找成功。如果采用顺序查找法,在图 8-2(a)所示的无序表中查找 53 这个元素,那么需要比较 7 次。

显然,在有序表的二分法查找中,不论查找的是什么数,也不论要查找的数在表中有没有,都不需要与表中所有的元素进行比较,只需要与表中较少的元素进行比较。但需要指出的是,二分查找只适用于有序表,而对于无序表是无法进行二分查找的。

由这个例子可以看出,数据元素在表中的排列顺序对查找效率有很大的影响。在对数据进行处理时,可以根据所做的运算不同,将数据组织成不同的形式,以便于做该种运算,从而提高数据处理的效率。简单地说,数据结构是指相互有关联的数据元素的集合。

数据元素具有广泛的含义。一般来说,现实世界中客观存在的一切个体都可以是数据元素。例如,所修课程的名称,数据结构、操作系统、单片机等,可以作为课程的数据元素;学校行政单位的名称,××大学、计算机学院、数学学院等,可以作为学校组织机构的数据元素;等等。每一个客观存在的事件,如一次演出、一次借书、一次比赛等也可以作为数据元素。

总之,在数据处理领域中,每一个需要处理的对象都可以抽象成数据元素。数据元素一般简称为元素。

在实际应用中,被处理的数据元素一般有很多,而某些数据元素会作为集合同时进行处理,集合中的数据元素一般具有某种共同特征。例如,数据结构、操作系统、单片机这三个数据元素有一个共同特征,即它们都是课程名,分别表示了大学期间计算机专业需要修的课程,从而这三个数据元素构成了课程名的集合。一般来说,人们不会同时处理特征完全不同且互相之间没有任何关系的各类数据元素,对于具有不同特征的数据元素总是分别进行处理。

一般情况下,在具有相同特征的数据元素集合中,各个数据元素之间存在某种关系(联系),这种关系反映了该集合中的数据元素所固有的一种结构。在数据处理领域中,通常把数据元素之间这种固有的关系简单地用前后件关系(或直接前驱与直接后继关系)来描述。

例如,在考虑所修课程的先后关系时,数据结构是操作系统的前件(直接前驱,下同),而操作系统是数据结构的后件(直接后继,下同);在考虑学校行政单位的组织级别关系时,××大学是计算机学院和数学学院的前件,而计算机学院与数学学院都是××大学的后件。

前后件关系是数据元素之间的一个基本关系,但前后件关系所表示的实际意义随具体对象的不同而不同。一般来说,数据元素之间的任何关系都可以用前后件关系来描述。

1)数据的逻辑结构

数据结构是指反映数据元素之间关系的数据元素集合的表示。更通俗地说,数据结构是指带有结构的数据元素的集合。在此,所谓结构实际上就是指数据元素之间的前后件关系。

由上所述,一个数据结构应包含如下两方面的信息:

(1) 表示数据元素的信息。

(2) 表示各数据元素之间的前后件关系。

在上述的结构中,数据元素之间的前后件关系是指它们的逻辑关系,而与它们在计算机中的存储位置无关。因此,上面所述的结构实际上是数据的逻辑结构。

数据的逻辑结构,是指反映数据元素之间逻辑关系的数据结构。

由前面的叙述可以知道,数据的逻辑结构有两个要素:

(1) 数据元素的集合,通常记为 D。

(2) D 上的关系,它反映了 D 中各数据元素之间的前后件关系,通常记为 R,即一个数据结构可以表示成 $B=(D,R)$,其中 B 表示数据结构。

为了反映 D 中各数据元素之间的前后件关系,一般用二元组来表示。例如,假设 a 与 b 是 D 中的两个数据,则二元组 (a,b) 表示 a 是 b 的前件,b 是 a 的后件。这样,在 D 中的每两个元素之间的关系都可以用这种二元组来表示。

例 8-4 所修课程的数据结构可以表示成:

$B=(D,R)$,其中

$D=\{$数据结构,操作系统,单片机$\}$,

$R=\{($数据结构,操作系统$)$,$($操作系统,单片机$)\}$。

例 8-5 学校行政组织的数据结构可以表示成:

$B=(D,R)$,其中

$D=\{$××大学,计算机学院,数学学院$\}$,

$R=\{($××大学,计算机学院$)$,$($××大学,数学学院$)\}$。

例 8-6 n 维向量 $\boldsymbol{X}=(x_1,x_2,\cdots,x_n)$ 也是一种数据结构,即 $\boldsymbol{X}=(D,R)$,其中数据元素的集合为

$D=\{x_1,x_2,\cdots,x_n\}$,

$R=\{(x_1,x_2),(x_2,x_3),\cdots,(x_{n-1},x_n)\}$。

2)数据的存储结构

数据处理是计算机应用的一个重要领域,在实际进行数据处理时,被处理的各数据元素总是被存放在计算机的存储空间中,并且各数据元素在计算机存储空间中的位置关系与它们的逻辑关系不一定是相同的,而且一般也不可能相同。例如,在前面提到的所修课程的数据结构中,数据结构是操作系统的前件,操作系统是数据结构的后件,但在对它们进行处理

时，在计算机存储空间中，数据结构这个数据元素的信息不一定被存储在操作系统这个数据元素信息的前面，而可能在后面，也可能不是紧邻在前面，而是中间被其他的信息所隔开。又如，在学校行政组织的数据结构中，计算机学院与数学学院都是××大学的后件，但在计算机存储空间中，不一定将计算机学院和数学学院这两个数据元素的信息都紧邻存放在××大学这个数据元素信息的后面。由此可以看出，一个数据结构中的各数据元素在计算机存储空间中的位置关系与逻辑关系是有可能不同的。

数据的逻辑结构在计算机存储空间中的存放形式称为数据的存储结构(也称为数据的物理结构)。由于数据元素在计算机存储空间中的位置关系可能与逻辑关系不同，因此为了表示存放在计算机存储空间中的各数据元素之间的逻辑关系(前后件关系)，在数据的存储结构中，不仅要存放各数据元素的信息，还需要存放各数据元素之间的前后件关系的信息。

一般来说，一种数据的逻辑结构根据需要可以表示成多种存储结构，常用的存储结构有顺序、链接、索引等存储结构。而采用不同的存储结构，其数据处理的效率是不同的。因此，在进行数据处理时，选择合适的存储结构是很重要的。

2. 数据结构的图形表示

一个数据结构除用二元关系表示外，还可以直观地用图形表示。在数据结构的图形表示中，对于数据集合 D 中的每一个数据元素都用中间标有元素值的方框表示，一般称之为数据结点，简称为结点。

为了进一步表示各数据元素之间的前后件关系，对于关系 R 中的每一个二元组，用一条有向线段从前件结点指向后件结点。

例如，所修课程的数据结构可以用如图 8-3 所示的图形表示。

图 8-3 所修课程的数据结构

又如，反映学校行政组织关系的数据结构如图 8-4 所示。

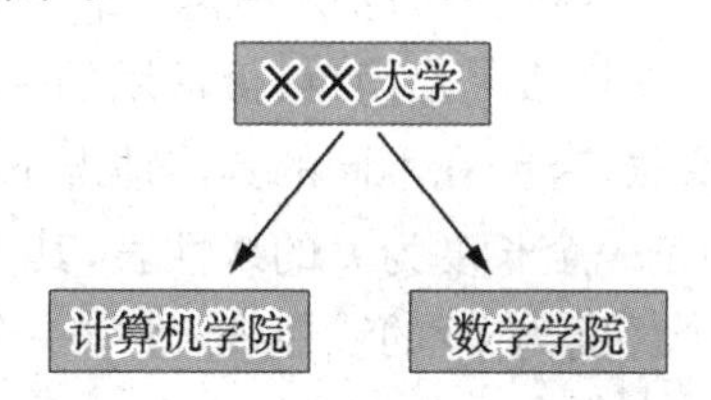

图 8-4 学校行政关系的数据结构

显然，用图形方式表示一个数据结构是很方便的，并且也比较直观。有时在不会引起误会的情况下前件结点到后件结点连线上的箭头可以省去。

在数据结构中，没有前件的结点称为根结点；没有后件的结点称为终端结点(也称为叶子结点)。例如，如图 8-3 所示的数据结构中，元素“数据结构”所在的结点为根结点，“单片机”为终端结点；如图 8-4 所示的数据结构中，“××大学”为根结点，“计算机学院”与“数学学院”均为终端结点。数据结构中除根结点与终端结点外的其他结点一般称为内部结点。

通常，一个数据结构中的元素结点可能是在动态变化的。根据需要或在处理过程中，可以在一个数据结构中增加一个新结点(称为插入运算)，也可以删除数据结构中的某个结点(称为删除运算)，插入与删除是对数据结构的两种基本运算。除此之外，对数据结构的运算还有查找、分类、合并、分解、复制和修改等。在对数据结构的处理过程中，不仅数据结构中的结点(数据元素)个数在动态地变化，而且，各数据元素之间的关系也有可能在动态地变化。例如，一个无序表可以通过排序处理而变成有序表；一个数据结构中的根结点被删除，它的某一个后件可能就变成了根结点；在一个数据结构中的终端结点后插入一个新结点，则原来的那个终端结点就变成为内部结点了。有关数据结构的基本运算将在学习具体数据结构时再介绍。

3. 线性结构与非线性结构

如果数据结构中一个数据元素都没有,那么称该数据结构为空的数据结构。在一个空的数据结构中插入一个新的元素后就变为非空的数据结构;在只有一个数据元素的数据结构中,将该元素删除后就变为空的数据结构。

根据数据结构中各数据元素之间前后件关系的复杂程度,一般将数据结构分为线性结构与非线性结构。

若一个非空的数据结构满足下列两个条件:

① 有且只有一个根结点;

② 每一个结点最多有一个前件,也最多有一个后件,

则称该数据结构为线性结构。

可以看出,在线性结构中,各数据元素之间的前后件关系是很简单的。如例8-4中的所修课程数据结构以及例8-6中的n维向量数据结构,它们都属于线性结构。

特别需要说明的是,在一个线性结构中插入或删除任何一个结点后还是线性结构。

若一个数据结构不是线性结构,则称为非线性结构。如例8-5中反映学校行政组织关系的数据结构属于非线性结构。显然,在非线性结构中,各数据元素之间的前后件关系要比线性结构复杂,因此对非线性结构的存储与处理比线性结构要复杂得多。

线性结构与非线性结构都可以是空的数据结构,一个空的数据结构究竟是属于线性结构还是属于非线性结构,这要根据具体情况来确定。若对该数据结构的运算是按线性结构的规则来处理的,则属于线性结构;否则,属于非线性结构。

8.2.4 线性表

1. 线性表的基本概念

线性表是最简单、最常用的一种数据结构。线性表由一组数据元素构成。数据元素的含义很广泛,在不同的具体情况下,它可以有不同的含义。例如,一个n维向量$(x_1, x_2, \cdots, x_n)$是一个长度为n的线性表,其中一个分量就是一个数据元素。又如,英文小写字母表是一个长度为26的线性表,其中一个小写字母就是一个数据元素。

在复杂一些的线性表中,一个数据元素还可以由若干个数据项组成。例如,某班的学生情况登记表是一个复杂的线性表,表中每一个学生的情况就组成了线性表中的每一个元素,每一个数据元素包括学号、姓名、性别和出生年月四个数据项,如表8-1所示。在这种复杂的线性表中,由若干数据项组成的数据元素称为记录,而由多个记录构成的线性表又称为文件。因此,如表8-1所示的学生情况登记表就是一个文件,其中一个学生的情况就是一个记录。

表8-1 学生情况登记表

学号	姓名	性别	出生年月
14070112	张三	男	1995.10
14070124	李四	男	1995.5
14070136	王五	女	1995.7

综上所述，线性表是由 $n(n\geqslant 0)$ 个数据元素 $a_1,a_2,\cdots,a_n$ 组成的一个有限序列，表中的每一个数据元素，除第一个外，有且只有一个前件；除了最后一个外，有且只有一个后件，即线性表或是一个空表，或可以表示为 $(a_1,a_2,\cdots,a_i,\cdots,a_n)$，其中 $a_i(i=1,2,\cdots,n)$ 是属于数据对象的元素，通常也称其为线性表中的一个结点。

显然，线性表是一种线性结构。数据元素在线性表中的位置只取决于它们自己的序号，即数据元素之间的相对位置是线性的。

非空线性表有如下结构特征：

(1) 有且只有一个根结点 a_1，它无前件。

(2) 有且只有一个终端结点 a_n，它无后件。

(3) 除根结点与终端结点外，其他所有结点有且只有一个前件，也有且只有一个后件。线性表中结点的个数 n 称为线性表的长度。当 $n=0$ 时，称为空表。

2. 线性表的顺序存储结构

在计算机中存放线性表，一种最简单的方法是顺序存储，也称为顺序分配。

线性表的顺序存储结构具有两个基本特点：

(1) 线性表中所有元素所占的存储空间是连续的。

(2) 线性表中各数据元素在存储空间是按逻辑顺序依次存放的。

由此可以看出，在线性表的顺序存储结构中，其前后件两个元素在存储空间中也是紧邻的，且前件元素一定存储在后件元素的前面。

在线性表的顺序存储结构中，若线性表中各数据元素所占的存储空间(字节数)相等，则要在该线性表中查找某一个元素是很方便的。

假设线性表中的第一个数据元素的存储地址(指第一个字节的地址，即首地址)为 $\mathrm{ADR}(a_1)$，每一个数据元素占 k 个字节，则线性表中第 i 个元素 a_i 在计算机存储空间中的存储地址为 $\mathrm{ADR}(a_i)=\mathrm{ADR}(a_1)+(i-1)*k$，即在顺序存储结构中，线性表每一个数据元素在计算机存储空间中的存储地址由该元素在线性表中的位置序号唯一确定。

在程序设计语言中，通常定义一个一维数组来表示线性表的顺序存储空间。因为程序设计语言中的一维数组与计算机中实际的存储空间结构是类似的，这就便于用程序设计语言对线性表进行各种运算处理。

线性表的顺序存储结构，可以对线性表进行各种处理。主要的运算有：

(1) 在线性表的指定位置处加入一个新的元素(线性表的插入)。

(2) 在线性表中删除指定的元素(线性表的删除)。

(3) 在线性表中查找某个(或某些)特定的元素(线性表的查找)。

(4) 对线性表中的元素进行整序(线性表的排序)。

(5) 按要求将一个线性表分解成多个线性表(线性表的分解)。

(6) 按要求将多个线性表合并成一个线性表(线性表的合并)。

(7) 复制一个线性表(线性表的复制)。

(8) 逆转一个线性表(线性表的逆转)。

下面主要讨论线性表在顺序存储结构下的插入与删除的问题。

3. 顺序存储结构下线性表的插入运算

通过举例来说明如何在顺序存储结构的线性表中插入一个新元素。

例 8-7 如图 8-5(a)所示，为一个长度为 7 的线性表，顺序存储在长度为 9 的存储

空间中。现在要求在第2个元素(6)之前插入一个新元素25,其插入过程如下:

首先从最后一个元素开始直到第2个元素,将其中的每一个元素均依次往后移动一个位置,然后将新元素25插入到第2个位置。插入一个新元素后,线性表的长度变成了8,如图8-5(b)所示。

如果再在线性表的第8个元素(53)之前插入一个新元素16,那么采用类似的方法。首先将第8个元素往后移动一个位置,然后将新元素16插入到第8个位置。插入后,线性表的长度变成了9,如图8-5(c)所示。

图8-5　顺序表插入操作示意

插入16后,为线性表开辟的存储空间已经满了,不能再插入新的元素了。若再要插入元素,则会造成“上溢”的错误。

线性表的插入运算是指在表的第$i(1\leqslant i\leqslant n+1)$个位置上,插入一个新结点$x$,使长度为$n$的线性表$(a_1,a_2,\cdots,a_{i-1},a_i,\cdots,a_n)$变成长度为$n+1$的线性表$(a_1,a_2,\cdots,a_{i-1},x,a_i,\cdots,a_n)$。

现在分析算法的复杂度。这里的问题规模是表的长度,设它的值为n。该算法的时间主要花费在循环结点后移语句上,该语句的执行次数(移动结点的次数)是$n-i+1$。由此可看出,所需移动结点的次数不仅依赖于表的长度,而且还与插入位置有关。

当$i=n+1$时,循环变量的终值大于初值,结点后移语句将不进行,这是最好情况,其时间复杂度为$O(1)$。

当$i=1$时,结点后移语句,将循环执行n次,需移动表中所有结点,这是最坏情况,其时间复杂度为$O(n)$。

4. 顺序存储结构下线性表的删除操作

该算法的时间复杂度分析与插入算法相似,结点的移动次数也是由表长n和位置i决定。若$i=n$,则循环变量的初值大于终值,前移语句将不执行,无须移动结点;若$i=1$,则前移语句将循环执行$n-1$次,需移动表中除开始结点外的所有结点。这两种情况下算法的时间复杂度分别为$O(1)$和$O(n-1)$。

由线性表在顺序存储结构下的插入与删除运算可以看出,线性表的顺序存储结构对规模较小的线性表或者其中元素不常变动的线性表是合适的,因为顺序存储的结构比较简单。但这种顺序存储的方式对于元素经常需要变动的大线性表就不太合适了,因为插入与删除的效率比较低。

5. 线性表顺序存储的缺点

(1) 在一般情况下,要在顺序存储的线性表中插入一个新元素或删除一个元素时,为了保证插入或删除后的线性表仍然为顺序存储,则在插入或删除过程中需要移动大量的数据元素。因此,采用顺序存储结构进行插入或删除的运算效率很低。

（2）为一个线性表分配顺序存储空间后，若出现线性表的存储空间已满，则当还需要插入新的元素时会发生“上溢”错误。

（3）计算机空间得不到充分利用，并且不便于对存储空间的动态分配。

8.2.5　栈和队列

1. 栈及其基本运算

1）栈的定义

栈(stack)实际上也是线性表，只不过是一种特殊的线性表。栈是只能在表的一端进行插入和删除运算的线性表，通常称插入、删除的这一端为栈顶，另一端为栈底。当表中没有元素时称为空栈。

假设栈 $S=(a_1,a_2,\cdots,a_n)$，栈中元素按 $a_1,a_2,\cdots,a_n$ 的次序进栈，退栈的第 1 个元素应为栈顶元素。换句话说，栈的修改是按后进先出的原则进行的。因此，栈称为先进后出(first in last out，FILO)的线性表，或后进先出(last in first out，LIFO)的线性表。由此可以看出，栈具有记忆作用。通常用指针 Top 来指示栈顶的位置，用指针 Bottom 指向栈底。往栈中插入一个元素称为入栈运算，从栈中删除一个元素(删除栈顶元素)称为退栈运算。栈顶指针 Top 动态反映了栈中元素的变化情况，如图 8-6 所示。

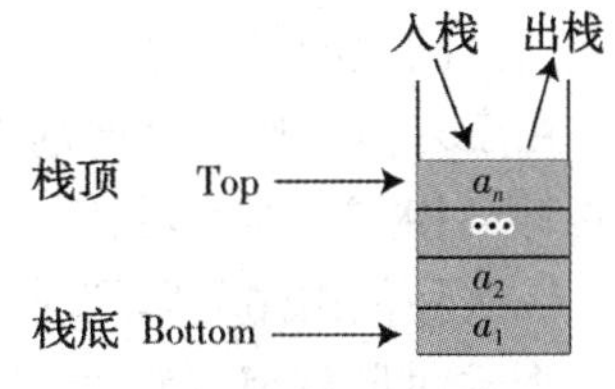

图 8-6　栈的示意图

2）栈的顺序存储及其运算

（1）入栈运算。入栈运算是指在栈顶位置插入一个新元素。首先将栈顶指针加 1(Top 加 1)，然后将元素插入到栈顶指针指向的位置。当栈顶指针已经指向存储空间的最后一个位置时，说明栈空间已满，不可能再进行入栈操作。这种情况称为“上溢”错误。

（2）退栈运算。退栈是指取出栈顶元素并赋给一个指定的变量。首先将栈顶元素(栈顶指针指向的元素)赋给一个指定的变量，然后将栈顶指针减 1(Top 减 1)。当栈顶指针为 0 时，说明栈空，不可进行退栈操作。这种情况称为“下溢”错误。

（3）读栈顶元素。读栈顶元素是指将栈顶元素赋给一个指定的变量。这个运算不删除栈顶元素，只是将它赋给一个变量，因此栈顶指针不会改变。当栈顶指针为 0 时，说明栈空，读不到栈顶元素。

2. 队列及其基本运算

1）队列的定义

队列(queue)是只允许在一端删除，在另一端插入的顺序表，允许删除的一端叫作队头，允许插入的一端叫作队尾，当队列中没有元素时称为空队列。在空队列中依次加入元素 $a_1,a_2,\cdots,a_n$ 之后，a_1 是队头元素，a_n 是队尾元素。显然退出队列的次序也只能是 $a_1,a_2,\cdots,a_n$，即队列的修改是依先进先出的原则进行的。因此，队列亦称作先进先出(first in first out，FIFO)的线性表，或后进后出(last in last out，LILO)的线性表。往队列队尾插入一个元素称为入队运算，从队列的排头删除一个元素称为退队运算，它体现了“先来先服务”的原则。在队列中，队尾指针 Rear 与排头指针 Front 共同反映了队列中元素动态变化的情况。如图 8-7 所示，是具有 n 个元素的队列示意。

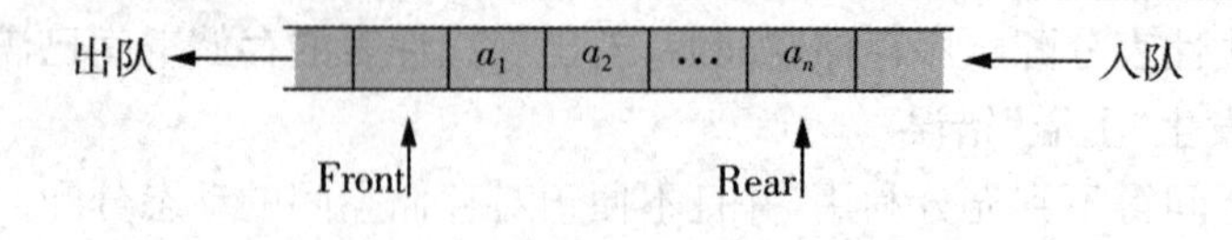

图 8-7　具有 n 个元素的队列示意

2) 循环队列及其运算

在实际应用中,队列的顺序存储结构一般采用循环队列的形式。所谓循环队列,是指将队列存储空间的最后一个位置绕到第 1 个位置,形成逻辑上的环状空间。

在循环队列中,用队尾指针 Rear 指向队列中的队尾元素,用排头指针 Front 指向排头元素的前一个位置。因此,从排头指针 Front 指向的后一个位置直到队尾指针 Rear 指向的位置之间所有的元素均为队列中的元素。可以将向量空间想象为一个首尾相接的圆环,并称这种向量为循环向量,存储在其中的队列称为循环队列。在循环队列中进行出队、入队操作时,头尾指针仍要加 1,朝前移动。只不过当头尾指针指向向量上界时,其加 1 操作的结果是指向向量的下界 0。

由于入队时尾指针向前追赶头指针,出队时头指针向前追赶尾指针,故队空和队满时头尾指针均相等。因此,我们无法通过 Front=Rear 来判断队列"空"还是"满"。

在实际使用循环队列时,为了能区分队列满还是队列空,通常还需增加一个标志 s,当 $s=0$ 时表示队列空,当 $s=1$ 时表示队列非空。

(1) 入队运算。入队运算是指在循环队列的队尾加入一个新元素。首先将队尾指针加 1(Rear=Rear+1),并当 Rear=m+1 时置 Rear=1;然后将新元素插入到队尾指针指向的位置。当循环队列非空($s=1$)且队尾指针等于队头指针时,说明循环队列已满,不能进行入队运算,这种情况称为"上溢"。

(2) 退队运算。退队运算是指在循环队列的队头位置退出一个元素并赋给指定的变量。首先将队头指针加 1(Front=Front+1),并当 Front=m+1 时,置 Front=1,然后将排头指针指向的元素赋给指定的变量。当循环队列为空($s=0$)时,不能进行退队运算,这种情况称为"下溢"。

8.2.6　线性单链表

1. 线性单链表的结构

1) 线性单链表的概念

用一组任意的存储单元来依次存放线性表的结点,这组存储单元既可以是连续的,也可以是不连续的,甚至是零散分布在内存中的任意位置上的。因此,链表中结点的逻辑次序和物理次序不一定相同。为了能正确表示结点间的逻辑关系,在存储每个结点值的同时,还必须存储指示其后件结点的地址(或位置)信息,这个信息称为指针或链。这两部分组成了链表中的结点结构。链表正是通过每个结点的链域将线性表的 n 个结点按其逻辑次序链接在一起。因上述链表的每一个结点只有一个链域,故将这种链表称为单链表。

在链式存储方式中,要求每个结点由两部分组成,一部分用于存放数据元素值,称为数据域;另一部分用于存放指针,称为指针域。其中,指针用于指向该结点的前一个或后一个结点(前件或后件)。

线性单链表如图 8-8 所示。

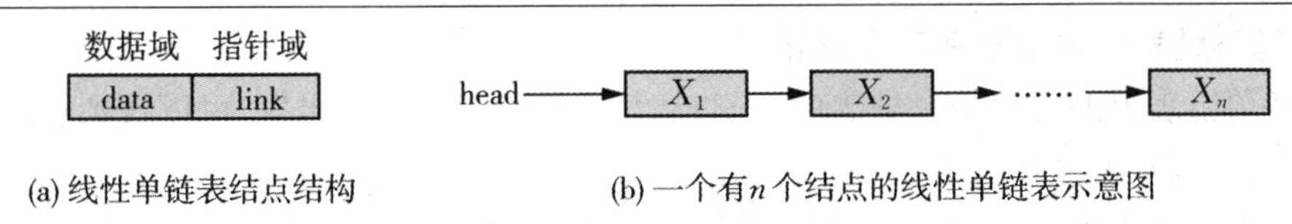

图 8-8　线性单链表

2）线性单链表的存储结构

显然，线性单链表中每个结点的存储地址是存放在其前驱结点 next 域中，而开始结点无前驱，故应设头指针 head 指向开始结点。同时，因终端结点无后件，故终端结点的指针域为空，即 NULL。

2. 线性单链表的基本运算

线性单链表的运算主要有：

（1）在线性单链表中包含指定元素的结点之前插入一个新元素。

线性单链表的插入是指在链式存储结构下的线性单链表中插入一个新元素。

插入运算是将值为 x 的新结点插入到表的第 i 个结点的位置上，即插入到 a_{i-1} 与 a_i 之间。因此，我们必须首先找到 a_{i-1} 的存储位置 p，然后生成一个数据域为 x 的新结点 p′，并令结点 a_{i-1} 的指针域指向新结点，新结点的指针域指向结点 a_i。

由线性单链表的插入过程可以看出，线性单链表可以很方便地实现存储空间的动态分配。另外，线性单链表在插入过程中不发生数据元素移动的现象，只要改变有关结点的指针即可，从而提高了插入的效率。

（2）在线性单链表中删除包含指定元素的结点。

线性单链表的删除是指在链式存储结构下的线性单链表中删除包含指定元素的结点。

删除运算是将表的第 i 个结点删去。因为在单链表中结点 a_i 的存储地址是在其前件 a_{i-1} 的指针域 next 中，所以必须首先找到 a_{i-1} 的存储位置 p，然后令 p->next 指向 a_i 的后件，即把 a_i 从链上摘下。最后释放结点 a_i 的空间。

从线性单链表的删除过程可以看出，从线性单链表中删除一个元素后，不需要移动表中的数据元素，只要改变被删除元素所在结点的前一个结点的指针域即可。

（3）将两个线性单链表按要求合并成一个线性链表。

（4）将一个线性单链表按要求进行分解。

（5）逆转线性单链表。

（6）复制线性单链表。

（7）线性单链表的排序。

（8）线性单链表的查找。

在对线性单链表进行插入或删除的运算中，总是需要先找到插入或删除的位置，这就需要对线性单链表进行扫描查找，在线性单链表中寻找包含指定元素的前一个结点。

在线性单链表中，即使知道被访问结点的序号 i，也不能像顺序表中那样直接按序号 i 访问结点，而只能从线性单链表的头指针出发，顺链域 next 逐个结点往下搜索，直到搜索到第 i 个结点为止。因此，链表不是随机存取结构。

在链表中，查找是否有结点值等于给定值 x 的结点，若有则返回首次找到的其值为 x 的结点的存储位置，否则返回 NULL。查找过程从开始结点出发，顺着链表逐个将结点的值和给定值 x 做比较。

3. 循环链表的结构及其基本运算

线性单链表上的访问是一种顺序访问,从其中的某一个结点出发,可以找到它的直接后件,但无法找到它的直接前件。

在线性单链表中,插入与删除的运算虽然比较方便,但还存在一个问题,在运算过程中对于空表和对第1个结点的处理必须单独考虑,使空表与非空表的运算不统一。

因此,我们可以考虑建立这样的链表,具有线性单链表的特征,但又不需要增加额外的存储空间,仅对表的链接方式稍做改变,使得对表的处理更加方便灵活。从线性单链表可知,最后一个结点的指针域为NULL,表示线性单链表已经结束。如果将线性单链表最后一个结点的指针域改为存放链表中头结点(或第1个结点)的地址,那么使得整个链表构成一个环,并没有增加额外的存储空间。

循环链表具有两个特点:

(1) 在循环链表中增加了一个表头结点,其数据域为任意或者根据需要来设置,指针域指向线性表的第1个元素的结点。循环链表的头指针指向表头结点。

(2) 循环链表中最后一个结点的指针域不是空,而是指向表头结点,即在循环链表中,所有结点的指针构成了一个环状链。在循环链表中,只要指出表中任何一个结点的位置,就可以从它出发访问到表中其他所有的结点,而线性单链表做不到这一点。由于在循环链表中设置了一个表头结点,因此在任何情况下,循环链表中至少有一个结点存在,从而使空表的运算统一。

8.2.7 树与二叉树

1. 树的定义

树是由$n(n\geqslant 0)$个结点组成的有限集合。若$n=0$,则称为空树;若$n>0$,则有两个定义:

(1) 有一个特定的结点称为根(root)结点。它只有后件,没有前件。

(2) 除根结点以外的其他结点可以划分为$m(m\geqslant 0)$个互不相交的有限集合$T_0,T_1,\cdots,T_{m-1}$,每个集合$T_i(i=0,1,2,\cdots,m-1)$又是一棵树,称为根的子树,每棵子树的根结点有且仅有一个前件,但可以有0个或多个后件。

树型结构具有如下特点:

(1) 每个结点只有一个前件,称为该结点的父结点,没有前件的结点只有一个,称为树的根结点,简称为树的根。

(2) 每一个结点可以有多个后件,它们都称为该结点的子结点。没有后件的结点称为叶子结点。

(3) 一个结点所拥有的后件个数称为树的结点度。

(4) 树的最大层次称为树的深度。

在计算机中,可以用树结构来表示算术表达式。用树结构来表示算术表达式的原则包括:

(1) 表达式中的每一个运算符在树中对应一个结点,称为运算符结点。

(2) 运算符的每一个运算对象在树中为该运算符结点的子树(在树中的顺序为从左到右)。

(3) 运算对象中的单变量均为叶子结点。

树在计算机中通常用多重链表表示。

2. 二叉树的定义及其基本性质

1) 二叉树的定义

二叉树(binary tree)是由 $n(n\geqslant 0)$ 个结点的有限集合构成的,此集合或为空集,或由一个根结点及两棵互不相交的左右子树组成,并且左右子树都是二叉树。二叉树可以是空集合,根可以有空的左子树或空的右子树。二叉树不是树的特殊情况,它们是两个概念。

二叉树具有如下两个特点:

(1) 非空二叉树只有一个根结点。

(2) 每一个结点最多有两棵子树,且分别称为该结点的左子树与右子树。

二叉树的每个结点最多有两棵子树,或者说在二叉树中,不存在度大于 2 的结点,并且二叉树是有序树(树为无序树),其子树的顺序不能颠倒,因此二叉树有五种不同的形态。在二叉树中,一个结点可以只有左子树而没有右子树,也可以只有右子树而没有左子树。当一个结点既没有左子树也没有右子树时,该结点为叶子结点。

2) 二叉树的基本性质

(1) 在二叉树的第 k 层上至多有 2^{k-1} 个结点($k\geqslant 1$)。

(2) 深度为 m 的二叉树至多有 2^m-1 个结点。

二叉树的结构如图 8-9 所示。

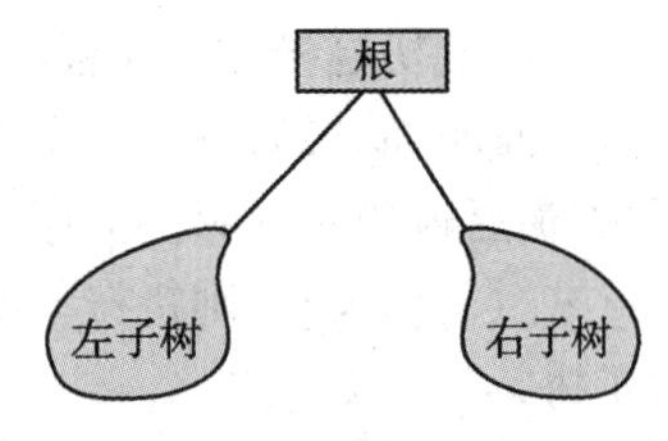

图 8-9　二叉树示意

深度为 m 的二叉树的最大结点数是为二叉树中每层上的最大结点数之和,由性质(1)得到最大结点数。

(3) 对于任何一棵二叉树,度为 0 的结点(叶子结点)总是比度为 2 的结点多一个。

若叶子结点数为 n_0,度为 2 的结点数为 n_2,则 $n_0=n_2+1$。

(4) 具有 n 个结点的完全二叉树的深度至少为 $\lfloor \log_2 n \rfloor+1$,其中 $\lfloor \log_2 n \rfloor$ 表示 $\log_2 n$ 的整数部分。

3) 满二叉树与完全二叉树

满二叉树是指除最后一层外,每一层上的所有结点都有两个子结点的二叉树,即在满二叉树的第 k 层上有 2^{k-1} 个结点。

从满二叉树定义可知,必须是二叉树的每一层上的结点数都达到最大,否则就不是满二叉树。深度为 m 的满二叉树有 2^m-1 个结点。

完全二叉树是指除最后一层外,每一层上的结点数均达到最大值;在最后一层上只缺少右边的若干结点的二叉树。

从完全二叉树定义可知,结点的排列顺序遵循从上到下、从左到右的规律。从上到下表示本层结点数达到最大后,才能放入下一层。从左到右表示同一层结点必须按从左到右排列,若左边空一个位置时不能将结点放入右边。完全二叉树除最后一层外每一层的结点数都达到最大值,最后一层只缺少右边的若干结点。

满二叉树也是完全二叉树,但完全二叉树不一定是满二叉树。

(1) 具有 n 个结点的完全二叉树深度为 $\lfloor \log_2 n \rfloor+1$ 或 $\lfloor \log_2 n+1 \rfloor$。

(2) 若对一棵有 n 个结点的完全二叉树的结点按层序编号(从第 1 层到第 $\lfloor \log_2 n \rfloor+1$ 层,每层从左到右),则对于任一结点 $i(1\leqslant i\leqslant n)$,有

① 若 $i=1$,则结点 i 是二叉树的根;若 $i>1$,则其父结点是结点 $\lfloor i/2 \rfloor$。

② 若 $2i\geqslant n$,则结点 i 为叶子结点,无左子树;否则,其左子树是结点 $2i$。

③ 若 $2i+1\geqslant n$,则结点 i 无右子树;否则,其右子树是结点 $2i+1$。

4）二叉树的存储结构

在计算机中，二叉树通常采用链式存储结构。用于存储二叉树中各元素的存储结点由数据域与指针域两部分组成。在二叉树中，由于每一个元素可以有两个后件（两个子结点），因此用于存储二叉树的存储结点的指针域有两个，一个用于指向该结点的左子结点的存储地址，称为左指针域；另一个用于指向该结点的右子结点的存储地址，称为右指针域。

对于满二叉树与完全二叉树来说，根据完全二叉树的性质(2)，可以按层序进行顺序存储，这样既节省了存储空间，又能方便地确定每一个结点的父结点与左右子结点的位置，但顺序存储结构对于一般的二叉树不适用。

3. 二叉树的遍历

所谓遍历二叉树，就是遵从某种次序，访问二叉树中的所有结点，使得每个结点仅被访问一次。

1）前序遍历

前序遍历是指在访问根结点、遍历左子树与遍历右子树这三者中，首先访问根结点，然后遍历左子树，最后遍历右子树，并且在遍历左、右子树时，仍然先访问根结点，然后遍历左子树，最后遍历右子树。前序遍历描述为：

若二叉树为空，则执行空操作；否则：① 访问根结点；② 前序遍历左子树；③ 前序遍历右子树。

2）中序遍历

中序遍历是指在访问根结点、遍历左子树与遍历右子树这三者中，首先遍历左子树，然后访问根结点，最后遍历右子树，并且在遍历左、右子树时，仍然先遍历左子树，然后访问根结点，最后遍历右子树。中序遍历描述为：

若二叉树为空，则执行空操作；否则：① 中序遍历左子树；② 访问根结点；③ 中序遍历右子树。

3）后序遍历

后序遍历是指在访问根结点、遍历左子树与遍历右子树这三者中，首先遍历左子树，然后遍历右子树，最后访问根结点，并且在遍历左、右子树时，仍然先遍历左子树，然后遍历右子树，最后访问根结点。后序遍历描述为：

若二叉树为空，则执行空操作；否则：① 后序遍历左子树；② 后序遍历右子树；③ 访问根结点。

例 8-8 二叉树的前序、中序和后序遍历，如图 8-10 所示。

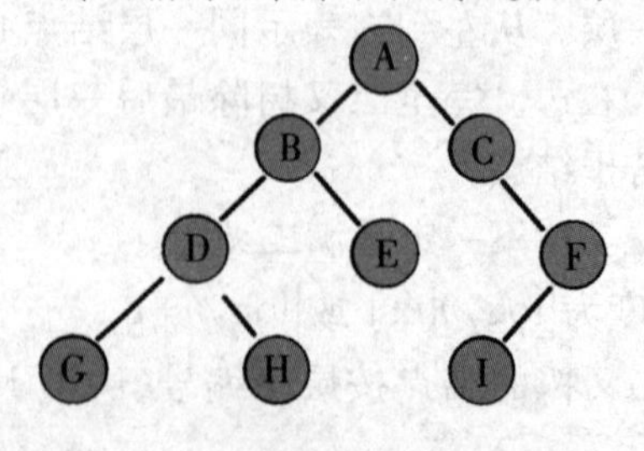

(1) 前序遍历结果：
ABDGHECFI

(2) 中序遍历结果：
GDHBEACIF

(3) 后序遍历结果：
GHDEBIFCA

图 8-10 二叉树及其三种遍历结果

8.2.8 查找与排序

1. 查找技术

查找是数据处理领域中的一个重要内容，查找的效率将直接影响到数据处理的效率。

所谓查找，是指在一个给定的数据结构中查找某个指定的元素。通常，根据不同的数据结构，应采用不同的查找方法。

1）顺序查找

顺序查找又称为顺序搜索。顺序查找一般是指在线性表中查找指定的元素，其基本方法如下：从线性表的第1个元素开始，依次将线性表中的元素与被查元素进行比较，若相等则表示找到（查找成功）；若线性表中所有的元素都与被查元素进行了比较但都不相等，则表示线性表中没有要找的元素（查找失败）。

在进行顺序查找过程中，如果线性表中的第1个元素就是被查找元素，那么只需做一次比较就查找成功，查找效率最高；但如果被查的元素是线性表中的最后一个元素，或者被查元素根本不在线性表中，那么为了查找这个元素需要与线性表中所有的元素进行比较，这是顺序查找最坏的情况。在平均情况下，利用顺序查找法在线性表中查找一个元素，大约要与线性表中一半的元素进行比较。

由此可以看出，对于大的线性表来说，顺序查找的效率是很低的。虽然顺序查找的效率不高，但在下列两种情况下也只能采用顺序查找：

（1）若线性表为无序表（表中元素的排列是无序的），则不管是顺序存储结构还是链式存储结构，都只能用顺序查找。

（2）即使是有序线性表，若采用链式存储结构，则也只能用顺序查找。

2）二分查找

二分查找，又称为折半查找、对分查找，只适用于顺序存储的有序表。在此所说的有序表是指线性表中的元素按值非递减排列（从小到大，但允许相邻元素值相等）。

例8-1描述了有序顺序表二分查找的过程，显然，当有序线性表为顺序存储时才能采用二分查找，且二分查找的效率要比顺序查找高得多。可以证明，对于长度为 n 的有序线性表，在最坏情况下，二分查找只需要比较 $\log_2 n$ 次，而顺序查找需要比较 n 次。

2. 排序技术

排序也是数据处理的重要内容。排序是指将一个无序序列整理成按值非递减顺序排列的有序序列。排序的方法有很多，根据待排序序列的规模以及对数据处理的要求，可以采用不同的排序方法。本节主要介绍一些常用的排序方法。

排序可以在各种不同的存储结构上实现。在本节所介绍的排序方法中，其排序的对象一般认为是顺序存储的线性表，在程序设计语言中就是一维数组。

1）交换类排序法

所谓交换类排序法，是指借助数据元素之间的互相交换进行排序的一种方法。冒泡排序法与快速排序法都属于交换类的排序方法。

冒泡排序法是一种最简单的交换类排序法，它是通过相邻数据元素的交换逐步将线性表变成有序。

冒泡排序法的基本思想是在待排序的数据中，先找到最小（大）的数据将它放到最前面，再从第2个数据开始，找到第二小（大）的数据将它放到第2个位置，以此类推，直到只剩下最后一个数为止。这种排序方法在排序的过程中,使小的数就如气泡一样逐层上浮,而使大的数逐个下沉,于是就形象地取名为冒泡排序,又称为起泡排序。

例 8-9 假设 7 个数据是{49,38,65,97,76,13,27},下面以第一趟的排序过程(按从小到大排序)说明冒泡排序法。每次比较两个相邻元素,若前面的元素大于后面的,则对调两元素;否则,不对调。排序示意如表 8-2 所示。

表 8-2 第一趟冒泡排序示意

比较序号	$A[1]$	$A[2]$	$A[3]$	$A[4]$	$A[5]$	$A[6]$	$A[7]$	排序说明
原序列	49	38	65	97	76	13	27	
第 1 次	38	49	65	97	76	13	27	比较并对调 $A[1]$和 $A[2]$
第 2 次	38	49	65	97	76	13	27	比较但不对调 $A[2]$和 $A[3]$
第 3 次	38	49	65	97	76	13	27	比较但不对调 $A[3]$和 $A[4]$
第 4 次	38	49	65	76	97	13	27	比较并对调 $A[4]$和 $A[5]$
第 5 次	38	49	65	76	13	97	27	比较并对调 $A[5]$和 $A[6]$
第 6 次	38	49	65	76	13	27	97	比较并对调 $A[6]$和 $A[7]$

对于 7 个数,排好一个数(最大的数)需要进行 6 次比较,可以推断出,对于 N 个数,一趟需要 $N-1$ 次比较操作,上述算法已经把 N 个数中最大的数放到了 $A[N]$中,再重复上述算法,把 $A[1]$到 $A[N-1]$中最大的数放到 $A[N-1]$中,这样 $A[N-1]$中存放的就是第二大的数,接着把 $A[1]$到 $A[N-2]$中最大的数放到 $A[N-2]$中……最后把 $A[1]$到 $A[2]$中大的那个数放到 $A[2]$中,每重复一次两两比较后,比较的范围就朝前移动一个位置,此算法经过 $N-1$ 趟就完成了 $A[1]$到 $A[N]$中的数由小到大的排列。在最坏情况下,冒泡排序需要经过 $N/2$ 遍的从前往后的扫描和 $N/2$ 遍的从后往前的扫描,需要的比较次数为 $N(N-1)/2$,因此其时间复杂度为 $O(N^2)$。但这个工作量不是必然的,一般情况下要小于这个工作量。

在前面所讨论的冒泡排序法中,由于在扫描过程中只对相邻两个元素进行比较,因此在互换两个相邻元素时只能消除一个逆序。如果通过两个(不是相邻的)元素的交换,能够消除线性表中的多个逆序,那么会大大加快排序的速度。显然,为了通过一次交换能消除多个逆序,就不能像冒泡排序法那样对相邻两个元素进行比较,因为这只能使相邻两个元素进行交换,从而只能消除一个逆序。下面介绍的快速排序法可以实现通过一次交换而消除多个逆序。

快速排序法也是一种互换类的排序方法,但由于它比冒泡排序法的速度快,因此称为快速排序法。快速排序法的基本思想:从线性表中选取一个元素,设为 T,将线性表后面小于 T 的元素移到前面,而前面大于 T 的元素移到后面,结果就将线性表分成了两部分(称为两个子表),T 插入到其分界线的位置处,这个过程称为线性表的分割。通过对线性表的一次分割,就以 T 为分界线,将线性表分成了前后两个子表,且前面子表中的所有元素均不大于 T,而后面子表中的所有元素均不小于 T。

若对分割后的各子表再按上述原则进行分割,且这种分割过程可以一直做下去,直到所有子表为空为止,则此时的线性表就变成了有序表。

由此可知,快速排序法的关键是对线性表进行分割以及对分割出的子表再进行分割。

假设要排序的数组是 $A[1],A[2],\cdots,A[N]$,首先任意选取一个数据(通常选用第一个数据)作为关键数据,然后将所有比它小的数都放到它前面,所有比它大的数都放到它后面,这个过程称为一趟快速排序。一趟快速排序的算法具体如下:

(1) 设置两个变量 I,J,排序开始的时候 $I=1$, $J=N$;

(2) 以第1个元素作为关键数据,赋值给 X,即 $X=A[1]$;

(3) 从 J 开始向前搜索,即由后开始向前搜索($J=J-1$),找到第1个小于 X 的值,两者交换;

(4) 从 I 开始向后搜索,即由前开始向后搜索($I=I+1$),找到第1个大于 X 的值,两者交换;

(5) 重复步骤(3)和(4),直到 $I=J$。

例 8-10 假设7个数据是{49,38,65,97,76,13,27},下面以第一趟的排序过程(按从小到大排序)说明快速排序法。排序中每次比较的两个元素,若前面的大于后面的,则对调两元素;否则,不对调。排序示意如表8-3所示(初始关键数据 $X=49$)。

表 8-3 第一趟快速排序示意

比较序号	A[1]	A[2]	A[3]	A[4]	A[5]	A[6]	A[7]	排序说明
原序列	49	38	65	97	76	13	27	
第1次	27	38	65	97	76	13	49	按步骤(3)比较并对调 A[1]和 A[7]
第2次	27	38	49	97	76	13	65	按步骤(4)比较并对调 A[3]和 A[7]
第3次	27	38	13	97	76	49	65	按步骤(3)比较并对调 A[3]和 A[6]
第4次	27	38	13	49	76	97	65	按步骤(4)比较并对调 A[4]和 A[6]

此时再执行步骤(3)的时候就发现 $I=J$,从而结束一趟快速排序,那么经过一趟快速排序之后的结果是{27,38,13,49,76,97,65},即所有大于49的数全部在49的后面,所有小于49的数全部在49的前面。

快速排序就是递归调用此过程——以49为中点分割这个数据序列,分别对前面一部分和后面一部分进行类似的快速排序,从而完成全部数据序列的快速排序,最后把此数据序列变成一个有序的序列。

在快速排序过程中,随着对各子表的不断分割,划分出的子表会越来越多,但一次又只能对一个子表进行再分割处理,需要将暂时不分割的子表记忆起来,这就要用一个栈来实现。在对某个子表进行分割后,可以将分割出的后一个子表的第1个元素与最后一个元素的位置压入栈中,而继续对前一个子表进行再分割;当分割出的子表为空时,可以从栈中退出一个子表(实际上只是该子表的第1个元素与最后一个元素的位置)进行分割。这个过程直到栈空为止,此时说明所有子表为空,没有子表再需要分割,排序就完成了。其时间复杂度是 $O(n\log_2 n)$。

2) 插入类排序法

冒泡排序法与快速排序法本质上都是通过数据元素的交换来逐步消除线性表中的逆序。而插入类排序法,是指将无序序列中的各元素依次插入到已经有序的线性表中。

我们可以想象,在线性表中,只包含第1个元素的子表显然可以看成有序表。接下来的问题是,从线性表的第2个元素开始直到最后一个元素,逐次将其中的每一个元素插入到前面已经有序的子表中。

一般来说,假设线性表中前 $j-1$ 个元素已经有序,现在要将线性表中第 j 个元素插入到前面的有序子表中,插入过程如下:首先将第 j 个元素放到一个变量 T 中,然后从有序子表的最后一个元素(线性表中第$j-1$ 个元素)开始,往前逐个与 T 进行比较,将大于 T 的元素均依次向后移动一个位置,直到发现一个元素不大于 T 为止,此时就将 T(原线性表中的第 j 个元素)插入到刚移出的空位置上,有序子表的长度就变为 j 了。

例 8-11 假设7个数据是{49,38,65,97,76,13,27},简单插入排序示意如表 8-4 所示。

表 8-4 简单插入排序示意

比较序号	A[1]	A[2]	A[3]	A[4]	A[5]	A[6]	A[7]	排序说明
原序列	[49]	38	65	97	76	13	27	取第1个元素为已排序序列
第1次	[38	49]	65	97	76	13	27	将38插入已排序序列中
第2次	[38	49	65]	97	76	13	27	将65插入已排序序列中
第3次	[38	49	65	97]	76	13	27	将97插入已排序序列中
第4次	[38	49	65	76	97]	13	27	将76插入已排序序列中
第5次	[13	38	49	65	76	97]	27	将13插入已排序序列中
第6次	[13	27	38	49	65	76	97]	将27插入已排序序列中

在简单插入排序法中,每一次比较后最多移掉一个逆序,因此,这种排序方法的效率与冒泡排序法相同。在最坏情况下,简单插入排序需要 $n(n-1)/2$ 次比较,其时间复杂度为 $O(n^2)$。

希尔排序法(Shell sort)属于插入类排序法,但它对简单插入排序法进行了较大的改进。希尔排序法的基本思想是将整个无序序列分割成若干小的子序列分别进行插入排序。

子序列的分割方法:将相隔某个增量 h 的元素构成一个子序列。在排序过程中,逐次减小这个增量,最后当 h 减到1时进行一次插入排序,排序就完成。增量序列一般取 $h_t=n/2^k$ $(k=1,2,\cdots,\log_2 n)$,其中 n 为待排序序列的长度。

在希尔排序法中,虽然对于每一个子表采用的仍是插入排序,但是在子表中每进行一次比较就有可能移去整个线性表中的多个逆序,从而改善了整个排序过程的性能。

希尔排序法的效率与所选取的增量序列有关。若选取上述增量序列,则在最坏情况下,希尔排序法所需要的比较次数为 $O(n^{1.5})$。

3) 选择类排序法

选择类排序法的基本思想:扫描整个线性表,从中选出最小的元素,将它交换到表的最前面(这是它应有的位置),然后对剩下的子表采用同样的方法,直到子表空为止。

对于长度为 n 的序列,选择排序需要扫描 $n-1$ 遍,每一遍扫描均从剩下的子表中选出最小的元素,然后将该最小的元素与子表中的第1个元素进行交换。

例 8-12 假设7个数据是{49,38,65,97,76,13,27},简单选择排序示意如表 8-5 所示。

表 8-5 简单选择排序示意

比较序号	$A[1]$	$A[2]$	$A[3]$	$A[4]$	$A[5]$	$A[6]$	$A[7]$	排序说明
原序列	49	38	65	97	76	13	27	取第 1 个元素为已排序序列
第 1 次	**13**	38	65	97	76	49	27	选择最小的元素 13
第 2 次	13	**27**	65	97	76	49	38	选择最小的元素 27
第 3 次	13	27	**38**	97	76	49	65	选择最小的元素 38
第 4 次	13	27	38	**49**	76	97	65	选择最小的元素 49
第 5 次	13	27	38	49	**65**	97	76	选择最小的元素 65
第 6 次	13	27	38	49	65	**76**	97	选择最小的元素 76

简单选择排序法在最坏情况下需要比较 $n(n-1)/2$ 次，时间复杂度为 $O(n^2)$。

堆排序法属于选择类排序法。具有 n 个元素的序列$(h_1,h_2,\cdots,h_n)$，当且仅当满足

$$\begin{cases} h_i \geqslant h_{2i}, \\ h_i \geqslant h_{2i+1} \end{cases} \text{或} \begin{cases} h_i \leqslant h_{2i}, \\ h_i \leqslant h_{2i+1} \end{cases} \quad (i=1,2,\cdots,n/2)\text{时，}$$

称其为堆。前者称为大根堆，后者称为小根堆，这里只讨论大根堆。

由堆的定义可以看出，大根堆的堆顶元素(第 1 个元素)必为最大项。

在实际处理中，可以用一维数组 $H(1:n)$来存储堆序列中的元素，也可以用完全二叉树来直观地表示堆的结构。在用完全二叉树表示堆时，树中所有非叶子结点值均不小于其左、右子树的根结点值，因此堆顶(完全二叉树的根结点)元素必为序列的 n 个元素中的最大项。

在具体讨论堆排序法之前，先讨论以下这个问题。在一棵具有 n 个结点的完全二叉树[用一维数组 $H(1:n)$表示]中，假设结点 $H(m)$的左右子树均为堆，现要将以 $H(m)$为根结点的子树也调整为堆。这是调整建堆的问题。

在调整建堆的过程中，总是将根结点值与左、右子树的根结点值进行比较，若不满足堆的条件，则将左、右子树根结点值中的大者与根结点值进行交换。这个调整过程一直持续到所有子树均调整为堆为止。

有了调整建堆的算法后，就可以将一个无序序列建成堆。

假设无序序列 $H(1:n)$以完全二叉树表示。从完全二叉树的最后一个非叶子结点(第 $n/2$ 个元素)开始，直到根结点(第 1 个元素)为止，对每一个结点进行调整建堆，最后就可以得到与该序列对应的堆。

根据堆的定义，可以得到堆排序的方法如下：

(1) 将一个无序序列建成堆；

(2) 将堆顶元素(序列中的最大项)与堆中最后一个元素交换(最大项应该在序列的最后)。

不考虑已经换到最后的那个元素，只考虑前 $n-1$ 个元素构成的子序列，显然该子序列已不是堆，但左、右子树仍为堆，可以将该子序列调整为堆。反复进行步骤(2)，直到剩下的子序列为空为止。

堆排序的方法对于规模较小的线性表并不适合，但对于较大规模的线性表来说是很有效的。在最坏情况下，堆排序需要比较的次数为 $O(n\log_2 n)$。

✲8.3 软件工程概述

8.3.1 软件与软件危机

1. 软件的特点

软件指的是计算机系统中与硬件相互依赖的部分,包括程序、数据和有关的文档。程序是对计算机的处理对象和处理规则的描述,是软件开发人员根据用户需求开发的、用程序语言描述的、适合计算机执行的指令序列。数据是使程序能正常操作信息的数据结构。文档是为了便于了解程序所需的资源说明,是与程序的开发、维护和使用有关的资料。由此可见,软件由以下两部分组成:

(1) 机器可执行的程序和数据。

(2) 与软件开发、运行、维护及使用等有关的文档。

国家标准中对软件的定义为与计算机系统的操作有关的计算机程序、规程、规则以及可能有的文件、文档及数据。

软件具有如下特点:

(1) 软件是逻辑产品,而不是物理实体,它具有无形性,通过计算机的执行才能体现它的功能和作用。

(2) 没有明显的制作过程,其成本主要体现在软件的开发和研制上,可进行大量的复制。

(3) 不存在磨损和消耗问题。

(4) 软件的开发、运行对计算机系统具有依赖性。

(5) 开发和维护成本高。

(6) 软件开发涉及诸多社会因素。

结合应用观点,软件可分为应用软件、系统软件和支撑软件三类。

(1) 应用软件是特定应用领域内专用的软件。

(2) 系统软件居于计算机系统中最靠近硬件的一层,是计算机管理自身资源,提高计算机使用效率,并为计算机用户提供各种服务的软件。

(3) 支撑软件介于系统软件和应用软件之间,是支援其他软件的开发与维护的软件。

软件是用户与硬件之间的接口,是计算机系统的指挥者,是计算机系统结构设计的重要依据。

2. 软件的发展与软件危机

软件生产的发展经历了程序设计时代、程序系统时代和软件工程时代。随着计算机软件规模的扩大,软件本身的复杂性不断增加,研制周期显著变长,正确性难以保证,软件开发费用上涨,生产效率急剧下降,从而出现了人们难以控制软件发展的局面,即所谓的“软件危机”。软件危机主要表现在如下几点:

(1) 软件需求的增长得不到满足。

(2) 软件开发成本和进度无法控制。

(3) 软件质量难以保证。

(4) 软件不可维护或维护程度非常低。

(5) 软件成本不断提高。

(6) 软件开发生产效率的提高赶不上硬件的发展和应用需求的增长。

总之,可以将软件危机归结为成本、质量和生产效率等问题。

8.3.2 软件工程的基本概念

为了摆脱软件危机,北大西洋公约组织(North Atlantic Treaty Organization,NATO)成员国的软件工作者于1968年和1969年两次召开会议,分析早期软件开发中存在的问题和产生问题的原因,提出软件工程的概念。

1. 软件工程的定义

国家标准指出软件工程是应用于计算机软件的定义、开发和维护的一整套方法、工具、文档、实践标准和工序。

软件工程包括三个要素,即方法、工具和过程。方法是完成软件工程项目的技术手段;工具支持软件的开发、管理、文档生成;过程支持软件开发各个环节的控制、管理。

2. 软件工程的目标

软件工程的目标是在给定成本、进度的前提下,开发出具有有效性、可靠性、可理解性、可维护性、可重用性、可适应性、可移植性、可追踪性和可互操作性,并满足用户需求的产品。

软件工程研究的内容主要包括软件开发技术和软件工程管理。

软件开发技术包括软件开发方法学、开发过程、开发工具和软件工程环境,其主体内容是软件开发方法学。

软件工程管理包括软件管理学、软件工程经济学、软件心理学等内容。软件工程管理是软件按工程化生产时的重要环节,它要求按照预先制订的计划、进度和预算执行,以实现预期的经济效益和社会效益。软件管理学包括人员组织、进度安排、质量保证和成本核算等。软件工程经济学是研究软件开发对成本的估算、成本效益分析的方法和技术,它应用经济学的基本原理来研究软件工程开发的经济效益问题。软件心理学是从个体心理、人类行为、组织行为和企业文化等角度来研究软件管理和软件工程的。

3. 软件工程的原则

软件工程的原则包括抽象、信息隐蔽、模块化、局部化、确定性、一致性、完备性和可验证性。

(1) 抽象。抽象事物最基本的特性和行为,忽略非本质细节,采用分层次抽象、自顶向下、逐层细化的办法控制软件开发过程的复杂性。

(2) 信息隐蔽。采用封装技术,将程序模块的实现细节隐藏起来,使模块接口尽量简单。

(3) 模块化。模块是程序中相对独立的成分,一个独立的编程单位,应有良好的接口定义。模块的大小要适中,模块过大会使模块内部的复杂性增加,不利于模块的理解和修改,也不利于模块的调试和重用;模块太小会导致整个系统表示过于复杂,不利于控制系统的复杂性。

(4) 局部化。要求在一个物理模块内集中逻辑上相互关联的计算资源,保证模块间具有松散的耦合关系,模块内部有较强的内聚性,这有助于控制系统的复杂性。

(5) 确定性。软件开发过程中所有概念的表达应是确定的、无歧义的、规范的,这有助于人与人的交互,不会产生误解和遗漏,以保证整个开发工作的协调一致。

(6) 一致性。包括程序、数据和文档的整个软件系统的各模块应使用已知的概念、符号和术语;程序内外部接口应保持一致,系统规格说明与系统行为应保持一致。

(7) 完备性。软件系统不丢失任何重要成分,完全实现系统所需的功能。

(8) 可验证性。开发大型软件系统需要对系统自顶向下,逐层分解。系统分解应遵循容易检查、测评、评审的原则,以确保系统的正确性。

4. 软件工程过程

软件工程过程是把输入转化为输出的一组彼此相关的资源和活动。软件工程过程通常包括如下基本活动:

(1) 软件规格说明:规定软件的功能及其运行机制。

(2) 软件开发:产生满足规格说明的软件。

(3) 软件确认:确认软件能够满足客户提出的要求。

(4) 软件演进:为满足客户的变更要求,软件必须在使用的过程中演进。

5. 软件开发工具与软件开发环境

软件开发工具是协助开发人员进行软件开发活动所使用的软件或环境,它包括需求分析工具、设计工具、编码工具、排错工具、测试工具等。

软件开发环境是指支持软件产品开发的软件系统,它由软件工具集和环境集成机制构成。工具集包括支持软件开发相关过程、活动、任务的软件工具,以便对软件开发提供全面的支持。环境集成机制为工具集成和软件开发、维护与管理提供统一的支持,它通常包括数据集成、控制集成和界面集成三个部分。

6. 软件生命周期

软件产品从提出、实现、使用、维护到停止使用、退役的过程称为软件生命周期。

可以将软件生命周期分为定义、开发及运行维护三个阶段,如图 8-11 所示。软件生命周期的主要活动阶段如下:

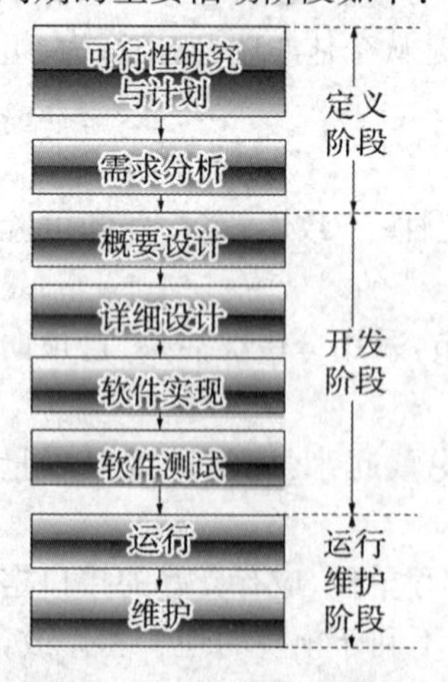

图 8-11 软件生命周期

(1) 可行性研究与计划。确定待开发软件系统的开发目标和总的要求,给出它的功能、性能、可靠性以及接口等方面的可能方案,制订完成开发任务的实施计划。

(2) 需求分析。对待开发软件提出的需求进行分析并给出详细定义;编写软件规格说明书及初步的用户手册,提交评审。

(3) 概要设计。设计软件的结构,包括模块的划分、功能的分配以及处理流程等。

(4) 详细设计。为每个模块完成的功能进行具体的描述,把功能描述转变为精确的、结构化的过程描述。

(5) 软件实现。把软件设计转换成计算机可以接受的程序代码,即完成源程序的编码,编写用户手册、操作手册等面向用户的文档,编写单元测试计划。

(6) 软件测试。在设计测试的基础上,检验软件的各个组成部分。编写测试分析报告。

(7) 运行。将已交付的软件投入运行。

(8) 维护。在运行使用中不断地维护,根据提出的新的需求进行必要而且可能的扩充和删改。

当前出现的软件生命周期模型有瀑布模型、快速原型模型、操作模型、组装可再用部件模型、螺旋式模型以及基于知识的模型等。

瀑布模型将软件生命周期的各项活动规定为依次连续的若干阶段，形如瀑布。瀑布模型在支持结构化软件开发、控制软件开发的复杂性、促进软件开发工程化等方面起着显著作用。

瀑布模型在大量软件开发实践中也逐渐暴露出它的缺点，其中最为突出的是该模型缺乏灵活性，无法通过开发活动澄清本来不够确切的软件需求。而这些问题可能导致开发出的软件并不是用户真正需要的软件，反而要进行返工或不得不在维护中纠正需求的偏差，为此必须付出高额的代价，为软件开发带来不必要的损失。

快速原型模型是软件开发人员针对软件开发初期在确定软件系统需求方面存在的困难，借鉴建筑师在设计和建造原型方面的经验，根据客户提出的软件要求，快速地开发一个原型。它向客户展示了待开发软件系统的全部或部分功能和性能，在征求客户对原型意见的过程中，进一步修改、完善、确认软件系统的需求，并达到一致的理解。

8.3.3 可行性研究

可行性研究的目的就是用最小的代价在尽可能短的时间内确定问题是否能够解决。包括经济可行性研究、技术可行性研究、法律可行性研究和开发方案的选择性研究。

1. 经济可行性研究

分析系统的估算开发成本是否会超过项目预期的全部利润。分析系统开发对其他产品或利润的影响。

2. 技术可行性研究

根据客户提出的系统功能、性能及实现系统的各项约束条件，从技术角度研究实现系统可行性。技术可行性研究包括风险分析、资源分析和技术分析。

(1) 风险分析的任务是在给定的约束条件下，判断能否设计并实现系统所需功能和性能。

(2) 资源分析的任务是论证是否具备系统开发所需的各类人员、软件、硬件资源和工作环境等。

(3) 技术分析的任务是判断当前的科学技术是否能够支持系统开发的全过程。

3. 法律可行性研究

研究在系统开发过程中可能涉及各种合同、侵权、责任以及同法律相抵触的问题。

4. 开发方案的选择性研究

提出并评价实现系统的各种开发方案，并从中选出一种最适宜项目的开发方案。

8.3.4 需求分析

1. 需求分析的定义

需求分析是指用户对目标软件系统在功能、行为、性能、设计约束等方面的期望。需求分析的任务是发现需求、求精、建模和定义需求的过程。

IEEE 软件工程标准词汇表对需求分析定义如下：

(1) 用户解决问题或达到目标所需的条件或功能。

(2) 系统或系统部件要满足合同、标准、规范或其他正式规定文档所具有的条件或功能。

(3) 一种反映(1)或(2)所描述的条件或功能的文档说明。

2. 需求分析阶段的工作

需求分析阶段的工作可概括为需求获取、需求分析、编写需求规格说明书、需求审评。

3. 需求分析常用工具

1) 数据流图

数据流图(data flow diagram,DFD),它以图形的方式描绘数据在系统中流动和处理的过程,它只反映系统必须完成的逻辑功能,所以是一种功能模型。数据流图从数据传递和加工的角度,来刻画数据流从输入到输出的移动变换过程。数据流图中的主要图形元素与说明如下:

○ 表示加工(转换)。输入数据经加工变换产生输出。

→ 表示数据流。沿箭头方向传送数据的通道,一般在旁边标注数据流名。

═ 表示存储文件(数据源)。处理过程中存放各种数据的文件。

□ 表示源点或汇点。系统和环境的接口,属系统之外的实体。

一般通过对实际系统的了解和分析后,使用数据流图为系统建立逻辑模型。建立数据流图的步骤如下:

(1) 由外向里:先画系统的输入输出,然后画系统的内部;

(2) 自顶向下:按自顶向下的顺序完成顶层、中间层、底层数据流图;

(3) 逐层分解。

2) 数据字典

数据字典是结构化分析方法的核心。数据字典是对所有与系统相关的数据元素的一个有组织的列表以及精确、严格的定义,使得用户和系统分析员对输入、输出、存储成分和中间计算结果有共同的理解。

在数据字典的编制过程中,常使用定义式描述数据结构。

3) 判定树

使用判定树进行描述时,应先从问题定义的文字描述中分清哪些是判定的条件,哪些是判定的结论,根据描述材料中的连接词找出判定条件之间的从属关系、并列关系、选择关系,根据它们构造判定树。

4) 判定表

判定表与判定树相似,当数据流图中的加工要依赖于多个逻辑条件的取值,即完成该加工的一组动作是由于某一组条件取值的组合引发的,使用判定表比较适宜。

4. 软件需求规格说明书

软件需求规格说明书是需求分析阶段的最后成果,是软件开发的重要文档之一。

软件需求规格说明书有如下几个方面的作用:

(1) 便于用户、开发人员进行理解和交流。

(2) 反映出用户问题的结构,可以作为软件开发工作的基础和依据。

(3) 作为确认测试和验收的依据。

软件需求规格说明书应包括概述、数据描述、功能描述、性能描述、参考文献、附录等内容,应具有正确性、无歧义性、完整性、可验证性、一致性、可理解性、可修改性、可追踪性等特点。

8.3.5 概要设计

概要设计又称为总体设计。

1. 基本任务

(1) 设计软件系统结构：以模块为基础，画出软件结构图。

(2) 数据结构和数据库设计：对于大型数据处理的软件系统而言，数据结构和数据库的设计是十分重要的。在概要设计阶段，数据结构设计宜采用抽象的数据类型，数据库设计对应于数据库的逻辑设计。

(3) 编写概要设计文档：编写概要设计说明书、数据库设计说明书、用户手册和修订测试计划。

(4) 评审：针对设计方案的可行性、正确性、有效性、一致性等。

2. 设计方法

设计方法主要有面向数据流的设计方法和面向事务流的设计方法，这里我们主要介绍面向数据流的设计方法。

数据流类型包括变换型和事务型。

变换型数据流是指信息沿输入通路进入系统，同时由外部形式变换成内部形式，进入系统的信息通过变换中心，经加工处理以后再沿输出通路变换成外部形式，离开软件系统。变换型数据处理问题的工作过程大致分为取得数据、变换数据和输出数据。变换型系统结构图由输入、中心变换和输出三部分组成。

当信息沿输入通路到达事务中心，事务中心将根据输入数据的类型从若干个动作序列中选择出一个来执行，这类数据流称为事务流。在一个事务流中，事务中心接收数据，分析每个事务以确定它的类型，根据事务类型选取一条活动通路。

面向数据流的结构设计过程和步骤分为如下四点：

(1) 分析、确认数据流图的类型，区分是变换型还是事务型；

(2) 说明数据流的边界；

(3) 把数据流图映射为程序结构；

(4) 根据设计准则把数据流转换成程序结构图。

将事务型映射成结构图，又称为事务分析。其步骤与变换分析的设计步骤大致类似，主要差别在于由数据流图到软件结构的映射方法不同。它是将事务中心映射成为软件结构中有分支的调度模块，将接收通路映射成软件结构的接收分支。

3. 软件结构图

软件结构图是软件系统的模块层次结构，反映了整个系统的功能实现。软件结构图往往用网状或树状结构的图形来表示。

结构图的形态特征包括如下四点：

(1) 深度(模块的层数)。

(2) 宽度(一层中最大的模块个数)。

(3) 扇出(一个模块直接调用下属模块的个数)。

(4) 扇入(一个模块直接调用上属模块的个数)。

模块的作用范围和控制范围如下：

(1) 模块的作用范围指受该模块内一个判定影响的所有模块的集合。

(2) 模块的控制范围指模块本身以及其下属模块的集合。

(3) 两者影响含有判定功能的模块的软件设计质量,是衡量模块的软件结构图设计方案优劣的标准。

一个模块的作用范围应在其控制范围之内,且判定所在的模块应与受其影响的模块在层次上尽量靠近。如果软件结构图中一个模块的作用范围不在其控制范围之内,那么可上移判定点或者下移受判断影响的模块,将它下移到判断所在模块的控制范围内。

根据软件设计原理提出如下优化准则:

(1) 划分模块时,尽量做到高内聚、低耦合,保持模块相对独立性,并以此原则优化初始的软件结构。

(2) 一个模块的作用范围应在其控制范围之内,且判定所在的模块应与受其影响的模块在层次上尽量靠近。

(3) 软件结构的深度、宽度、扇入、扇出应适当。

(4) 模块的大小要适中。

8.3.6 详细设计

详细设计主要确定每个模块具体执行过程,也称为过程设计。详细设计的结果基本上决定了最终的程序代码的质量。在详细设计阶段,为了确保模块逻辑清晰,就应该要求所有的模块只使用单入口、单出口以及顺序、选择和循环三种基本控制结构。这样,不论一个程序包含多少个模块,每个模块包含多少个基本的控制结构,整个程序仍能保持一条清晰的线索。

1. 设计准则

(1) 提高模块独立性。

(2) 模块规模适中。

(3) 深度、宽度、扇入和扇出适当。

(4) 使模块的作用域在该模块的控制域内。

(5) 应减少模块的接口和界面的复杂性。

(6) 设计成单入口、单出口的模块。

(7) 设计功能可预测的模块。

2. 常用工具

详细设计的描述工具分为图形、表格和语言三类。

1) 程序流程图

程序流程图是一种传统的、应用广泛的软件设计表示工具。它用方框表示一个处理步骤,菱形代表一个逻辑条件,箭头表示控制流。

程序流程图含顺序型、选择型、先判断重复型、后判断重复型和多分支选择型这五种控制结构。

程序流程图的主要缺点包括:

(1) 程序流程图从本质上不支持逐步求精。

(2) 程序流程图中用箭头代表控制流,使得程序员不受任何约束,可以完全不顾结构化设计的原则,随意转移控制。

(3) 程序流程图不易表示数据结构。

（4）程序流程图的每个符号对应于源程序的一行代码，对于提高大型系统的可理解性作用甚微。

2）N-S 图（盒图）

为了避免流程图在描述程序逻辑时的随意性与灵活性，于是出现了用方框图代替传统的程序流程图，人们也把这种图称为 N-S 图（或盒图）。N-S 图中仅含五种基本的控制结构，即顺序型、选择型、多分支选择型、WHILE 重复型和 UNTIL 重复型。在 N-S 图中，每个处理步骤都是用一个盒子来表示的，这些处理步骤可以是语句或语句序列，在需要时，盒子中还可以嵌套另一个盒子，嵌套深度一般没有限制，只要整张图可以在一张纸上容纳下就行。

N-S 图有如下特点：

（1）每个构件具有明确的功能域。

（2）控制转移必须遵守结构化设计要求。

（3）易于确定局部数据和（或）全局数据的作用域。

（4）易于表达嵌套关系和模块的层次结构。

3）PAD

问题分析图（problem analysis diagram，PAD）只能描述结构化程序允许使用的几种基本结构，PAD 的一个独特之处在于，以 PAD 为基础，遵循一个机械的走树（free walk）规则就能方便地编写出程序。PAD 有如下特征：

（1）结构清晰，结构化程度高。

（2）易于阅读。

（3）最左端的纵线是程序主干线，对应程序的第一层结构；每增加一层，PAD 向右扩展一条纵线，故程序的纵线数等于程序的层次数。

（4）程序执行从 PAD 最左主干线上端结点开始，自上而下、自左向右依次执行，程序终止于最右主干线。

4）PDL

过程设计语言（procedure design language，PDL）又称为伪码，它是一种非形式化的比较灵活的语言。实际上 PDL 是对伪码的一种补充，它借助于某些高级程序语言的控制结构和一些自然语言的嵌套。一般说来，伪码的语法规则分为外语法和内语法。外语法应当符合一般程序设计语言常用的程序语句的语法规则；而内语法是没有定义的，它可以用自然语言的一些简洁的句子、短语和通用的数学符号来描述程序应该执行的功能。

用 PDL 表示的基本控制结构的常用词汇如下：

（1）顺序：A/A END。

（2）条件：IF/THEN/ELSE/END IF。

（3）WHILE 循环：DO WHILE/END DO。

（4）UNTIL 循环：REPEAT UNTIL/END REPEAT。

（5）分支：CASE OF/WHEN/SELECT/WHEN/SELECT/END CASE。

PDL 具备如下特征：

（1）含有为结构化构成元素、数据说明和模块化特征提供的关键词语法。

（2）处理部分的描述采用自然语言语法。

（3）可以说明简单和复杂的数据结构。

(4) 支持各种接口描述的子程序定义和调用技术。

8.3.7 软件测试与维护

在软件生命周期的各个阶段,都有可能会产生差错。虽然在每个阶段结束之前都有严格的复审,以期能尽早地发现错误。但是,经验表明审查并不能发现所有差错。如果在软件投入生产性运行之前,没有发现并纠正软件中的大部分错误,则这些错误迟早会在运行过程中暴露出来,甚至会造成严重的后果。

1. 软件测试的目的

(1) 软件测试是为了发现错误而执行程序的过程。

(2) 一个成功的测试是发现了至今尚未发现的错误。

2. 软件测试的准则

(1) 所有测试都应追溯到需求。

(2) 严格执行测试计划,排除测试的随意性。

(3) 充分注意测试中的群集现象。

(4) 程序员应避免检查自己的程序。

(5) 穷举测试一般不可能完成。

(6) 妥善保存测试计划、测试用例、出错统计和最终分析报告,为维护提供方便。

3. 软件测试技术与方法

1) 静态测试

静态测试一般是指人工评审软件文档或程序,借以发现其中的错误。因为被评审的文档或程序不必运行,所以称为静态的。

静态测试包括代码检查、静态结构分析、代码质量度量等。

2) 动态测试

动态测试是指通常的上机测试,这种方法是使程序有控制地运行,并从多种角度观察程序运行时的行为,以发现其中的错误。测试是否能够发现错误取决于测试实例的设计。动态测试的方法一般包括白盒测试方法和黑盒测试方法。

白盒测试方法即结构测试,它与程序内部结构相关,要利用程序结构的实现细节设计测试实例。它将涉及程序设计风格、控制方法、源语句、数据库设计、编码细节等。使用白盒测试方法需要了解程序内部的结构,此时的测试用例是根据程序的内部逻辑来设计的,若想用白盒测试方法发现程序中的所有错误,则必须使程序中每种可能的路径都至少执行一次。

白盒测试方法主要有逻辑覆盖、基本路径测试等。

(1) 逻辑覆盖测试。泛指一系列以程序内部的逻辑结构为基础的测试用例设计技术。通常所指的程序中的逻辑表示有判断、分支、条件等几种表示方式。

① 语句覆盖。语句覆盖是一个比较弱的测试标准,它的含义是,选择足够的测试实例,使得程序中的每个语句都能执行一次。

② 路径覆盖。执行足够的测试用例,使程序中所有的可能路径都至少经历一次。

③ 判定覆盖。设计足够的测试实例,使得程序中的每个判定至少都获得一次“真值”和“假值”的机会。判定覆盖要比语句覆盖严格,因为若每个分支都执行过了,则每个语句也执行过了。

④ 条件覆盖。对于每个判定中所包含的若干个条件,应设计足够多的测试实例,使得

判定中的每个条件都取到"真"和"假"两个不同的结果。条件覆盖通常比判定覆盖严格，但有的测试实例满足条件覆盖而不满足判定覆盖。

（2）基本路径测试。它的思想和步骤是根据软件过程性描述中的控制流程确定程序的环路复杂性度量，用此度量定义基本路径集合，并由此导出一组测试用例对每一条独立执行路径进行测试。

黑盒测试方法不关心程序内部的逻辑，只是根据程序的功能说明来设计测试用例。在使用黑盒测试方法时，只需要有程序功能说明就可以了。黑盒测试方法包括等价类划分法、边界值分析法和错误推测法。

（1）等价类划分法是一种典型的黑盒测试方法。它是将程序的所有可能的输入数据划分成若干部分，然后从每个等价类中选取数据作为测试用例。

使用等价类划分法设计测试方案，首先要划分输入集合的等价类。等价类包括：

① 有效等价类：合理、有意义的输入数据构成的集合。

② 无效等价类：不合理、无意义的输入数据构成的集合。

（2）边界值分析法是对各种输入、输出范围的边界情况设计测试用例的方法。实践证明，程序往往在处理边缘情况时出错，因而检查边缘情况的测试实例查错率较高。这里的边缘情况是指输入等价类或输出等价类的边界值。

（3）错误推测法。测试人员也可以通过经验或直觉推测程序可能存在的各种错误，从而有针对性地编写和检查这些错误的例子。错误推测法在很大程度上依靠直觉和经验进行，它的基本思想是列出程序中可能有的错误和容易发生错误的特殊情况，并且根据它们选择测试方案。

4. 软件测试的实施

软件测试是保证软件质量的重要手段，软件测试是一个过程，其测试流程是该过程规定的程序，目的是使软件测试工作系统化。

软件测试过程分四个步骤，即单元测试、集成测试、验收测试和系统测试。

1）单元测试

单元测试是对软件设计的最小单位——模块（程序单元）进行正确性检验测试。单元测试的目的是发现各模块内部可能存在的各种错误。单元测试的依据是详细的设计说明书和源程序。单元测试的技术可以采用静态分析和动态测试。

2）集成测试

集成测试是测试和组装软件的过程。集成测试所设计的内容包括软件单元的接口测试、全局数据结构测试、边界条件和非法输入的测试等。

集成测试时将模块组装成程序，通常采用非增量方式组装与增量方式组装。

（1）非增量方式组装也称为一次性组装方式，将测试好的每一个软件单元一次组装在一起再进行整体测试。

（2）增量方式组装是将已经测试好的模块逐步组装成较大系统，在组装过程中边连接边测试，以发现连接过程中产生的问题。增量方式包括自顶向下、自底向上、自顶向下与自底向上相结合的混合增量方法。

3）验收测试

验收测试的任务是验证软件的功能和性能及其他特性是否满足了需求规格说明中确定的各种需求以及软件配置是否完全、正确。

4）系统测试

系统测试是通过测试确认的软件作为整个计算机系统的一个元素，与计算机硬件、外设、支撑软件、数据和人员等其他系统元素组合在一起，在实际运行（使用）环境下对计算机系统进行一系列的集成测试和确认测试。系统测试的目的是在真实的系统运行环境下检验软件是否能与系统正确连接，发现软件与系统需求不一致的地方。

系统测试的具体实施包括功能测试、性能测试、操作测试、配置测试、外部接口测试、安全性测试等。

5. 程序的调试

在对程序进行成功测试之后将进行程序调试（排错），程序的调试任务是诊断和改正程序中的错误，调试主要在开发阶段进行。程序调试包括：

（1）错误定位。从错误的外部表现形式入手，研究有关部分的程序，确定程序中出错的位置，找出错误的内在原因。

（2）修改设计和代码，以排除错误。排错是软件开发过程中一项十分困难的工作，这也决定了调试工作是一项具有很强技术性和技巧性的工作。

（3）进行回归测试。防止修改程序时可能带来新的错误，重复进行暴露这个错误的原始测试或某些有关测试，以确认该错误是否被排除、是否引进了新的错误。

程序调试的方法有：

（1）强行排错法。作为传统的调试方法，其过程可概括为设置断点、程序暂停、观察程序状态、继续运行程序。涉及调试技术主要是设置断点和监视表达式。

（2）回溯法。该方法适合于小规模程序的排错，即一旦发现了错误，先分析错误征兆，确定最先发现“症状”的位置。然后，从发现“症状”的地方开始，沿程序的控制流程逆向跟踪源程序代码，直到找到错误根源或确定出错产生的范围。

（3）原因排除法。原因排除法是通过演绎法、归纳法和二分法来实现。

① 演绎法是一种从一般原理或前提出发，经过排除和精化的过程来推导出结论的思考方法。

② 归纳法是一种从特殊推断出一般的系统化思考方法。其基本思想是从一些线索着手，通过分析寻找到潜在的原因，从而找出错误。

③ 二分法的基本思想是，若已知每个变量在程序中若干个关键点的正确值，则可以使用定值语句（如赋值语句、输入语句等）在程序中的某点附近给这些变量赋正确值，然后运行程序并检查程序的输出。

习题八

一、选择题

1. 下列描述中，符合结构化程序设计风格的是（　　）。

   A. 使用顺序、选择和循环三种基本控制结构表示程序的控制逻辑

   B. 模块只有一个入口，可以有多个出口

   C. 注重提高程序的执行效率

D. 不使用goto语句

2. 下列概念中,不属于面向对象方法的是( )。

A. 对象 B. 继承 C. 类 D. 过程调用

3. 在面向对象方法中,一个对象请求另一对象为其服务的方式是通过发送( )。

A. 调用语句 B. 命令 C. 口令 D. 消息

4. 以下数据结构中不属于线性数据结构的是( )。

A. 队列 B. 线性表 C. 二叉树 D. 栈

5. 数据的存储结构是指( )。

A. 数据所占的存储空间量 B. 数据的逻辑结构在计算机中的表示

C. 数据在计算机中的顺序存储方式 D. 存储在外存中的数据

6. 栈底至栈顶依次存放元素A,B,C,D,在第5个元素E入栈前,栈中元素可以出栈,则出栈序列可能是( )。

A. ABCED B. DBCEA C. CDABE D. DCBEA

7. 已知数据表A中每个元素距其最终位置不远,为节省时间,应采用的算法是( )。

A. 堆排序 B. 直接插入排序 C. 快速排序 D. 直接选择排序

8. 在结构化方法中,用数据流程图作为描述工具的软件开发阶段是( )。

A. 可行性分析 B. 需求分析 C. 详细设计 D. 程序编码

9. 在软件生命周期中,能准确地确定软件系统必须做什么和必须具备哪些功能的阶段是( )。

A. 概要设计 B. 详细设计 C. 可行性分析 D. 需求分析

10. 软件调试的目的是( )。

A. 发现错误 B. 改正错误 C. 改善软件的性能 D. 挖掘软件的潜能

11. 在软件工程中,白箱测试法可用于测试程序的内部结构。此方法将程序看作( )。

A. 循环的集合 B. 地址的集合 C. 路径的集合 D. 目标的集合

12. 以下数据结构中属于线性数据结构的是( )。

A. 队列 B. 图 C. 二叉树 D. 树

13. 在一棵二叉树上第6层的结点数最多是( )。

A. 8 B. 16 C. 32 D. 15

14. 下列叙述中不正确的是( )。

A. 线性顺序表是线性结构 B. 栈与队列是非线性结构

C. 线性链表是线性结构 D. 二叉树是非线性结构

15. 在结构化方法中,用层次图作为描述工具的软件开发阶段是( )。

A. 可行性分析 B. 需求分析 C. 详细设计 D. 概要设计

16. 在软件开发中,下列任务属于分析阶段的是( )。

A. 数据结构设计 B. 给出系统模块结构

C. 定义模块算法 D. 定义需求并建立系统模型

17. 设一棵完全二叉树共有699个结点,则在该二叉树中的叶子结点数为( )。

A. 349 B. 350 C. 255 D. 351

18. 下列关于栈的叙述中不正确的是( )。

A. 在栈中只能从一端插入数据 B. 在栈中只能从一端删除数据

C. 栈是先进先出的线性表 D. 栈是先进后出的线性表

19. 对建立良好的程序设计风格,下列描述正确的是( )。

A. 程序应简单、清晰、可读性好 B. 符号名的命名要符合语法

C. 充分考虑程序的执行效率 D. 程序的注释可有可无

二、填空题

1. 用链表表示线性表的突出优点是________。
2. 子程序通常分为两类：________和函数,前者是命令的抽象,后者是为了求值。
3. 软件的 ________设计又称为总体结构设计,其主要任务是建立软件系统的总体结构。
4. 对软件是否能达到用户所期望的要求的测试称为 ________ 。
5. 某二叉树中,度为 2 的结点有 18 个,则该二叉树中有________个叶子结点。
6. 在面向对象的方法中,类的实例称为________。
7. 诊断和改正程序中错误的工作通常称为________。
8. 在关系数据库中,把数据表示成二维表,每一个二维表称为________。
9. 问题处理方案的正确而完整的描述称为________。
10. 实现算法所需的存储单元多少和算法的工作量大小分别称为算法的 ________。
11. 数据结构包括数据的逻辑结构、数据的________以及对数据的操作运算。
12. 一个类可以从直接或间接的祖先中继承所有属性和方法。采用这个方法提高了软件的________。
13. 面向对象的模型中,最基本的概念是对象和 ________。
14. 软件维护活动包括以下几类:改正性维护、适应性维护、________维护和预防性维护。
15. 算法的基本特征是可行性、确定性、________和拥有足够的情报。
16. 顺序存储方法是把逻辑上相邻的结点存储在物理位置________的存储单元中。
17. 杰克逊结构化程序设计方法是英国的 M. 杰克逊提出的,它是一种面向________的设计方法。

三、简答题

1. 前序遍历一棵二叉树,得到的结果是:ABDCEF,后序遍历同一棵树的结果是:DBEFCA,请画出这棵树。
2. 请问有哪些排序算法？描述各算法的原理和最坏时间复杂度。
3. 什么是软件危机?
4. 什么叫软件的生命周期,软件的生命周期分几个阶段?
5. 简要回答软件测试的目的和方法。
6. 对比说明结构化程序设计和面向对象程序设计的优缺点。
7. 简要说明面向对象的几个基本特征。

第九章　人工智能技术基础

人工智能经过六十多年的发展已经取得重大进展，正不断影响着人类社会生活。人工智能系统的开发和利用，已为人类创造出巨大的社会和经济效益，几乎渗透到包括移动互联网、智能终端、工业制造、医疗辅助诊断、自动化控制、智能机器人等在内的各个领域，正有力地促进着经济社会的发展。人工智能既是引领未来的战略性技术，也是经济发展的有力引擎，已成为国际竞争的新焦点。随着人工智能时代的到来，学习人工智能技术基础知识、了解和掌握人工智能的发展现状和未来发展趋势，已成为每一名大学生的迫切需求。

本章主要内容：人工智能的基本概念；人工智能的基本内容。

✲9.1　人工智能的基本概念

9.1.1　人工智能的定义

人工智能（artificial intelligence，AI）在现实生活中随处可见，如机器翻译、人脸识别、自动驾驶、智能推荐、语音识别等，而本书前面介绍的高性能计算机、操作系统、浏览器、媒体播放器等为什么一般不被纳入人工智能的范畴呢？这里就涉及人工智能的定义。

美国斯坦福大学人工智能研究中心尼尔斯·约翰·尼尔森（Nils John Nilsson）教授给出人工智能的定义为“人工智能是关于知识的科学——怎样表示知识以及怎样获得知识并使用知识的科学。”美国麻省理工学院的帕特里克·亨利·温斯顿（Patrick Henry Winston）教授给出了另一种通俗易懂的定义为“人工智能就是研究如何使计算机去做过去只有人才能做的智能工作。”斯图尔特·罗素（Stuart Russell）和彼得·诺维格（Peter Norvig）则认为人工智能是涉及“智能主体（intelligent agent）的研究与设计”的科学，而“智能主体”是指一个可以观察周围环境并做出行动以完成目标的系统。

这些说法反映了人工智能的基本思想和基本内容，即人工智能是研究人类智能活动的规律，构造具有一定智能的人工系统，研究如何让计算机去完成以往需要人的智力才能胜任的工作，也就是研究如何应用计算机的软硬件来模拟人类某些智能行为的基本理论、方法和技术。

人工智能常被看作计算机科学的一个分支，同时也是由多个学科互相渗透的综合学科。人工智能的研究不仅涉及数学、逻辑学、归纳学、统计学、控制学等基础学科，还包括社会科学、哲学、心理学、生物学、脑神经科学、认知科学、仿真科学、经济学、语言学等其他科学的研究。因此可以说,人工智能是一门集数门学科精华的综合学科。

人工智能的主旨是研究和开发出智能实体,并构造出一种新的能以类似人类智能的方式做出反应的智能机器,该智能机器能够胜任一些通常需要人类智能才能完成的复杂工作,如自动翻译、智能导航、语音识别等。如图 9-1 所示,通过让机器模拟人类各种智能形成了多种人工智能领域的研究分支。

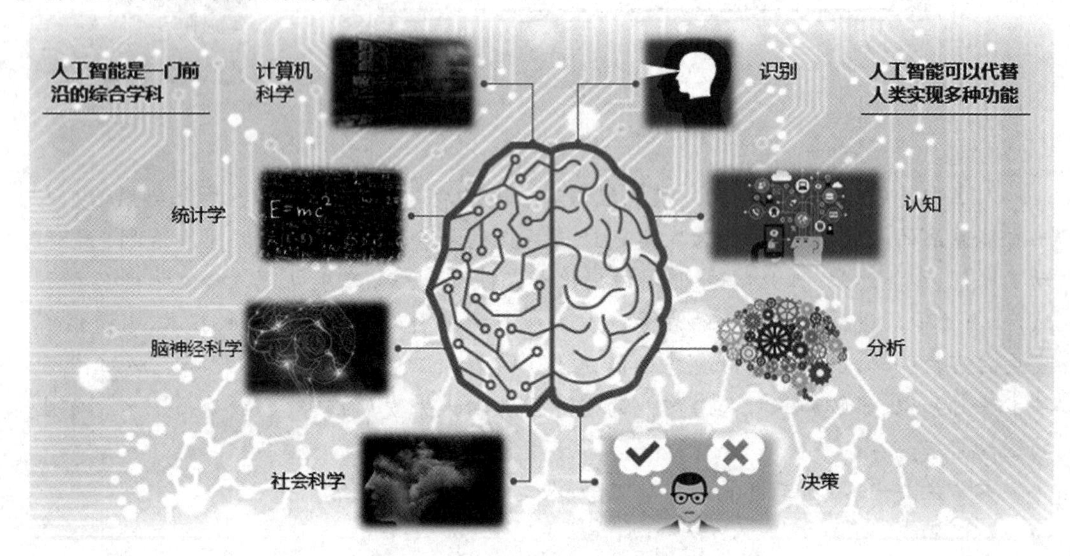

图 9-1 人工智能研究领域

实际上,在我们日常生活中经常会使用人工智能,我们所使用的许多互联网应用软件都已经运用了人工智能技术。下面举例说明部分人工智能技术的运用:

输入一段语音,应用软件会输出一段文本(语音识别);

输入一段英文,应用软件会输出一段中文(自动翻译);

输入一段文本,应用软件会输出一段音频(语音输出);

输入一张图像,应用软件会输出图像的内容(图片识别);

输入一张图像,应用软件会输出图像的文字性描述(图像标注);

输入两个地点,应用软件会输出一段行驶路线(智能导航);

输入一段传感器信息,应用软件会输出汽车下一个移动的位置(自动驾驶)。

根据智能主体的表现形态和智能水平,可将人工智能分为弱人工智能、强人工智能和超人工智能三个类别。我们日常生活中所使用的人工智能基本上属于弱人工智能。

1. 弱人工智能

弱人工智能(artificial narrow intelligence)是指擅长单一方面的人工智能。经典的弱人工智能有人脸识别系统、智能导航系统、搜索系统等。这些弱人工智能的一个显著特点是仅能完成单一领域的智能工作。例如,能够战胜围棋世界冠军的 AlphaGo 就属于弱人工智能,因为它只会下围棋,并不能进行运动控制、社交等其他的智能工作。

2. 强人工智能

强人工智能(artificial general intelligence)是指各个方面都能与人类比肩的人工智能。强人工智能简单来说就是达到人类水平,如图 9-2 所示,能够像人类一样适应复杂的环境变化，遇到问题能够解决问题的人工智能。教育心理学家琳达·戈特弗雷德森(Linda Gottfredson)教授将人工智能定义为“一种宽泛的心理能力，能够进行思考、计划、解决问题、抽象思维、理解复杂理念、快速学习和从经验中学习等操作”。强人工智能应该具有上述这些能力，在进行相应操作时能够表现出与人类相同的能力。强人工智能需要达到人类级别的智能，则必须理解更复杂的场景与环境，例如，计算机能够理解微小的面部表情变化，区分高兴、生气、放松、喜悦、焦虑、满足、紧张等不同的情绪，从而能够根据对方微小的面部表情变化进行恰当的交谈。计算机科学家唐纳德·克努特(Donald Knuth)认为：“人工智能已经在几乎所有需要思考的领域超过了人类，但是在那些人类和其他动物不需要进行过多思考就能完成的事情上，还差得很远。”实际上，一些人类觉得困难的事情，如科学计算、单词翻译等，对于计算机来说很简单。但对于一些人类觉得容易的事情，如视觉、感觉、直觉，对于计算机来说却很困难。总而言之，创造强人工智能比创造弱人工智能面临更巨大的挑战，需要脑科学的突破，现阶段还无法实现。

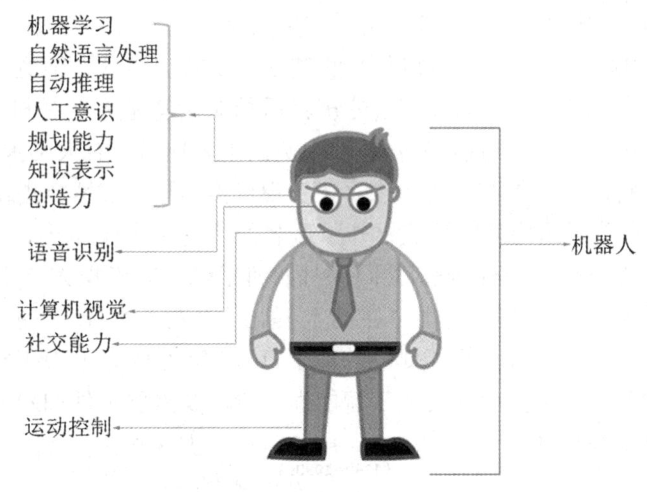

图 9-2 计算机模拟人类智能的人工智能研究领域示意

3. 超级人工智能

超级人工智能(artificial super intelligence)是在脑科学和类脑智能有了极大发展后，才可能出现的一个超强的智能系统。牛津大学尼克·博斯特罗姆(Nick Bostrom)教授将超级人工智能定义为：“在几乎所有领域都比最聪明的人类大脑聪明得多，包括科学创新、通识和社交能力。”超级人工智能在硬件方面，包括运算速度、存储容量、可靠性、持续性等都将有巨大提升。在软件方面，超级人工智能具有可编辑性、可升级性和同步性。与人脑不同，计算机软件可以进行持续的升级和修正，并且一个超级人工智能终端学会的新智能经过人工智能网络能够立刻被其他终端同步学习。

目前，人工智能发展非常迅速，并不断改变着人们的社会生活。国内外众多科研机构和科技公司纷纷大力研发人工智能。

9.1.2 人工智能发展简史

人工智能的历史源远流长，最早关于人工智能的神话传说可以追溯到古埃及。现代意义上的人工智能起源于古典哲学家尝试用机械化推理来模拟人的思考过程。在公元前的第一个千年，古典哲学家就已提出形式推理的结构化方法，其中著名的有亚里士多德

(Aristotle)对三段论的演绎推理进行了形式化分析，欧几里得(Euclid)所著的《几何原本》将希腊几何积累起来的丰富成果，整理到严密的逻辑系统运算之中。古典哲学家们对形式符号推理的演绎迈出了向人工智能发展的早期步伐。

20世纪40年代，计算机的诞生使信息存储和处理方式发生了革命性进展。以数字电子方式处理数据的发明，为人工智能的发展提供了一种媒介。随着计算机的兴起，能够进行数字处理的机器是否也可以进行符号处理成为了许多科学家的新议题，而符号或许可以模拟人类认知和思维的本质。

图9-3　图灵

1950年，被称为计算机科学之父的图灵(Turing)，如图9-3所示，发表了一篇具有划时代意义的论文《计算机器与智能》，尝试探讨究竟什么是人工智能，并首次提出了对人工智能的评价标准，即著名的图灵测试。让测试者(一个人)和被测试者(一台机器)通过键盘和屏幕等进行对话，测试者事先并不清楚与之对话的是一个人还是一台机器。在整个对话过程中，测试者可以向被测试者随意提问。如果经过5分钟的交流后，有超过30%的测试者无法分辨幕后的对话者是人还是机器，那么这台机器就通过了测试。也就是说，如果这台机器在整个测试中表现出具有人类水准的智能，那么称这台机器具备人工智能。图灵测试为未来真正实现机器“思考”的智能提供了重要的支持。

1956年8月，在美国达特茅斯学院召开了著名的达特茅斯学术会议，云集了一大批对人工智能发展做出重要贡献的科学家，共同探讨如何用机器来模拟人类学习和其他方面的智能。约翰·麦卡锡(John McCarthy)在会上提出了“人工智能”一词，由此沿用至今。达特茅斯会议被广泛认为是人工智能诞生的标志，1956年也被称为人工智能元年，由此进入人工智能发展的第一个黄金年代。人工智能发展阶段及重要事件如图9-4所示。

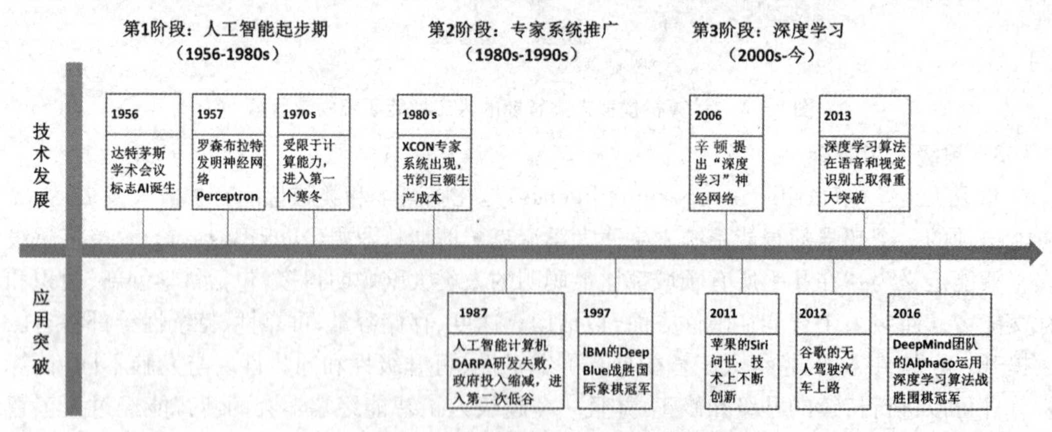

图9-4　人工智能发展阶段及重要事件

达特茅斯学术会议以后的数年，人工智能研究开始快速发展。人工智能的早期工作主要探讨了问题表示、搜索技术、通用启发、自然语言等一系列问题。其中，代表性的工作有由艾伦·纽厄尔(Allen Newell)、克里夫·肖(Cliff Shaw)和赫伯特·西蒙(Herbert Simon)等共同编写的通用问题求解程序(general problem solver)，可以解决很多常识性问题。1957年，弗兰克·罗森布拉特(Frank Rosenblatt)研发了第一个神经网络模型Perceptron，可以完成简单的视觉处理任务，将人工智能推向一个高峰。1958年，约翰·麦卡锡发明List

Processing (LISP)语言，LISP语言是一种面向人工智能应用的、具有重大意义的高级计算机程序语言，适用于符号处理、自动推理、硬件描述和超大规模集成电路设计等。LISP语言一经发布很快就被大多数开发者采纳，在相当长的时间里垄断人工智能的应用。1963年，麻省理工学院获得美国国防部高级研究计划局220万美元的经费，用于研究机器辅助识别，该项目吸引了全球各地的计算机科学家。此外，卡内基-梅隆大学、斯坦福大学、爱丁堡大学在当时也先后成立人工智能项目研究组，并获得充足的经费支持，进一步加快了人工智能研究的步伐。

20世纪70年代初，人工智能研究遭遇了瓶颈，随之而来的还有研究经费上的困难。即便是当时最成功的人工智能程序也只能尝试解决研究问题中最简单的一部分，只能解决"玩具问题"。人工智能研究者们遭遇了无法克服的基础性障碍：① 当时的计算机有限的内存和处理速度不能满足解决任何人工智能实际问题的需求；② 人工智能研究的许多问题具有指数级的计算复杂度，当时的硬件条件无法支撑人工智能程序发展成实用的系统；③ 更有效的人工智能应用系统，如计算机视觉和自然语言处理，要求对应用领域具有更多的内在知识；④ 研究进展缓慢，政府停止经费拨款和学术界质疑舆论造成人工智能研究雪上加霜。

20世纪70年代末至80年代初，一些更高级的人工智能程序被研发出来，能够依据一组从专业知识中推演出的逻辑规则在某一特定领域完成具体的任务，如分析、设计和诊断等，这类人工智能程序被称为"专家系统"。专家系统能够模拟人类专家解决某一特定领域的问题，得益于计算机硬件水平的提升，专家系统的实用性大大增强，逐渐被各国公司所接受，而知识工程亦成了当时人工智能研究的主流方向。专家系统被逐渐应用在医疗诊断、有机物分子结构分析、计算机系统的配置、矿藏评估等多个领域。专家系统在20世纪80年代应用最成功的案例是美国数字设备公司(Digital Equipment Corporation，DEC)的专家配置系统XCON。XCON可以在客户订购DEC旗下计算机时，按照需求自动配置零部件，它为公司每年省下四千万美元。这一获得巨大成功的案例激励着全世界的科技公司积极研发和应用专家系统，大量的资金被投入人工智能领域的研究，这促使着人工智能研究进入第二次繁荣时期。

1987年，人工智能市场需求开始下跌，XCON等最初获得成功的专家系统因为维护费用高、难以升级、运行不稳定等原因，逐渐走向衰落。各个大力推进的人工智能研究计划先后遭遇严峻挑战和困难，无法实现预期目标。美国国防部高级研究计划局支持的智能机器人研发失败，进一步造成政府经费投入缩减。人工智能研究再次进入低谷。

在20世纪80年代后期，其他的一些人工智能研究领域也取得了一定的进展，计算机视觉便是其中之一。大卫·马尔(David Marr)提出通过一幅图像的轮廓、颜色、形状、纹理等基本特征来识别图像，奠定了计算机视觉领域的理论基础。此外，1986年，由鲁姆哈特(Rumelhart)等提出的误差反向传播法，即error BackPropagation算法，使得训练多层神经网络解决复杂学习问题成为可能，并成为应用最为广泛的神经网络模型之一。

20世纪90年代中期至今，人工智能迎来发展的春天。1997年，IBM公司研发的"深蓝(Deep Blue)"超级计算机在六局比赛中以两胜一负三平的成绩击败国际象棋世界冠军卡斯帕罗夫(Kasparov)。2006年，杰弗里·辛顿(Geoffrey Hinton)提出"深度学习"神经网络，使得人工智能性能获得突破性进展。2007年，李飞飞研究团队建立了一个大型的图像标注数据库ImageNet，并随后每年举办ImageNet大规模视觉识别挑战赛，极大地促进了计算机视觉的研究进展。2011年，IBM公司研发的使用自然语言回答问题的智能程序"沃森

(Watson)"引起轰动。2012年,多伦多大学研究团队设计的卷积神经网络在ImageNet视觉识别大赛上一举夺魁,比前一年的最高识别精度有了显著提高,开启了深度学习的时代。2013年开始,深度学习算法被广泛运用在各类产品开发中,国内外知名科技公司纷纷成立人工智能研究院,如谷歌公司成立深度学习推广平台,百度公司成立深度学习研究院。2016年,谷歌公司研发的人工智能AlphaGo战胜围棋世界冠军李世石,将人工智能推向一个崭新的高度。

随着人工智能技术的快速发展和商业应用的快速推广,人工智能成了各国之间的竞争新赛道。2017年7月,国务院印发了《新一代人工智能发展规划》,从国家层面制定了未来十多年人工智能的战略部署。

9.1.3 人工智能的研究方法

人工智能经过60多年的不断发展,已成为一门具有日臻完善的理论基础和广阔应用前景的前沿科学。来自世界各国不同学科和不同专业背景的科学家纷纷投入人工智能的研究中,涌现出大量的研究方法,取得一系列突破性的成果。目前人工智能的研究可分为符号主义(symbolicism)、连接主义(connectionism)和行为主义(actionism)三个学派。不同的人工智能学派各自形成不同的研究方法,即功能模拟法、结构模拟法和行为模拟法。

1. 符号主义

符号主义是人工智能的主流派别,所采用的研究方法为功能模拟法。符号主义基于艾伦·纽厄尔和赫伯特·西蒙的物理符号系统假说,认为智能行为的理论基础是物理符号系统,知识的基本元素是符号,认知过程是符号模式的各种运算过程。功能模拟法主要采用符号表达的方式,对人脑从功能上进行模拟。这类方法对人脑功能模拟的行为和为完成这一行为所做的机器合成大多要经过三个阶段:

(1) 知识阶段,将人脑的心理模型相应的知识赋予机器。

(2) 符号表示阶段,将问题或知识表示成某种逻辑网络。

(3) 符号处理阶段,采用符号推演的方法,实现搜索、推理和学习等功能,从宏观上模拟人脑的思维,实现机器智能。

多数功能模拟法采用自上而下的设计方法,从知识阶段向下到符号表示和符号处理阶段。功能模拟法在人工智能研究领域曾长期一枝独秀,在专家系统、数学定理证明、信息检索、机器博弈、自动推理等领域取得令人振奋的成就。

功能模拟法虽然能模拟人脑的高级认知功能,但仍然存在许多局限性:

(1) 人脑是极其复杂的,它能处理的许多问题往往无法被形式化,如常识性问题、人类情感和人类语言等,而功能模拟法的内核难以处理无法被形式化的问题。

(2) 即便是能够被形式化的知识或问题,构造实现的算法也极具挑战,如组合爆炸难题。

(3) 采用符号表达的方式来模拟人脑功能,其有效性很大程度取决于符号表示的准确性,在将问题或知识转换成可以处理的符号时,很可能丢失一些重要的细节信息。

因此,仅使用功能模拟法无法解决人工智能的全部问题,结合功能模拟法与其他方法有助于提升人工智能的可靠性。

2. 连接主义

1943年由麦卡洛克(McCulloch)和皮茨(Pitts)创立的人工神经元模型,开启了人工神经网络研究法,也称为结构模拟法。结构模拟法是根据人脑的生理结构和工作机理,采用数值计算的方法，从微观上来模拟人脑，实现机器智能。采用结构模拟，运用神经网络和神经计算的方法研究人工智能的学派，被称为连接主义。与符号主义不同，连接主义认为人类思维的基元是神经元而不是符号，认知过程应该对人脑的生理结构和工作机理进行模拟，不再是符号处理的过程。

结构模拟法以计算的方式仿造人的神经网络系统，来实现机器智能。人工神经网络中最为关键的一环是连接。学习的过程，即是某些连接的不断增强、某些连接的不断减弱的过程。相比20世纪80年代，如今神经网络的精度以及处理任务的复杂度都有一定的提升，尤其是网络规模有了巨大的增长。随着高性能的硬件设施和软件实现，以深度学习为代表的新一代结构模拟法取得巨大的成功，并在计算机视觉与模式识别领域取得广泛的工业应用。

以神经网络为核心的连接主义方法也存在局限性，即不能模拟人的思维过程。神经网络可以具有很多层，也较容易训练，但是训练得到的神经网络没有实际物理意义。相对于神经网络而言，在人脑系统中具有非常明确的定义，可以容易实现举一反三推理。如何将神经网络和人类智能中逻辑思维能力对应起来，是目前连接主义方法面临的挑战。部分学者寄希望于将神经网络中的连接和深层次的统计相结合，进一步提升结构模拟法的性能。

3. 行为主义

不同于符号主义和连接主义，行为主义认为智能行为的基础既不是符号也不是神经元，而是“感知—行动”的反应机制。智能无须知识表示，也无须推理。智能只是在与环境交互作用中表现出来，不应采用集中式的模式，而是需要具有不同的行为模块与环境交互，以此来产生复杂的行为。行为主义采用的研究方法称为行为模拟法。

传统的人工智能在建造机器人时，采用的是“感知—建模—计划—行动(sense-model-plan-act)”框架，而行为主义学派的代表人物布鲁克斯(Brooks)认为：机器人只需要感知和行动两步就已足够，而无须中间两步。布鲁克斯所发明的六足行走机器人便是一个基于“感知—行动”模式来模拟昆虫行为的控制系统，是行为模拟法研究人工智能的代表作，为人工智能研究开辟了一条新途径。

符号主义、连接主义和行为主义从不同的侧面研究了人工智能，与人脑的思维模型有着对应的关系。粗略地划分，符号主义模拟抽象思维，连接主义模拟形象思维，而行为主义模拟灵感思维。这些方法从不同角度研究人工智能，各有所长，也各有一定的局限性。随着人工智能研究的发展和前沿科学的不断突破，逐渐兴起采用集成模拟方法研究人工智能，即集成各个学派的优势，密切合作，取长补短，在解决实际问题的每一个步骤，选择最合适的方法，形成更先进的理论体系和方法论。

人工智能的研究方法随着技术的进步而不断丰富，人工智能与各类前沿科学的结合，也使得人工智能的研究必然日趋多样化。

※9.2 人工智能的基本内容

9.2.1 知识表示

1. 知识的概念

人类的智能活动主要是获得并运用知识。知识是一个抽象的术语，用于尝试描述人对某种特定对象的理解,是人们在长期的生活、社会实践、科学研究等场景中获得的对客观世界的认识与经验。知识可以被看成是由很多信息关联以后得到的一种信息结构,它是由事实和信息之间的规则形成的,经过整理、加工、理解、改造以后得到的信息。例如,人们经过多年的观察发现,每当快要下雨时,燕子常常低飞,于是把“燕子低飞”和“天将下雨”两个信息关联起来,形成一条知识:若燕子低飞,则预示天将要下雨。

知识具有相对正确性、不确定性、可表示性与可利用性等特性。

(1) 相对正确性是指在一定的条件与环境下,知识一般是正确的。

(2) 不确定性指知识并不总是非“真”即“假”两种状态,而是在“真”与“假”之间存在很多中间状态。

(3) 可表示性是指知识能够用恰当的形式表示出来,如人类语言和文字、图形、神经网络等。

(4) 可利用性是指知识可以被人类所利用来解决各种各样的问题。

人类语言和文字是知识表示的最通用的方法,但这种知识表示方法无法适用于计算机处理。人工智能是研究人类智能活动的规律,构造具有一定智能的人工系统。为使机器具有智能,首先需要使它具有知识。因此,知识表示成为人工智能研究中一个重要的研究内容。

2. 知识表示方法

知识表示是指将人类知识形式化或模型化,转换成一种计算机可以理解的用于描述知识的数据结构。下面介绍两种经典的知识表示方法。

1) 一阶谓词逻辑表示法

一阶谓词逻辑表示法是指用谓词公式来表示知识,实际上是将人类知识转换成一个包含个体、函数和谓词的概念化形式。谓词逻辑相对于数学中的函数表示,谓词名是根据实际意义由使用者自主定义的英文名,如谓词 N(x),可以定义它表示“x 是一个自然数”,也可以定义它表示“x 是大于或等于零的数”,还可以定义它表示“x 是一个人”,可以由使用者针对具体场景而设定。在谓词中,个体可以是常量、变量,亦可以是函数。

一阶谓词逻辑表示法的基本步骤如下:

(1) 定义相关知识的谓词和个体,给出确切的解释;

(2) 根据要表达的知识,为谓词中的变量赋值;

(3) 用恰当的连接符号将各个谓词连接起来,构造一阶谓词公式。

下面我们通过两个例子来介绍如何使用谓词逻辑来表示知识。

例 9-1 用谓词逻辑表示土豆是一种可食用的植物,但它不是水果。

第 1 步,定义谓词如下:

IsPlant(x):x 是一种可食用的植物;

IsFruit(x):x 是水果。

第 2 步,对谓词中的变量进行赋值,得到:IsPlant(potato),IsFruit(potato)。

第 3 步,用逻辑连接符将谓词连接起来,即得到表示上述知识的一阶谓词公式:IsPlant(potato)^~IsFruit(potato)。

一阶谓词逻辑表示法具有自然性、精确性、严密性、容易实现的优点,但存在不能表示不确定的知识、容易造成组合爆炸、推理效率低等缺点。谓词逻辑表示法常用于方程求解、定理证明以及专家系统的知识表达等。

2）产生式表示法

产生式表示法，又称为规则表示法，表示一种条件—结果形式。产生式表示法主要用于描述知识和陈述各种过程知识之间的控制，及其相互作用的机制。

（1）确定性规则知识的产生式表示的基本形式为

$$P \rightarrow Q$$

或

IF P THEN Q

其中P是产生式的前提，指该产生式是否满足的先决条件，由事实的逻辑组合构成；Q是一组结论或操作，是当产生式条件被满足时得到的结论或者应该执行的操作。

例9-2 有这样的一条产生式：

r1:IF 动物有犬齿 AND 有爪 AND 眼盯前方

THEN 该动物是食肉动物

在该条产生式中，r1为该产生式的编号；"动物有犬齿 AND 有爪 AND 眼盯前方"是产生式的前提P，"该动物是食肉动物"是产生式的结论Q。

（2）不确定性规则知识的产生式表示的基本形式是

P→Q(置信度)

或

IF P THEN Q(置信度)

例9-3 在专家系统MYCIN中有如下产生式：

IF 本生物的染色斑是革兰氏阴性，

本微生物的形状呈杆状，

病人是中间宿主

THEN 该微生物是绿脓杆菌，置信度为0.6

该条产生式表示，当IF后面的每个条件均满足时，获得结论"该微生物是绿脓杆菌"可以相信的程度是0.6。

将多个产生式有机结合，即形成产生式系统。一个产生式系统通常由全局数据库、产生式规则和控制系统三部分组成。在产生式系统中，其中一个产生式生成的结论可以供另一个产生式作为前提条件使用，各个产生式互相配合，协同作用，以求得问题的解。产生式表示法具有自然性、模块性、有效性、清晰性等优点，但存在推理效率低下、表达不直观、缺乏灵活性等缺陷。产生式方法是目前专家系统常用的知识表示方法，如用于化工工业测定分子结构的DENDRAL系统，用于诊断脑膜炎和血液病毒感染的MYCIN系统以及用于估计矿藏的PROSPECTOR系统等。

其他的知识表示方法还有框架表示法、语义网络表示法、面向对象的知识表示法、基于本体的知识表示法等，这里不再详细介绍。对知识表示新方法和融合多种表示方法的研究仍然是众多人工智能专家和学者关注的研究方向。在处理人工智能的问题求解时，选择恰当的知识表示方法，可以有效地提高问题求解的效率。

9.2.2 机器学习

机器学习是人工智能研究的一个重要分支，一直受到人工智能专家和学者的普遍关注，尤其是近年来深度学习的兴起使机器学习掀起了新一轮的研究与应用热潮。

1. 机器学习的定义

机器学习是研究机器模拟人类的学习活动、获取知识和技能的理论和方法,以改善系统性能的学科。机器学习主要研究人类的学习机制和学习过程,探索各种可能的学习方法,根据特定任务的要求,建立相应的学习系统。

从广义上来说,机器学习方法尝试赋予机器学习的能力并以此使其完成直接编程无法完成的功能。从实践的意义上来说,机器学习方法是计算机利用已有的数据,训练出某种模型,然后使用模型进行预测的一种方法。人类在长期生活与工作中形成许多经验,经过归纳,获得事物的一般规律。这种规律往往是从足够多的具体事例中获得的一般性知识。当人们遇到未知的问题时,这种规律可以指导人们进行求解和推测。例如,由“鸡蛋可以孵化出小鸡”“麻雀蛋可以孵化出麻雀”“鸭蛋可以孵化出鸭子”等事例中,人们有可能归纳出“蛋都可以孵化成动物幼崽”这样的结论。当遇到一种新的产蛋的动物时,便可由此进行推测。实际上,机器学习中的“训练”与“预测”过程与人类的“归纳”和“推测”过程相对应,如图9-5所示。因此,机器学习是对人类学习、获取知识活动的一个模拟。

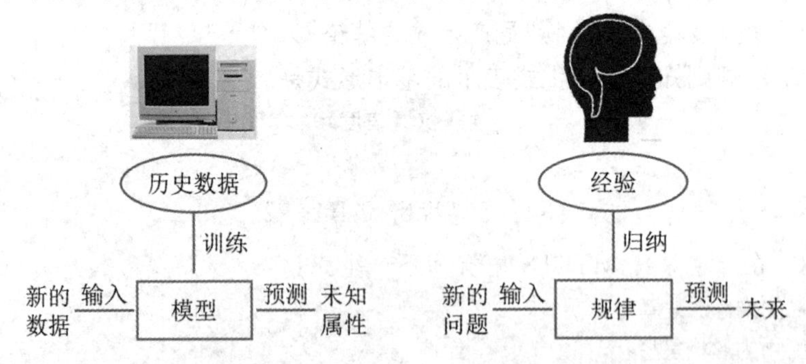

图9-5 机器学习与人类学习的类比

机器学习有两个主要任务,分类和回归。分类是将实例数据划分到合适的分类中。回归主要用于预测数值型数据,通过数据拟合曲线来进行数据拟合,预测可能的结果。分类和回归都属于监督学习,监督学习必须首先要知道预测什么,即目标变量的分类信息。而非监督学习则在数据上并没有类别信息,也不会给定目标值。在非监督学习中,将数据集合分成由类似的对象组成的多个类的过程称为聚类,寻找描述数据统计值的过程称为密度估计。

2. 机器学习的方法

1) 归纳学习

归纳学习是应用归纳推理进行学习的一类方法。归纳学习指从大量的经验数据中归纳抽取出一般的判定规则和模式。

一个归纳学习系统的模型,通常包括实例空间和规则空间两个空间,如图9-6所示。其中,解释过程通过对实例空间中的例子进行适当的转换,解释为规则空间能够接受的形式。实例规划过程利用解释后的例子搜索规则空间,完成实例选择。

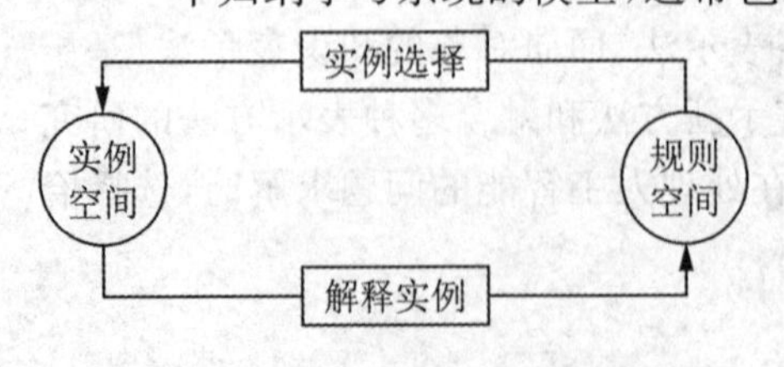

图9-6 归纳学习系统模型

归纳学习又可分为示例学习和观察发现学习。示例学习是指通过环境中若干与某概念有关的例子，经归纳得出一般性概念的一种学习方法。例如，用一批动物作为示例，并且告诉学习系统哪个动物是“马”，哪个动物不是。当示例足够多的时候，学习系统能够概括出关于“马”的概念模型，从而使自己具有识别“马”的能力。观察发现学习是指根据事例确定一个规律或理论的一般性描述，强调观察对象的描述性概括。例如，对喜鹊、麻雀、布谷鸟、乌鸦、鸡、鸭、鹅……进行描述，可根据它们是否是家养分为鸟＝{喜鹊、麻雀、布谷鸟、乌鸦……}，家禽＝{鸡、鸭、鹅……}两类，这里的“鸟”和“家禽”就是由观察和分类得到的新概念。

2）决策树学习

分类决策树模型是一种描述对实例进行分类的树形结构。决策树由结点和有向边组成。结点有内部结点和叶结点两种类型，内部结点表示决策或学习过程中所考虑的属性；叶结点表示一个类，即不同属性形成不同的分支。当使用决策树对某一事例进行学习、做出决策时，从根结点开始，对实例的某一个特征进行测试，根据测试结果，将实例分配到其子结点；此时，每一个子结点对应着该特征的一个取值。如此递归向下移动，直至达到叶结点，此叶结点即包含学习或决策的结果。

例 9－4 一个借贷业务评估的决策树模型如图 9－7 所示，内部结点分别表示借贷业务评估的一些属性，叶结点对应着两种决策的结果。应用该决策树，即可对借贷业务风险进行评估。假定现在对一名年收入 8 万元但没有房产且未婚的客户进行评估，根据决策树进行决策，可以获得该客户“无法偿还”的结果。

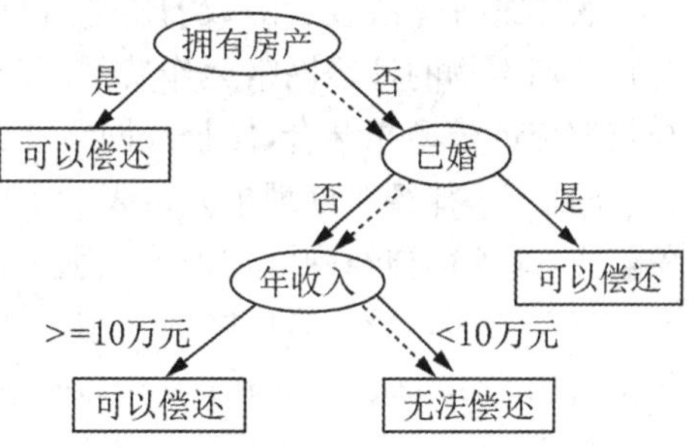

图 9－7 借贷业务评估的决策树模型

决策树的学习过程通常包括三个步骤：

（1）特征选择：从训练数据的特征中选择一个特征作为当前结点的分裂标准，特征选择的标准不同产生了不同的特征决策树算法；

（2）决策树生成：根据所选特征评估标准，从上至下递归地生成子结点，直到数据集不能进一步划分为止；

（3）剪枝：决策树容易过度拟合，需要剪枝来缩小树的结构和规模（包括预剪枝和后剪枝）。

常用的构成决策树的算法有 ID3，C4.5，CART 和 CHAID 等。决策树学习以实例为基础进行归纳学习，能够进行多概念学习，具有便捷、广泛的应用领域等优点。但决策树存在如下局限性：① 决策树的结果可能是不稳定的，因为在数据中一个很小的变化可能生成一棵完全不同的树；② 决策树的知识表示没有规则，易于理解；③ 不能处理未知属性值的情况。

3）神经网络学习

人工神经网络（artificial neural network，ANN）简称神经网络，是基于生物学中神经网络的基本原理，在理解和抽象了人脑结构和外界刺激响应机制后，以网络拓扑知识为理论基础，模拟人脑的神经系统对复杂信息的处理机制的一种学习模型。该模型以并行分布的处理能力、高容错性、智能化和自学习能力等为特征，将信息的加工和存储结合在一起，以其独特的知识表示方式和智能化的自适应学习能力，引起各学科领域的关注。

神经网络实际上是一种运算模型，由大量的结点（或称为神经元）之间相互连接构成。

每一个结点代表一种特定的输出函数,称为激活函数(activation function)。每两个结点间的连接代表一个对于通过该连接信号的加权值,称为权重(weight)。神经网络的学习是指调整神经网络的连接权值或者结构,使输入输出具有需要的特性。

如图9-8所示,通常一个神经网络包括输入层(input layer)、隐藏层(hidden layer)和输出层(output layer)。图中圆圈可以视为一个神经元或者处理单元,设计神经网络的重要工作是设计隐藏层和神经元之间的权重,添加少量的隐藏层可获得浅层神经网络,生成多个隐藏层则获得深层神经网络。输入层的处理单元接受外部的信号与数据;输出层的处理单元实现系统处理结果的输出;隐藏层的处理单元是处在输入和输出单元之间,是系统外部无法观察的单元。神经元间的连接权值反映了单元间的连接强度,信息的表示和处理体现在网络处理单元的连接关系中。

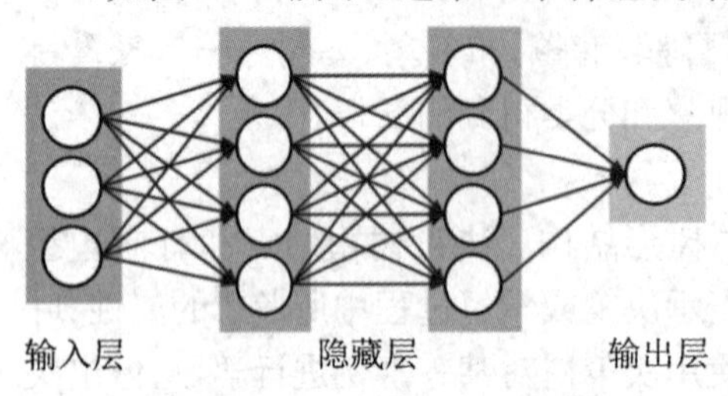

图9-8　神经网络的结构

神经网络的输出取决于网络的结构、连接方式、权重和激活函数。而网络自身通常都是对自然界某种算法或者函数的模拟,也可能是对一种逻辑策略的表达。神经网络的构筑理念是受到生物的神经网络运作启示而产生的。人工神经网络方法把对生物神经网络的认识与数学统计模型相结合,使神经网络能够具备类似于人的决策能力和简单的推断能力。在神经网络中,神经元处理单元可表示不同的对象,例如特征、字母、概念或者一些有意义的抽象模式,这使得神经网络在模式识别、机器视觉、自动控制、信号处理、数据挖掘、组合优化问题求解等诸多领域具有广阔的应用。代表性的神经网络模型有BP神经网络、Hopfield神经网络和RBF(radical basis function)神经网络等。

4) 深度学习

深度学习算法是一类基于生物学对人脑的进一步认识,将神经—中枢—大脑的工作原理设计成一个不断迭代、不断抽象的过程,以便得到最优数据特征表示的机器学习算法。该算法从原始信号开始,先做底层抽象,然后逐渐向高层抽象迭代,由此组成深度学习算法的基本框架。深度学习算法是机器学习研究的一个新方向,源于对人工神经网络的进一步研究。

深度学习算法的一个重要特点是采用了多层神经网络的分层结构,包括输入层、隐藏层(多个)、输出层组成的多层结构。相对于传统的神经网络,多隐藏层的神经网络具有优异的特征学习能力,学习得到的特征对数据有更本质的刻画,从而有利于可视化或分类。深度神经网络在训练上的难度,可以通过"逐层初始化"来有效克服。

深度学习的核心是特征学习,旨在通过分层网络获取分层次的特征信息,从而解决以往需要人工设计特征的重要难题。深度学习是一个框架,包括许多重要的模型,如卷积神经网络(convolutional neural network,CNN)、自动编码器(autocoder)、稀疏编码(sparse coding,SC)、受限玻尔兹曼机(restricted Boltzmann machine,RBM)、深度信念网络(deep belief network,DBN)、多层反馈循环神经网络(recurrent neural network,RNN)等。面对不同的问题和不同的处理对象,如图像、语音、文本等,需要选用不同的网络模型才能获得更好的效果。

下面以卷积神经网络为例,介绍深度学习框架的运行机制。卷积神经网络是目前模式识别领域广泛使用的深度学习方法。卷积神经网络受生物学上感受野(receptive field)的机制而提出，可以利用神经网络中间某一层的输出当作数据的另一种表达，从而逐步获得经过网络学习的特征。卷积神经网络具有局部连接、权重共享以及空间或时间上的次采样性等三个结构特性，这些特性使得卷积神经网络在一定程度上具有平移、缩放和扭曲不变性。以基于卷积神经网络进行手写字识别为例，如图 9-9 所示，网络输入为一个 32×32 的手写字图像，经过多次卷积层和采样层对原始信号进行加工，实现特征映射，最终将原始图像映射成 120 维的特征向量，并通过一个包含 84 个神经元的连接层实现与输出层目标之间的映射，以达到识别图像的目的。在该网络中的所有卷积层，每个神经元都共享相同的连接权重。可以发现，以卷积神经网络为代表的深度学习算法能够有效地处理大规模的数据的相关机器学习问题，这是因为它学习的网络结构具有众多的参数，少量数据则无法对参数进行有效训练。

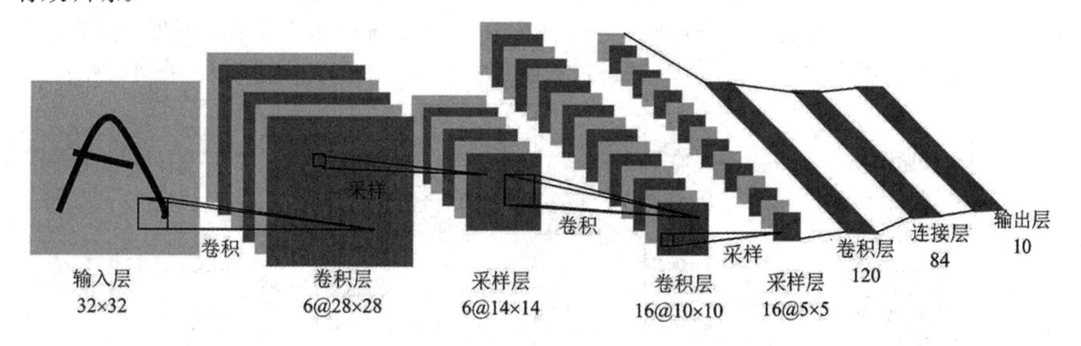

图 9-9　卷积神经网络用于手写字识别

2013 年 4 月，麻省理工学院主办的 *Technology Review* 杂志将深度学习列为 2013 年十大突破性技术之首。目前以深度学习为核心的许多机器学习应用，在满足特定条件的应用场景下，已经达到了超越现有算法的识别或分类性能。深度学习方法在学术和工业界均受到广泛的关注。

9.2.3　专家系统

专家系统是人工智能应用研究的主要领域。专家系统的诞生使得人工智能的研究从面向基本技术和基本方法的理论研究走向解决实际问题的应用研究，并在化学、医疗、地质、气象、教学和军事等方面取得了许多重要的研究成果，极大地提高了人们的工作效率。

1. 专家系统的基本概念

专家系统是一个含有大量某个领域的专家知识与经验的智能计算机程序系统，能够利用人类专家的知识和解决问题的方法来处理该领域问题。因此，专家系统是一种模拟人类专家解决领域问题的计算机程序系统。

专家系统具有如下特点：

(1) 启发性：专家系统能够运用专家的知识与经验进行推理、判断和决策。

(2) 透明性：专家系统能够解释推理过程和回答用户提出的问题。

(3) 灵活性：专家系统能不断地增长知识，修改原有知识，更新知识库。

(4) 交互性：专家系统一般都是交互式系统，具有良好的人机交互界面。

(5) 可推理性：专家系统的核心是知识库和推理机，专家系统不仅能根据确定性知识进行推理，还能够根据不确定性的知识进行推理。

专家系统具有很多优点，具体包括以下几个方面：

(1) 专家系统能够高效率、准确、周到、迅速和不知疲倦地进行工作。

(2) 专家系统解决实际问题时不受周围环境的影响,也不可能遗漏忘记。

(3) 专家系统能使专家的专长不受时间和空间的限制,以便推广珍贵和稀缺的专家知识与经验。

(4) 专家系统能促进各领域的发展。

(5) 专家系统能汇集多领域专家的知识和经验,使得各领域专家协作解决重大问题。

(6) 专家系统的研制和应用,具有巨大的经济效益和社会效益。

(7) 研究专家系统能够促进整个科学技术的发展。

2. 专家系统的结构

不同类型的专家系统,其功能和系统结构也都不尽相同,选择恰当的系统结构,对专家系统的有效性与适应性有很大的影响。一个典型的专家系统应由六个部分组成,包括人机接口、推理机、数据库、知识库、知识获取机构、解释机构等。其组织关系如图 9-10 所示。

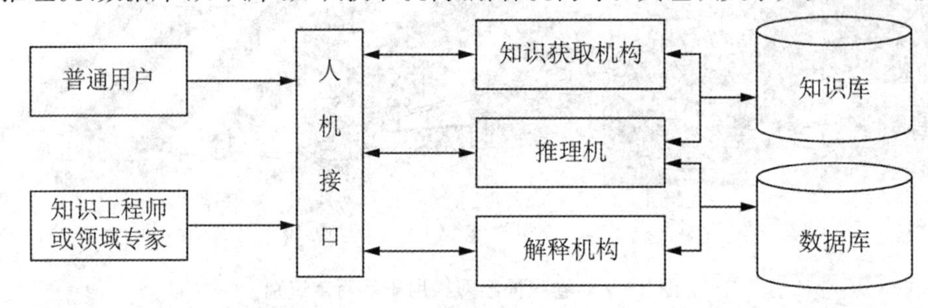

图 9-10 专家系统的一般结构

(1) 人机接口是专家系统与知识工程师或领域专家及普通用户间进行信息交互的媒介,由一组程序及相应的硬件组成。领域专家或者知识工程师通过人机接口输入知识,更新、完善知识库。普通用户通过人机接口向专家系统进行提问,专家系统则通过人机接口输出运行结果,回答用户的提问或者向用户索取进一步的事实。

(2) 推理机是专家系统的"思维"机构,是构成专家系统的核心部分,其任务是模拟领域专家的思维过程,控制并执行对问题的求解。它能根据当前已知的事实,利用数据库中的知识,按一定的推理方法和控制策略进行推理,求得问题的答案或证明某个假设的正确性。

(3) 数据库又称为综合数据库、黑板等,用于存放有关领域问题的初始事实、问题描述以及推理过程中得到的各种中间状态和最终结果等信息。数据库相当于专家系统的工作存储器,其规模和结构可根据系统目的的不同而有所区别。在推理过程中,数据库中的内容是动态变化的。

(4) 知识库是专家系统的知识存储器,用来存放被求解问题相关领域内的原理性知识或一些相关的事实以及专家的经验性知识。原理性或事实性知识是一种广泛公认的知识,即书本知识和常识,而专家的经验性知识则是长期实践的结晶。知识库中的知识来源于知识获取机构,同时它又为推理机提供求解问题所需的知识。

(5) 知识获取机构是专家系统中的一个重要部分,也是目前建造专家系统的瓶颈。其基本任务是从知识工程师或领域专家那里获取知识,并从训练数据中自动获取知识,建立起健全、完善、有效的知识库,以满足求解领域问题的需要。不同专家系统的知识获取的功能与实现方法差别较大,有的系统采用自动获取的方法,而有的采用非自动或半自动的获取方法。

(6) 解释机构旨在回答用户提出的问题和解释系统的推理过程,由一组程序组成。解释机构能够回答用户所提出的问题以及解释问题的结果是如何产生的,这是专家系统区别于一般程序的重要特征之一。另外,解释机构通过对自身行为的解释还可以帮助系统建造者发现知识库与推理机中的错误,有助于对系统进行调试与维护。因此,无论是对用户还是对系统自身,解释机构都是专家系统不可缺少的一个重要组成部分。

3. 专家系统的类型

专家系统有如下几种类型:

(1) 解释专家系统。解释专家系统通过对已知信息和数据的分析与解释,确定它们的含义,如语音理解、图像分析、系统监视、化学结构分析和信号解释等。

(2) 预测专家系统。预测专家系统通过对过去和现在已知状况的分析,推断未来可能发生的情况,如气象预报、军事预测、人口预测、交通预测、经济预测和谷物产量预测等。

(3) 诊断专家系统。诊断专家系统根据观察到的情况(数据)来推断出某个对象机能失常(故障)的原因,如医疗诊断、电子机械和软件故障诊断以及材料失效诊断等。

(4) 设计专家系统。设计专家系统能根据给定要求进行相应的设计,如用于工程设计、电路设计、建筑及装修设计、服装设计的专家系统。代表性的设计专家系统有 VAX 计算机结构设计专家系统、XCON 计算机系统配置系统等。

(5) 规划专家系统。规划专家系统能按给定目标拟定总体规划、行动计划、运筹优化等,如军事指挥调度系统、ROPES 机器人规划专家系统、汽车和火车运行调度专家系统等。

(6) 监视专家系统。监视专家系统能对系统、对象或过程的行为进行不断观察,并把观察到的行为与其应当具有的行为进行比较,一旦发现异常情况,能尽快地做出反应,如黏虫测报专家系统等。

(7) 控制专家系统。控制专家系统能够自适应地管理一个受控对象或客体的全面行为,使之满足预期要求,如空中交通管制、商业管理、自主机器人控制、作战管理、生产过程控制和质量控制等。

(8) 调试专家系统。调试专家系统能够对系统进行调试,根据相应地标准检测被检测对象存在的错误,并能从多种纠错方案中选出适用于当前情况的最佳方案,排除错误。在这方面的实例还比较少见。

(9) 教学专家系统。教学专家系统的主要任务是根据学生的特点和基础知识,以最适当的教案和教学方法对学生进行教学和辅导,如 MACSYMA 符号积分与定理证明系统、物理智能计算机辅助教学系统以及聋哑人语言训练专家系统等。

(10) 修理专家系统。修理专家系统能够对发生故障的对象(系统或设备)进行处理,使其恢复正常工作。修理专家系统具有诊断、调试、计划和执行等功能,如美国贝尔实验室的 ACI 电话和有线电视维护修理系统。

另外,其他应用领域的专家系统还有很多,如决策专家系统和咨询专家系统等。

9.2.4 自然语言处理

自然语言处理(natural language processing,NLP)是计算机科学领域和人工智能研究的一个重要方向。在计算机应用中,四分之三以上涉及语言文字的信息处理,语言文字信息处理技术已成为国家现代化水平的一个重要标志。

1. 自然语言处理的概念

自然语言处理是用计算机对自然语言的音、形、义等信息进行加工和操作，包括对字、词、短语、句子和篇章的输入、输出、识别、转换、压缩、存储、检索、分析、理解和生成等处理技术。它属于人工智能的一个分支，是一门涉及计算机科学、语言学、数学、控制论、认知心理学等多学科交叉的学科，常被称为计算语言学。由于自然语言是人类区别于其他动物的根本参照物，没有语言，人类的思维也就无从谈起，所以自然语言处理水平是体现人工智能水平的重要标志。

从研究内容上看，自然语言处理包括自然语言理解和自然语言生成两个方面。自然语言理解是指将自然语言转化为机器能够理解并执行的形式；自然语言生成是指把与自然语言有关的计算机数据转化为自然语言。那么，计算机怎么样才算理解了自然语言呢？归纳起来主要包括如下几个方面：

(1) 理解句子：计算机能够理解句子的正确词序规则和概念，还能理解不含规则的句子。

(2) 理解单词：计算机知道词的确切含义、形式、词类，了解词的语义分类以及词的多义性等。

(3) 回答问题：计算机能正确的回答用自然语言输入的有关问题。

(4) 文摘生成：计算机能生成输入文本的摘要。

(5) 释义：计算机能用不同的词语和句型来复述输入的自然语言信息。

(6) 翻译：计算机能把一种语言翻译成另一种语言。

由此可见，语言的理解与交流涉及一个庞大而复杂的知识系统。虽然目前在自然语言处理领域已经取得一系列卓有成效的研究成果，但要让机器能像人类那样熟练自如地运用自然语言，仍是一个艰巨的挑战。

2. 自然语言处理的基本研究方法

一般认为，自然语言处理中存在两种不同的研究方法，一种是理性主义(rationalism)方法，一种是经验主义(empiricism)方法。

1) *理性主义方法*

理性主义方法认为，人的很大一部分语言知识是与生俱来、由遗传决定的。理性主义的代表人物美国语言学家乔姆斯基(N. Chomsky)主张建立符号处理系统，试图刻画人类思维的模型或方法，由人工整理和编写初始的语言知识表示体系或规则。系统根据规则将自然语言理解为符号结构，再通过符号的意义推导出该结构的意义。

按照理性主义方法的理论，自然语言处理的流程包括三个步骤：① 由词法分析器依循人工编写的词法规则对输入句子的单词进行词法分析；② 语法分析器根据人工设计的语法规则对输入句子进行句法分析；③ 按照一套变换规则将语法结构映射到语义符号，进行语义分析。

理性主义方法的优点在于可以有效处理语言学问题，如长距离依存问题、长距离主谓一致问题等，缺点是不能通过机器学习的方法自动获得模型，需要大量不同领域专家的合作。

2) *经验主义方法*

经验主义方法认为，人脑并不是从一开始就具有一些具体的处理原则和对具体语言成分的处理方法，而是假定大脑一开始具有处理联想(association)、模式识别(pattern recognition)和泛化(generalization)的能力，这些能力能够使人们充分利用感官输入来掌握具体的自然语言处理结构。理性主义方法试图刻画的是人类思维的模型或方法。对于这种方法而言，某种语言的真实文本数据只是提供间接的证据，而经验主义方法则关心如何刻画这种真实的语言本身。

处理流程上，经验主义方法主张通过建立特定的数学模型来学习复杂的、广泛的语言结构，然后利用统计学、模式识别和机器学习等方法来训练模型的参数，以扩大语言使用的规模。因此，经验主义的自然语言处理方法是建立在统计方法基础之上的，故而经验主义方法又称为统计自然语言处理方法。

经验主义方法的优点是可以自动或半自动地从语料中提取模型，并随着训练数据规模的扩大，其效果越好；缺点是运行效率与统计模型中符号的类别多少成正比，在为特殊领域训练模型时，较容易出错。

随着研究的不断发展，人们也开始尝试结合经验主义与理性主义的方法，以期进一步提升自然语言处理方法的性能。

3. 自然语言处理的研究领域

自然语言处理具有非常广泛的研究领域和研究方向，特别是在信息时代，自然语言处理的应用包罗万象。下面总结一些自然语言处理领域的研究方向。

1）语法分析

语法分析(parsing)长久以来是自然语言理解的核心方法，旨在运用自然语言的句法和其他知识来确定组成输入句的各成分功能，以建立一种数据结构并用于获取输入句意义的技术，也称为句法分析。在编译理论、模式识别、自然语言理解等研究领域中，都涉及语法分析的术语。

2）信息检索

信息检索(information retrieval)包括文本检索和多媒体检索，是搜索引擎的核心技术，也是自然语言处理领域的重要应用。信息检索是利用计算机系统从海量的文档中查找用户需要的相关文档的查询方法和查询过程。信息检索任务包括通过短文本检索长文档、通过文本检索图片等。信息检索研究目前主要关注的问题是搜索结构的排序和个性化推荐。

3）信息提取

信息提取(information extraction)旨在从大量的结构化的、半结构化或非结构化的文本数据中提取结构化的目标信息。目前大多数信息提取模型只能对单一任务的信息进行提取，如何从非结构化的海量本文中提取特定的某类信息，是目前研究的一个关键问题。

4）中文分词

中文分词(Chinese word segmentation)是中文自然语言处理中的重要任务，旨在使用计算机对中文文本进行词语的切分，即如同英文那样使得中文句子中的词之间存在空格加以标识。中文分词是其他中文信息处理的基础，分词的准确性对于搜索引擎来说十分重要。相对于英文处理技术，中文处理技术还相对落后。

5）文本分类

文本分类(text classification)是自然语言处理领域中一个经典问题。文本分类是在给定的分类体系和分类标准下，根据文本内容利用计算机自动判别文本类别，实现文本自动分类的过程。文本分类的应用非常广泛，例如垃圾邮件分类，判断邮件是否为垃圾邮件；新闻主题分类，判断新闻属于哪个类别(如财经、体育、娱乐等)。

6) 机器翻译

机器翻译(machine translation),又称为自动翻译,是利用计算机将一种自然语言(源语言)转换为另一种自然语言(目标语言)的过程。整个机器翻译的过程可以分为原文分析、原文译文转换和译文生成三个阶段。代表性的中英文翻译软件包括金山词霸、有道词典等,基于数据的互联网机器翻译有百度翻译、谷歌翻译等。目前,机器翻译还远远无法达到人类翻译的水平,需要计算机学、语言学、逻辑学、心理学等各个学科的共同努力。

7) 问答系统

问答系统(question answering system)是信息检索系统的一种高级形式,它能用准确、简洁的自然语言回答用户用自然语言提出的问题。问答系统问答问题的类型包括询问人(如谁发现了北美洲?)、询问时间(如人类哪年登陆月球?)、询问数量(如珠穆朗玛峰有多高?)、询问定义(如什么是氨基酸?)、询问地点和位置(如芙蓉江在重庆市哪个县?)、询问原因(如天为什么是蓝的?)等。从系统的设计与实现来看,问答系统一般包括问题分析、信息检索和答案抽取这三个主要组成部分。

8) 情感分析

情感分析(sentiment analysis),又称为倾向性分析,它是对带有情感色彩的主观性文本进行分析、处理、归纳和推理的过程。例如,根据文本所表达的含义和情感信息将文本分为多种类型。尤其是近年来利用情感分析获取社交网络发言、电商平台评论等本文的情感倾向,受到广泛的关注。经过不断发展,情感分析从最初简单的文本正负极性的判别,发展到具体情感的识别;从单一的情感类别,发展到多重情感的推断。未来,情感分析将仍然是一个充满困难和挑战的研究方向。

9) 语音识别

语音识别(speech recognition),也称为自动语音识别,其目标是将人类的语音中的词汇内容转换为计算机可读的书面语表示。语音识别技术的应用包括语音拨号、语音导航、室内设备控制、语音文档检索、简单的听写数据录入等。国内知名社交软件微信在消息读取过程提供了较为成熟的语音转换文字的功能,可见语音识别技术已不断地深入人们的生活。

10) 信息过滤

信息过滤(information filtering)是指从大量的信息中选择满足特定条件的信息。信息过滤是根据给定的对信息的需求条件,在输入数据流中只保留特定数据的行为。信息过滤的研究主要集中在两个方面:① 不良信息过滤,目的在于维护网络信息的健康,净化网络环境;② 获取相关信息过滤,过滤掉无用或不相关的信息,目的在于获取与用户需求密切相关的信息。

此外,自然语言处理研究还包括手写体和印刷体字符识别、舆情分析和观点挖掘、自动校对等诸多研究方向。

9.2.5 计算机视觉

计算机视觉(computer vision)相当于人工智能的窗户,如果不打开这扇窗户,那么就无法探寻真实世界的人工智能。视觉信息相比于听觉、触觉更加重要,人的大脑皮层70%的活动都在处理视觉信息,如果没有视觉信息,那么整个人工智能只能做符号推理等常规任务,无法胜任现实世界中更复杂的场景。近年来,计算机视觉的研究受到学术界和工业界越来越广泛的关注,已成为人工智能领域研究的重大突破方向。

1. 计算机视觉的基本概念

计算机视觉是一门研究如何使机器“看”的科学，更具体地说，是指用摄影机和计算机代替人眼对目标进行识别、跟踪和测量等机器视觉的应用。

计算机视觉主要用于模拟人类视觉的优越能力和弥补人类视觉的缺陷。具体来说，模拟人类视觉的优越能力包括以下几点：

(1) 识别人、物体、场景的能力。

(2) 估计立体空间、距离的能力。

(3) 躲避障碍物进行导航的能力。

(4) 想象并描述故事的能力。

(5) 理解并讲解图片的能力。

计算机视觉在弥补人类视觉缺陷方面主要包括以下几点：

(1) 人类主要关注显著内容、容易忽略很多细节。

(2) 人类不擅长精细感知。

(3) 人类描述具有主观性，可能会有模棱两可的情况出现。

计算机视觉系统通常具有如下几个特点：

(1) 重复性，即计算机视觉系统能够以相同的方法对目标进行大量重复的检测而不会感到疲倦。

(2) 精确性，相比于人眼常受物理条件限制，计算机视觉系统检测目标的精度能够达到千分之一英寸，并随着硬件条件的日益完善，检测精度还在不断提高。

(3) 客观性，机器不受喜怒哀乐等主观情绪带来的影响，检测结果客观可靠。

(4) 高效性，计算机视觉系统能够连续并行地工作，极大地提高工作效率。

计算机视觉是在图像基础上发展起来的一门新兴学科，涉及图像处理、知识表示、机器学习等多个交叉研究领域。在学术研究方面，计算机视觉领域的三大顶级国际学术会议：国际计算机视觉大会(International Conference on Computer Vision，ICCV)，国际计算机视觉与模式识别大会(Conference on Computer Vision and Pattern Recognition，CVPR)和欧洲计算机视觉大会(European Conference on Computer Vision，ECCV)，是人工智能领域研究的重要风向标。在工业应用方面，计算机视觉在自动驾驶、制造业、精准农业、医疗诊断、国防和军事等诸多领域都有非常广阔的发展前景。

2. 计算机视觉的理论基础

计算机视觉的理论基础包括图像处理技术、图像特征提取与表达、机器学习算法等。通常来说，计算机视觉对待问题的解决方案遵循“图像预处理→图像特征提取→建立高级模型→输出”的流程。

1) 图像预处理

图像预处理主要通过消除图像噪声、图像修复、分割局部区域、形态学变化等操作对图像信息进行增强或改进，以便于后续特征提取。

2) 图像特征提取

图像特征提取是指通过对图像内容的颜色、形状、纹理、局部像素分布规律等属性进行描述，以获取计算机可理解的特征。图像特征提取是计算机视觉系统中尤为重要的一个环节，优异的特征不仅要充分反映图像的本质内容，在面对环境的改变时还应具有鲁棒性。下面介绍几种常用的图像特征。

(1) 颜色特征。颜色特征反映了图像内容最直观的属性之一,它对图像的尺寸、旋转、平移甚至分辨率等变化不敏感。颜色特征的提取一般依赖于RGB,HSV,CIE,Lab等颜色空间模型。颜色特征对图像的全局内容有一定的判别能力,但单独使用颜色特征时常常不足以对图像进行有效的识别。例如,在区分表面颜色接近的蓝天和大海、草地和绿叶等目标时,颜色特征通常需要与其他视觉特征联合使用。经典的颜色特征描述算子包括颜色直方图、颜色连通集、颜色相关图等。

(2) 形状特征。形状是图像另一种重要的视觉特征,它通常用来描述图像具体目标的形状或者图像内容的整体结构分布。现有的形状描述方法可分为两类,一类是基于轮廓的描述方法,另一类是基于区域的描述方法。前一类方法仅考虑形状的边界轮廓信息,后一类方法综合考虑目标区域的整体情况。基于形状特征的描述方法常用于商标检索、医学图像分析、草图检索等计算机视觉应用。

(3) 纹理特征。纹理特征是计算机视觉领域应用非常广泛的特征,它主要描述了图像灰度变化的规律及像素的排列规则,在区分颜色相近的目标时依然表现出很高的稳定性。例如,纹理特征可以有效区分蓝天和大海、草地和绿叶。作为一种统计特征,纹理特征常具有旋转不变性,并且对于噪声有较强的抵抗能力。纹理特征的缺点在于对图像的分辨率变化不敏感。经典的纹理描述方法有灰度共生矩阵纹理表示法、自回归纹理表示法、纹理谱表示法、局部二值模式等。

(4) 局部特征。上述颜色、纹理、形状等特征描述方法主要对整个图像进行描述,统称为全局特征。而图像的局部特征是指首先对图像的局部区域进行特征提取,然后联合所有局部区域特征,实现图像的最终特征表达。经典的局部特征描述方法有SIFT特征、HOG特征和GLOH特征等。

(5) 空间关系特征。空间关系特征,是指图像中分割出来的多个目标之间的空间位置或相对空间关系信息,包括拓扑、方向、距离等各种空间关系信息。对图像空间关系的描述可有效地跨越或缩小底层视觉特征与高层语义之间的"语义鸿沟"。

3) 建立高级模型

建立高级模型是指对获取的图像特征进行进一步高级处理或者建立学习模型实现特定的计算机视觉任务。例如,图像特征维度过高可能使很多机器学习算法无法工作或效率低下,进一步建立特征选择方法,剔除不相关的特征、避免过度拟合以及增强分类器性能;利用已知类别信息的训练集来学习分类规则和训练分类器,对未知的目标进行分类和识别;利用机器学习算法实现目标跟踪、图像分割、图像标注、图像检索、运动目标分割等其他计算机视觉任务。

除上述传统的计算机视觉方法外,近年来兴起的深度学习方法越来越受到人们的关注。深度学习方法是将图像像素作为系统的原始信号输入,采用不同规模的网络结构,经过一系列的映射和转换,学习一种潜在的图像特征的过程。这种方法最大的特点是具有通用性,即对于不同类型的输入图像,可以从原始信号开始学习表示,采用同样的网络结构进行特征提取,而不需要人为地去设计特征。相比较于传统的计算机视觉方法,深度学习方法通常采用端到端的解决思路,即从输入到输出一气呵成。

3. 计算机视觉的研究领域

计算机视觉具有非常广泛的研究领域和研究方向。下面介绍一些基础和热门的研究方法。

1）物体识别

物体识别（object recognition）是指自动找出图像中某个特定目标的所属类别及位置。物体识别是计算机视觉研究中一个非常基础且重要的研究方向。到目前为止，还没有某个单一的方法能够广泛的对各种情况进行判定，即在任意环境中识别任意物体。现有技术能够很好地解决特定目标的识别，如简单几何图形识别、人脸识别、印刷或手写文件识别、车辆识别等。但这些识别需要在特定的环境中，具有指定的光照、背景和目标姿态等要求。

2）图像分类

图像分类（image classification）是指根据图像的视觉特征将图像分到其所属的特定语义类别中，近年来成为计算机视觉的一个热门研究方向。相比较物体识别，图像分类面向的对象不再是简单的物体目标，而是复杂的场景。例如，输入一组场景图像，将该组图像分类为海岸、天空、森林、室内、乡村、山峰等带语义信息的场景类别。一个完整的图像分类系统涉及图像预处理、视觉特征提取与表达、特征选择、学习与优化分类器等多方面内容。根据图像数据的不同，图像分类可进一步细分为场景图像分类、医学图像分类、遥感图像分类等。

3）图像分割

图像分割（image segmentation）是指将图像划分成若干个特定的、具有独特性质的区域并提出感兴趣的目标的技术和过程。它是由图像处理到图像分析的关键步骤。更具体地说，图像分割是对图像中的每个像素添加标签的过程，这一过程使得具有相同标签的像素包含某种共同的视觉特性。图像分割的目的是简化或改变图像的表示形式，使得图像更容易理解和分析。图像分割可以理解成是一个像素级别的物体识别，即每个像素点都要判断它的类别。它和物体识别的区别在于物体识别是物体级别的，检测结果通常只需要输出一个框，以锁定物体的位置，而图像分割的结果是图像上子区域的集合（这些子区域的全体覆盖了整个图像），或是从图像中提取的轮廓线的集合（如边缘检测）。通常来说，图像分割是比物体识别更难的任务。

4）目标跟踪

目标跟踪（target tracking）是指对图像序列中的运动目标进行检测、提取、识别和跟踪，获得运动目标的运动参数，如位置、速度、加速度和运动轨迹等，从而进行下一步的处理与分析，实现对运动目标的行为理解，以完成更高一级的检测任务。目标跟踪是计算机视觉中的一个重要研究方向，有着广泛的应用，如视频监控、人机交互、无人驾驶等。视觉运动目标跟踪是一个极具挑战性的任务，因为对于运动目标而言，其运动的场景非常复杂并且经常发生变化，甚至目标本身也会不断变化，需要处理遮挡、形变、尺度变换等问题。

5）图像标注

图像标注（image annotation）是指根据图像内容，自动为图像生成一段描述性文字，即看图说话。图像标注的难点在于不仅要能检测出图像中的物体，而且要理解物体之间的相互关系，最后还要用合理的语言表达出来。图像标注根据图像中检测到的目标得到相应的向量，再将这些向量映射到文字。

6）三维重建

三维重建（3D reconstruction）是指通过摄像机获取场景物体的数据图像，并对此图像进行分析处理，再结合计算机视觉知识推导出现实环境中物体的三维信息。三维重建旨在对三维物体建立适合计算机表示和处理的数学模型，是在计算机中建立表达客观世界的虚拟现实的关键技术。三维重建现已被广泛地应用于生活和科研工作中，特别是在医学辅助治疗、文物保护、游戏开发、工业设计、航天航海等方面。

一、选择题

1. 下列哪一项技术不属于人工智能的范畴(　　)。
   A. 图像识别　　B. 专家系统　　C. 文本分类　　D. 网页制作
2. 下列关于我国未来人工智能规划发展的新方向,不正确的说法是(　　)。
   A. 从人工知识表达到大数据驱动的知识学习技术
   B. 从追求智能机器到高水平的人机、脑机协同和融合
   C. 从基于互联网和大数据的群体智能转向聚焦个体智能
   D. 从拟人化的机器人转向更加广阔的智能自主系统
3. 在人工智能的研究学派中,认为人类思维的基元是神经元的是(　　)学派。
   A. 符号主义　　B. 连接主义　　C. 行为主义　　D. 集成主义
4. 下列关于知识具有的特性,不正确的说法是(　　)。
   A. 相对正确性　　B. 确定性　　C. 不确定性　　D. 可表示性和可利用性
5. 下列关于神经网络的描述,不正确的说法是(　　)。
   A. 一个神经网络包括输入层、隐藏层和输出层
   B. 神经元之间的连接权值反映了单元间的连接强度
   C. 神经元处理单元只能表示单一的对象
   D. 代表性的神经网络模型有BP神经网络
6. 专家系统的"思维"机构是(　　)。
   A. 人机接口　　B. 推理机　　C. 数据库　　D. 解释机构
7. 根据观察到的情况或者数据来推断某个对象机能失常原因的专家系统是(　　)。
   A. 解释专家系统　　B. 预测专家系统　　C. 诊断专家系统　　D. 监视专家系统
8. 下列关于专家系统的描述,不正确的是(　　)。
   A. 专家系统具有启发性
   B. 能够高效率、准确、周到、迅速和不知疲倦地进行工作
   C. 专家系统解决实际问题时容易受到周围环境的影响
   D. 专家系统能促进各领域的发展
9. 自然语言处理的研究领域不包括(　　)。
   A. 语法分析　　B. 机器翻译　　C. 视频分析　　D. 语音识别
10. 对带有情感色彩的主观性文本进行分析、处理、归纳和推理的过程称为(　　)。
    A. 语法分析　　B. 语音识别　　C. 文本分类　　D. 情感分析
11. 自然语言处理的主要任务是(　　)。
    A. 能够理解单词和句子　　B. 能够生成输入文本的摘要
    C. 能够回答问题　　D. 以上皆是
12. 下列关于计算机视觉的叙述中,不正确的说法是(　　)。
    A. 计算机视觉主要关注显著内容,容易忽略很多细节
    B. 计算机视觉是一门研究如何使用机器"看"的科学
    C. 计算机视觉系统不受喜怒哀乐等主观情绪带来的影响

D. 计算机视觉涉及图像处理、知识表示、机器学习等多个交叉研究领域

13. 下列不需要人为手工设计的图像特征是(　　)。

A. 颜色特征　　B. 深度学习特征　　C. 形状特征　　D. 纹理特征

14. 目前人工智能处于(　　)。

A. 弱人工智能　　B. 强人工智能　　C. 超级人工智能　　D. 以上皆不是

二、简答题

1. 什么是人工智能？人工智能的研究学派有哪些？
2. 一阶谓词逻辑表示法的一般步骤是什么？
3. 产生式的基本形式是什么？一个产生式系统通常由哪几个部分组成？
4. 什么是机器学习？什么是深度学习？深度学习有什么特点？
5. 什么是专家系统？专家系统具有哪些特点？
6. 专家系统由哪几个部分组成？各组成部分的功能是什么？
7. 什么是自然语言处理？自然语言处理的主要研究内容包括哪些？
8. 什么是计算机视觉？计算机视觉对待问题的解决方案遵循什么流程？
9. 图像有哪些视觉特征？图像视觉特征与深度学习特征的主要区别是什么？

参考文献

[1] 教育部考试中心. 全国计算机等级考试一级教程:计算机基础及 WPS Office 应用:2020 年版[M]. 北京:高等教育出版社,2020.

[2] 教育部考试中心. 全国计算机等级考试二级教程:WPS Office 高级应用与设计:2021 年版[M]. 北京:高等教育出版社,2021.

[3] 宋广军. 计算机基础[M]. 5 版. 北京:清华大学出版社,2019.

[4] 李暾,毛晓光,刘万伟,等. 大学计算机基础[M]. 3 版. 北京:清华大学出版社,2018.

[5] 周斌. WPS Office 效率手册:更快更好搞定文字、演示和表格:全彩印刷+视频讲解[M]. 北京:人民邮电出版社,2018.

[6] 陈海波,夏虞斌,等. 现代操作系统:原理与实现[M]. 北京:机械工业出版社,2020.

[7] 林福宗. 多媒体技术基础[M]. 4 版. 北京:清华大学出版社,2016.

[8] 谢希仁. 计算机网络[M]. 7 版. 北京:电子工业出版社,2017.

[9] 朱海波,刘湛清,程日来. 信息安全与技术[M]. 2 版. 北京:清华大学出版社,2018.

[10] 萨默维尔. 软件工程:原书第 10 版[M]. 彭鑫,赵文耘,等译. 北京:机械工业出版社,2018.

[11] 尚晓航. Internet 技术与应用[M]. 3 版. 北京:中国铁道出版社,2016.

[12] 刘卫国. 数据库基础与应用:Access 2010[M]. 北京:电子工业出版社,2016.

[13] 蔡自兴,刘丽珏,蔡竞峰,等. 人工智能及其应用[M]. 6 版. 北京:清华大学出版社,2020.

[14] 王万良. 人工智能及其应用[M]. 4 版. 北京:高等教育出版社,2020.